中电联火力发电企业燃料管理标准化技术委员会指导

电力行业燃料化验员 职业技能竞赛题库

中国华电集团有限公司　组编

华电电力科学研究院有限公司　主编

中国电力出版社

CHINA ELECTRIC POWER PRESS

内 容 提 要

本书分为理论知识篇和操作技能篇，理论知识篇包括基础知识及采样与制样、化验检测、实验室质量保证等专业理论知识；操作技能篇包括采样、制样、化验等项目的实际操作要点及要求。

本书紧密围绕新形势下电力燃料质量管理的实际需要，全面覆盖燃煤发电企业燃料化验员应知应会内容，注重知识点融会贯通，知识面涵盖广泛、涉及标准方法全面、各类题型丰富。本书可作为电力行业燃料化验员职业技能竞赛的考试用书，也可供燃煤发电企业燃料管理人员、技术人员参考使用。

图书在版编目（CIP）数据

电力行业燃料化验员职业技能竞赛题库/中国华电集团有限公司组编；华电电力科学研究院有限公司主编．—北京：中国电力出版社，2023.5
ISBN 978-7-5198-7464-3

Ⅰ．①电…　Ⅱ．①中…　②华…　Ⅲ．①火电厂－电厂燃料系统－检验－职业技能－竞赛－习题集　Ⅳ．①TM621.2-44

中国国家版本馆 CIP 数据核字（2023）第 084029 号

出版发行：中国电力出版社
地　　址：北京市东城区北京站西街 19 号（邮政编码 100005）
网　　址：http://www.cepp.sgcc.com.cn
责任编辑：刘汝青（010-63412382）　马雪倩　霍　妍
责任校对：黄　蓓　常燕昆　朱丽芳
装帧设计：赵姗姗
责任印制：吴　迪

印　　刷：三河市万龙印装有限公司
版　　次：2023 年 5 月第一版
印　　次：2023 年 5 月北京第一次印刷
开　　本：787 毫米×1092 毫米　16 开本
印　　张：23.5
字　　数：495 千字
印　　数：0001—3000 册
定　　价：100.00 元

编　委　会

前　言

　　煤电作为我国现阶段电力供应的主体电源，虽然装机规模已降至50%以下，但因我国化石能源储量丰富、稳定性强、经济性高，发电量占比仍超过70%，并担负着应急保障和调峰的重任。随着我国能源结构的调整，煤炭供应和价格日益趋紧并趋高，燃煤成本在发电成本中的占比居高不下。燃煤质量不仅影响原料价格和发电成本，而且直接影响电力的安全生产和达标排放，因此燃煤质量管理是燃煤发电技术管理的重要环节。

　　火电厂燃煤质量管理对象为入厂煤和入炉煤，通过对燃煤进行采样、制样和化验（简称"采制化"）获得煤炭质量特性，用于指导采购结算、锅炉燃烧和环保排放。近年来，随着采制化过程向机械化、自动化和智能化方向快速发展，燃料化验专业成为一门综合性和实践性较强的交叉学科，涉及数理统计、煤化学、分析化学、仪器分析、热力发电、质量管理等基础及应用学科，不仅对检测仪器设备、检测方法标准和检测环境条件等有严格的要求，而且对燃料化验员的技术素质和职业技能提出了更高要求。

　　历年来，中国电力企业联合会（简称"中电联"）联合各发电集团举办了多届全国电力行业燃料化验员职业技能竞赛，对提高燃料化验员的业务水平和职业技能发挥了极大的推动作用。应广大电力燃料工作者的要求，受中电联火力发电企业燃料管理标准化技术委员会的委托，由中国华电集团有限公司组织华电电力科学研究院有限公司以2019年出版的《电力燃料采制化技能竞赛题库》为基础，依据有关国家标准和行业标准的更新，紧密结合能源转型新形势下燃料质量管理活动以及燃料化验员职业技能竞赛新要求和新内容，编写了《电力行业燃料化验员职业技能竞赛题库》。全书分为理论知识篇和操作技能篇两部分，理论知识篇包括基础知识及采样与制样、化验检测、实验室质量保证等专业理论知识；操作技能篇包括采样、制样、化验等项目的实际操作要点及要求。

　　本书紧密围绕新形势下电力燃料质量管理的实际需要，全面覆盖燃煤发电企业燃料化验员应知应会内容，注重知识点融会贯通，知识面涵盖广泛、涉及标准方法全面、各类题型丰富。本书可作为电力行业燃料化验员职业技能竞赛的考试用书，也可供燃煤发电企业燃料管理人员、技术人员参考使用。

在本书的编写过程中，得到了中电联火力发电企业燃料管理标准化技术委员会的指导，也得到了华能集团、大唐集团、国家能源集团、国家电投集团和京能集团等发电集团生产技术部门的鼎力支持和帮助，还得到了业内知名专家的严格审核，其中周桂萍教授负责燃料基础知识部分，张太平高工负责采样和制样部分，范志斌高工和吴锁贞教授级高工负责化验部分，在此一并致谢！

限于编者水平和编写时间较紧，本书可能存在疏漏与不足之处，敬请读者批评指正。

编 者

2023 年 4 月

目 录

第二篇　操作技能篇

第一篇

理论知识篇

第一章 基础知识

一、煤炭燃料

（一）判断题

判断下列描述是否正确，正确的在括号内打"√"，错误的在括号内打"×"。

1. 根据现代煤化学理论，褐煤的形成没有经过变质作用阶段。 （√）

2. 一般来说，煤的煤化程度越高则越不容易自燃。 （√）

3. 如一批煤的煤样分成若干总样采取，则在各总样的制备过程中分取全水分煤样，并以各总样的全水分算术平均值作为该批煤的全水分值。 （×）

4. 按照 GB/T 5751—2009 规定，采用煤的煤化程度参数，将煤区分为无烟煤、贫瘦煤、烟煤和褐煤等几大类。 （×）

5. GB/T 483—2007 规定，在同一化验室内进行的多次测定，应该是在短期内做的平行测定。 （×）

6. 煤的固定碳中，除了碳元素以外，还有氢、硫等元素。 （√）

7. DL/T 567.1—2007 规定，煤粉细度测定值修约到小数点后两位，报告值修约到小数点后一位。 （√）

8. DL/T 567.1—2007 规定，哈氏可磨性指数测定值修约到小数点后一位，报告值修约到个位。 （√）

9. DL/T 567.1—2007 规定，灰熔融性测定值修约到个位，报告值修约到个位。 （×）

10. 按照 DL/T 567.1—2007 的规定，再现性临界值是指，在不同实验室中，对从煤样缩制最后阶段的同一煤样中分取出来的、具有代表性的部分所做的重复测定，所得结果的平均值间的差值（在95%概率下）的临界值。 （√）

11. 按照 DL/T 567.1—2007 的规定，重复性限是指，在同一实验室中，由同一操作者，用同一台仪器，对同一分析试验煤样，于短期内所做的重复测定，所得结果间的差值（在95%概率下）的临界值。 （√）

12. DL/T 567.1—2007 规定，制备分析样品的同时应制备存查样品，除特殊规定外，一般应保留2个月，以备复查。 （√）

13．煤中氧元素与煤的变质程度密切相关，而煤中氢元素则与煤的变质程度无关联。
　　　　　　　　　　　　　　　　　　　　　　　　　　　　　　　　　　（×）

14．GB/T 483—2007 规定，一般分析煤样为破碎到粒度小于 0.2mm 并达到空气干燥状态，用于大多数物理和化学特性测定的煤样。　　　　　　　　　　　　　（√）

15．GB/T 483—2007 规定，初级子样为在采样第一阶段、于任何破碎和缩分前采取的子样。　　　　　　　　　　　　　　　　　　　　　　　　　　　　　　　（√）

16．GB/T 483—2007 规定，子样为采样器具操作一次或截取一次煤流全横断面所采取的一份样。　　　　　　　　　　　　　　　　　　　　　　　　　　　　　　（√）

17．GB/T 483—2007 规定，采样单元为从一批煤中采取一个总样的煤量。一批煤可以是一个或多个采样单元。　　　　　　　　　　　　　　　　　　　　　　　　（√）

18．GB/T 483—2007 规定，最高内在水分煤样在温度 30℃、相对湿度 96% 下达到平衡时测得的内在水分。　　　　　　　　　　　　　　　　　　　　　　　　　（√）

19．GB/T 483—2007 规定，矿物质为煤中的无机物，不包括游离水，但包括化合水。
　　　　　　　　　　　　　　　　　　　　　　　　　　　　　　　　　　（√）

20．GB/T 483—2007 规定，含矸率为煤中粒度大于 50mm 的矸石的质量分数。（√）

21．GB/T 483—2007 规定，碱/酸比为煤灰中碱性组分（钾、钠、铁、钙、镁、锰等的氧化物）与酸性组分（硅、铝、钛等的氧化物）之比。　　　　　　　　　（√）

22．GB/T 483—2007 规定，沾污指数一般为煤灰的碱/酸比乘以灰中 Na_2O 值。（√）

23．GB/T 483—2007 规定，极差为一组观测值中，最高值和最低值的差值。（√）

24．GB/T 483—2007 规定，误差为观测值和可接受的参比值间的差值。　（√）

25．GB/T 483—2007 规定，方差为分散度的量度。数值上为观测值与它们的平均值之差的平方和除以自由度（观测次数减1）。　　　　　　　　　　　　　　　　（√）

26．GB/T 483—2007 规定，标准（偏）差为方差的平方根。　　　　　　　（√）

27．GB/T 483—2007 规定，变异系数为标准差对算术平均值绝对值的百分比，又称相对标准偏差。　　　　　　　　　　　　　　　　　　　　　　　　　　　　　（√）

28．GB/T 483—2007 规定，精密度为在规定条件下所得独立试验结果间的符合程度。它经常用于精密度指数，如用两倍的标准差来表示。　　　　　　　　　　　　（√）

29．GB/T 483—2007 规定，（测量）不确定度为表征合理地赋予被测量之值的分散性，与测量结果相联系的参数。煤炭分析试验中常用测量标准差或其倍数量度。　（√）

30．GB/T 483—2007 规定，离群值为在同组观测中，与其他结果相距较远，从而怀疑是错误的结果。　　　　　　　　　　　　　　　　　　　　　　　　　　　（√）

31．GB/T 483—2007 规定，置信度为统计推断的可靠程度，常以概率表示。　（√）

32．GB/T 483—2007 规定，临界值为统计检验时，接受或拒绝的界限值。（√）

33．GB/T 483—2007 规定，允许差为在规定条件下获得的两个或多个观测值间允许的

最大差值。 （√）

34. 测定煤中全水分，第一次测出结果为 10.0%，第二次为 10.1%，平均值为 10.1%。
（×）

35. 随机误差是由分析人员疏忽大意、误操作引起的。 （×）

36. SO_3 对锅炉高、低温受热面的腐蚀分别称为高温腐蚀和低温腐蚀。 （√）

37. 煤炭与电力均是一次能源。 （×）

38. 煤炭品种可以简称为煤种。 （×）

39. 中国煤炭分类标准中，挥发分的高低是煤炭分类的唯一依据。 （×）

40. 中国煤炭分类标准中，挥发分的高低是煤炭分类的主要依据。 （√）

41. 煤的变质程度越深，则煤的挥发分含量越高。 （×）

42. 原煤不是煤炭的一个品种。 （×）

43. 洗煤是煤炭的一个品种。 （√）

44. 挥发分是煤中唯一的可燃组分。 （×）

45. 灰分是煤中唯一的不可燃组分。 （×）

46. 褐煤是最易风化的煤种。 （√）

47. 粒度大小表征的是煤的一项物理特性。 （√）

48. 煤的灰分主要来自矿物质。 （√）

49. V_{daf} 称为干燥无灰基挥发分。 （√）

50. 同一煤种的 A_d 值总是大于 A_{ar} 值。 （√）

51. 同一煤种的 V_d 值总是小于 V_{daf} 值。 （√）

52. 煤中收到基水分是煤在收到状态下的全水分。 （√）

53. 我国煤炭分类方法中将烟煤分为 10 个类别。 （×）

54. 我国煤炭分类方法中将烟煤分为 12 个类别。 （√）

55. 烟煤中的瘦煤特性最接近无烟煤。 （×）

56. 烟煤中的贫煤特性最接近无烟煤。 （√）

57. 烟煤中的气煤特性最接近褐煤。 （×）

58. 烟煤中的长焰煤特性最接近褐煤。 （√）

59. 相同基准下，煤中水分、灰分、挥发分及固定碳四项成分之和随煤种不同而不同。
（×）

60. 一次能源可转换为二次能源，二次能源也可转换为一次能源。 （×）

61. 电厂发 1kWh 的电所消耗的天然煤量，称为发电煤耗。 （×）

62. 烟煤的干燥无灰基挥发分 V_{daf} 不一定总是小于 37.0%。 （√）

63. 干燥无灰基挥发分 V_{daf} 大于 37.0% 的煤不一定是褐煤。 （√）

64. 干燥无灰基挥发分 V_{daf} 小于 10.0% 的煤不一定是无烟煤。 （×）

65．煤的变质程度越浅，它的挥发分含量越低。　　　　　　　　　　　　（×）

66．煤的变质程度越深，它的固定碳含量越高。　　　　　　　　　　　　（√）

67．发热量中等的煤，称为中煤。　　　　　　　　　　　　　　　　　　（×）

68．GB/T 17608—2022 规定，煤炭产品发热量的等级是按干燥基高位发热量高低划分的。　　　　　　　　　　　　　　　　　　　　　　　　　　　　　　　　（×）

69．GB/T 17608—2022 规定，煤炭产品以发热量每相隔 1MJ/kg 划分一个等级。（×）

70．GB/T 17608—2022 规定，煤炭产品含硫量的等级是按干燥基含硫高低来划分的。　　　　　　　　　　　　　　　　　　　　　　　　　　　　　　　　　（√）

71．GB/T 17608—2022 规定，煤炭产品以含硫每隔 0.20%划分一个等级。　（×）

72．GB/T 17608—2022 中关于粒度划分的规定，混煤是指粒度小于 50mm 的煤。（√）

73．GB/T 17608—2022 中关于粒度划分的规定，粉煤是指粒度小于 6mm 的煤。（√）

74．以各种基准划分的煤，反映煤的存在形态，它们都是真实存在的。　　（×）

75．收到基与干燥基的区别在于煤中是否含全水。　　　　　　　　　　　（√）

76．火电厂是将原煤、筛选、洗选煤等一次能源转换成电力的工厂。　　　（×）

77．GB/T 18666—2014 规定，商品煤质量验收过程中，采样可由验收单位一名或几名人员进行。　　　　　　　　　　　　　　　　　　　　　　　　　　　　　　（×）

78．煤中的碳是唯一发热的成分。　　　　　　　　　　　　　　　　　　（×）

79．中国煤炭分类的主要依据是按挥发分和结焦性来分的。　　　　　　　（×）

80．动力用煤是指通过煤的燃烧来利用其热值的煤炭，主要应用于发电煤粉锅炉、工业锅炉和工业窑炉中，主要包括电煤、锅炉煤和建材用煤等。　　　　　　　　　　（√）

81．评定化验结果的依据是数据的精密度和准确度。　　　　　　　　　　（√）

82．凡由碳、氢及氧等主要元素组成的有机物质的天然及其加工的人造燃料，均称为有机燃料。　　　　　　　　　　　　　　　　　　　　　　　　　　　　　　（√）

83．煤块与空气接触面比煤粉小，且容易通风，因此煤块自燃的可能性也比煤粉小。　　　　　　　　　　　　　　　　　　　　　　　　　　　　　　　　　　（√）

84．未达到空气干燥状态的一般分析煤样进行检验，不会导致检验结果超差。（×）

85．燃煤发热量是由碳、氢、氮、硫、氧五种元素决定的。　　　　　　　（×）

86．泥炭化作用阶段是以植物残体全部沉降到沼泽水面以下后而宣告结束。（×）

87．根据朗伯-比尔定律，吸光度和溶液的浓度成反比。　　　　　　　　　（×）

88．定量滤纸和定性滤纸的主要区别在于其所含水分的差别。　　　　　　（×）

89．焦渣特征序号越小，表明煤的变质程度越低。　　　　　　　　　　　（×）

90．当煤的变质程度从褐煤变到烟煤时，其发热量将升高。　　　　　　　（√）

91．煤中氧元素含量随着煤化程度增加而降低。　　　　　　　　　　　　（√）

92．同一种煤炭的干燥无灰基准的结果比收到基准的结果数值要大，例如干燥无灰基

水分比收到基水分数值大。 （×）

93．GB/T 31356—2014 规定，动力用煤煤粉含量是指商品煤粒度小于 0.2mm 的煤粉的质量分数。 （×）

94．GB/T 31356—2014 规定，对于我国西南高硫煤产区的动力用煤，其全硫 $S_{t,d}$ 控制值应不大于 3.00%。 （√）

95．GB/T 31356—2014 中对煤的质量评价适用于商品煤、坑口自用煤、低热值煤电厂用煤。 （×）

96．煤炭的黏结性与干燥无灰基挥发分大小不成线性关系。 （√）

97．GB/T 31356—2014 规定，煤中氯含量是动力用煤质量评价的基本指标之一。 （√）

98．GB/T 31356—2014 规定，动力用煤的煤类包括褐煤、非炼焦烟煤和无烟煤。 （√）

99．GB/T 31356—2014 规定，动力用煤的煤中磷含量控制值应不大于 0.100%。 （√）

100．GB/T 31356—2014 规定，动力用煤的煤中氯含量控制值应不大于 0.150%。 （√）

101．GB/T 31356—2014 规定，动力用煤的煤中砷含量控制值应不大于 40mg/g。 （×）

102．DL/T 1878—2018 规定，煤堆积密度测定结果（t/m^3）应修约到小数点后三位。 （×）

103．GB/T 35985—2018 规定，煤质分析中得到的空气干燥基分析结果可以通过换算以"收到基""干燥基""干燥无灰基""干燥无矿物质基"等结果表达。 （√）

104．入炉煤粉样的检测结果用于监督制粉系统运行工况和计算煤耗。 （×）

105．煤的最高内在水分含量是一个表征年轻煤的煤化程度的指标。 （√）

106．煤中的硫元素与煤的变质程度无明显关联度。 （√）

107．煤中干燥无灰基氢含量 H_{daf} 与挥发分 V_{daf} 的变化关系较有规律，即 H_{daf} 随着 V_{daf} 的增高而增加。 （√）

108．GB/T 17608—2022 规定，煤炭产品按其用途、加工方法和技术要求可划分为无烟煤、烟煤和褐煤。 （×）

109．依据 GB/T 29164—2012，可溯源到 SI 单位、具有一定稳定性的量值的煤炭标准物质可用于仪器的标定。 （×）

110．因为无烟煤的变质程度比烟煤的高，所以无烟煤的焦渣特征序号也比烟煤的高。 （×）

111．试验证明，煤的灰分 A_d 与发热量 $Q_{gr,d}$ 存在正线性相关关系。 （×）

112．增加测定次数至无穷，可使系统误差趋近于 0。 （×）

113．GB/T 483—2007 规定，凡需要根据水分测定结果进行校正或换算的分析试验，应同时测定水分。如不能同时进行，两者测定不超过 5 天即可。 （×）

114．按照空气干燥基准，煤的工业分析组成包括水分、灰分、挥发分和固定碳。 （√）

115．一般分析试验煤样未达到空气干燥状态，不影响发热量检验结果的精密度。

（×）

116．当泥炭被其他沉积物完全覆盖且真菌和微生物活动停止后，泥炭化作用阶段结束。 （√）

117．煤的变质作用分为深成变质、岩浆变质和动力变质作用。 （√）

118．煤的标称最大粒度是某一筛上物质量分数最接近 5% 的筛子相应的筛孔尺寸。

（×）

119．使用氧气瓶时，禁止接触油脂。 （√）

120．供电煤耗或发电煤耗是用煤耗量折算为标准煤后，除以供电量或发电量。 （√）

121．空气干燥状态是指煤样在空气中连续干燥 1h 后，煤样的质量变化不超过 1%。

（×）

122．化合水是煤中矿物质的组成部分。 （√）

123．买受方和出卖方均采用基本采样方案采样，干燥基灰分 A_d=18.50% 的原煤在验收评定时干燥基高位发热量允许差为 +0.056×18.50=+1.04MJ/kg。 （√）

124．GB/T 17608—2022 规定，煤炭品种划分为精煤、原煤、粒级煤、筛选煤和低质煤五大类。 （×）

125．煤中的氧元素与煤的变质程度密切相关。 （√）

126．GB/T 3715—2022 规定含矸率是指煤中可见矸石的质量分数。 （√）

127．煤化作用阶段是在适宜的温度和压力条件下，褐煤经由烟煤转变为无烟煤的阶段。 （×）

128．GB/T 18666—2014 规定，以发热量计价时，评定煤炭质量的指标为干燥基发热量、干燥基灰分和干燥基全硫。 （×）

129．滴定度是指每毫升滴定剂相当于被测物的体积或体积分数。 （×）

130．储存煤样的房间不应有热源，不受强光照射，无任何化学药品。 （√）

131．DL/T 567.1—2007 规定，凡需要根据水分测定结果进行校正和基准换算时，应同时测定水分。如不能同时进行，两者测定也应在尽量短的、水分不发生显著变化的期限内进行（最多不超 4 天）。 （√）

132．全水分煤样缩分后总样最小质量不少于 0.75kg。 （×）

133．试样储存时，应对样品进行准确称量，以便监测储存和运输过程中水分的变化。

（√）

134．相对湿度是指空气中水分的分压占该温度下水的饱和蒸气压的百分数。 （√）

135．煤炭标准物质证书给出的 U_{CRM} 即为标准值的扩展不确定度。 （√）

136．测定全水分的通氮干燥箱的氮气流量应保证换气次数在 15 次/h。 （√）

137．煤中矿物质是赋存在煤中的无机物，不含游离水，但包括化合水。 （√）

138．有高温、粉尘的采制化工作区域须配置合适数量和规格的手提贮压式干粉灭火器。　　　　　　　　　　　　　　　　　　　　　　　　　　　　　（√）

139．GB/T 18666—2014 规定，原煤验收检验项目为干燥基高位发热量或干燥基灰分和全硫。　　　　　　　　　　　　　　　　　　　　　　　　　　　　（√）

140．煤阶反映煤化作用深浅程度。　　　　　　　　　　　　　　　　　（√）

141．动力用煤包括电煤、冶金用煤。　　　　　　　　　　　　　　　　（×）

142．使用门捷列夫经验公式计算发热量的参数有碳、氢、氧、氮及硫含量。（×）

143．煤粉越细，越易燃烧完全。　　　　　　　　　　　　　　　　　　（√）

144．煤粉比煤块的比表面积大，更易自燃。　　　　　　　　　　　　　（√）

145．内在水分的含量与煤的煤化程度和结构有关。　　　　　　　　　　（√）

146．变质作用的类型包括成岩作用和成煤作用。　　　　　　　　　　　（×）

147．无烟煤的发热量比褐煤高，因此更容易自燃。　　　　　　　　　　（×）

148．根据现代煤化学理论，煤的有机显微组分包括亮煤、镜煤、丝炭和暗煤。（×）

149．煤炭长期存放发热量和灰分都会降低。　　　　　　　　　　　　　（×）

150．将煤炭压实可有效防止堆放时自燃。　　　　　　　　　　　　　　（√）

151．煤的堆积密度与煤的矿物质含量无关。　　　　　　　　　　　　　（×）

152．煤液态排渣锅炉，宜使用煤灰熔融特征温度高的煤炭。　　　　　　（×）

153．煤炭的变质程度增加，干燥无灰基挥发分降低。　　　　　　　　　（√）

154．依据 GB/T 3715—2022，标准煤是能源的统一计量单位，凡能产生 27.92 MJ 低位发热量的任何能源均可折算为 1 kg 煤的当量值。　　　　　　　　　（×）

155．GB/T 5751—2009 明确无烟煤、烟煤和褐煤的代号分别为 WY、YM 和 HM。（√）

156．根据现代煤化学理论，煤化作用过程分为成岩和变质作用阶段。　　（√）

157．在测量系统无系统偏差时，煤中固定碳结果等于煤中碳元素含量。　（×）

158．钢瓶气产品一般有产品警示标签、质量合格证标签等。　　　　　　（√）

159．某一固定时间之内，进厂商品煤如果长期储存在露天煤场，煤质会发生变化，主要表现是煤的发热量、氧含量、抗破碎强度、可磨性指数均降低。　　　　（×）

160．防止低阶煤在露天煤场储存时煤堆自燃的经济有效办法是组堆时分层压实，并在最终表面覆盖一层炉灰、黏土浆等，同时定期检测煤堆内温度。　　　　　　（√）

161．恒湿无灰基氢含量（H_{maf}）是中国煤炭分类的指标之一。　　　　　（×）

162．GB/T 3715—2022 规定，商品煤为原煤经过加工处理后用于销售的煤炭产品。
　　　　　　　　　　　　　　　　　　　　　　　　　　　　　　　（√）

163．GB/T 3715—2022 规定，在一定条件下固体矿物燃料燃烧时可与氧气发生反应的硫称为排放硫。　　　　　　　　　　　　　　　　　　　　　　　　（×）

164．GB/T 3715—2022 规定，煤样在一定温度下完全燃烧时释放至气态产物中的硫称

为可燃硫。　　　　　　　　　　　　　　　　　　　　　　　　　　　　（×）

165．GB/T 3715—2022 规定，煤标准样品为具有一种或多种规定特性，足够均匀且稳定的煤样，已被确定其符合测量过程的预期用途。　　　　　　　　　（√）

166．GB/T 5751—2009 规定，煤炭主要由植物遗体经煤化作用转化而成富含碳的固体可燃有机沉积岩，含有一定量的矿物质，相应的灰分产率小于或等于 45%（干燥基质量分数）。　　　　　　　　　　　　　　　　　　　　　　　　　　　　（×）

167．GB/T 5751—2009 规定，采用煤化程度参数将煤炭划分为无烟煤、烟煤和褐煤。
　　　　　　　　　　　　　　　　　　　　　　　　　　　　　　　　（√）

168．GB/T 5751—2009 规定，烟煤类别的划分，需同时考虑烟煤的煤化程度和工艺性能（主要是黏结性）。　　　　　　　　　　　　　　　　　　　　　　　（√）

169．根据 DL/T 1878—2018 的规定，燃煤电厂储煤场库存煤品质指标直接测定时，应将储煤场内一个有明显物理边界的煤堆作为一个采样批。　　　　　　　（√）

170．根据 DL/T 1878—2018 的规定，煤堆积密度模拟测定法是将在组堆过程中从煤堆上采取的煤样放置在一定容积的容器内，模拟煤堆上实际平均压实程度，测定其堆积密度。
　　　　　　　　　　　　　　　　　　　　　　　　　　　　　　　　（√）

171．根据 DL/T 1878—2018 的规定，燃煤电厂储煤场库存煤量盘点结果用吨表示时，保留小数点后三位。　　　　　　　　　　　　　　　　　　　　　　　（×）

172．根据 DL/T 1878—2018 的规定，煤堆积密度实测法是在组堆或卸堆过程中，在煤堆露出的一定高度的平面上选取有代表性压实状态的位置，直接测定煤堆密度，以不同高度、不同位置实测密度的平均值作为该煤堆的堆积密度。　　　　　　　　　（√）

173．物质的溶解度只与溶质和溶液的性质有关，而与温度无关。　　　　（×）

174．某化验员在配制溶液时，准备的烧杯数量不够，为了应急，可用量筒代替烧杯。
　　　　　　　　　　　　　　　　　　　　　　　　　　　　　　　　（×）

175．反应物本身的性质是影响化学反应速度的内因，进行反应时的条件是影响化学反应速度的外因。　　　　　　　　　　　　　　　　　　　　　　　　　（√）

176．凡能产生刺激性、腐蚀性、有毒或恶臭气体的试验操作，必须在通风柜中进行。
　　　　　　　　　　　　　　　　　　　　　　　　　　　　　　　　（√）

177．系统误差只会引起分析结果的偏高或偏低，具有单向性。　　　　　（√）

178．电导率的大小通常用来比较各物质的导电能力，因为我们通常测定的电导率是电阻的倒数。　　　　　　　　　　　　　　　　　　　　　　　　　　　（×）

179．对于腐泥煤，如干燥基灰分大于 50% 就称为油页岩。　　　　　　　（√）

180．液面上的蒸气压越高，液体物质的蒸发速度越快。　　　　　　　　（×）

181．选择指示剂的原则是，同一种类型的滴定只能选用同一种指示剂。　（×）

182．根据 GB/T 31429—2015，用有证标准物质进行仪器设备的期间核查或校核时，

若标准物质测试结果与其证书参考值出现显著性差异，实验室应查找原因。 （√）

183．烟煤有机显微组分分为镜质组、惰质组、壳质组三大类。 （√）

184．动力用煤质量评价指标煤中碳含量为基本指标。 （×）

185．动力用煤质量评价指标煤中碳含量为辅助指标。 （√）

186．煤在锅炉中燃烧，主要生成 SO_2 和少量 SO_3（占体积比的 1%～2%）。低温腐蚀主要来自 SO_3 与烟气中水蒸气形成的硫酸蒸汽。 （√）

187．飞灰或炉渣中未燃尽的物质就是灰渣可燃物。它可反映锅炉的运行工况、燃烧情况。 （√）

188．以化学力吸附在煤的表面的水分为内在水分，内在水分含量与煤的变质程度有关。 （×）

189．根据生态环境部发布的《企业温室气体排放核算方法与报告指南 发电设施》规定，发电行业重点排放单位为年度温室气体排放量达到 2.6 万 t 二氧化碳当量的温室气体排放单位。 （√）

190．根据《碳排放权交易管理办法（试行）》，企业温室气体排放报告所涉数据的原始记录和管理台账应当至少保存 5 年。 （√）

191．自 2022 年 4 月起，发电行业重点排放单位应通过具有中国计量认证（CMA）资质或经过中国合格评定国家认可委员会（CNAS）认可的检测机构/实验室出具元素碳含量检测报告。 （√）

192．与碳排放量核算相关的参数数据及其盖章版台账记录扫描文件：包括但不限于发电设施月度燃料消耗量、燃料低位发热量、元素碳含量、购入使用电量等在核算中适用的相关参数数据。 （√）

193．发（供）电标准煤耗应按照皮带秤计量的实际入炉煤量和入炉煤机械取样分析的低位发热量进行正平衡计算。使用反平衡法定期进行校验。 （√）

194．厂炉热值水分差调整可作为热值差管理在统计分析对比时使用，也可作为计算煤耗的依据。 （×）

195．扩展不确定度一般为标准不确定度的数倍，而标准不确定度就是采用统计学的实验标准偏差来表示。 （×）

196．根据误差定义，测试误差由系统误差分量和随机误差分量构成。 （√）

197．煤释放出足够的挥发分与周围大气形成可燃混合物的最高温度称为煤的着火温度。 （×）

198．GB/T 18666—2014 规定，对卖方煤炭进行质量抽查时，同批煤到达买受方后可在煤炭落地后采样。 （×）

199．统计检验中的格拉布斯（Grubbs）检验，可以用来检验多组数据的精密度一致性。 （×）

200．某一固定时间之内，进厂商品煤如果长期储存在露天煤场，煤质会发生变化，主要表现是煤的发热量、全硫、抗破碎强度指数均降低，可磨性指数、氧含量增大。（√）

201．锅炉燃烧过程中，炉渣和飞灰中的可燃物属于化学不完全热损失。（×）

202．煤炭能够包含地壳中所有的元素。（×）

（二）单选题

下面每题只有一个正确答案，将正确答案填在括号内。

1．用精密酸度计测得某硫酸溶液的 pH 值为 5.26；用感量为 0.001g 的天平称得某煤样 220mg，其有效数字位数分别是（D）。

    A．3 位和 3 位   B．2 位和 2 位

    C．3 位和 2 位   D．2 位和 3 位

2．按照 GB/T 483—2007 数据修约要求，将 3.3149 修约成三位有效数字，其结果应该是（B）。

    A．3.30   B．3.31   C．3.32   D．3.33

3．我国煤种的主要分类指标之一是（C）。

    A．V_d B．V_{ad} C．V_{daf} D．V_{ar}

4．烟煤中最接近无烟煤的是（B）。

    A．焦煤   B．贫煤   C．气煤   D．瘦煤

5．煤化验分析过程中，测定值与报告值保留位数不一致的为（D）。

    A．全水分   B．挥发分   C．灰分   D．发热量

6．煤样瓶中装入全水分煤样的量应不超过煤样瓶容积的（C）。

    A．4/5   B．2/3   C．3/4   D．1/2

7．标准煤样给出的标准值属于（C）。

    A．理论真值   B．约定真值   C．相对真值   D．平均值

8．DL/T 520—2007 规定，不需要每批都化验的项目是（A）。

    A．灰熔点   B．灰分   C．挥发分   D．发热量

9．煤中的下列成分中，不可燃成分是（A）。

    A．水分   B．固定碳   C．挥发分   D．焦渣

10．GB/T 18666—2014 规定，属于商品煤验收时煤质评定指标的是（C）。

    A．$S_{b,ad}$ B．$S_{t,ad}$ C．$S_{t,d}$ D．$S_{t,ar}$

11．从煤矿生产出来的、未经任何加工处理的煤称为（B）。

    A．原煤   B．毛煤   C．商品煤   D．天然煤

12．烟煤中变质程度由高到低的是（C）。

    A．贫煤—不黏煤—肥煤—长焰煤   B．肥煤—气煤—长焰煤—贫煤

C．贫煤—焦煤—弱黏煤—长焰煤　　　　D．贫煤—焦煤—长焰煤—肥煤

13．GB/T 5751—2009 规定，烟煤划分为不同类别，共计（B）个类别。

A．10　　　　　　B．12　　　　　　C．14　　　　　　D．16

14．1MPa 压力约相当于（B）kg/cm^2。

A．1　　　　　　B．10　　　　　　C．100　　　　　　D．0.1

15．致密的定量滤纸，其纸盒上用（B）表示。

A．蓝带　　　　　B．红带　　　　　C．黑带　　　　　D．黄带

16．煤中燃烧产生热量的元素最准确的答案是（D）。

A．碳　　　　　　　　　　　　　　B．氢

C．碳+氢　　　　　　　　　　　　D．碳+氢+可燃硫

17．GB/T 483—2007 规定，需要进行水分校正或换算的试验项目，最好和水分同时测定；如不能同时进行，两者测定也应在尽量短的、煤样水分未发生显著变化的期限内进行，最多不超过（B）天。

A．7　　　　　　B．5　　　　　　C．3　　　　　　D．1

18．同一样品两次测定结果之差如不超过规定限度（重复性 T），则应取其算术平均值作为测定结果，否则进行第三次测定。如 3 次测定极差小于或等于（B），则应取 3 次测定平均值作为测定结果。

A．1.1T　　　　　B．1.2T　　　　　C．1.3T　　　　　D．1.5T

19．在商品煤验收时，供煤方提供的 $Q_{gr,d}$ 合同约定报告值与电厂检验值相比，报告值-检验值≤（B）MJ/kg 时，判为合格（设煤的 A_d>20%）。

A．+1.12　　　　B．+1.12/$\sqrt{2}$　　　　C．−1.12　　　　D．−1.12/$\sqrt{2}$

20．煤场存煤过程中，将会发生（D）。

A．挥发分升高　　　　　　　　　　B．灰分降低

C．含碳量升高　　　　　　　　　　D．发热量降低

21．煤场存煤过程中，将不会发生（C）。

A．灰分升高　　　　　　　　　　　B．发热量下降

C．挥发分升高　　　　　　　　　　D．含硫量降低

22．依据 DL/T 1668—2016，煤堆内部温度达到（B）℃，应立即采取倒堆散热措施。

A．50　　　　　　B．60　　　　　　C．80　　　　　　D．90

23．（B）误差在煤质检验中是无法避免的。

A．系统　　　　　　B．随机　　　　　C．过失　　　　　D．可测

24．煤的灰分含量与发热量之间关系呈现（B）。

A．正相关性　　　　　　　　　　　B．负相关性

C．无相关性　　　　　　　　　　　D．可能正相关性，也可能负相关性

25．煤变质程度的高低与（B）无关。

    A．挥发分　　　　　　B．灰分　　　　　　　C．水分　　　　　　　D．固定碳

26．褐煤的 V_{daf} 应大于（B）。

    A．30%　　　　　　　B．37%　　　　　　　C．40%　　　　　　　D．47%

27．中国煤炭分类体系中，无烟煤的（D）不大于 10.0%。

    A．V_d　　　　　　　　B．V_{ad}　　　　　　　C．V_{ar}　　　　　　　D．V_{daf}

28．烟煤的挥发分 V_{daf} 的最小值应大于（A）。

    A．10.0%　　　　　　B．8.0%　　　　　　　C．12.0%　　　　　　D．14.0%

29．腐殖煤的煤化作用阶段包括（C）两个阶段。

    A．泥炭化作用、厌氧化作用　　　　　　B．泥炭化作用、氧化作用

    C．成岩作用、变质作用　　　　　　　　D．成岩作用、岩浆作用

30．依据 GB/T 31356—2014，以下不属于动力用煤质量评价的基本指标的是（A）。

    A．煤中碳含量　　　　　　　　　　　　B．煤中氯含量

    C．煤中汞含量　　　　　　　　　　　　D．煤中磷含量

31．依据 GB/T 31356—2014，以下不属于动力用煤质量评价的辅助指标的是（D）。

    A．煤中碳含量　　　　　　　　　　　　B．煤中氢含量

    C．煤中氮含量　　　　　　　　　　　　D．煤中氯含量

32．GB/T 31356—2014 规定，动力用煤汞含量的控制指标是（D）。

    A．≤0.100%　　　　　　　　　　　　　B．≤0.150%

    C．≤0.150μg/g　　　　　　　　　　　　D．≤0.600μg/g

33．GB/T 31356—2014 规定，动力用煤氯含量的控制指标是（B）。

    A．≤0.100%　　　　　　　　　　　　　B．≤0.150%

    C．≤0.150μg/g　　　　　　　　　　　　D．≤0.600μg/g

34．GB/T 31356—2014 规定，当动力用煤的灰分为 35.00%<A_d≤40.00%时，其发热量 $Q_{net,ar}$ 应不小于（A）。

    A．16.50MJ/kg　　　　　　　　　　　　B．16.70MJ/kg

    C．18.00MJ/kg　　　　　　　　　　　　D．25.10MJ/kg

35．DL/T 567.1—2007 中规定，重复性限是在同一实验室中，由同一操作者用同一台仪器对同一分析试验煤样于短期内所做的重复测定，所得结果间的差值（A）的临界值。

    A．在 95%概率下　　　　　　　　　　　B．在 96%概率下

    C．在 97%概率下　　　　　　　　　　　D．在 99%概率下

36．煤的挥发分 V_{daf} 与发热量 $Q_{gr,daf}$ 之间的相互关系是（D）。

    A．正相关　　　　　　　　　　　　　　B．负相关

    C．不相关　　　　　　　　　　　　　　D．非线性相关

37. 按照 GB/T 17608—2022，下列不属于筛选煤类别的煤炭产品品种的是（C）。

    A．混煤　　　　　　B．末煤　　　　　　C．煤泥　　　　　　D．粉煤

38. 煤的灰分是（A）。

    A．煤在规定条件下完全燃烧后的残留物

    B．煤中矿物质

    C．采煤时混放煤中的顶底板岩石

    D．煤中黄铁矿和石灰石高温氧化分解的产物

39. 在规定条件下，相互独立的测试结果之间的一致程度称为（D）。

    A．偏倚　　　　　　B．准确度　　　　　　C．正确度　　　　　　D．精密度

40. GB/T 18666—2014 规定，A_d＞20%时，原煤和筛选煤的$\Delta Q_{gr,d}$允许差（报告值−检验值）为（A）MJ/kg。

    A．+1.12　　　　　　B．−1.12　　　　　　C．+2.82　　　　　　D．−2.82

41. 与煤的变质程度无关的指标是（B）。

    A．挥发分　　　　　　B．灰分　　　　　　C．氢　　　　　　D．水分

42. 商品煤质量验收评定指标的允许差是（A）。

    A．报告值−检验值　　　　　　　　　　B．检验值−报告值

    C．没有规定　　　　　　　　　　　　D．双方协商

43. 按照氧含量从大到小排序，正确的是（D）。

    A．褐煤　贫煤　肥煤　　　　　　　　B．烟煤　褐煤　无烟煤

    C．无烟煤　烟煤　褐煤　　　　　　　D．褐煤　焦煤　瘦煤

44. 按照 GB/T 483—2007 中有效数字修约规则，下列四组数字修约（保留小数点后两位）中，修约错误的是（D）。

    A．8.5451→8.55　　　　　　　　　　B．8.5349→8.53

    C．8.7350→8.74　　　　　　　　　　D．8.5250→8.53

45. 判定多次测定值平均值与标准煤样标准值是否有显著差异，可以选用统计检验中的（C）来推断。

    A．Grubbs 检验　　　　　　　　　　B．F 检验

    C．t 检验　　　　　　　　　　　　　D．Dixon 检验

46. 根据有效数字运算规则，下列计算为最终计算，结果正确的是（B）。

    A．0.23+25.645+1.051=26.926　　　　B．0.23+25.645+1.051=26.93

    C．3.14×18.54×1.055=61　　　　　　D．3.14×18.54×1.055=61.5

47. 以下关于标准煤样标准值及扩展不确定度的描述正确的是（E）。

    A．扩展不确定度与不确定度的含义相同，其包含因子等于 3

    B．扩展不确定度就是测定值与标准值的允许差

C. 扩展不确定度一般为标准不确定度的数倍，而标准不确定度就是采用统计学的实验标准偏差来表示

D. 标准煤样标准值就是被测量的真实值

E. 标准煤样标准值是被测量的最佳估计值，扩展不确定度指标准值取值区间的半宽，该区间表征了合理地赋予被测量之值的分散性

48. 下列混合煤的煤质特性指标中不能由参与混配的各种煤的相应煤质特性指标按煤量加权平均计算的是（E）。

　　A. 碳　　　　　　　　　　　　　B. 挥发分

　　C. 发热量　　　　　　　　　　　D. 哈氏可磨性指数

　　E. 煤灰熔融性特征温度

49. 煤的芳香度随煤化程度的增加而（C），煤中的非芳香碳主要以氢化芳环、环烷环、烷基侧链和脂肪碳键桥键等形式存在。

　　A. 不变　　　　　　　　　　　　B. 减少

　　C. 增加　　　　　　　　　　　　D. 先增加后减少

50. 某电厂收到一批洗动力煤，合同规定 $Q_{gr,d}$=26.60MJ/kg，$S_{t,d}$≤0.95%。现买受方测定结果为 $Q_{gr,d}$=26.10 MJ/kg，A_d=10.00%，$S_{t,d}$=0.80%，该批煤验收结果为（C）。

　　A. 热值合格，全硫合格，该批煤合格

　　B. 热值合格，全硫不合格，该批煤不合格

　　C. 热值不合格，全硫合格，该批煤不合格

　　D. 热值不合格，全硫不合格，该批煤不合格

51. 某电厂对一批筛选煤（A_d=18.00%）进行验收，矿方采用 GB/T 475—2008 中的基本采样方案进行采样，电厂使用机械化采样，则该批煤发热量（$\Delta Q_{gr,d}$）最大允许差为（A）MJ/kg。

　　A. 0.95　　　　　　B. 1.01　　　　　　C. 1.12　　　　　　D. 0.56

（三）多选题

下面每题至少有一个正确答案，将正确答案填在括号内。

1. 煤炭制样实验室的主要安全隐患为（ABCD）。

　　A. 粉尘污染　　　　　　　　　　B. 机械损伤

　　C. 爆炸　　　　　　　　　　　　D. 噪声

2. GB/T 31356—2014 规定，可用于动力用煤辅助指标的是（AD）。

　　A. 煤灰熔融性　　　　　　　　　B. 胶质层指数

　　C. 黏结指数　　　　　　　　　　D. 哈氏可磨性指数

3. 按照 GB/T 5751—2009，区分烟煤和褐煤的指标是（ABD）。

A．P_M B．V_{daf} C．H_{daf} D．$Q_{gr,maf}$

4．GB/T 483—2007 规定，溶液的浓度表示方法通常有（ABCD）。

A．物质的量浓度   B．质量分数   C．体积分数   D．质量浓度

5．GB/T 483—2007 规定，报告值需要保留到小数点后两位数字的检测项目有（AE）。

A．全硫   B．全水分

C．煤中汞   D．哈氏可磨性指数

E．工业分析

6．按 GB/T 17608—2022，煤炭产品类别包括（ABD）。

A．原煤   B．筛选煤   C．煤泥   D．精煤

E．低质煤   F．中煤

7．成煤过程中，变质作用包括（BDE）。

A．泥炭化变质作用   B．动力变质作用

C．成岩变质作用   D．深成变质作用

E．岩浆变质作用

8．煤岩学中无机显微组分有（ABDE）。

A．黏土矿   B．硫化物   C．硫酸盐   D．碳酸盐

E．氧化硅矿物类

9．GB/T 5751—2009 规定，煤炭分类时表征煤化程度的参数有（ABCD）。

A．干燥无灰基挥发分   B．干燥无灰基氢

C．恒湿无灰基高位发热量   D．低阶煤透光率

E．烟煤的黏结指数

10．成煤的条件包括（ABCE）。

A．地球气候   B．地理环境   C．时间   D．开采方式

E．地壳沉降速度与植物生长速度匹配

11．下列与煤化程度有相关性的指标是（AC）。

A．$Q_{gr,daf}$ B．$S_{t,d}$ C．H_{daf} D．焦渣特征

12．煤质分析中，有时需要确定两个变量之间是否具有显著性的线性相关关系，以下相关论述正确的有（ABCD）。

A．相关系数表示了两个变量之间的线性关系密切程度

B．相关系数为 1，表示两个变量之间的完全正线性相关；相关系数为–1，表示完全负线性相关；相关系数接近于零，表示两个变量之间线性不相关

C．线性回归效果是否显著的统计检验法有 r 检验法、F 检验法、t 检验法

D．线性回归效果不显著有三种可能：因变量还有其他不能忽视的变量、两个变量根本不存在任何关系、两个变量存在其他相关关系

13. 按照 GB/T 31356—2014，标识作为商品煤流通的随行文件至少应包括（ABCDE）。

    A. 商品煤类别

    B. 商品煤数量

    C. 商品煤产地

    D. 商品煤的标称最大粒度和外观描述

    E. 商品煤主要煤质指标

14. 按照 GB/T 3715—2022，商品煤可分为（ABC）。

    A. 动力用煤　　　　　　　　　　B. 冶金用煤

    C. 化工用原料煤　　　　　　　　D. 毛煤

15. 以下数据修约到小数点后两位正确的有（ACD）。

    A. 17.5450→17.54　　　　　　　B. 17.5350→17.53

    C. 17.5355→17.54　　　　　　　D. 17.5430→17.54

16. 煤样的空气干燥基全硫四次测定结果分别为 2.20%、2.34%、2.28%和 2.25%，已知其重复性限为 0.10%，以下叙述正确的是（AB）。

    A. 该煤样的空气干燥基全硫报出结果为 2.24%

    B. 不能以四次的算术平均值报出

    C. 该煤样的空气干燥基全硫报出结果为 2.29%

    D. 以上叙述均不对

17. 下列属于国际基本计量单位的是（AD）。

    A. 热力学温度（开尔文）　　　　B. 热量（焦耳）

    C. 质量（克）　　　　　　　　　D. 时间（秒）

18. 按照现行煤炭分类标准，表征烟煤工艺性能的指标是（ABD）。

    A. Y　　　　B. $G_{R.I}$　　　　C. V_{daf}　　　　D. b

19. 通常用于检验一组数据有 1 个异常值的方法是 （CD）。

    A. t 检验法　　　　　　　　　　B. F 检验法

    C. Dixon 法　　　　　　　　　　D. Grubbs 法

20. 依据 DL/T 1878—2018，煤场堆积密度可按照（AC）测试。

    A. 模拟法　　B. 大容器法　　C. 实测法　　D. 密度仪法

21. 依据 GB/T 31356—2014，属于动力煤辅助评价指标的是（AD）。

    A. 煤灰熔融性　　　　　　　　　B. 氯含量

    C. 煤粉含量　　　　　　　　　　D. 哈氏可磨性指数（HGI）

22. GB/T 29164—2012 指出，可溯源到试验方法标准，具有一定稳定性量值（通常为条件值）的煤炭标准物质可用于（ABC）。

    A. 仪器设备性能评价　　　　　　B. 测试质量监控

　　C．试验方法研究和确认　　　　　　　D．仪器的标定或校准

23．以下属于碳酸盐的有（AE）。

　　A．菱铁矿　　　　B．白铁矿　　　　C．芒硝　　　　D．岩盐

　　E.霞石

24．以下属于硫化物的有（ACE）。

　　A．黄铜矿　　　　B．铁白云石　　　　C．方铅矿　　　　D．水绿矾

　　E．闪锌矿

25．以下属于硫酸盐的有（AD）。

　　A．重晶石　　　　B．白云石　　　　C．砷黄铁矿　　　　D．黄钾铁钒

　　E．钾盐

26．以下属于氯化物的有（A）。

　　A．水氯镁石　　　　B．方解石　　　　C．磁黄铁矿　　　　D．黄铁矿

　　E．毛钒石

（四）填空题

　　1．煤炭分析试验的测定结果，在同一实验室允许差用<u>重复性限</u>表示；不同实验室允许差用<u>再现性临界差</u>表示。

　　2．若要对 20.2455 保留小数点后三位，则该数应修约为 <u>20.246</u>；若要保留到小数点后两位，则该数应修约为 <u>20.25</u>。

　　3．煤中氢含量随变质程度增加而<u>降低</u>，氧含量随变质程度降低而<u>升高</u>。

　　4．在煤灰的组成中，大部分是 SiO_2、Al_2O_3、Fe_2O_3 三种氧化物。

　　5．GB/T 483—2007 规定，需要根据水分测定结果进行校正或换算的分析试验最好能和水分测定同时进行，否则也应在尽量短的、煤样水分未发生<u>显著变化</u>的期限内进行，最多不超过 <u>5</u> 天内进行。

　　6．对于锅炉机组性能考核及精确的热力计算，除测定灰、渣的灰分外，还应同时测定其中的<u>水分</u>和碳酸盐、<u>二氧化碳</u>含量。

　　7．按照 DL/T 567.1—2007 的规定，试验用高温炉应有足够的<u>恒温区域</u>。

　　8．随机误差在测定操作中总是不可避免的，但随着测定次数的增加，测定数据分布呈现<u>对称性</u>、<u>有界性</u>、单峰性和抵偿性。

　　9．在煤质测定中，<u>随机</u>误差是不可避免的，这可以用<u>增加测定次数</u>来减少这种误差。

　　10．天平所能称准的最小质量，叫<u>感量</u>；热量计中用于内筒温度测量的温度计，至少应有 <u>0.001K</u> 的分辨率。

　　11．古代植物成煤过程的第一阶段是<u>泥炭化</u>作用，第二阶段是<u>煤化</u>作用。成煤过程中的煤化作用，包括<u>成岩</u>作用和<u>变质</u>作用。

12．我国煤炭分类的参数为表征煤化程度的参数和表征工艺性能的参数。

13．中煤是介于精煤和矸石之间的产品。

14．烟煤的煤化程度高于褐煤，而低于无烟煤。

15．硬煤是指烟煤和无烟煤的合称。

16．烟煤划分为 12 个类别，主要依据是挥发分和黏结指数。

17．末煤是指粒度小于 25mm 或粒度小于 13mm 的煤。

18．煤场存煤量是根据煤堆体积和煤的堆密度计算而得的。

19．煤场长期存煤，会导致煤的粒度减小，灰分增大。

20．煤场长期存煤，会导致煤的热量降低，含硫量减小。

21．煤场长期存煤，会导致煤的挥发分降低，吸水性增强。

22．GB/T 17608—2022 规定，煤炭产品发热量等级是以 $Q_{net,ar}$ 划分的，而灰分等级是以 A_d 划分的。

23．用工业分析表示煤的组成时，不可燃成分是指水分及灰分。

24．我国商品煤质验收标准中规定，质量指标允许差是报告值减去检验值。

25．煤的常用基准有收到基、空气干燥基、干燥基及干燥无灰基。

26．煤的变质程度越低，则在存煤过程中煤质下降越快，主要表现为灰分的增加及发热量的降低。

27．对于一个被测定体系，可用 2 个特征值来加以描述：一是集中特征值，即平均值；另一是分散特征值，即标准偏差。

28．根据 GB/T 483—2007，煤炭分析试验方法的精密度以重复性限和再现性临界差表示。

29．煤的变质程度越高，则挥发分含量越低，固定碳含量越高。

30．古代植物在成煤过程中发生了复杂的生物化学与物理化学作用，经历了泥炭化作用和煤化作用两个阶段。

31．煤炭按照其变质程度由低向高依次为褐煤、烟煤、无烟煤三大类。

32．影响成煤变质阶段的三个必要条件为温度、压力和时间。

33．GB/T 31356—2014 规定，商品煤送检样品应附有商品煤标识或质量证明书。

34．GB/T 31356—2014 中动力用煤运距是指商品煤从产地或进境口岸起发生运输的距离。

35．GB/T 31356—2014 规定，动力用煤的煤类包括褐煤、非炼焦烟煤和无烟煤。

36．动力用煤质量控制指标中，煤粉含量是指商品煤中粒度小于 0.5mm 的煤粉的质量分数。

37．GB/T 31356—2014 规定，当动力用煤的运距超出 600km 时，要求褐煤发热量 $Q_{net,ar}$ 不低于 16.50MJ/kg，其他煤发热量 $Q_{net,ar}$ 不低于 18.00MJ/kg。

38．GB/T 18666—2014 中采样基数是指<u>抽查或验收</u>时实施采样的批煤量。

39．根据 GB/T 18666—2014，报告值是指被检验单位出具的被检批煤质量指标值，包括<u>被检验单位的测定值</u>或贸易合同约定值、产品标准或规格规定值。

40．我国煤炭按煤化程度不同可分为<u>褐煤</u>、<u>烟煤</u>和<u>无烟煤</u>，其中褐煤在空气中最易氧化，在制样时宜在低于<u>40</u>℃的环境下进行干燥。

41．某电厂收到一批洗动力用煤，合同规定 $Q_{gr,d}$=26.60MJ/kg，$S_{t,d}$≤0.80%。现买受方测定结果为 $Q_{gr,d}$=26.10MJ/kg，A_d=11.00%，$S_{t,d}$=0.95%，该批煤验收结果为<u>不合格</u>。

42．依据 GB/T 18510—2001，评价可替代方法准确度的方法有<u>与标准物质比较</u>和<u>与国家标准方法比较</u>。

43．煤的挥发分与发热量之间的相互关系是<u>非线性相关</u>。煤的灰分与发热量之间的相互关系是<u>负相关</u>。

44．买受方和出卖方均采用基本采样方案采样，干燥基全硫 $S_{t,d}$=1.50%的筛选煤在验收评定时，干燥基全硫允许差为<u>-0.26%</u>。

45．按 GB/T 5751—2009 的要求，当分类用煤样的干燥基灰分产率大于<u>10%</u>时，在测定分类参数之前应采用重液法进行减灰后再分类。分类用的重液由<u>氯化锌</u>和水配制溶液。该重液的比重由两个因素决定，一是减灰后的煤样的干燥基灰分产率在 5%～10%；二是浮煤的回收率<u>最大</u>。

46．根据 GB/T 18666—2014，机械化采样器和人工采样工具应满足 GB/T 19494.1—2004 和 GB/T 475—2008 中规定的各项要求，且机械化采样器能<u>无实质性偏倚</u>地收集子样，并<u>被具有资质的单位</u>严格按照 GB/T 19494.3—2004 规定进行的试验所证明。

47．中国煤炭分类标准，采用煤化程度参数主要是<u>干燥无灰基挥发分</u>将煤炭划分为无烟煤、烟煤和褐煤。

48．根据 GB/T 3715—2022，煤热分解后残渣中的硫称为<u>固定硫</u>。

49．根据 GB/T 3715—2022，有证煤标准物质，每个标准值都附有给定<u>置信水平</u>的不确定度。

50．根据 GB/T 5751—2009，煤含有一定量的矿物质，相应的灰分产率小于<u>或等于</u>50%。目前国内用于煤炭储量计算时所统计的煤炭灰分上限为<u>40%</u>。

51．根据 GB/T 18666—2014，当合同约定值或产品标准或规格规定值为一数值范围时，灰分和全硫取合同约定值或规定值的<u>上限值</u>为出卖方报告值，发热量取<u>下限值</u>为报告值。

52．称量标准物质时，称完后应立即盖紧容器盖，避免标准物质氧化和<u>水分的显著变化</u>。

53．煤是植物遗体在覆盖地层下，经复杂的<u>生物化学</u>和<u>物理化学</u>作用，转化而成的固体有机可燃沉积岩。

54．干燥基灰分大于 10%的煤需要用浮煤进行分析试验时，应用粒度小于 <u>3mm</u> 的原煤煤样在重液（即<u>氧化锌水溶液</u>）中浮选，俗称减灰。

55．煤炭产品按其用途、加工方法和<u>技术要求</u>划分为 5 大类，<u>29</u> 个品种。

56．煤炭产品质量指标划分依据有<u>灰分A_d</u>、<u>硫分$S_{t,d}$</u>、<u>发热量$Q_{net,ar}$</u>和块煤限下率。

57．根据 GB/T 17608—2022，对于块煤限下率划分等级，每相隔 <u>3%</u>作为一个等级间隔，共划分为 <u>10</u> 级。

58．根据 GB/T 3715—2022，凡能产生 <u>29.27MJ</u> 低位发热量的任何能源均可折算为 1kg 的煤当量值。

59．根据 GB/T 3715—2022，各种煤掺配比例的质量分数称为<u>配煤比</u>。

60．根据 GB/T 3715—2022，被检验单位对一批煤的某一质量指标的报告值和检验单位对同一批煤的同一质量指标的检验值的差值在规定概率下的极限值称为<u>质量指标允许差</u>。

61．根据 GB/T 5751—2009，煤炭分类参数有两类，即用于表征<u>煤化程度</u>的参数和用于表征<u>煤工艺性能</u>的参数。

62．根据 GB/T 5751—2009，用于表征煤化程度的参数分为<u>干燥无灰基挥发分</u>、干燥无灰基氢含量、恒湿无灰基高位发热量、<u>低煤阶煤透光率</u>。

63．根据 GB/T 5751—2009，用于表征煤工艺性能的参数分为<u>黏结指数</u>、胶质层最大厚度和<u>奥阿膨胀度</u>。

64．根据 GB/T 5751—2009，烟煤和褐煤的划分，采用<u>透光率</u>作为主要指标，并以恒湿无灰基高位发热量为辅助指标。

65．根据 GB/T 17608—2022，煤炭产品的类别分为精煤、<u>洗选煤</u>、筛选煤和<u>原煤</u>。

66．根据 GB/T 30731—2014，煤炭联合制样系统的破碎单元不宜使用圆盘磨和转速大于 <u>950r/min</u> 的锤式破碎机及频率大于 <u>20Hz</u> 的高速球磨机。

67．根据 GB/T 30731—2014，煤炭联合制样系统横过皮带缩分器的切割器应以均匀速度（各点速度差不大于10%）通过煤流，其运行速度应不小于皮带速度的 <u>1.5</u> 倍。

68．根据 DL/T 1878—2018，燃煤电厂储煤场库存煤品质指标的确定方法有<u>直接测定法</u>和差减计算法。

69．根据 DL/T 1878—2018，燃煤电厂储煤场库存煤品质指标直接测定时，煤样的采取应按 GB/T 475—2008 设计专用采样方案，其总样质量还应考虑测定<u>堆积密度</u>的需要。

70．根据 DL/T 1878—2018，燃煤电厂储煤场库存煤堆积密度测定方法有<u>模拟法</u>和<u>实测法</u>。

71．根据 DL/T 1878—2018，对于燃煤电厂储煤场库存煤体积测定的精密度，连续测量 2 次，其相对偏差不应大于 <u>2%</u>；或连续测量 5 次，其相对标准偏差不应大于 <u>1%</u>。

72．现代科学研究证明：煤有机物分子不是由均一的"单体"聚合而成，而是由许多结构相似但不完全相同结构单元即基本结构单元通过<u>桥键</u>联结而成。

73．有机硫包括有<u>硫醇类</u>、<u>硫醚类</u>、<u>硫醌类</u>及噻吩类等。

74．<u>哈氏可磨性</u>指数对于电厂磨煤机选型、出力预测及运行工况有重要意义，是一项重要特性指标。

75．煤的灰分不是煤中<u>固有物质</u>，而是煤在规定条件下，其中所有可燃物质完全燃烧后以及煤中矿物质在一定温度下经过一系列分解、氧化和化合等复杂反应所形成的<u>残留物</u>。

76．对于锅炉机组性能考核及精确的热力计算，测定灰渣可燃物时，除测定灰、渣的灰分外，还应同时测定其中的<u>水分</u>和<u>碳酸盐</u>、<u>二氧化碳</u>含量。

77．GB/T 29164—2012 指出，煤炭标准物质的发热量和碳含量一般随煤样的氧化变质逐渐降低，但一年内的变化率不会超过<u>标准值</u>的<u>不确定度</u>。

78．入厂入炉煤热值差是指统计期入厂煤实际验收加权平均热值与入炉煤实际检测加权平均热值之间的正负差值，是一项日统计、月汇总、年累计，以<u>年度</u>为考核周期的火电企业燃料管理指标，其标准单位为兆焦/千克。

79．GB/T 18666—2014 中规定采样基数是指<u>抽查或验收时实施采样的批煤量</u>。

80．发热量单位 MJ/kg 的中文符号为<u>兆焦/千克</u>。

81．随机误差是不可避免的，随着重复测量次数的增加，测定数据的分布呈现对称性、有界性、<u>单峰性</u>和<u>抵偿性</u>。

82．<u>电力燃料</u>是火力发电的第一生产要素，煤炭在中国国民经济发展过程中一直扮演着举足轻重的角色。

83．随着<u>煤气化</u>、<u>煤层气</u>、<u>页岩气</u>、<u>天然气水合物</u>等资源的规模化开发，输气管网的互联互通和利用技术水平的提升突破，以天然气为代表的气体燃料必将成为电力生产的重要能源形式，发挥通向低碳经济的桥梁和纽带作用。

84．<u>生物质</u>燃料具有全周期零碳排放特性，<u>其灰渣</u>又是独特的土壤改良剂，是火力发电碳中和目标早日实现的重要能源利用途径。

85．煤炭资源储藏最丰富的国家为<u>美国</u>、<u>俄罗斯</u>、<u>澳大利亚</u>、<u>中国</u>、<u>印度</u>和<u>南非</u>，这 6 个国家的煤炭储藏量之和占全世界煤炭储藏量的 80%以上。

86．成煤过程中首先<u>木质素</u>结构脱除 CO_2，形成腐殖酸，然后在需氧和厌氧菌作用下形成<u>泥炭</u>，在此缺氧环境中随着<u>温度</u>、<u>压力</u>的作用和时间的推移，逐步形成褐煤、烟煤和无烟煤。

87．植物形成泥炭后，植物中的<u>蛋白质</u>消失，木质素和纤维素大幅降低，<u>腐殖酸</u>和沥青大量形成；与植物相比，泥炭的碳元素增高，氮元素<u>增加</u>，氧元素<u>降低</u>。

88．地球核心热量影响，深度每增加 1ft（1ft=0.3048m），地温增加 <u>0.012</u>℃。

89．德国科学家对德国、英国、法国的几个煤田的研究发现，随着地层深度每下降 100m，煤的干燥无灰基挥发分 V_{daf} 减少 <u>2.3</u>%左右，称为希尔特（德国学者 C.Hilt）定律。

90．成煤过程实现了由植物向煤炭的转化，而聚煤作用则形成了具有工业开采价值的煤炭矿床。

91．全球范围内的聚煤作用，以欧洲、亚洲、北美、大洋洲为主，南美和非洲较少。在整个地质年代中有三大聚煤期，即古生代的石炭纪和二叠纪孢子植物，中生代的侏罗纪和白垩纪裸子植物，以及新生代的第三、第四纪被子植物。

92．聚煤期不仅与大量植物繁殖生长有关，还需具备形成煤炭必备的地壳上升和下降垂直运动的地质条件。

93．我国褐煤的煤化程度以深的居多，只有云南省有较多年轻褐煤，而无烟煤的煤化程度以浅的居多。

94．矿井危害主要包括瓦斯气、岩爆、透水和矽肺病。

95．通过观察煤炭岩相成分的构成、状态，并了解其组成、特性和工艺用途的科学称为煤岩学。

96．低温灰化的灰分产率比高温灰化灰分产率高。

97．煤有机质的前驱体是成煤植物中碳水化合物、木质素和蛋白质等有机组分，木质素是成煤的最主要物质，而含氮元素的有机组分主要是蛋白质。

98．对于不同植物或者对于同一植物的不同生长阶段，煤中有机质组分的分子结构和相对含量相差很大，因此作为植物残体转化而来的煤炭也非常复杂。

99．煤炭分子结构的推演需要多手段综合分析判断。例如，通过对其元素分析确定构成煤炭的元素种类及其含量，通过溶剂对纯煤和矿物质的分离来分别判断有机质和无机质的构成，通过显微镜观察和计数确定其典型显微组分结构及其组分比例，通过红外光谱分析其有机质官能团的种类，通过拉曼光谱分析其芳环类石墨结构，通过热解气化、液化、焦化和燃烧等热处理后的产物比对来判断分子间键合关系和强度，通过核磁共振（NMR）氢谱和碳谱来区分芳香碳和非芳香碳的相对比例，通过 X 射线衍射（XRD）分析其晶型结构，通过镜质组最大反射率来判定其变质程度等。

100．表征煤芳香族结构的芳烃指数 f_a 随着煤阶的增加而增加。通常对于褐煤和次烟煤等的 f_a 在 40%～50%，无烟煤的 f_a 达到 100%。

101．宏观煤岩成分是煤肉眼可识别岩石分类的基本单元，包括镜煤、亮煤、暗煤和丝炭。其中镜煤和丝炭是简单煤岩成分，亮煤和暗煤是复杂煤岩成分。

102．煤炭中的矿物通常可分为原生矿物、同生矿物质、次生矿物质和外来矿物质 4 大类。前 2 类均在成煤过程中形成，而最后一类是在煤炭开采过程中混入毛煤。

103．对于煤质的均匀度影响程度方面，原生矿物几乎不影响，其他矿物会加大煤质不均匀度，而采入（或外采）矿物在未加工的原始状态下，影响程度最大。即采入矿物越多，煤质就越不均匀。

104．以安全环保经济为目标的 SEE 三元配煤指标掺配原则可以用 35 个字概括：安全生产<u>不出事</u>、环保排放<u>不超标</u>、燃料成本<u>显著降</u>、实施成本尽量低、设备损耗不明显。

105．煤场煤炭质量管理评价应包括<u>煤量损失</u>和<u>热量损失</u>两项指标。

106．煤量损失评价以在一定周期内折算到入厂煤水分的条件下，入厂煤量与入炉煤量的差值应与煤场存煤量具有<u>一致性</u>，即不大于入厂入炉热值差的限制值；煤量不应出现煤场<u>亏损</u>。

107．厂炉热值差的技术管理目的在于<u>精确计算发电煤耗</u>、<u>控制煤场质量损失</u>、<u>发现煤场亏损</u>、<u>企业资产盘点</u>等。

108．厂炉热值差全面反映了<u>入厂煤验收</u>和<u>厂内燃料管理</u>的质量和水平，是火电厂燃料管理的重要指标。一旦厂炉热值差大于<u>基值</u>，就应对照分析超差原因，做出对策，并在短期内缩小差值，直至满足热值差要求。

109．掺配掺烧通常包括目标和方案的制定、<u>方案验证</u>、设施准备、<u>参数监测</u>、<u>安全环保</u>风险预案、方案调整和控制、运行和实施、<u>效果评价</u>等内容。

110．随着煤化程度的加深，纯煤（除去矿物质的煤）的真密度相应<u>增加</u>。

111．同一变质程度煤的岩相成分中，<u>丝炭密度最大</u>，<u>镜煤密度较小</u>，<u>惰质组类物质密度最小</u>。

112．根据 DL/T 1668—2016，低变质烟煤夏秋季存煤期和测温周期分别为<u>30 天</u>和<u>4 天</u>，当高硫低变质煤在当季较高气温和降雨增加时，其存煤期和测温期至少应分别为<u>18 天</u>和<u>2 天</u>。

113．对于条形煤场的配煤可采用"<u>横堆竖取</u>"法，即配煤分种类按比例<u>水平层叠</u>堆放，取料时以斗轮机从煤堆<u>侧面</u>切取。

114．为避免煤堆自燃，需要监测<u>温度</u>和制定<u>火灾喷淋</u>控制措施。

115．干燥基准的纯煤真密度（TRD）$_{PC}$、原煤真密度（TRD）$_{rc}$ 及灰分 A_d 三者之间的关系为：（TRD）$_{PC}$=（TRD）$_{rc}$ $-0.01A_d$。

116．国际煤炭分类标准 ISO 11760：2018（E）中煤炭定义为其矿物质含量对应 $A_d \leqslant 50\%$ 的由植物残体转化而来的碳沉积岩。成煤过程中当泥炭脱水到<u>原位含水量为 75%（质量分数）</u>时作为泥炭到煤炭的转化点。

117．美国 ASTM D388-19a 煤炭分类标准是根据煤阶-镜质组反射率，即根据煤炭变质程度的高低来分类。对于高阶煤分类指标为<u>干燥无矿物质基的固定碳 FC_{dmmf}</u> 和挥发分 V_{dmmf} 分类，对于低阶煤为<u>恒湿无矿物质基高位发热量 $Q_{m,mmf}$</u> 分类，以自由膨胀序数来表示的黏结特性用于区分小类。

118．澳洲煤炭分为高阶煤和低阶煤两类。根据干燥无灰基（daf）或者恒湿（最高内水）无灰基（afm）的高位发热量大小将澳洲煤炭大致分为高阶煤和低阶煤两类，当 $Q_{gr,daf}$ 不小于 <u>21.00MJ/kg</u> 且 $Q_{gr,afm}$ 不小于 <u>27.00MJ/kg</u> 时划分为高阶煤，否则划分为低阶煤。

119．ГОСТ 25543—2013 的分类建议煤中有机质的物理、机械、化学以及工艺特性取决于三种因素的相互作用，即煤的变质程度、煤岩组分和还原性程度，适用于未氧化的褐煤、烟煤和无烟煤。

120．色谱分析是一种利用互不相容的固定相和流动相将样品分离为各种组分后分别采用不同检测器定性或定量检测的一种分析技术。固定相可以是固体或液体，填充于柱内的称为柱色谱，流动相只能是液体或气体。

121．拉曼光谱用于检测有机物和无机物的分子结构和组分，固态和液态样品比较容易被检测，气态样品在特殊条件下也可被检测，样品量为 0.1g 即可，样品的准备也比红外光谱（IR）更简单。

122．FT-Raman 使用近红外激发源，即 1.064μm（9934cm^{-1}）铌钇铝石榴石（Nd:YAG）激光源，虽然拉曼强度降低，但该激光源的优势在于不产生荧光效应和不受热分解影响，可以使用光纤应用于在线检测和过程监测，适合煤炭样品的 Raman 光谱检测。

123．红外和拉曼光谱对于同一结构的响应呈互补现象，可以利用这种特性对分子结构定性分析进行交叉验证。

124．X 射线荧光光谱仪由激发源、分散和荧光检测构成的平面晶体光谱仪构成。

125．中子活化分析是最普遍使用的活化分析方式。用中子轰击样品，通常用核反应中产生出的热/慢中子，当使用加速器轰击时可产生快中子。

126．中子活化分析极少用于绝对分析，而是使用标样对比法。

127．采用电离分析的操作中应注意辐射安全。

128．CO_2 的捕集技术主要有燃烧后脱除技术、燃烧前分离技术和富氧燃烧分离技术等方式。同时，一些新型的脱除方式，如化学链燃烧分离技术、电化学泵、CO_2 水合工艺和光催化工艺分离烟气 CO_2 技术等也逐渐受到研究者的关注和重视。

129．目前工业中广泛采用热碳酸钾法和醇胺法两种化学吸收法吸收二氧化碳。热碳酸钾法包括苯非尔德法、坤碱法、卡苏尔法等。以醇胺类作吸收剂的方法有一乙醇胺（MEA）法、二乙醇胺（DEA）法及 MDEA（N-甲基二乙醇胺）法等。

130．有毒元素：煤中的有毒元素包括 S、As、Hg、U、V、Pb、Zn、Se、Mo、Co、Sb、Be、Ni、Cr、F、Ca、Ti、Li、Mn 等，其中 S、As、Hg、F、Be 是第一类有毒元素，这些矿物质对煤炭转化有催化剂毒化作用或反催化作用。

131．若富集则宜提取利用元素，而对于煤中的 Ge、Ga、U、V、Hg、Mo、Re、Au、Ag 等元素，如果含量相对富集时可以提取利用，有助于指导煤炭燃烧后灰渣的资源化利用。

（五）问答题

1．如何减少测定中的系统误差和随机误差？

答：误差来源于系统误差和随机误差，提高分析结果的准确度必须减少测定中的系统误差和随机误差，常用的方法有：

（1）增加测定次数，减少随机误差。

（2）进行比较试验，取得校正值以校准方法的误差。

（3）做空白试验，取得空白值以校准试剂不纯所引起的误差。

（4）校正仪器，使用校正值以消除仪器本身缺陷所造成的误差。

（5）选择准确度较高的方法。

（6）使用标准样品或控制样。

2. 刚磨制成的粒度为 0.2mm 的一般分析煤样是否可以立即装瓶？为什么？

答：刚从磨样机制出的粒度小于 0.2mm 的煤样，不应立即装瓶。因为刚磨出的煤样的水分还未与周围环境湿度达到平衡，一方面，会使称取煤样时，质量不断减轻或不断增加而难以称准；另一方面，会使称取好的煤样失水，而影响某些测定值的准确度和精密度。因此，刚磨完的煤样应在空气中放置一段时间，让其与周围环境达到湿度平衡，即达到空气干燥状态后再装瓶。

3. 长期燃用质量偏低于设计值的燃煤，对电厂的生产经营有哪些不利影响？

答：（1）煤中水分不能燃烧，含水量越大，则可燃烧物含量越小，发热量降低，且煤炭燃烧时，水分还要蒸发吸热，额外消耗一部分热量；水分含量大，易造成制粉系统、输煤系统堵塞；水分含量大，还易造成低温受热面及尾部烟道等部分的酸性腐蚀。

（2）煤中灰分不能燃烧，含量大同样导致发热量降低；增加灰渣系统压力，增加制粉系统压力；受热面冲刷腐蚀加剧；增加运输成本。

（3）挥发分含量应与锅炉设计相吻合，挥发分过低过高都将影响锅炉正常燃烧，甚至引发重大安全生产事故；高挥发分煤易氧化变质，不能长期存储。

（4）煤的发热量是电厂关注的重点，发热量偏离设计值过大，将导致锅炉无法正常燃烧，甚至灭火。

总之，煤炭质量应尽量满足锅炉设计需求，长期燃用偏低设计值的燃煤，对电厂的安全生产、经营效益都有着不利的影响。

4. 什么是天平的感量？分析天平使用中应注意哪些事项？

答：天平所能称准的最小质量，称为感量。

分析天平使用时应注意的事项包括：

（1）必须定期由计量部门检验，合格者方可使用。

（2）天平应置于符合环境要求的天平室中。

（3）天平内应放置硅胶干燥剂，硅胶变色后要及时更换。

（4）天平称量时要关好天平门，称量结束后，天平清零，关好天平门，关闭电源，罩上天平罩。

（5）防止将过重及热物品置于天平盘上称量；所有试剂均应置于适当容器中称量；化学试剂不得与天平盘直接接触。

（6）称量不稳定的天平要及时送维修部门维修，修复的要送检验部门检定，合格者方可继续使用。

5. 根据 GB/T 483—2007，如何确定分析试验的测定次数及试验结果？

答：对试验煤样应进行 2 次测定。2 次测定值差值如不超过重复性限 T，则取其平均值作为试验结果；否则进行第 3 次测定，如 3 次极差小于或等于 $1.2T$，则取 3 次测定值的平均值为测定结果；否则进行第 4 次测定，如 4 次极差小于或等于 $1.3T$，则取 4 次测定值的平均值为测定结果，如极差大于 $1.3T$ 而其中 3 个测定值的极差小于 $1.2T$，则取此 3 次测定值的平均值为测定结果。若上述条件均未达到，则应舍弃全部测定结果，检查仪器和操作，然后重新测定。

6. 什么叫燃煤基准？常用的燃煤基准有几种？

答：根据生产要求和科学需要，把煤中各组成成分组合为某种特定整体，以此计算各组成的含量百分比，这种特定的整体称为燃煤基准。常用燃煤基准有四种，即收到基、空气干燥基、干燥基和干燥无灰基。

7. 重量分析对沉淀形式有什么要求？

答：沉淀的化学组成称为沉淀形式。重量分析对沉淀形式的基本要求是：

（1）沉淀的溶解度必须很小，保证沉淀完全。

（2）沉淀应易于过滤和洗涤。

（3）沉淀应纯净，避免其他杂质沾污。

（4）沉淀易于转化为称量形式。

8. 重量分析对称量形式有什么要求？

答：沉淀经烘干或灼烧后，供最后称量的化学组成称为称量形式。重量分析对称量形式的基本要求是：

（1）有确定的组成，并与化学式完全一致。

（2）性质稳定，不受水、CO_2 和 O_2 的影响。

（3）摩尔质量大。

9. 使用强酸、强碱时要注意哪些安全事项？

答：（1）搬运强酸、强碱时要戴橡皮手套和橡皮围裙。开启盖时禁止用工具敲打，避免容器破裂。

（2）稀释硫酸时须在不断搅拌下，缓慢地将硫酸注入水中，不许将水注入硫酸中。溶解固体强碱时要在瓷容器中进行，禁止加热。

（3）当需压碎或研磨苛性碱时，要戴眼镜和橡皮手套。

10. 在进厂煤质量验收中，对于干燥基灰分不小于 20.00% 的筛选煤，如果矿方采用 GB/T 475—2008 基本采样方案，请问厂方如何控制采样精密度使干燥基高位热值允许差为 0.90MJ/kg？并给出分析依据。

答：根据 GB/T 18666—2014 验收方法的规定，当买受方和出卖方中任意一方采用非基本采样方案时，其允许差按照合成精密度公式计算，即

$$p_h^2 = p_a^2 + p_b^2$$

式中　p_h——买受方和出卖方的合成采样精密度（A_d），以质量分数（%）表示；

　　　p_a——买受方采用的采样精密度（A_d），以质量分数（%）表示；

　　　p_b——出卖方采用的采样精密度（A_d），以质量分数（%）表示。

而干燥基高位热值的允许差为 $+0.396\,p_h$，因此若厂方提高其采制化总精密度 p_a，则可以降低允许差。

若要达到干燥基高位热值不大于 0.90MJ/kg 的允许差，则 p_h =0.90/0.396=2.273，而 p_b =2.00，则

$$p_a = \sqrt{(2.273^2 - 2^2)} = 1.08$$

因此，当控制入厂煤采制化总精密度达到 1.08 或更好时，可使允许差降低到 0.90MJ/kg 及以下。

11. 根据煤的形成过程，简述煤中矿物质来源及其洗选脱除难易程度。

答：煤炭中的矿物成分的来源有三类渠道：第一种是成煤植物所具有的，称为原生矿物；第二种渠道是在泥炭化作用、成岩作用、煤化作用等成煤过程中成煤前驱体泥炭与其地壳环境物质，主要是矿物质交换、渗透、掺杂的物理化学作用形成的，称为次生矿物；第三种是煤炭采掘过程中由煤层顶板、底板、夹层板混入的地质环境矿物质，称为外来矿物。

原生矿物和次生矿物很难用洗选脱除的方法从煤中分离出来，而外来矿物相对易使用洗选的方法脱除。

12．买受方未采用基本采样方案采样，对于原煤在验收评定时干燥基高位发热量允许差如何确定？

答： $0.396\,p_h$，其中 p_h 为买受方和出卖方的合成采样精密度；或买受方和出卖方的合成采样精密度的 39.6%。

13．煤灰成分分析包括哪些项目？动力用煤测定煤灰成分的意义是什么？

答： 煤灰成分是以组成煤灰各主要元素氧化物的质量百分数表示，其主要成分是氧化硅、三氧化二铝、氧化铁、氧化钙、氧化镁、三氧化硫、二氧化钛、氧化钠、氧化钾、五氧化二磷和氧化锰等。

煤灰成分分析与电力生产关系密切相关，通过煤灰成分分析可了解灰中酸性氧化物和碱性氧化物的比值，该比值对预测冲灰管道结垢和腐蚀有重要的作用。通过煤灰成分分析还有助于判断和防止灰渣对锅炉设备的侵蚀，以及锅炉结渣和积灰。煤灰中的氧化钾和氧化钠含量不多，但是它们对锅炉受热面危害较大，对除尘器的设计也有所影响。测定煤灰成分还可给煤灰的综合利用提供参考数据。

14．煤化作用分为哪几个阶段？分别加以阐述。

答： 煤化作用阶段分为：①成岩作用阶段，即泥炭在顶板的压力作用下，出现压实、脱水、增碳、孔隙度降低而逐渐固结、煤化而形成年轻褐煤，相当于从无定型物质转化为岩石状物质的过程；②变质作用阶段，温度是煤化作用的主动力，由于地球核心热量影响，深度每增加 1ft 地温增加 0.012℃，使得褐煤挥发分被持续脱除，产生了更高变质程度的煤种，并伴生煤层气；压力的作用主要是压实和提高煤炭密度，其抑制或减缓脱挥发分反应，是煤化作用的次要因素。煤化程度是煤炭受热温度及其持续时间的函数。

15．根据变质作用发生的主因，变质作用分为哪几类？请分别阐述。

答： 变质作用分为深成变质作用、岩浆变质作用和动力变质作用三类。

（1）深成变质作用是煤在地面下较深处受到地热和上覆岩系静压力的作用下，煤的变质程度随深度而递增的变质作用，属于最主要的一种变质作用。

（2）岩浆变质作用分为接触变质作用（又称为火成侵入）和区域岩浆热变质作用。接触变质作用是由高温、高压带有挥发性气体的岩浆侵入、穿过或靠近煤层时引起煤的变质程度增高的作用，对煤变质起作用的主要是岩浆的高温。

（3）动力变质作用是由于地壳构造变动导致的高压促使的煤炭变质程度增加的作用，又称构造应力变质作用。

16．举例说明火成侵入变质作用的特点。

答：由于接触变质使煤的矿化程度增高，使部分有机质受热挥发逸出气体，导致接触变质煤的灰分普遍偏高，特别是无烟煤距离火成岩体很近时，其灰分更高。山东陶枣煤田陶庄矿区接触变质煤的挥发分越高则灰分越低，相反挥发分越低则灰分就越高，同时也表明了岩浆侵入煤层的距离。

接触变质的另一个特点是其碳酸盐矿物含量较高，起因是煤在高温下分解释放出甲烷，与硫酸盐和二氧化碳作用下生成碳酸盐矿物，其化学反应式如下：

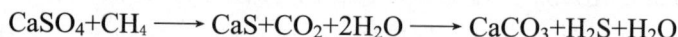

$$CaSO_4 + CH_4 \longrightarrow CaS + CO_2 + 2H_2O \longrightarrow CaCO_3 + H_2S + H_2O$$

17．根据成煤植物和成煤条件的不同，可以将煤分为哪三大类？举例说明。

答：由于成煤植物和成煤条件的不同，可将煤炭分为腐植煤、残植煤和腐泥煤三大类。腐植煤是由高等植物形成的。腐植煤是自然界最常见的，褐煤、烟煤和无烟煤就属于腐植煤。残植煤是由高等植物的稳定组分富集形成的。该类煤分布非常少，云南禄劝有角质残植煤，江西乐平和浙江长广有树皮残植煤等。腐植煤和残植煤这两类煤炭都形成于沼泽环境中。腐泥煤则是由湖沼、潟湖中的藻类等浮游生物在还原环境下经过腐解形成的。藻煤、胶泥煤和油页岩属于腐泥煤类别。油页岩是含有大量矿物质的藻煤，主要用于提炼石油。

18．聚煤地质环境直接影响煤质，近海煤田中的硫含量相当高，甚至达到 8%～12%，而远海煤田一般硫含量较低。请以此现象举例说明其原因和对煤质的影响。

答：这不仅与滨海煤田植物富硫有关，更主要的是滨海泥炭沼泽介质中多受海水侵蚀，海水中的硫酸盐被脱硫孤菌（硫酸盐还原菌）等还原成硫化氢，进而与沉积物中的铁离子形成硫铁矿，黔桂鄂一带晚二叠纪和华北晚石炭纪的煤黄铁矿含量较高，均属于浅海或滨海成煤区。由于近海煤田的还原程度较高，其挥发分、硫、氢和氮含量均较高，发热量和焦油产率较高，黏结性较强。

19．简述成煤过程中温度的作用。

答：温度是煤化作用的首要因素，如果没有较高温度的作用，无论多长时间也不会成煤。煤化过程中所需要的温度来源于地热和热岩浆的入侵，因此深埋是获取较高温度的必要条件。

20．简述成煤过程中时间的作用。

答：煤化程度是煤的受热温度及其持续时间的函数，煤化作用可以在较低温度进行，且煤化作用是不可逆过程，但煤化过程是连续的。在同样温度下，持续时间越长，煤化程度就越高，相反就越低。由于温度和时间的共同作用，较低温度在更长时间可以获得较高温度较短时间相同的煤化程度。但是，时间起作用有一个最低温度条件，若煤的受热温度过低至小于 50～60℃时，就觉察不到时间的作用；而当温度达到 60～65℃时，时间的影响就显现出来。当受到区域岩浆热变质作用时，成煤时间会更短。

21．简述成煤过程中压力的作用。

答：静压力和构造压力是煤化过程中不可缺少的因素，但却只是次要因素。其中静压力使煤压实，孔隙率降低，水分减少和比重增加，还可使煤的芳香族稠环平行层面有规则排列。构造压力使得低变质煤的水分特别低，且有助于加速煤芳香体系中碳网格富集和排列规则化，加之构造变动转化而来的热能，导致变质程度提高。压力对煤化程度的反向抑制影响表现在煤化作用进程中产生的气体由于压力的作用，使化学反应的速度逐渐缓慢下来，阻碍了化学变化的继续进行。

22．简述煤炭开采方式的主要分类。

答：煤炭开采大致分为 3 类：①地下开采，覆盖岩层并不进行移除；②表面开采，覆盖层移除后开采暴露出来的煤层；③螺旋钻采，不剥离表面覆盖层而使用大直径螺旋钻从煤层露头面提取煤炭。

23．简述煤炭洗选的必要性。

答：从成煤过程可知煤中含有各类无机矿物杂质，而在煤炭开采过程中，尤其是大规模机械化综采设备的使用，又导致煤中采入矿物杂质的比例增加。这些矿物杂质的存在将在运输环节减少煤炭有效运输能力，在煤炭转化利用时降低转化利用效率、影响安全生产运行和造成环境污染。为降低运输成本、减轻环境污染、满足客户需求、提高煤炭转化效率和利用价值，需要在煤炭采出后和运输前去除矿物杂质。

24．简述筛选煤和洗煤的工艺环节。

答：根据用户对煤炭品质的需求，通常采用粒度筛选和洗选工艺对矿产毛煤开展初步加工，生产不同级别的筛选煤和洗煤。这些加工包括除矸、去杂、破碎、筛分、洗选、过滤、重介分选、浮选、离心分选、脱水、干燥、装仓、煤泥处理、介质和液体回收等工艺环节。

25．按照 GB/T 17608—2022，简述煤炭洗选产品种类。

答：通常根据不同煤炭种类的用途、加工方法和相应的技术要求加以区分。按照洗选工艺、产品类别，将煤炭产品划分为精煤、洗选煤、筛选煤、原煤共 4 大类。

26．简述有机显微煤岩组分组（maceral group）分类、成因及煤质特征。

答：在显微镜下可识别的成因和性质相类似的煤岩组分归类称为显微煤岩组分组，由植物转变而成的是有机显微组分。

镜质组：腐植煤最主要的显微组分。由植物茎、叶的木质纤维组织经凝胶化作用转化而成。镜质组分是黏结组分，挥发分和氢含量都较高。

惰质组：又称丝质组或丝炭化组分。由木质纤维素经丝炭化作用转化形成。丝质组的成因有两类，一类是森林失火形成火焚丝质体，另一类是在积水较少、保存较差的条件下木质纤维组织脱水和缓慢氧化而形成。丝质组无黏结性，挥发分和氢含量低，碳含量高。

壳质组：也称为稳定组，由成煤植物中化学稳定性强的成分，如树脂、孢子、花粉、木栓层等在煤化过程中经过沥青化作用形成的沥青质。该组分组反射率最弱。稳定组具有挥发分高、氢含量高的特点，大多数稳定组分都有黏结性。

27．简述煤岩学在煤炭研究和加工利用中的作用。

答：煤岩学有助于从微观直观地了解煤炭由复杂的有机组分和无机组分及其不同结构构成的复杂形貌，解释煤炭的不均匀特性；尽管整体元素含量接近相同，但会因为其不同的煤岩组分含量的差异而导致煤炭在加工利用中的工艺特性的差异，因此用于指导煤炭的科学合理利用；镜质组最大反射率可以用于煤炭分类中的煤种划分，在配煤时可用于有效识别掺混后煤炭的原始组成煤种；指导煤炭采样、制备和检测方法的科学制定；指导煤炭储存过程中的预防自燃等。

28．按形成条件，煤中矿物质分为几类？取决于哪些因素？

答：分为原生矿物质、同生和后生矿物、采入矿物质。

矿物的种类、化学成分及数量取决于成煤历史和地质环境，包括植物类别、成煤年代、地球化学条件、地形地貌、构造活动、岩浆活动、近海环境、大陆环境以及开采工艺等。

29．简述有机硫结构的赋存形式和演变。

答：在褐煤和高挥发分煤中比在低挥发分煤中存在更多大量的硫醇，即巯基"–SH"，以及脂肪族硫键，即"R–S–R"的结构；高变质低挥发分煤中比低变质煤有较多噻吩硫结构形式存在。该结果表明，随着煤阶的升高，由于聚合作用使煤中硫从"–SH"转变为"R–S–R"支链结构，再进一步转变到更加致密的噻吩环状结构。

30．简述煤炭分子的结构特点。

答：（1）在成煤阶段中由于地质结构及其环境温度、压力和成煤时间的差异导致煤炭没有一个能够统一表达其结构的固定分子式。然而对于相近条件下形成的煤炭存在非常接近的分子结构。

（2）煤的分子结构模型通常由核心结构和外围结构组成，核心结构是苯环芳烃聚合物，外围结构是链接苯环芳烃聚合物的桥键、各类官能团和烷基侧链，通过桥键将若干个核心结构相互链接，其他官能团和烷烃侧链环绕核心结构。随着煤阶的增加，外围结构比例会逐渐减少，侧链长度缩短，而核心结构比例会逐渐增加，芳环数量和尺寸增加。

（3）而单从煤炭组成结构种类所占数量来区分时，可以分为主要结构和次要结构，在不同煤阶其主要结构和次要结构发生相应变化。总体而言，煤的有机结构可以分为由碳氢构成的芳香族和脂肪族两大类，再考虑氧、氮、硫杂原子的官能团结构形式，可以勾勒出煤炭有机结构的大致形态。在低阶煤中这几类结构都较丰富，而在高阶煤中，则主要以芳环结构为主，脂肪族转为次要结构，氧元素的急剧减少也表明官能团数量的减少，反映了当煤阶由褐煤向烟煤、无烟煤转化时，煤炭结构发生的显著变化，是一个逐步脱除含氧官能团、脱除脂肪族桥键和支链、同时不断缩聚成为聚合芳烃的致密结构的过程。在超级无烟煤阶段，结构有石墨化趋势，在合适条件下形成天然石墨。

31. 举例说明基准换算系数的推导原理。

答：各基准之间的换算系数的推导原则是按照质量恒定原理建立方程式推算的。例如推导由 V_{ar} 转换 V_{daf} 的换算系数时，按照定义 $V_{daf}=m_{ar}V_{ar}/m_{daf}$，而 $m_{daf}=m_{ar}-m_{ar}A_{ar}/100-m_{ar}M_{ar}/100$，即 $m_{ar}/m_{daf}=100/(100-A_{ar}-M_{ar})$ 代入后得到 $V_{daf}=100V_{ar}/(100-A_{ar}-M_{ar})$，因此换算系数为 $100/(100-A_{ar}-M_{ar})$。

32. 简述 GB 50660—2011 规定的储煤量要求。

答：根据 GB 50660—2011，储煤设计容量对于不同的煤质和运煤方式有不同的规定：铁路和水路联运储煤容量不应小于对应机组 20d 的耗煤量；运距大于 100km 时不小于 15d；运距在 50～100km 时铁路运输不小于 10d，汽车运输不小于 7d；运距在 50km 以内时不小于 5d；对于供热机组在满足以上储煤容量的基础上额外再加 5d；无自燃防控措施的火电厂实用褐煤时，储煤容量一般不大于 10d（最大 15d）；当存在 2 种以上来煤方式或供煤矿点较多时，储煤设计容量宜取用较小值。对于多雨地区，应根据煤的物理特性、制粉系统和煤场设备形式等条件，确定是否设置干煤储存设施，当需要设置时，其有效容量应不小于对应机组 3d 的耗煤量。

33. 煤场设施设备有哪些要求？

答：煤场应满足 GB/T 31091—2014 的规范要求，宜采用干煤棚、筒仓或圆形封闭煤场，具有排水系统、防风系统、喷淋系统、测温系统、分割通道、分割墙等，可实现按照硫分、发热量、挥发分等煤质指标分别堆放、掺混和取用。露天煤场的煤堆形状应有利于堆取料和排水，并采取有效措施防止煤尘飞扬。

34．煤场煤堆的哪些部位易发生自燃？为什么？

答：实践经验和科学实验结果表明，发火点多发生在切面梯形煤堆侧坡或封闭圆形煤场煤堆，在表面下 50cm 处，其原因是松散的堆积状态使得空气渗透或可在内部形成对流通道，供氧充分，侧坡通常由于没有压实的手段，因此堆体松散，圆形煤场属于自由落体式堆煤，也属于松散堆积；另外表面的散热效应大于内部，发火点不在表面而在适当的面下深度，在这个深度，空气流通速度合适，氧化发热易聚集，因此当发热处于隐蔽阶段，或只有冒烟发生且尚未形成明火时以温度作为监测参数需要在煤表面以下的适当深度。然而当形成明火后，由于表面供氧充足，使得煤堆表面温度反而达到最高。

35．表征煤炭变质程度的指标有哪些？

答：由于随着煤化程度的加深，煤中纯煤的镜质组反射率、碳元素和挥发分几乎呈现线性或单调增加或降低，因而煤化程度可以用煤中镜质组反射率来表征，也可以用干燥无灰基或干燥无矿物基碳元素或者挥发分来表征。

36．CCUS 技术的三个环节中常用的有哪些方式？

答：目前主要有燃烧后捕集、燃烧前捕集和富氧燃烧捕集三种。CO_2 的利用与封存方式分为四种：①通过化学反应把 CO_2 转化成固体无机碳酸盐；②作为多种含碳化学品的生产原料在工业直接应用；③注入油气矿井，边驱油、驱气边封存；④注入废弃的油气矿井和地下岩层。

37．煤中含硫量与存煤自燃的关系是什么？

答：煤中含硫量高，一般是煤中黄铁矿硫较多，在储存过程中易发生自燃，因为煤中硫被氧化成硫的氧化物，遇水生成稀硫酸，并伴随着放热反应，致使煤堆温度升高，从而加速了煤堆的氧化自燃，特别是挥发分高的煤，氧化自燃更为严重。另外，煤中含硫量增高，煤粉的阻燃倾向增大，给电厂的安全带来隐患。

38．某火电厂 2×300MW 锅炉机组采用石灰石-石膏湿法脱硫工艺，设计和校核煤种全硫含量分别为 0.8%、1.5%，而实际供应某煤矿的原煤的全硫为 6%，煤中石英含量也高达 6%，挥发分（V_{daf}）为 35%，低位发热量（$Q_{net,ar}$）为 19MJ/kg。该原煤的工业分析组成、碳氢含量、低位发热量、可磨性指数、灰熔融性和灰比电阻等指标与设计或校核煤种相当。问火电厂如长期使用该矿的原煤作发电燃料有何严重后果？

答：该矿原煤属于高黄铁矿硫强磨损性煤，长期用作发电燃料有 4 类后果。

（1）加速输煤金属管道和磨煤机部件以及锅炉各受热面如过热器、省煤器、空气预热器的磨损。

（2）加重锅炉高低温受热面的腐蚀及低温受热面的堵灰，降低锅炉效率。煤的折算硫分为 1.1%/kcal，可以肯定低温受热面的堵灰和腐蚀将很严重。

（3）促进煤氧化自燃。该矿原煤属于变质程度浅的高挥发分的烟煤，黄铁矿含量高，在煤场堆放时，会加速氧化自燃。煤粉储存时，阴燃倾向增大。

（4）降低脱硫效率，增大二氧化硫排放，造成大气污染。该矿原煤全硫含量远大于设计煤值或校核煤值。

（六）计算题

1. 某火电厂收到某供应商火车运来的一批原煤，供应商检测报告单上的结果如下：$Q_{net,ar}$=22.46MJ/kg，$S_{t,ad}$=0.98%，M_t=6.9%，M_{ad}=2.25%，到达电厂后经检查车厢上煤没有被盗现象，过衡后电厂立即采制样，检测结果如下：$Q_{net,ar}$=21.55MJ/kg，$Q_{gr,ad}$=24.08MJ/kg，M_{ad}=2.53%，$S_{t,ad}$=1.08%，M_t=8.9%，合同约定该供应商全硫（按 $S_{t,d}$）应不大于 1.00%，假定 H_{ar}=4.00%，A_d 约为 25%，该批煤按热值计价，请按 GB/T 18666—2014 对该批煤的 $Q_{gr,d}$、$S_{t,d}$ 进行验收评定？

解：

电厂验收：

$$Q_{gr,d} = 24.08 \times 100/(100-2.53) = 24.70 \text{（MJ/kg）}$$
$$S_{t,d} = 1.08 \times 100/(100-2.53) = 1.11 \text{（\%）}$$

供应商检验：

$$Q_{gr,d} = (22460+206\times4.00+23\times6.9)\times100/(100-6.9) = 25.18 \text{（MJ/kg）}$$
$$S_{t,d} = 0.98\times100/(100-2.25) = 1.00 \text{（\%）}$$

$Q_{gr,d}$ 验收评定：

$$25.18-24.70 = 0.48 \text{（MJ/kg）} \leqslant 1.12 \text{MJ/kg（合格）}$$

$S_{t,d}$ 验收按实测评定：1.00−1.11 = −0.11＞−0.17×1.11（= −0.19），合格；$S_{t,d}$ 验收按合同评定：1.00−1.11 = −0.11＞−0.17/$\sqrt{2}$ ×1.11（= −0.13），该批煤质量合格。

2. 在进厂煤质量验收中，对于干燥基灰分不小于 25.00%的原煤，如果矿方采用 GB/T 475—2008 基本采样方案，电厂采用专用采样方案的机械采样精密度为 1.0%时，买卖双方的干燥基高位发热量允许差是多少？请通过计算说明降低允许差的方法。

解：根据 GB/T 18666—2014 验收方法的规定，当买受方和出卖方中任意一方采用非基本采样方案时，其允许差应按照合成精密度公式为

$$p_h = \sqrt{p_a^2 + p_b^2} = \sqrt{1^2 + 2^2} = \sqrt{5} = 2.236$$

干燥基高位热值的允许差 = $+0.396p_h = +0.396 \times 2.236 = +0.89$（MJ/kg）

若厂方提高其采制化总精密度，则可以降低允许差。

3. 某化验员测定煤中硫的含量，共测定 10 次，其结果为 1.52、1.46、1.61、1.54、1.26、1.49、1.62、1.71、1.65、1.74，检查上述数据中是否有异常值需剔除？

解：用 Grubbs 法决定应舍去的数据：

上列数据的平均值 x=1.56，标准差 s=0.14，最大值 x_n=1.74，最小值 x_1=1.26，T_n=(1.74−1.56)/0.14=1.28，T_1=(1.56−1.26)/0.14=2.14。当选择 α=0.05，查 Grubbs 表，n=10 时，$T_{0.05,10}$=2.18。因为 1.28＜2.18、2.14＜2.18，所以无舍弃的异常值。

4. 为探讨选用高温燃烧中和法替代经典的艾士卡法测定全硫的可能性，同时用此两种方法对一个煤样各进行 10 次试验，其结果如下：

艾士卡法：2.93、2.82、2.83、2.81、2.74、2.97、2.87、2.94、2.95、2.94。

高温燃烧中和法：2.84、2.79、2.68、2.70、2.82、2.99、2.95、2.88、2.71、2.64。

比较这两种方法的精密度，高温燃烧中和法是否可以替代艾士卡法？

解：艾士卡法的平均值 x_1=2.88；标准差 s_1=0.0770；

高温燃烧中和法的平均值 x_2=2.80；标准差 s_2=0.1179；

利用 F 检验法检验两者的统计量：$0.1179^2/0.0768^2$=2.36。

查 F 分布表中第一自由度和第二自由度都等于 9 时的 F 临界值为 $F_{0.05}$=3.18。由于 2.36＜3.18，因此两种方法之间没有显著性差异，也就是说高温燃烧中和法的精密度不比艾士卡法低，高温燃烧中和法可以替代艾士卡法。

5. 某电厂某天实收入厂煤 3000t，采用全自动采制样系统采制样。经试验证明采制样系统水分损失 1.0%，全自动离线制样系统水分损失 0.4%。某实验室收到离线制样系统制出的 6mm 全水分试样，立即测定全水分，称样 10.520g，在规定条件下干燥后样重 9.648g，检查性干燥后样品重为 9.650g。请计算试样全水分、采制样过程中的总水分损失，并计算被采样煤的全水分？

化验室给出的未进行采制样水分损失校正时的低位热值为 $Q_{net,ar}$=21.50MJ/kg，试计算校正采制过程中水分损失后被采样煤低位热值？

解：实验室实测 M_t=（10.520−9.648)/10.520×100=8.29（%）

采制样过程全水分损失值 M'_t=1.0+0.4×(100−1.0)/100=1.4（%）

补正后全水分 M'_t=1.4+8.29×(100−1.4)/100=9.6（%）

$$Q_{net,ar}=(21500+23 \times 8.29) \times (100-9.6)/(100-8.29)-23 \times 9.6$$
$$=21160（J/g）=21.16（MJ/kg）$$

6．某干燥基煤样，经分析其空气干燥基灰分 A_{ad} 为 6.67%，M_{ad} 为 1.50%，并已知其外在水分含量 M_f 为 2.0%，试将空气干燥基灰分换算成收到基灰分和干燥基灰分。

解：收到基灰分为

$$A_{ar} = A_{ad}(100 - M_f)/100 = 6.67 \times (100 - 2.0)/100 = 6.54（\%）$$

或先求出

$$M_{ar} = M_f + M_{ad}(100 - M_f)/100 = 2.0 + 1.50 \times (100 - 2.0)/100 = 3.47（\%）$$

$$A_{ar} = A_{ad}(100 - M_{ar})/(100 - M_{ad}) = 6.67 \times (100 - 3.47)/(100 - 1.50) = 6.54（\%）$$

$$A_d = A_{ad} \times 100/(100 - M_{ad}) = 6.67 \times 100/(100 - 1.50) = 6.77（\%）$$

7．下面是某电厂某年一季度入厂煤与入炉煤的耗用情况统计表：

月份	入厂煤			入炉煤		
	数量（t）	M_t（%）	$Q_{net,ar}$（MJ/kg）	数量（t）	M_t（%）	$Q_{net,ar}$（MJ/kg）
1 月	291314	8.3	19.24	289874	7.8	19.15
2 月	315786	7.6	18.67	309758	7.1	18.34
3 月	263413	8.6	20.27	268252	8.2	19.98

请计算该厂一季度入厂煤与入炉煤的热值差。

解：（1）入厂煤全水分和低位热值的加权平均值：

$$入厂煤全水分加权平均值 = \frac{\sum(T_i \times M_i)}{\sum T_i} = 8.1(\%)$$

$$入厂煤低位热值加权平均值 = \frac{\sum(T_i \times Q_i)}{\sum T_i} = 19.34（MJ/kg）$$

（2）入炉煤全水分和低位热值的加权平均值：

$$入炉煤全水分加权平均值 = \frac{\sum(T_i \times M_i)}{\sum T_i} = 7.7(\%)$$

$$入炉煤低位热值加权平均值 = \frac{\sum(T_i \times Q_i)}{\sum T_i} = 19.12（MJ/kg）$$

（3）将入炉煤收到基低位发热量折算到入厂煤全水分下的热值：

$$Q'_{net,ar,b} = (Q_{net,ar,b} + 23M_{t,b}) \times \frac{100 - M_{t,p}}{100 - M_{t,b}} - 23M_{t,p}$$

$$= (19120 + 23 \times 7.7) \times \frac{100 - 8.1}{100 - 7.7} - 23 \times 8.1$$

$$= 19027（J/g）= 19.03（MJ/kg）$$

$$热值差 = 19.34 - 19.03 = 0.31（MJ/kg）$$

二、燃料与电力生产

（一）判断题

判断下列描述是否正确，正确的在括号内打"√"，错误的在括号内打"×"。

1. DL/T 1668—2016 中，根据运煤方式，燃煤计量宜分别采用船舶水尺、火车轨道衡、汽车衡和皮带秤等，不宜使用翻车机轨道衡，精密度应优于1%且无实质性偏倚。 （×）

2. 在 DL/T 1668—2016 中，轨道衡最大称量不大于 100t，准确度等级为 0.2 级，检定分度值 $e \leqslant 50kg$。 （√）

3. 在 DL/T 1668—2016 中，任何接触样品的作业均应由至少 1 人进行操作并做记录。 （×）

4. 依据 T/CEC 156.3—2018，汽车衡计量应实现计量数据自动生成，本地加密保存，实时上传以及电磁干扰屏蔽能力，防计量作弊和报警功能等。 （√）

5. 依据 T/CEC 156.3—2018，化验室应配置带标准数据接口的温/湿度计实时采集并上传，采样、制样区域无需配置。 （×）

6. 依据 T/CEC 156.3—2018，视频监控装置应覆盖计量和质量检测工作各重点区域，包括计量区域、采样区域、集样区域、煤样运送通过区域、制样区域、化验室、存样室等。 （√）

7. 依据 T/CEC 156.3—2018，汽车煤机械采样装置应有识别或预知车辆内的拉筋位置，采煤时自动避开功能。 （√）

8. 依据 T/CEC 156.3—2018，煤质在线/快速分析装置应有标准数据接口，与智能化管控平台连接，接受智能化管控平台管控，并实时上传分析数据。 （√）

（二）单选题

下面每题只有一个正确答案，将正确答案填在括号内。

1. 按照 DL/T 1668—2016 的要求，卸车设备的台套数量建议在满足电厂满负荷日耗煤量的（B）倍进行计算，宜有备用设备。

    A. 1～2   B. 1.5～2

    C. 2～2.5   D. 2.5～3

2. 按照 DL/T 1668—2016 的要求，掺配后的指标与理论值或实验室检测值的相对误差应不大于（B）。

    A. 5%   B. 10%   C. 15%   D. 20%

3. 依据 T/CEC 156.3—2018，全自动制样装置或其他制样设备（A）偏倚或（A）损失不满足要求的，应停用或限制使用。需对设备进行调整或改造后，再经有资质的机构试验证实，方可投入使用。

  A．灰分，水分   B．水分，灰分

  C．发热量，水分   D．水分，发热量

  4．依据 T/CEC 156.3—2018，全自动制样装置水分损失不应超过（A）%。

  A．0.4   B．0.5   C．0.6   D．0.7

（三）多选题

下面每题至少有一个正确答案，将正确答案填在括号内。

  1．DL/T 1668—2016 规定，电子汽车衡检定有效期一般不超过半年。检定内容包括（ABCDE）。

  A．置零与除皮装置的准确度   B．称量性能、除皮称量测试

  C．偏载测试、鉴别力测试   D．重复性测试

  E．检定有效期

  2．DL/T 1668—2016 规定，煤质后评价包括（AB）。

  A．安全经济性评价   B．环保评价

  C．质量评价   D．煤质均匀度评价

  E．合同兑现评价

  3．依据 T/CEC 156.3—2018，关于计量仪器的准确度要求描述，正确的是（ACD）。

  A．汽车衡的准确度等级应达到 0.1 级

  B．静态轨道衡的准确度等级应达到 0.3 级

  C．动态轨道衡准确度等级不应低于 0.5 级

  D．皮带秤的准确度等级不应低于 0.5 级

  4．火电厂煤炭制粉系统中的破碎制粉设备有（ABC）。

  A．钢球磨   B．中速磨   C．风扇磨   D．对辊磨

  5．煤的灰分增加导致厂用电率增加的原因是（ABC）。

  A．输煤系统处理量增加   B．制粉系统处理量增加

  C．除渣排灰系统处理量增加   D．受热面磨损加剧，使用寿命降低

  6．煤灰在锅炉炉膛内是否熔化，与（ABC）因素有关。

  A．燃烧温度   B．煤灰熔点

  C．炉内气氛   D．除灰效率

  7．依据 T/CEC 156.3—2018，燃煤计量是指通过计量仪器，对入厂和入炉煤的物理质量进行测量的过程，常用的计量方式包括（ABCD）等。

  A．汽车衡计量   B．轨道衡计量

  C．皮带秤计量   D．水尺计量

（四）填空题

1．依据 DL/T 1668—2016，煤场存煤宜用旧存新，褐煤夏秋季节气温大于 25℃存储期应不超过 20 天，测温周期 2 天。

2．DL/T 1668—2016 除了规范了发电用煤的采购、计量、质检、接卸、储存、掺配、输送，还规范了安全性及经营性指标的技术评价等技术要求。

3．DL/T 1668—2016 规定，根据运煤方式，燃煤计量宜分别采用船舶水尺、火车轨道衡、汽车衡和皮带秤等。

4．DL/T 1668—2016 规定，在考虑年度期初存煤及期末存煤煤质差异影响后，应控制入厂煤年累计收到基低位发热量与入炉煤年累计收到基低位发热量差值不大于 0.63MJ / kg，或入厂煤收到基低位发热量的 3%。

5．依据 T/CEC 156.3—2018，轨道衡计量应具备通过无线射频识别（RFID）或其他信息识别技术自动识别火车车号功能。

6．依据 T/CEC 156.3—2018，门禁系统宜有备用电源，保证断电后可以持续工作。

7．依据 T/CEC 156.3—2018，煤流机械采样装置给料、破碎、缩分、弃料等设备出力应有裕量，单个初级子样处理周期不宜大于 1min，集样桶应有足够容量，且合成总样质量应满足 GB/T 19494.2—2004 的要求。

8．依据 T/CEC 156.3—2018，采用全自动制样装置制样或其他离线制样，实际制样精密度（以干燥基灰分 A_d 制样化验方差表示）精煤不应超过 0.04，其他煤不应超过 0.12。

9．依据 T/CEC 156.3—2018，采用全自动制样装置制样或其他离线制样，实际制样偏倚应小于最大允许偏倚（以干燥基灰分 A_d 表示），对于精煤，最大允许偏倚可选取 0.1%～0.2%的值；对于其他煤，最大允许偏倚可选取 0.2%～0.4%的值。

10．依据 T/CEC 156.3—2018，火车煤机械采样装置应有与卸车牵车系统闭锁的功能，防止采样与牵车同时动作损坏设备。

11．依据 T/CEC 156.3—2018，样品标识宜采用电子标签，也可采用条形码、二维码或其他方式，内容应符合 GB/T 475—2008 和 GB/T 19494.1—2004 的要求。

12．依据 T/CEC 156.3—2018，气动传输时，样品瓶及瓶盖宜为圆柱形，压盖或旋盖式，可选用高密度聚乙烯，应具有良好的密封性和耐冲击性。

13．依据 T/CEC 156.3—2018，仪器设备宜具有故障自诊断功能，仪器设备的使用应实行权限管理。

14．电站锅炉的作用是使燃料燃烧而释放燃烧热，并传递给工质（水）进而产生一定压力和温度的蒸汽。

15．高温高压的蒸汽被引入汽轮机内膨胀做功，推动汽轮机转子旋转，旋转的转子带动发电机将机械能转变为电能。

16. 燃料着火燃烧的条件包括<u>点火热</u>和<u>氧气</u>。

17. 锅炉按照工质（水）的流动方式，分为<u>自然循环</u>、<u>强制循环</u>、<u>直流无循环</u>。

18. 当温度达到<u>374℃</u>、压力达到<u>22MPa</u>时，称为蒸汽临界点，此时水和汽之间无过渡相。

19. 燃烧器分为<u>直流</u>燃烧器和<u>旋流</u>燃烧器两大类。

20. 高挥发分煤炭在燃烧时，脱除挥发分后的焦炭<u>多孔疏松</u>易于燃尽。

21. 煤的挥发分越高，机械未完全燃烧热损失就越<u>小</u>。

22. 煤的灰分增加时，影响煤炭的<u>稳定</u>燃烧。

23. 根据电厂安全经济运行要求，相应一定的挥发分，煤的发热量存在着一个技术低限。低于此界限值燃煤锅炉会出现燃烧<u>不稳</u>乃至<u>炉膛灭火</u>。这是由煤中灰分水分和挥发分同时作用的现象。

24. 煤中灰分增加导致排烟温度增加排烟热损失增加的原因是受热面<u>沾污率</u>上升。

25. 煤炭的灰分增加，电厂用煤量<u>增加</u>；煤的发热量降低，基建投资增加。

26. 全水分的高低决定煤炭干燥介质种类的<u>选择</u>和制粉系统的<u>出力</u>。

27. 全水分在 22%～24% 及以下时，可以采用热风干燥系统；高于此范围时应采用<u>热风—炉烟</u>干燥系统。

28. 其他条件一定时，随着煤中<u>硫</u>含量的增加，烟气酸露点就<u>越高</u>。

29. 发热量一定时，煤中水分增加，烟气<u>体积</u>也随之增加。

30. 燃烧水分高的煤炭需要<u>加大</u>锅炉的烟道尺寸设计。

31. 在焦炭燃烧过程中，内在灰分会对焦炭形成<u>包裹</u>，阻碍氧气向焦炭表面的<u>扩散</u>，从而降低燃烧速度。

32. 煤灰熔融特征温度的高低反映煤灰在高温下熔化的<u>难易</u>程度，在燃煤锅炉中煤灰的熔化不仅与灰熔点有关，也与炉膛<u>燃烧温度</u>高低有关。炉膛温度高则趋于熔化，反之不易熔化。

33. 煤粉颗粒组成特性公式 $R_x = 100e^{-bx^n}$ 中，b 为煤粉<u>细度</u>系数，n 为煤粉<u>均匀</u>系数。

34. 火力发电过程中煤炭的全部生命周期经历了接卸、计量、入厂、存储、掺配、<u>输送</u>、<u>制粉</u>、<u>入炉</u>、<u>燃烧</u>、<u>排炉渣</u>、<u>电除尘</u>、<u>脱硫</u>、<u>脱硝</u>、<u>排烟</u>等过程。

35. 煤粉燃烧后的灰在炉膛内分为两个路径排出锅炉，炉渣与飞灰量的比例接近 <u>1:9</u>。

36. 锅炉的燃烧设备由<u>燃烧器</u>、<u>燃烧室或炉膛</u>和<u>点火装置</u>构成。

37. 根据黏温特性曲线，煤灰通常分为<u>结晶渣</u>、<u>塑性渣</u>和<u>玻璃体渣</u>三类。

38. <u>高温结晶渣</u>不易导致锅炉受热面的结渣沾污，而<u>玻璃体渣</u>的结渣沾污特性较强。

39. 炉内烟气侧腐蚀反应分为位于<u>过热器</u>、<u>再热器</u>和<u>水冷壁</u>的高温腐蚀，和位于<u>省煤器</u>和<u>空气预热器</u>的低温腐蚀两类。

40. 炉内烟气侧腐蚀反应在高温区域主要为<u>硫化物</u>、<u>氯化物</u>、<u>硫酸熔盐腐蚀</u>；低温区域以硫酸腐蚀为主。

（五）问答题

1. 根据 DL/T 1668—2016，简述质量检验检测项目都有哪些。

答：火电厂应设立燃煤质量检验机构，对入厂煤应具备机械采样和制样、人工采样和制样、发热量、全硫、全水分、工业分析、碳氢元素分析等项目的检测能力；对入炉煤还应具备飞灰炉渣可燃物、煤粉细度等项目的检测能力，根据需要也可开展煤灰熔融性、可磨性指数的检测项目。

2. 简述煤质对制粉系统的影响。

答：（1）水分：水分高则需要增加热风温度。为保证干燥处理，就需要提高干燥介质温度，需要增加输入能量，降低锅炉效率。

（2）可磨性指数：可磨性指数越高越易破碎。烟煤大于无烟煤；碳酸盐大于黏土大于黄铁矿大于石英。可磨性指数不能太低，否则出力降低，影响锅炉供粉和稳定燃烧；可磨性指数也不是越高越好，只要与设计出力匹配即可。

（3）矿物质：石英和黄铁矿越大磨损越严重。矿物含量多时宜使用钢球磨，其他磨煤机不适用。

（4）灰分：灰分大时磨煤出力相对降低。

（5）原煤粒度：原煤粒度大，则磨煤机出力降低。

3. 简述锅炉内煤粉着火热的来源。

答：一是被煤粉气流通过紊流扩散卷吸回来的高温炽热的烟气，这部分烟气和新喷入的煤粉空气强烈混合，将热量以对流方式传递给新燃料。二是高温火焰及炉壁等高温区域对煤粉气流的辐射加热，而将悬浮在气流中的煤粉迅速加热。

4. 影响煤粉气流着火的主要因素有哪些？

答：（1）燃煤的特性。相同气粉比和相同灰分时，挥发分越高则火焰传播速度就越快；而在相同气粉比和相同挥发分时，灰分越高则火焰传播速度就越低。火焰传播速度降低时，火焰扩展条件变差，着火速度减低，燃烧稳定就降低。

燃料水分的增加提高了着火热，水的部分汽化和过热又消耗了热量，从而降低了卷吸烟气的温度和火焰的辐射热，不利于煤粉着火。

煤粉粒度越小则越易着火，因为相对表面积增加。

（2）煤粉气流的初始温度。初温越高则着火热就越少，着火速度就越快；但是如果初温过高，对于高挥发分煤种则着火过早，距离燃烧器喷口过近，从而烧坏喷口；若初温过低，则着火推迟，增加不完全燃烧热损失。一般地，乏气送粉小于70℃，热风送粉小于300℃。

（3）一次风风量和风速。存在有最佳气粉比，一次风量具有两面性，风量大，吸热大，不利于着火；风量小，助燃剂少，不易着火；同时，一次风速也有最佳值，过低易烧坏风管煤粉管道堵塞，过高易造成未燃尽损失增加。

（4）燃烧器特性。燃烧器截面积越大则着火拉长；通过避免二次风过早混合从而提高着火热。

（5）锅炉负荷。锅炉负荷的降低对着火不利，使得稳定性降低，甚至灭火。由于水冷壁的吸热量增加，从而降低了炉温和燃烧器区域温度。

5. 影响锅炉结渣的因素有哪些？

答：（1）煤中黄铁矿含量：越大越容易结渣。

（2）灰成分：碱性成分如Na、K、Ca、Mg等使熔点降低，灰的高温黏度降低。

（3）灰熔点：越低则煤灰越易融化。

（4）炉内气氛：弱还原气氛下更容易结渣。

（5）炉膛容积热负荷 Q_v、炉膛断面热负荷 Q_f、燃烧器区域壁面热负荷 Q_r：热负荷过高则局部温度过高，导致燃烧器附近结渣；若 Q_f 过低，则炉膛过于矮胖，火炬缩短，易在炉膛出口换热面结渣。

（6）锅炉负荷：负荷增加，炉内温度升高，结渣可能性增大。

（7）燃烧器空气动力工况：炉内空气动力工况组织不良。

6. 简述影响煤粉细度的因素。

答：煤粉细度影响因素主要包括煤种、磨煤机和燃烧方式等。具体如下：

（1）燃煤的可燃特性越好，或挥发分越高，则煤粉细度可以粗些。

（2）磨煤机和分离器可以决定煤粉细度的均匀性，均匀则煤粉可以粗些。

（3）若燃烧温度高、停留时间长（容积热负荷低），则煤粉可以粗些。

7. 简述燃煤锅炉受热面磨蚀的影响因素。

答：（1）煤质方面的影响：①煤中矿物种类：以石英和黄铁矿磨蚀性较大，该类矿物的模氏硬度高达6~7，且占煤的比例也较高，约为3%。而煤中碳酸盐和硫酸盐的磨蚀性很小。②煤粉颗粒：煤粉颗粒度增大将增大磨蚀，但不是线性递增，有饱和值。

（2）炉内温度：灰颗粒在高温软化后会使矿物的棱角形状变成球体，而减轻磨损用煤灰成分估计；软质黏土受热变为玻璃颗粒而使磨蚀增加。烧结后的颗粒和残碳颗粒均具有较高的磨蚀性。

（3）烟气速度：烟气速度增加使得所携带的煤及煤灰颗粒的磨蚀呈指数级别增加。

43

8．简述煤质对锅炉高温腐蚀产生的影响及作用机理。

答：（1）硫化物腐蚀：燃烧生成的 H_2S 和碱金属硫化物 R_2S，均可与管壁氧化膜发生反应。而 H_2S 的腐蚀活性大大超过 SO_3，腐蚀速度与 H_2S 浓度成正比。

反应机理：属于烟气腐蚀类型。$FeO+H_2S{=\!=\!=}FeS+H_2O$；烟气中水蒸气有抑制作用。

高温硫腐蚀影响因素：①气氛性质影响。高氧条件下倾向于生成 SO_3，低氧下生成 H_2S。我国动力用煤种的碱金属 R_2O 较低，且多数炉膛的过量空气量偏低，以 H_2S 腐蚀为主。②炉管温度影响。温度加速腐蚀进程。③煤质的影响。硫含量高、碱金属含量高、碱土金属含量低的煤炭易发生高温腐蚀。

（2）高温氯化氢腐蚀：

$$FeO+2HCl{=\!=\!=}FeCl_2+H_2O$$

$$Fe+2HCl{=\!=\!=}FeCl_2+H_2$$

HCl 分压达到 10Pa 时较显著，$FeCl_2$ 气化点很低，生成后随即挥发殆尽，导致管材迅速腐蚀。

9．对于长期储存易氧化的煤应怎样组堆？

答：对于长期储存易氧化的煤，最好采用煤堆压实且表面覆盖一层适宜的覆盖物质（无烟煤粉、炉灰、黏土浆等）的方法防止自燃，这是因为空气和水是露天存煤堆引起氧化和自燃的主要原因。此外，还可以喷洒阻燃剂溶液，既可减缓煤的自燃倾向，又可减少因煤被风吹走而造成的损失。同一煤种在煤棚存放要比露天存放好，在氧化和机械损失方面也均相对较小些。

10．什么是煤粉细度？测定煤粉细度有什么意义？

答：煤粉细度表征煤粉中各种粒度的分布占总体质量的百分率，能很好地反映煤粉的均匀特性。它是监督制粉系统运行工况的主要煤质指标，在电厂常用 90μm 孔径的筛上煤粉量和 200μm 孔径的筛上煤粉量来控制煤粉细度。影响煤粉细度的因素有煤的类别、挥发分、磨煤机类型及有无分离器等。通过实测制粉系统的煤粉获得的最佳的经济煤粉细度，对改善锅炉燃烧性能、减少机械未完全燃烧热损失，以及节约磨煤机能耗都有积极的作用。

11．焦渣特征对电力用煤有何意义？

答：挥发分逸出后遗留的焦渣表示煤在骤热下的黏结性能，它对锅炉用煤的选择有积极的参考意义。对于链条炉，粉状焦渣的煤则容易被空气吹走，造成燃烧不完全，黏结性强的焦渣黏附在炉栅上，增加煤层阻力，妨碍通风；对于煤粉炉，黏结性强的煤则在喷入炉膛吸热后立即黏结在一起，形成空心的粒子团，未燃尽就被烟气带出炉膛，增加了飞灰可燃物。上述这些情况，都会导致锅炉效率降低，增加一次能源消耗，降低火力发电厂的经济效益。因此，焦渣特征类型对锅炉燃烧用煤的选择和指导都有着实际应用价值。

12．简述砷在煤中的形态。

答：砷在煤中主要是以硫化物形态与黄铁矿结合在一起，也就是以砷黄铁矿（$FeS_2 \cdot FeAs_2$）的形式存在，也有少数与有机物结合在一起。

13．测定煤灰熔融性特征温度的气氛有哪几种？其气体组成是什么？气氛对煤灰熔融性有何影响？测定煤灰熔融性特征温度对火电厂设计生产运行有何重要意义？

答：（1）测定煤灰熔融性特征温度的气氛有三种：

1）弱还原性气氛。炉内通入下列两种混合气体之一：

a）体积分数为（50±10）%的氢气和（50±10）%的二氧化碳的混合气体；

b）体积分数为（60±5）%的一氧化碳和（40±5）%的二氧化碳的混合气体。

2）强还原性气氛。炉内通入氢气或一氧化碳气体。

3）氧化性气氛。空气在炉内自由流通。

（2）试验气氛是影响灰熔融温度的主要因素：

煤灰中铁元素在不同的气氛中将以不同的价态出现：在氧化性介质中它转变成三价铁（Fe_2O_3）；在弱还原性介质中，它将转变成二价铁（FeO）；在强还原性介质中则将转变成金属铁（Fe）。

弱还原性下 FeO 能与煤灰中的 SiO_2、CaO 生成更低熔点共熔混合物，故煤灰在弱还原性气氛中熔融温度最低。在强还原性介质中则将转变成金属铁（Fe），熔点居中。

煤灰中含铁量越高，气氛的影响越大。当灰中 Fe_2O_3 含量达到 15%以上时，氧化性气氛下的软化温度（ST）和流动温度（FT）可能将比弱还原性气氛下的 ST 和 FT 高 100~300℃。

（3）测定煤灰熔融性特征温度对火电厂设计生产运行的意义是：

1）可作为设计时选择炉膛出口烟温参数及运行时的控制依据，通常炉膛出口烟温一般要求比煤灰软化温度低 50~100℃。

2）作为选择固态排渣炉的依据，通常流动温度较小，不易选择固态排渣炉。

3）预测锅炉结渣倾向：通常认为煤灰软化温度小于 1350℃，锅炉结渣概率很大。

4）判断煤灰的渣型，判断结渣速度：一般认为软化区间（DT—ST）大于 200℃为长渣，锅炉结渣速度慢，燃用这类煤大型渣块不易形成，锅炉运行相对安全；小于 100℃为短渣，锅炉结渣速度快，更危险。

14．简述煤质对着火的影响。

答：有着显著的影响，挥发分降低、着火热增大、着火温度升高，达到着火所需时间更多，着火距离也更长；此外，相同风粉比时，挥发分降低、灰分或水分升高，煤粉火炬传播速度将显著降低，火焰扩展条件变差，着火速度降低，燃烧稳定性降低。煤粉颗粒越细且越均匀，将增加细粉比例及其比表面积，使煤粉易于着火。

15. 根据电厂用煤从入厂到排放的全生命周期涉及的生产环节或工艺流程，给出影响每个环节的相关煤质特性。

答：（1）在煤场储存方面：密度、粒度、自燃点。

（2）在制粉输煤方面：密度、粒度、孔隙度、磨损指数、可磨性指数。

（3）在输粉系统方面：煤粉密度、浓度、黏结性、爆炸性、磨损性。

（4）在燃烧系统方面：①热解特性：煤种、水分、挥发分；②燃烧特性：着火点、煤焦反应性、煤中元素；③结渣特性：硫、灰熔点、灰成分、灰黏度。

（5）在设备磨损方面：磨损指数、石英、黄铁矿等矿物质。

（6）在设备腐蚀方面：硫含量、氯元素、碱金属。

（7）在环保系统方面：①除尘器：灰电阻率、灰成分；②脱硫设备：硫元素；③脱硝设备：氮元素、碱金属、重金属；④脱汞设备：汞元素；⑤碳捕集设备：碳元素。

16. 简述煤灰高温黏度与炉内结渣的关系。

答：表征煤灰熔体流动时内部分子间的摩擦力，黏度随温度的升高而降低，可以反映熔融灰的流动和黏附特性。黏度较低时流动性好且易黏附，反之不易流动和黏附，煤灰高温黏度可以较好地反映高温熔融态煤灰的结渣性质。

17. 简述沾污倾向性煤质因素。

答：主要与煤炭中的 Na、K 碱金属含量有关，灰中 Na_2O 和 K_2O 越大则沾污倾向性就越大。烟煤 Na_2O 含量大于 2.5%、褐煤 Na_2O 含量大于 8%，发生严重沾污；尤其当灰成分的碱酸比也很高时，就更加严重。

18. 简述高温硫腐蚀影响因素。

答：（1）气氛性质影响：高氧条件下倾向于生成 SO_3，低氧下生成 H_2S。我国多数炉膛的过量空气量偏低，故多以 H_2S 腐蚀为主，如某电厂 1000t/h 固态排渣炉烟气 $v(CO)=3.5\%$，$v(H_2)=0.7\%$，$v(H_2S)$ 高达 0.046%，腐蚀产物主要为 FeS。

（2）炉管温度影响：温度加速腐蚀进程，提高腐蚀强度。

（3）煤质的影响：硫含量高、碱金属含量高、碱土金属含量低的煤炭易发生高温腐蚀。

19. 简述煤中全水分对发电厂生产有何影响。

答：一般水分越低越好，但从减少煤尘污染的角度，煤中外在水分不宜小于 6%。

若水分过大，则对发电厂的生产有一定的危害：

（1）煤的水分大，也就意味着将更多的不可燃成分运进电厂，从而增大运输量及经济负担。

（2）水分大的煤发热量会相对偏低，同时在燃烧中水分蒸发要吸收部分热量，炉膛内理论燃烧温度降低，影响燃烧的稳定性。

（3）水分越大，则锅炉烟气量大，由烟气带走的热量也越多，从而加大了排烟热损失。

（4）外在水分太大，原煤的流散性恶化，特别是对于粉末煤会引起输煤管、煤槽、给煤机黏结堵塞。

（六）计算题

1. 某电厂某月实际入炉煤量 W_{rl} 为 60 万 t，当月入炉煤平均收到基全水 $\overline{M}_{ar,rl}$ 为 7%，当月入厂煤平均收到基全水 $\overline{M}_{ar,rc}$ 为 8%，请根据 DL/T 1668—2016 计算因水分差而调整的煤量。

解：

$$W_{corr} = W_{rl} \times \left(1 - \frac{100 - \overline{M}_{ar,rl}}{100 - \overline{M}_{ar,rc}}\right) = 600000 \times \left(1 - \frac{100 - 7}{100 - 8}\right) = -6522 \text{（t）}$$

2. 根据以下元素分析结果计算其完全燃烧的空气需求量（标准条件下）。

C_{ar}=68.80%，H_{ar}=2.14%，$S_{t,ar}$=0.32%，N_{ar}=0.21%，M_{ar}=5.6%，A_{ar}=22.32%

解：

$$O_{ar} = 100 - C_{ar} - H_{ar} - N_{ar} - M_{ar} - A_{ar} - S_{t,ar} = 100-68.60-2.14-0.21-5.6-22.32-0.32=0.81 \text{（%）}$$

$$V^0 = (1.866 \times C_{ar} + 5.56 \times H_{ar} + 0.7 \times S_{t,ar} - 0.7 \times O_{ar})/0.21$$

$$= (1.866 \times 68.80 + 5.56 \times 2.14 + 0.7 \times 0.32 - 0.7 \times 0.81)/0.21$$

$$= 666.36 \text{（m}^3\text{/kg）}$$

3. 某无烟煤的活化能 E_a =145kJ/mol，当碳的燃烧反应处于动力学控制，请计算炉膛温度从 1200℃提高到 1300℃时，燃烧的反应速度有多大变化？

解： 燃烧反应速度为 k，则

$$k = A e^{\frac{-E_a}{RT}}$$

设 T_1=1200+273=1473（K）下的反应速度为 k_1，T_2=1300+273=1573（K）下的反应速度为 k_2。

$$E_a = 145\text{kJ/mol} = 145000\text{J/mol}$$
$$R = 8.314\text{J/（mol·K）}$$

则

$$k_2/k_1 = A e^{-E_a/RT_2}/(A e^{-E_a/RT_1}) = e^{-E_a/RT_2 + E_a/RT_1} = 2.71828^{[145000/8.314 \times (1/1473 - 1/1573)]} = 2.12 \text{（倍）}$$

三、数理统计

（一）判断题

判断下列描述是否正确，正确的在括号内打"√"，错误的在括号内打"×"。

1．正态分布的标准差 σ 决定曲线的陡峭或扁平程度，σ 越大曲线越陡峭，σ 越小越扁平。　　　　　　　　　　　　　　　　　　　　　　　　　　　　（×）

2．当 n 充分大时，独立且分布相同的一系列随机变量，其平均值与其数学期望值之间的偏差，可以控制在任意给定的范围之内。　　　　　　　　　　　　（√）

3．当采用重置取样方式抽取足够大的样本时，则无论该随机变量是何种分布，其均值都服从正态分布。　　　　　　　　　　　　　　　　　　　　　　　（√）

4．一组测定值的均值与其标准偏差之间相互影响。　　　　　　　　　　（×）

5．在假设检验中，当备择假设具有特定的方向性，并含有"＞"符号时，就称为左侧检验。　　　　　　　　　　　　　　　　　　　　　　　　　　　　　（×）

6．检验统计量反映了点估计值与总体参数值相比差多少个标准差。　　（√）

7．检验统计量的绝对值越大说明样本信息与假设值偏离越远，也就越要怀疑原假设的真实性。　　　　　　　　　　　　　　　　　　　　　　　　　　　（√）

8．示值误差是仪器的示值与被测量真值的差值，可用仪器检定证书中该示值的实际值作为约定真值。　　　　　　　　　　　　　　　　　　　　　　　　　（√）

9．示值的引用误差是指示值绝对误差占仪器测量范围上限（量程）的百分比。（√）

10．极限误差表现为某置信度的临界值（或称概率值）乘以抽样平均误差。（√）

11．方差比检验是比较两个总体方差是否一致的方法，F 分布表只给出右方临界值。

（√）

12．总体标准偏差 σ 值小表明测量值比较集中，σ 值大表明测量值比较分散；样本标准偏差 S 是有限样本的标准偏差，用以估算总体标准偏差 σ。　　　　　　（√）

13．一组测定结果的平均值与真值做比较，实际就是判定结果的精密度。（×）

14．显著性水平 α 与置信概率 P 成互补关系，置信概率越大，测定结果落入置信范围的可能性也越大，准确度也越低。　　　　　　　　　　　　　　　　（√）

15．准确度是测试结果与被测量真值或约定真值间的一致程度，正确度是由大量测试结果得到的平均数与被测量真值或约定真值间的一致程度，精密度是在规定条件下独立测试结果间的一致程度。　　　　　　　　　　　　　　　　　　　　　（√）

16．格鲁布斯法可用于一组测定均值的一致性检验及剔除离群均值，不可用于多组测定值的一致性检验及剔除离群均值。　　　　　　　　　　　　　　　（×）

17．系统误差的出现是有规律的，通常它具有正态分布规律。　　　　（×）

18. 统计检验中格鲁布斯法则，也可用来检验一组标准偏差中的异常值。　　（×）

19. 测定值与多次测定值的平均值之差称为误差。　　（×）

20. t 检验法是用来判断两组数据方差是否存在显著性差异的方法。　　（×）

21. 随着观测次数增加，随机误差趋于 0。　　（√）

22. 置信区间是指在一定置信度时，以真值为中心的可靠范围。　　（×）

23. t 检验法是用来判断两组数据均值是否存在显著性差异的方法。　　（√）

24. 方差在数值上为观测值与它们的平均值之差的平方和除以测定次数。　　（×）

25. 统计检验中格鲁布斯法则用来检验一组测定值中的异常值。　　（√）

26. 随机误差的出现是有规律的，通常它符合正态分布规律。　　（√）

27. 样本对总体而言可以存在系统偏差。　　（×）

28. 煤质检测的系统误差遵循正态分布规律。　　（×）

29. 依据数理统计理论，F 检验法可用来判断两组数据方差是否存在显著性差异。

　　（√）

30. 减少测定次数，也就能减少随机误差。　　（×）

（二）单选题

下列每题只有一个正确答案，将正确答案填在括号内。

1. 不重置抽样平均误差（B）。
   - A．总是大于重置抽样平均误差
   - B．总是小于重置抽样平均误差
   - C．总是等于重置抽样平均误差
   - D．以上情况都可能发生

2. 抽样平均误差的实质是（D）。
   - A．总体标准差
   - B．抽样总体的标准差
   - C．抽样误差的标准差
   - D．样本平均值的标准差

3. 抽样平均误差与总体标准差的关系是（B）。
   - A．抽样平均误差大于总体标准差
   - B．抽样平均误差小于总体标准差
   - C．抽样平均误差等于总体标准差
   - D．抽样平均误差大于、等于或小于总体标准差

4. 用样本指标估计总体指标，要求当样本数充分大时，抽样指标也充分地靠近总体指标，称为抽样估计的（B）。
   - A．无偏性　　　B．一致性　　　C．有效性　　　D．充分性

5. 在重复的简单随机抽样中，当概率保证度（置信度）从 68.27% 提高到 95.45% 时（其他条件不变），必要的样本容量将会（C）。
   - A．增加 1 倍　　　B．增加 2 倍　　　C．增加 3 倍　　　D．减少 50%

6．在其他条件不变的情况下，抽样数增加一半，则抽样平均误差（A）。

A．缩小为原来的 81.6%　　　　　　　B．缩小为原来的 50%

C．缩小为原来的 25%　　　　　　　　D．扩大为原来的 4 倍

7．正态分布的标准差为（A）零的实数。

A．大于　　　　　　　　　　　　　　B．小于

C．等于　　　　　　　　　　　　　　D．以上情况均是

8．一列随机数 25、28、30、32、35、38，则其中位数位次为（C）。

A．2.5　　　　　B．3　　　　　C．3.5　　　　　D．4

9．一列随机数 25、28、30、32、35、38，则其中位值为（B）。

A．30　　　　　B．31　　　　　C．32　　　　　D．35

10．若一项假设规定显著性水平为 0.05，下面表述正确的是（A）。

A．接受 H_0 时的可靠性为 95%　　　　B．接受 H_1 时的可靠性为 95%

C．H_1 为真时被拒绝的概率为 5%　　　D．H_0 为假时被接受的概率为 5%

11．若假设形式为 H_0：$\mu=\mu_0$，H_1：$\mu\neq\mu_0$，当随机抽取一个样本其均值 $\bar{x}=\mu_0$，则（A）。

A．肯定接受原假设　　　　　　　　　B．有 $1-\alpha$ 的可能接受原假设

C．有可能接受原假设　　　　　　　　D．有可能拒绝原假设

12．在一次假设检验中当显著性水平 $\alpha=0.01$，原假设被拒绝时，则用 $\alpha=0.05$ 时，原假设（A）。

A．一定会被拒绝　　　　　　　　　　B．一定不会被拒绝

C．有可能被拒绝　　　　　　　　　　D．需要重新检验

13．下列场合适合用 t 检验统计量的是（C）。

A．样本为小样本，且总体方差已知　　B．样本为大样本，且总体方差已知

C．样本为小样本，且总体方差未知　　D．样本为大样本，且总体方差未知

14．关于相关系数 r 的取值范围，正确的表述是（D）。

A．$1\leqslant r\leqslant 2$　　　　　　　　　　B．$0\leqslant r\leqslant 1$

C．$-1\leqslant r\leqslant 0$　　　　　　　　　D．$-1\leqslant r\leqslant 1$

15．抽样平均误差与极限误差的关系是（D）。

A．抽样平均误差大于极限误差

B．抽样平均误差小于极限误差

C．抽样平均误差等于极限误差

D．抽样平均误差可能大于、小于或等于极限误差

16．根据微小误差准则，对测量仪器准确度的选择，测量仪器的误差应小于被测量允许误差的（A）。

A．1/10～1/3　　　B．1/3～1/2　　　C．1/2～2/3　　　D．2/3～4/5

17. 拉伊达准则又称 3S 准则，认为测量结果的残差大于 3S 时，该测量值为异常值。该准则可适用于测量次数为（D）。

    A．小于 6   B．小于 8   C．小于 10   D．大于 10

18. 为避免计算左侧临界值的麻烦，两个总体方差比的检验统计量采用（A）。

    A．大于 1 的数值   B．小于 1 的数值

    C．等于 1 的数值   D．可以是任意实数

19. （B）误差又称为可测误差。

    A．随机   B．系统   C．过失   D．偶然

20. 精密度是由（A）误差所决定的。

    A．随机   B．系统

    C．系统和过失   D．随机和系统

21. 准确度是由（D）所决定的。

    A．过失误差   B．系统误差

    C．随机误差   D．随机误差+系统误差

22. 在正态分布曲线中，表示一测定体系的分散特征量用（D）表示。

    A．平均偏差   B．相对误差

    C．总体平均值   D．总体标准差

23. 在正态分布曲线中，表示一测定体系的集中特征量用（B）表示。

    A．误差   B．测定总体平均值

    C．总体标准差   D．相对误差

24. 增加测定次数，可以（B）。

    A．减小系统误差   B．减小随机误差

    C．减小过失误差   D．避免过失误差

（三）多选题

下面每题至少有一个正确答案，将正确答案填在括号内。

1. 以下用于表征数据的分散程度的有（AB）。

    A．极差   B．平均差   C．几何平均值   D．中位值

    E．算术平均值

2. 以下用于表征数据的集中程度的有（DE）。

    A．方差   B．平均差   C．全距   D．中位值

    E．算术平均值

3. 以下属于非参数检验的是（AD）。

    A．秩和检验   B．均值检验   C．方差检验   D．符号检验

4. 以下名词属于按照误差性质的分类的有（CDE）。

　　A．绝对误差　　　　　B．相对误差　　　　C．系统误差　　　　D．随机误差

　　E．粗大误差

5. 误差按照产生的来源分为（ABCDE）。

　　A．设备误差　　　　　　　　　　　B．方法误差

　　C．人员误差　　　　　　　　　　　D．环境条件误差

　　E．被测对象变化误差

6. 格拉布斯准则剔除异常值时，不仅考虑了测量次数，还考虑了置信概率因素。该准则可适用于测量次数为（ABCD）。

　　A．小于 6　　　　　B．小于 8　　　　　C．小于 10　　　　　D．大于 10

（四）填空题

1. 正态分布曲线的图形是对称的钟形曲线，且峰值和对称轴在 $\underline{x=\mu}$ 处。

2. 标准正态曲线的标准差 $\sigma=\underline{1}$。

3. 随机变量的分布规律指的是所有可能取值及其取值的概率。

4. A、B 两个随机事件的发生与否不会相互影响，则称它们为相互独立事件。

5. 在假设检验中，当备择假设具有特定的方向性，并含有 > 或 < 符号时，就称为单侧检验。

6. 在假设检验中，当备择假设没有特定的方向性，并含有 ≠ 符号，就称为双尾检验。

7. 表示测量结果中的随机误差大小的程度为精密度。

8. 表示测量结果中系统误差与随机误差的综合称为准确度。

9. 极限误差是指抽样推断中依一定概率保证下的误差的最大范围，故也称为允许误差。

10. 数字修约的误差理论依据是微小误差准则。

11. 格拉布斯准则提出异常值时，不仅考虑了测量次数，还考虑了置信概率因素。

（五）问答题

1. 怎样检验不同条件下所测得的两组数据是否具有相同的精密度？

答：在实际工作中有时需要比较不同条件下（例如不同环境条件、不同操作设备、不同测试方法、不同操作人员）所测定的两组数据是否具有相同的精密度。具体做法如下：

（1）先求出两组数据的方差（标准差的平方）S_1^2 及 S_2^2，再求出两者的比值 F，但必须是 $F>1$。

$$F = \frac{S_2^2}{S_1^2} \text{ 或 } F = \frac{S_1^2}{S_2^2}$$

（2）由 F 临界值表查出临界值 F_a，表中第一自由度 $f_1 = n_1 - 1$，第二自由度 $f_2 = n_2 - 1$，n_1 和 n_2 分别对应 S_1^2 及 S_2^2 的测定次数，显著性水平 α 通常取 0.05。

（3）当计算出的 F 值小于 F_a，则认为两者精密度无显著性差异，具有相同精密度；否则，两者精密度不同。

2．随机误差服从正态分布规律，正态分布曲线由什么参数所确定？

答：正态分布曲线由数学期望值 μ 和总体方差 σ^2 两个参数确定，以 μ 为对称的钟型曲线，σ 决定正态曲线的陡峭或扁平程度。

3．随机误差的基本特征是什么？

答：（1）对称性。测定值以它们的算术平均值为中心呈对称分布。

（2）有界性。在有限测定值中，其误差绝对值不会超过一定界限。

（3）单峰性。随机误差以测定值的算术平均值为中心相对集中地分布。

（4）抵偿性。对同一量的测定，随机误差的算术平均值随测定次数的增多而趋近于零。故这在实际测定中具有很大的实际意义，增加测定次数，就可减小随机误差。

4．简述大数定律。

答：随着试验次数的增加，事件发生的频率和平均值将稳定于一个确定的常数。当 n 充分大时，独立的且与总体分布相同的随机变量的平均值与其数学期望值之间的偏差可以有必然的、十足的把握被控制在任意给定的范围之内，这就是以样本平均估计总体平均的理论依据。

5．简述中心极限定理。

答：任意分布的随机事件，当采用重置抽样方式，统计次数充分大时（$n \geqslant 30$），其平均值 $\bar{X}$ 服从于正态分布。即：$\bar{X} \sim N(\mu,\ \sigma^2/n)$。

6．t 检验法和 F 检验法的用途是什么？在机械采制样设备的系统偏倚试验的数据统计和结果评定中是如何运用的？

答：t 检验法常用以对被测体系平均值与真值的比较、2 两组平均值的比较、不同检测条件的比较；F 检验法用于比较不同条件下（不同检测方法、仪器设备、操作人员、环境条件等）所测定的 2 组数据是否具有相同的精密度。

当增大试样对数后进行方差一致性检验和均值一致性检验用以进行两组数据合并前的判断；确定试验结果差值（与参比样进行比较）与假定的系统偏倚之间是否存在显著性差异以确定系统偏倚是否存在。

7. 什么是误差控制 3σ 原则？

答： 正态分布概率特例：当 $|z|=|x-\mu|/\sigma=1$，即 $|x-\mu|=\sigma$ 时，有如下规律：

$$P(|z|\leqslant 1)=2\phi(1)-1=2\times 0.8413-1=0.6826$$
$$P(|z|\leqslant 2)=2\phi(2)-1=2\times 0.9772-1=0.9544$$
$$P(|z|\leqslant 3)=2\phi(3)-1=2\times 0.9987-1=0.9974$$

随机变量标准偏差为 1σ、2σ 和 3σ 时的概率分布图如下，上式分别表明随机变量 $|x-\mu|$ 在 1σ、2σ、3σ 时的发生概率，可知在 3σ 时的覆盖面已经接近 1，$|x-\mu|>3\sigma$ 的概率非常低，因此可认为正态随机变量的取值几乎全部集中在 $[\mu-3\sigma,\ \mu+3\sigma]$ 区间内。而当观测值 x 与其数学期望 μ 的差值 $|x-\mu|$ 超出 3σ 时，则可判定为异常值，这就是常用的误差控制 3σ 原则。

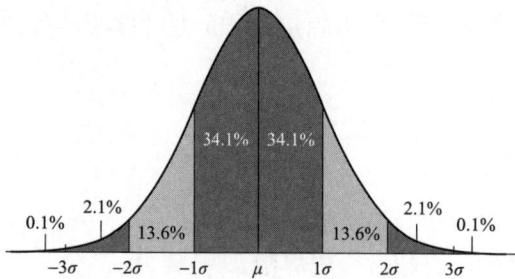

8. 设检测结果总体 X $(x_1,\ x_2,\ \cdots,\ x_n)$ 服从正态分布，即 $X\sim N(\mu,\ \sigma^2)$，则总体平均值 $\overline{X}=\dfrac{1}{n}\sum\limits_{i=1}^{n}X_i$ 和 σ^2 的无偏估计量 $s_{n-1}^2=\dfrac{1}{n-1}\sum\limits_{i=1}^{n}\left(X_i-\overline{X}\right)^2$ 有哪些特点？

答： 有如下特点：

（1）$\overline{X}$ 与 s^2 相互独立；

（2）$(n-1)s^2/\sigma^2\sim\chi^2(n-1)$（自由度为 $n-1$ 的 χ^2 卡方分布），可导出 s^2 的分布；

（3）$(\overline{X}-\mu)/(s_{n-1}/\sqrt{n})\sim t(n-1)$（自由度为 $n-1$ 的 t 分布）。

9. 对标准偏差的允许差范围进行确定时，当分别使用贝塞尔公式和使用 n 对成对样品的差值计算 s 时，给出总体方差 σ^2 的置信区间。

答： 使用贝塞尔公式正态分布的样本统计量 $(n-1)s^2/\sigma^2$。该统计量服从自由度为 $n-1$ 的卡方分布 $\chi^2(n-1)$，即 $(n-1)s^2/\sigma^2\sim\chi^2(n-1)$。

在 95% 置信概率即 0.5 置信水平时，总体方差 σ^2 置信区间为

$$\{(n-1)s^2/\chi^2_{\alpha/2,(n-1)},\ (n-1)s^2/\chi^2_{1-\alpha/2,(n-1)}\}$$

当使用 n 对成对或双份试样的差值计算 s，即 $s^2=\sum d^2/2n$ 时，由于差值的自由度无约束，则采用自由度为 n，此时的样本统计量为 $ns^2/\sigma^2\sim\chi^2(n)$。

在 95% 置信概率即 0.5 显著性水平时，总体方差 σ^2 的置信区间为

$$\{ns^2/\chi^2_{\alpha/2,n},\ ns^2/\chi^2_{1-\alpha/2,n}\}$$

（六）计算题

1. 用 5 种含硫量不等的标准煤样来考核某实验室测硫水平是否合格，对该实验室的

分析结果如下:

标准煤号	1	2	3	4	5
标准值	0.38	1.22	2.33	3.42	4.15
测定值	0.37	1.23	2.37	3.45	4.18

问该实验室测硫是否存在显著性差异?结合数理统计的知识,说明判定结果是否合理。

解:(1)先计算差值的平均值 $\bar{d}$,相关内容如下:

标准煤号	1	2	3	4	5
标准值	0.38	1.22	2.33	3.42	4.15
测定值	0.37	1.23	2.37	3.45	4.18
差值	−0.01	+0.01	+0.04	+0.03	+0.03

$$\bar{d}=\Sigma d_i/n=+0.02$$

(2)再求差值的标准差 S_d:

$$S_d=\sqrt{(d_i-\bar{d})^2/(n-1)}=0.02$$

(3)计算统计量 t 值:

$$t=|\bar{d}|\sqrt{n}/S_d=0.02\times\sqrt{5}/0.02=2.24$$

(4)给定 $\alpha=0.05$,因是双侧检验,$t=2.776$,由于 $t_{0.05,4}=2.24<2.776$,因此认为该实验室测硫水平合格。

2.5 次重复测定某标样干燥基高位热值其结果为 22455、22340、22365、22445、22400J/g,其标准值为 22.32MJ/kg。试计算标准偏差、相对标准偏差、绝对误差与相对误差。

解:(1)标准偏差 $S=\sqrt{\sum_{i=1}^{n}(X-\bar{X}^2)/(n-1)}=49.7$(J/g);

(2)相对标准偏差 $RSD=S/\bar{X}\times100=49.7/22401\times100=0.22$(%);

(3)绝对误差 $E_a=\bar{X}-\mu=22.40-22.32=0.08$(MJ/kg);

(4)相对误差 $E_r=E_a/\mu\times100=0.08/22.32\times100=0.36$(%)。

四、其他燃料

(一)填空题

1.液态天然气最大的优点是,其体积只有气态天然气的 <u>1/600</u>,非常有利于运输和储存。

2．根据煤和油的原料组分、原料性质，以及制气的加工方式不同，人工煤气一般可分为 4 种：固体燃料干馏煤气、固体燃料气化煤气、油制气和高炉煤气。

3．从炼制石油过程中获得的液化石油气，按原油成分、性质、加工工艺和设备类型不同可分为 5 种：蒸馏气、热裂化气、催化裂化气、催化重整气、焦化气。

4．沼气又称生物气，是各种有机物质，如蛋白质、纤维素、脂肪、淀粉等，在隔绝空气及适宜温度、含水率和酸碱度条件下，在发酵微生物作用下产生的可燃气体。

5．沼气的主要组分为含量约 60%的甲烷和约 35%的二氧化碳，还有少量的氢、氨等气体，其热值一般约为 20.900MJ/m^3（标准状态下）。

6．页岩气特指赋存于页岩中的天然气，是一种以游离或吸附状态藏身于页岩层或泥岩层中的非常规天然气。

7．煤层气是一种自生自储在煤层中，以甲烷为主要成分、以吸附在煤基质表面为主、部分游离于孔裂隙或溶解于煤层水中的非常规天然气。

8．煤层气是成煤物质在煤化作用过程通过生物成因、早期和晚期热成因形成并存储于煤层中的气体。

9．天然气的开采过程包括钻井、固井及完井。

10．天然气的运输主要有三种运输方式：管道运输、槽车运输和海上运输。

11．利用铺设的管道使天然气在压力驱动下从首站安全、连续运输送至末站的工艺过程，称为天然气管道输送工艺。

12．天然气管道输送可分为干气输送和富气输送两种方式，目前干气输送方式被广泛运用。

13．燃机电厂中一般依据 GB/T 27896—2018《天然气中水含量的测定　电子分析法》对水分进行测量。

14．按照 GB/T 13609—2017，在取样过程中，应使样品温度高于水露点温度 2℃，以避免样品在分析仪和取样管线中发生凝析。

15．天然气流量的测量方法可使用标准喷嘴流量计、气体超声流量计、标准孔板流量计或者气体涡轮流量计。

16．GB/T 36039—2018 所称的燃气电站，是指利用天然气、煤层气、煤制气或液化天然气（LNG）作为燃料生产电能的发电企业。

17．燃气电站的天然气系统是指燃气电站产权边界内发电生产用的天然气设备设施，包括过滤、调压、调温、输送、计量、储存、放散、控制及紧急切断、防雷防静电等设备设施。

18．GB/T 36039—2018 适用于燃气电站天然气系统的设计、施工、运行维护和安全及应急管理工作。

19．对于天然气组分的鉴定和分析，可以使用色谱-质谱联测法通过气相色谱有效分离气体组分，然后使用质谱法进行准确的定性分析，以识别气体组分的类型、分子结构及是否含有异常组分，并制备相应的标准气体进行定量分析。

20．根据国际能源机构（IEA）定义，生物质是指利用大气、水、土地等直接或间接地来源于光合作用而形成具有一定能量的物质，即一切有生命的可以生长的有机物质通称为生物质。

21．生物质是由多种复杂的高分子有机化合物组成的复合体，主要由植物光合作用所产生的碳水化合物如纤维素、半纤维素、淀粉和木质素等大分子聚合物组成。生物质中还含有少量的无机盐，主要为碱金属盐和碱土金属盐。

22．按生长源分类，从生物质燃料的角度可将生物质分为木质生物质、草本生物质、果实生物质及掺合物或混合物。

23．生物质能主要有可再生性、环保性、资源丰富性、资源分散性、低密度性和季节性。

24．生物质原料先天具有疏松多孔的结构特点，因此生物质原料的表观密度和堆积密度都远远低于煤等化石燃料。

25．木制生物质的堆密度要大于农作物秸秆。

26．GB/T 28730—2012 用于多数理化特性测定的固体生物质燃料样品的一般分析试样是破碎到粒度小于 1mm 以下，达到空气干燥状态。

27．固体生物质燃料极易被干燥和氧化而导致水分丢失和特性改变，因此在制样时应特别注意保证原样品的组成和品质特性不改变，避免样品损失和污染。

28．以制样化验方差 V_{PT} 表示，生物质燃料的制样精密度要求不大于 0.10，且制样无偏倚。

29．生物质样品制备缩分后的最小试样量不仅与样品的标称最大粒度有关，而且与其初始容积密度有关。

30．对于初始容积密度为 200～500kg/m³ 的生物质样品，当标称最大粒度为 1mm 时，缩分最小试样量为 50g。

31．固体生物质燃料全水分测定样品要求：全水分样品粒度小于或等于 30mm、样品量大于或等于 2kg。

32．固体生物质燃料全水分检测用样品量为（300±10）g，干燥温度为（105±2）℃。

33．根据 GB/T 28731—2012，在（105±2）℃的干燥箱中干燥并进行通氮干燥法测定水分，在（900±10）℃隔绝空气条件下的热解测定挥发分，在（550±10）℃通空气下的燃烧测定灰分。

34．碳中和一般是指国家、企业、产品、活动或个人在一定时间内直接或间接产生的二氧化碳或温室气体排放总量，通过植树造林、节能减排等形式，以抵消自身产生的二氧化碳或温室气体排放量，实现正负抵消，达到相对"零排放"。

35．从降低碳排放的角度，生物质能源是可再生能源中唯一具有<u>负排放</u>特性的能源利用方式。

36．对于存储生物质散料的堆场设计中必须考虑原料运输和堆垛设备车辆的行进以及必需的消防通道，垛间距宽一般取 <u>3～5m</u>。

37．为确保正常运行，抵抗由于季节、气候以及一些传统节假日可能对生物质供应连续性造成的威胁，从设计角度，电厂内的物料存储能力一般需要能维持电厂正常运行<u>一个月</u>左右。

38．生物质原料属于易燃易腐物，储存过程中不仅要确保原料的进出物流，还要时刻<u>防火</u>、<u>防雨</u>、<u>防腐</u>。

39．人类活动、生物体新陈代谢和自然环境演变，只要消耗物质资源，都会产生固体废弃物。而其中所包含的有机物则为<u>有机固体废弃物</u>，也可以归为广义生物质的范畴。

40．生物质灰渣是指农业生产中产生的秸秆、谷壳等废弃物，经过高温灼烧后的剩余残余物通常含有大量的<u>磷</u>、<u>钾</u>等植物营养元素，是一种重要的<u>肥料</u>资源。

41．不同种类生物质的灰渣具有不同组分含量，在纯的木灰中含量较多的是 <u>Ca</u> 和 <u>Mg</u>，而在农业种植生成的废弃物中含量较多的则是 <u>P</u> 和 <u>K</u>。

42．生物质灰渣具有强<u>碱</u>性，能够中和<u>酸</u>性土壤、提高作物的抗病和抗倒伏能力，利于作物生长。

43．固体废弃物处置是指<u>最终</u>处置或<u>安全</u>处置，是解决固体废弃物的归宿问题。

44．固体废弃物的物理处理包括<u>破碎</u>、<u>分选</u>、<u>沉淀</u>、<u>过滤</u>、<u>离心</u>等处理方式。

45．固体废弃物的化学处理包括<u>焚烧</u>、<u>焙烧</u>、<u>浸出</u>等处理方法。

46．固体废弃物的生物处理包括<u>好氧</u>和<u>厌氧</u>分解等处理方式。

（二）问答题

1．天然气的分类有哪些？

答：根据矿藏特点，天然气一般可分为三种：①从气井开采出来的气田纯天然气；②伴随石油一起开采出来的油田伴生气；③含石油轻质馏分的凝析气田气。即分别为气田气、伴生气和凝析气。

2．什么是可燃冰？

答：可燃冰是 20 世纪科学考察中发现的一种新的矿产资源，学名为"天然气水合物"，可燃冰分子式为 $CH_4 \cdot H_2O$，它是水和天然气在高压和低温条件下混合后产生的一种固态物质，外形极像冰雪或固态酒精，遇火即燃。可燃冰密度为 $880～900kg/m^3$，被誉为 21 世纪最具商业开发前景的战略资源。

3. 简述按 GB 17820—2018 进行的天然气质量分类。

答：为了控制天然气对输配系统的腐蚀以及减少对人体的危害，除了天然气热值之外，规定天然气中硫化氢的含量是十分有必要的。当天然气中硫化氢含量不大于 $6mg/m^3$ 时，对金属材料无腐蚀作用；硫化氢含量不大于 $20mg/m^3$ 时，对钢材无明显的腐蚀或者此种程度的腐蚀处在工程上能接受的范围内。

按照 GB 17820—2018，将天然气分为一类和二类。

一类天然气：高位发热量不小于 $34.0MJ/m^3$，总硫含量不大于 $20mg/m^3$，H_2S 含量不大于 $6mg/m^3$，CO_2 摩尔分数不大于 3.0%。

二类天然气：高位发热量不小于 $31.4MJ/m^3$，总硫含量不大于 $100mg/m^3$，H_2S 含量不大于 $20mg/m^3$，CO_2 摩尔分数不大于 4.0%。

4. 简述天然气体积计量法。

答：体积计量法是一种将单位时间经过某管道截面的天然气体积转换为标准值的计量方法。

由结构不同可分为超声波、孔板、涡轮和旋进旋涡流量计等；由测量原理可分为差压式、速度式和容积式流量计等。

5. 简述天然气能量计量法。

答：能量计量法是以天然气热量为结算单位，对天然气体积与单位体积发热量进行测量，进而通过流量计算获得流经管道的天然气总能量。能量计量法有直接测量与间接测量两种方式：直接测量是指通过燃烧一定体积的气体获得发热量；间接测量通常依靠色谱获得天然气的组分及其浓度来计算其热值。

6. 天然气能量计量法的优势是什么？

答：相比于体积计量法和质量计量法，能量计量法的应用更加广泛，其原因在于能量计量法更加科学、合理。能量计量法不仅符合我国能源发展战略，还能有效解决因产地与组分不同造成的燃烧热值不同带来的检测不准确等问题。不同天然气燃料的发热量不同，若统一选择体积计量法则不合理，因此能量计量可以使贸易交接更合理化。不同油田产生的天然气的组成与发热量具有显著差异，因此能量计量的推行将会更大限度地保障我国天然气国内贸易的公平性，有利于实现不同油气田所生产天然气的价格公平，同样有助于推动天然气国际贸易往来。

7. 生物质能对实现碳中和的显著优势有哪些？

答：①生物质能负碳排放潜力，生物质在成长过程中能够捕集大气中的二氧化碳，而生物质能在能源化利用过程中将这部分二氧化碳释放回大气中，即使不对产生的二氧化碳做任何处理，这也是一个零碳排放的过程。如果对能源利用过程中的二氧化碳用一定的技术加以捕集，则能够完成负碳排放的能源化利用过程。②生物质能的多元化能源特性，生物质能源可以制备成为固态、气态和液态等各种易于储存的能源形式，也可以以生物质能源原材料的形式利用，当然也可以用于最常见的发电。③交通运输业碳减排的优势，生物质制备的液体燃料可以满足飞机、汽车和船舶等交通工具使用。特别是从减排的角度，飞机实现电动化的难度最大，采用生物质能源制备的航空燃油可以实现航空运输的零碳排放。④生物质能利用可实现治污减排的协同效应，未利用的生物质往往由于自身腐烂变质而造成环境，因此生物质能利用可以达到治污减排的双重效果。

8. 试比较煤与固体生物质燃料的灰熔融特性测定方法的区别。

答：生物质灰与电力煤炭煤灰熔融特征温度检测方法基本一致，仅在烧灰、气氛种类和升温速度由快转慢的转化温度三个方面存在区别。即：①生物质燃料与煤炭的灰化温度不同，前者在（550±10）℃将生物质灰化，后者在（815±10）℃将煤样灰化。②生物质燃料仅在弱还原性气氛下测定，而煤灰熔点还在氧化性气氛下测定。③测定过程的加热升温速率由15～20℃/min转变为4～6℃/min的生物质燃料灰样温度是700℃，煤灰在900℃。

9. 什么是固体废物？

答：根据《中华人民共和国固体废物污染环境防治法》，固体废弃物是指人类在生产、生活和其他活动中产生的丧失原有利用价值或者虽未丧失利用价值但被抛弃或者放弃的固态、半固态和置于容器中的气态的物品、物质以及法律、行政法规规定纳入固体废弃物管理的物品、物质，简称"固废"。

第二章　采样与制样

（一）判断题

判断下列描述是否正确，正确的在括号内打"√"，错误的在括号内打"×"。

1．GB/T 475—2008 规定，煤的标称最大粒度就是筛分试验中某一筛上物质量分数最接近 5% 但不大于 5% 的筛子相应的筛孔尺寸。　（×）

2．GB/T 474—2008 规定，煤样的空气干燥状态就是煤样在空气中连续干燥 1h 后，煤样的质量变化不超过 1.0% 时，煤样达到空气干燥状态。　（×）

3．GB/T 474—2008 规定，棋盘法缩分操作时为了保证缩分精密度和防止水分损失，混合和取样操作要迅速，取样时样品不要撒落，从各小方块中取出的子样量要相等。　（√）

4．GB/T 474—2008 规定，存查煤样应尽可能少缩分，缩分到最大可储存量即可；也不要过多破碎，只要破碎到能满足缩分后总样最小质量与最大储存质量相应的标称最大粒度即可。　（√）

5．GB/T 19494.2—2004 规定，对定质量缩分，切割间隔应保持一致，缩分后试样的质量与被缩分煤质量成正比。　（×）

6．GB/T 474—2008 规定，制备一般分析试验煤样时，破碎到粒度小于 0.2mm 之前的所有干燥过程不要求与大气达到湿度平衡。　（√）

7．GB/T 475—2008 规定，煤流流量和子样质量间有相关性，可以使用质量基采样。　（×）

8．GB/T 474—2008 规定，用于制备全水分、黏结性煤样的破碎机，可以使用转速为 1000r/min 的锤碎机。　（×）

9．GB/T 475—2008 规定，原煤的采样精密度一律为 ±2%。　（×）

10．GB/T 19494.1—2004 规定，采样单元是从一批煤中采取一个总样所代表的煤量，一批煤可以是一个采样单元，也可以是许多个采样单元。　（√）

11．煤中游离矿物质含量越大，煤的初级子样方差越大，跟矿物质分布无关。　（×）

12．GB/T 474—2008 规定，制样时煤样水分过大，无论何种煤样，均可在温度低于 50℃ 的鼓风干燥箱内适当干燥再破碎和缩分。　（×）

13．GB/T 475—2008 规定，质量基采样的初级子样质量与煤流流量无关，而时间基采样的初级子样质量与煤流流量有关。　（√）

14．根据法定计量单位的规定，火电厂发、供电煤耗的法定计量单位符号为 g/kWh，单位名称为克/千瓦时。　　　　　　　　　　　　　　　　　　　　　　　　（×）

15．GB/T 19494.3—2004 所列的精密度核验方法中，最严密的方法是例行子样数的双份采样法。　　　　　　　　　　　　　　　　　　　　　　　　　　　　　（×）

16．GB/T 474—2008 规定不能用二分器法取全水分样，只能用九点法取全水分样。
　　　　　　　　　　　　　　　　　　　　　　　　　　　　　　　　　　　（×）

17．煤炭的生成可分为泥炭化阶段和变质阶段。　　　　　　　　　　　　　（×）

18．GB/T 474—2008 规定，当煤样制备至全部通过 3mm 的圆孔筛后，则可直接缩分出不少于 100g 的煤样，用于制备分析用煤样。　　　　　　　　　　　　　　（√）

19．煤的粒度大小不会影响煤的不均匀性。　　　　　　　　　　　　　　　（×）

20．GB/T 475—2008 规定，无论原煤或洗煤，在 100t 的火车煤采样时，都应至少采集 20 个子样。　　　　　　　　　　　　　　　　　　　　　　　　　　　　（×）

21．在采制化的各个环节中，对测定结果影响最大的是采样。　　　　　　（√）

22．GB/T 19494.2 规定，细碎煤样主要采用的是颚式破碎机。　　　　　　（×）

23．如一批煤的煤样分成若干分样采取，则在各分样的制备过程中分取全水分煤样，并以各分样的全水分的算术平均值作为该批煤的全水分值。　　　　　　　　　（×）

24．GB/T 475—2008 规定，随机采样是指按相同的时间、空间或质量间隔采取子样。
　　　　　　　　　　　　　　　　　　　　　　　　　　　　　　　　　　　（×）

25．煤炭分析包括采样、制样和化验三个环节，最重要的环节是采样，其次是制样，再次是化验。如各环节误差用采样、制样和化验总标准差表示，则采样标准差为 80%，制样为 16%，化验为 4%。　　　　　　　　　　　　　　　　　　　　　　　（×）

26．煤的初级子样方差越大，煤的均匀性越差。　　　　　　　　　　　　（√）

27．GB/T 474—2008 规定，总样最小质量取决于采样单元的煤量。　　　　（×）

28．GB/T 475—2008 规定，人工采样时，若采样工具操作一次，未能得到符合要求数量的煤样，则可在原来位置补采一次。　　　　　　　　　　　　　　　　　　（×）

29．煤的均匀性越高，要采到有代表性的样品难度越大。　　　　　　　　（×）

30．GB/T 475—2008 规定，相同品种的煤，采样精密度都是相同的。采样精密度越高，则精密度数值越优。　　　　　　　　　　　　　　　　　　　　　　　（×）

31．煤的标称最大粒度是指所采煤样中最大一块煤块的尺寸。　　　　　　（×）

32．GB/T 475—2008 规定，子样量越多，说明采样的代表性越好。　　　　（×）

33．采制化总样精密度由 ±2% 提高到 ±1%，则子样数要增加到原来的约 4 倍。（√）

34．一般情况下，采样误差要大于制样误差。　　　　　　　　　　　　　（√）

35．GB/T 474—2008 规定，二分器格槽的最小宽度为 3mm。　　　　　　　（×）

36．空气干燥煤样的粒度应小于 0.1mm。　　　　　　　　　　　　　　　　（×）

37．GB/T 19494.1—2004 规定，采样器开口宽度对采样精密度有重要影响。　（×）

38．按照 GB/T 477—2008 的规定，测定煤的标称最大粒度时，可以统一用方孔筛，也可以统一用圆孔筛。　（×）

39．GB/T 474—2008 规定，制样过程中，当煤的粒度小于 13mm 时，保留样品量最多为 15kg。　（×）

40．GB/T 474—2008 规定，存查煤样粒度为小于 1mm 或小于 0.2mm。　（×）

41．方孔筛筛孔面积总是大于同孔径圆孔筛的面积。　（√）

42．按照 GB/T 475—2008 规定，从静止大煤堆上，不能采取仲裁煤样。　（√）

43．碎煤机出料粒度越大，要求碎煤机的转速越高。　（×）

44．采样精密度合格，不一定说明采样就有代表性。　（√）

45．采样头开口宽度过小，则所采样品精密度易于偏低。　（×）

46．一级缩分器的缩分比为 1:20，二级缩分器的缩分比为 1:10，将两级缩分器串联，缩分比为 1:200。　（√）

47．采样机的采样头开口宽度越大，所采样品越不易产生系统误差。　（√）

48．GB/T 475—2008 规定，任何煤炭产品的采样均与其灰分大小无关。　（×）

49．机械采样的代表性不一定优于人工采样的代表性。　（√）

50．皮带端部采样的代表性一定优于皮带中部采样的代表性。　（×）

51．机械采制样与人工采制样的目的是不同的。　（×）

52．如果采样头不能横截整个输煤皮带，采样就没有代表性。　（√）

53．采样器与缩分器的共同之处在于都是从大量总体中分取部分样品。　（√）

54．给料机是采煤样机系统中的主要部件之一。　（√）

55．皮带中部采样机采样时皮带上易留底煤是它的最大缺点。　（√）

56．对火电厂皮带输送入炉的原煤采样必须使用机械采样方式。　（√）

57．如果机械采样，仅仅是采样精密度合格，还不能说明采样就有代表性。　（√）

58．GB/T 475—2008 规定，静止煤只采取全深度样品。　（×）

59．GB/T 475—2008 规定，长距离运输后静止煤应挖坑至一定深度采样。　（√）

60．机械采样装置都必须经权威机构性能试验，合格的方可使用。　（√）

61．GB/T 475—2008 规定，为对皮带机械采样装置进行性能试验，应取停皮带人工样作参比。　（√）

62．采样的代表性与接样斗的大小无关。　（×）

63．DL/T 747—2010 规定，采样器接样斗的容量必须能容纳一个完整子样量。　（√）

64．GB/T 19494.1—2004 规定，输煤皮带的一个完整子样量只需要根据采样机的设计参数即可准确计算出来。　（×）

65．GB/T 475—2008 规定，采样精密度实际上包括采样、制样、化验精密度。　（√）

66．入炉煤皮带采样机宜安装在电厂大碎煤机的下游。　　　　　　　　　　（✓）

67．DL/T 747—2010 规定，采样器的开口宽度应为煤的标称最大粒度的 2 倍以上。　（✗）

68．煤的不均匀度越大，要采集到有代表性的样品就越难。　　　　　　　　（✓）

69．GB/T 475—2008 规定，子样数的多少决定采样精密度。　　　　　　　（✓）

70．GB/T 475—2008 规定，子样质量的多少决定采样精密度。　　　　　　（✗）

71．采样工具也会影响所采样品有无系统偏差。　　　　　　　　　　　　（✓）

72．采样点的布置与所采样品有无系统偏差没有关系。　　　　　　　　　（✗）

73．GB/T 475—2008 规定，在火车顶部入厂煤采样时，挖坑至 0.4～0.5m 采样。　（✓）

74．GB/T 475—2008 规定，在煤堆上采样时，挖坑至 0.4m 采样。　　　　（✗）

75．GB/T 475—2008 规定，煤流采样，其子样量一律 5kg。　　　　　　　（✗）

76．煤的标称最大粒度可根据目测确定。　　　　　　　　　　　　　　　（✗）

77．GB/T 475—2008 规定，火车运输原煤采样，如果仅有一节车皮（60t），应采子样数，不论煤种品种如何，一律采集子样 6 个。　　　　　　　　　　　　　（✗）

78．GB/T 475—2008 规定，火车运输原煤采样，如有两节车皮（一车皮装煤 60t）装原煤，应采子样数至少为 18 个。　　　　　　　　　　　　　　　　　（✓）

79．GB/T 475—2008 规定，火车运输原煤采样，如有三节车皮（一车皮装煤 60t）装洗煤，应采子样数为 9 个。　　　　　　　　　　　　　　　　　　　（✗）

80．GB/T 475—2008 规定，原煤采样精密度，无论灰分 A_d 大小，采样精密度均为±2%。　　　　　　　　　　　　　　　　　　　　　　　　　　（✗）

81．GB/T 475—2008 规定，原煤灰分 A_d<20%时，采样精密度应优于±2%。　（✓）

82．GB/T 475—2008 规定，中煤采样精密度为±1.5%。　　　　　　　　　（✓）

83．GB/T 475—2008 规定，1000t 原煤，在皮带上采集 60 个子样，就符合采样精密度规定，如对于 2000t 原煤，则应至少采集 120 个子样。　　　　　　　　　（✗）

84．GB/T 475—2008 规定，小于 300t 的原煤煤堆，应采最少子样数为 1000t 煤堆的 1/2。　　　　　　　　　　　　　　　　　　　　　　　　　（✓）

85．DL/T 475—2008 规定，子样质量是根据煤种决定的。　　　　　　　（✗）

86．GB/T 475—2008 规定，子样质量是根据煤的标称最大粒度决定的。　　（✓）

87．DL/T 569—2007 规定，汽车容量不论大小，各车一律采集 1 个子样。　（✗）

88．增加子样数，可提高采样精密度。　　　　　　　　　　　　　　　　（✓）

89．商品煤采样不能采用系统采样方法。　　　　　　　　　　　　　　　（✗）

90．GB/T 475—2008 规定，轮船上人工采样时，需要分层采样。　　　　　（✗）

91．GB/T 475—2008 规定，煤堆上采样，要分上、中、下三层采样，其下层至少应距地面 1m 采样。　　　　　　　　　　　　　　　　　　　　　　（✗）

92．GB/T 475—2008 规定，测定全水分的煤样必须单独采集。　　　　　　（✗）

93．制样与采样对测定结果的影响程度是不同的。 （√）

94．煤样筛分前，应充分混匀。 （×）

95．煤样破碎前，应充分混匀。 （×）

96．通过某一孔径方孔筛的煤样，一定能通过同一孔径的圆孔筛。 （×）

97．试样缩分，是为了减少试样的量。 （√）

98．GB/T 474—2008 规定，商品煤存查煤样的保存时间一般为 30 天。 （×）

99．GB/T 474—2008 规定，制样操作的第一步是将煤样全部通过 50mm 方孔筛。 （×）

100．GB/T 474—2008 规定，空气干燥煤样水分与空气湿度有关。 （√）

101．在制样过程中，煤中水分损失是不可以避免的。 （√）

102．制样精密度实际上是制样与分析的总精密度。 （√）

103．制样系统误差是可以检验的。 （√）

104．制样过程中的过失误差是可以避免的。 （√）

105．GB/T 474—2008 规定，使用九点法抽取 13mm 全水分试样时，每点应采样品至少 120g。 （×）

106． GB/T 474—2008 规定，当采集粒度小于 13mm、用于测定全水分的煤样时，采用九点法，每点应采样品至少 334g。 （√）

107．十字分样板是一种煤样缩分工具。 （√）

108．煤的粒度大小与煤炭的均匀程度无关。 （×）

109．在相同的情况下，进行煤样破碎，颚式破碎机对煤样的水分损失小于锤式破碎机。 （√）

110．GB/T 474—2008 规定，在将煤样破碎成 0.2mm 煤样之前，必须使之达到空气干燥状态。 （×）

111．通常煤中游离矿物质含量越大，煤的初级子样方差就越大。 （√）

112．皮带上等时间间隔布点采样是一种系统采样法。 （×）

113．GB/T 475—2008 规定，对原样或初级子样未经破碎可以缩分。 （√）

114．分层随机取样不是以相等的时间或质量间隔采取子样，而是在事先划分的时间或质量间隔内以随机时间或随机质量的方式采取子样。 （√）

115．落煤流机械采样器的有效开口宽度随着其切割速度的增加而降低。 （√）

116．采样机的偏倚也就是其系统误差。 （√）

117．GB/T 474—2008 规定，制样过程中采取全水分煤样时，应在弃样中用九点法采取。 （√）

118．按照 GB/T 475—2008，火车运输后的采样时，应挖坑至 0.4～0.5m 采样，取样前应将坑底的矸石清除干净。 （×）

119．DL/T 1339—2014 规定，火电厂煤炭破碎缩分联合制样设备进行性能试验时，预

检验项目中有不合格项目的应进行设备调整或更换后直接开展性能检验。　　　　　　（×）

120．DL/T 1339—2014 规定，火电厂煤炭破碎缩分联合制样设备的各部件应无明显损坏、断裂、残缺和变形。　　　　　　　　　　　　　　　　　　　　　　　　（√）

121．煤炭破碎缩分联合制样设备用于降低样品标称最大粒度并减少样品质量，是火电厂煤炭样品制备的重要设备。　　　　　　　　　　　　　　　　　　　　　　　　（√）

122．DL/T 1339—2014 规定，火电厂煤炭破碎缩分联合制样设备性能试验中精密度（干燥基灰分 A_d 方差）的技术要求为小于或等于 0.2%。　　　　　　　　　　（×）

123．无论何种情况，总缩分方差都取决于试样每一缩分阶段的缩分方差的总和。　　（√）

124．GB/T 475—2008 规定，在船上可直接采取商品煤样，也可在装卸煤过程中于皮带输送机煤流中或在其他装卸工具如汽车上采样。　　　　　　　　　　　　　　（×）

125．移动煤流采样以时间基或质量基系统采样方式或分层随机采样方式进行。操作方便和经济的是时间基采样。　　　　　　　　　　　　　　　　　　　　　　　　（√）

126．用于制备全水分、发热量和黏结性等煤样的破碎机，要求生热和空气流动程度尽可能小。　　　　　　　　　　　　　　　　　　　　　　　　　　　　　　　　（√）

127．从一个采样单元中取出的全部子样合并成的煤样称为总样。　　　　　　　　　（√）

128．按煤炭产品的粒度划分，混煤粒度小于 50mm。　　　　　　　　　　　　　　（√）

129．采样时可通过增加子样数目以减小初级子样方差。　　　　　　　　　　　　　（×）

130．可对未经破碎的初级子样进行机械缩分。　　　　　　　　　　　　　　　　　（√）

131．采取煤样时通过增加子样数目能消除原有采样过程中的系统误差。　　　　　　（×）

132．全水分煤样缩分后总样最小质量不少于 0.75kg。　　　　　　　　　　　　　　（×）

133．DL/T 569—2007 规定，原煤或筛选煤每车装载量大于 50t 时，每车应采取的最少子样数为 4 个。　　　　　　　　　　　　　　　　　　　　　　　　　　　　（√）

134．GB/T 474—2008 规定，对于不易清扫的密封式破碎机（如锤式破碎机），只用于处理单一品种的大量煤样时，处理每个煤样之前可用本煤样"冲洗"机器内部，弃除"冲洗"煤后，再处理煤样。　　　　　　　　　　　　　　　　　　　　　　（×）

135．GB/T 475—2008 规定，移动落流人工采样方法适用于煤流量在 500t/h 以下的系统。　　　　　　　　　　　　　　　　　　　　　　　　　　　　　　　　　（×）

136．GB/T 19494.1—2004 要求，无论是用移动煤流机械化采样方法还是静止煤机械化采样方法，都必须经试验证明其无实质性偏倚、精密度符合要求。　　　　　　　（√）

137．依据 GB/T 19494.2—2004，为保证缩分精密度，堆锥四分法摊饼时，应从上到下逐渐拍平或摊平分样，应从圆饼中心画两条垂直交叉线，然后沿线将试样分开，最好使用十字分样板。　　　　　　　　　　　　　　　　　　　　　　　　　　　　（√）

138．GB/T 19494.3—2004 规定，进行精密度试验时，用二分器采取双份试样的方法是：按二分器操作程序先缩分出一个试样，然后将全部弃样收集起来，重新用二分器缩

分出另一个试样。 （√）

139．GB/T 19494.2—2004 规定，为最大减少偏倚，对于连续切割的缩分机械，后一切割器的切割周期应和前一切割器周期重合。 （×）

140．按照 GB/T 475—2008，火车顶部采样时，每车不论车皮容量大小至少应采取 1 个子样。 （√）

141．GB/T 474—2008 指出，缩分后试样的最小质量取决于煤的标称最大粒度、对有关参数要求的精密度及该参数与粒度的关系。 （√）

142．对某批煤进行无数次的采制化，其干燥基灰分无数次测定平均值等于 20%，若采样精密度为±2%，则其单次灰分测定值在95%置信概率下在18%～22%的范围内。 （√）

143．使用煤炭机械采制样装置进行采样时，采样装置的性能（采样精密度和偏倚）与设备本身相关，与被采煤的煤质特性（如粒度、灰分）无关。 （×）

144．一般分析试验煤样在制备时，为了减少制样误差，在条件允许时，应尽量减少制样阶段，如可实施两阶段（13mm、3mm）破碎缩分。 （√）

145．煤中矿物质都可以通过洗选的方法脱除，以提高煤炭质量。 （×）

146．进行采样机偏倚试验的差值独立性检验时，当观测值为偶数时，取中间两数的平均值为中位值。 （√）

147．落流缩分机切割器有效宽度与标称最大粒度之比越大，选择性地弃掉大颗粒的可能性就越小。 （√）

148．棋盘缩分法需将煤样分成 18 个以上的小块，然后分取。 （×）

149．GB/T 19494.2—2004 规定，空气干燥时煤层厚度不能超过煤样标称最大粒度的 3 倍或表面负荷为 1g/cm^2，哪个厚用哪个。 （×）

150．采样机、破碎机等电气设备着火时，应立即切断电源，并使用干式灭火器、二氧化碳灭火器或泡沫灭火器灭火。 （×）

151．质量基采样如果初级子样质量不均匀，应按定质量缩分法缩分后合并成试样。 （√）

152．GB/T 19494.1—2004 和 GB/T 475—2008 规定，基本采样方案要进行采样精密度核验和偏倚试验，确认符合要求后方可实施。 （√）

153．缩分后子样的合成试样的最少切割次数为 40 次。 （×）

154．机械缩分时，全部子样的合成试样缩分的最少切割数为 60 次。 （√）

155．存查样的粒度必须是标称最大粒度 3mm，样品量至少为 700g。 （×）

156．当煤样过湿且包装有水分渗出时，应将煤样取出单独进行空气干燥。 （×）

157．定质量缩分和定比缩分所保留的试样质量与被缩分的试样量成一定的比例。 （×）

158．GB/T 474—2008 要求的制样和化验的总方差目标值为 0.20 P_L^2。 （×）

159．逐级破碎是按照规定的粒级由大到小依次破碎。　　　　　　　　（×）

160．破碎的目的是增加试样颗粒数，减小缩分误差。　　　　　　　　（√）

161．影响制样精密度的最主要的因素是缩分后煤样的均匀性和缩分后的煤样留量。

　　　　　　　　　　　　　　　　　　　　　　　　　　　　　　　（×）

162．锤式、对辊式破碎机可用于制备一般分析试验煤样、全水分煤样和有粒度要求的特殊试样。　　　　　　　　　　　　　　　　　　　　　　　　　　（×）

163．破碎煤样不宜使用圆盘磨和转速大于 950r/min 的锤碎机。　　　（√）

164．GB/T 475—2008 规定的制样程序可使以灰分或水分表示的制样和化验方差达到 0.1 以下。　　　　　　　　　　　　　　　　　　　　　　　　　　　（×）

165．GB/T 19494.1—2004 和 GB/T 475—2008 规定，通过直接测定的方法确定初级子样方差时，应从同一批煤或同一煤源的几批煤中，至少采取 20 个子样。　　（×）

166．DL/T 747—2010 规定，对于干燥基灰分大于 30% 的煤，机械采制样装置最大允许偏倚取采样精密度的 10%。　　　　　　　　　　　　　　　　　　　（×）

167．GB/T 19494.1—2004 规定，除精煤外，其他煤的采样精密度为 ±1.6%。　（×）

168．如果静置批煤中存在游离水，随着煤深度的增加，水分含量逐步增加。　（√）

169．可通过增加采样单元数，并减少子样数等方法来提高采样精密度。　（×）

170．灰分大于 10% 的煤，用粒度小于 3mm 的煤样在氧化锌水溶液中浮选，俗称减灰。

　　　　　　　　　　　　　　　　　　　　　　　　　　　　　　　（×）

171．为减少后续处理样品的工作量，可以通过降低采样头的开口宽度以降低初级子样质量，并满足相应标称最大粒度的要求。　　　　　　　　　　　　　　（×）

172．最小子样质量取决于总样最小质量和子样数目。　　　　　　　（×）

173．当要求的采样精密度由 ±1.5% 提高至 ±1.0%，子样数应增加至原来的 1.5 倍。（×）

174．人工落流采样法适用于煤流量在 400t/h 以上的系统。　　　　　（×）

175．供入缩分器的煤流应均匀，切割器开口应固定。供料方式应使煤流的粒度离析降低到最小。　　　　　　　　　　　　　　　　　　　　　　　　　　（√）

176．合并试样时，各独立试样的质量应正比于各被采煤采样单元的质量。　（√）

177．合并后试样的品质参数为各合并前试样品质参数的算术平均值。　（×）

178．无论何种采样方案都应进行精密度核验和偏倚试验，确认符合要求方可实施。

　　　　　　　　　　　　　　　　　　　　　　　　　　　　　　　（√）

179．采样方式按照随机性分为系统采样、单纯随机采样和分层随机采样三种。　（√）

180．采样方案分为基本采样方案和专用采样方案。　　　　　　　　（√）

181．除水分大无法使用机械缩分者外，应尽可能使用二分器和缩分机械缩分以减少缩分误差。　　　　　　　　　　　　　　　　　　　　　　　　　　（√）

182．能在输煤皮带上在线测定燃煤热值和灰分的新技术是采用红外微波法。　（×）

183．GB/T 19494.2—2004 和 GB/T 474—2008 规定，破碎机要求破碎粒度准确，破碎时试样损失和残留少；用于制备全水分、发热量和黏结性等煤样的破碎机，更要求生热和空气流动程度尽可能小。 （√）

184．移动煤流采样方法中，最理想的采样方法是停皮带采样法，但由于操作及设备安全性等问题，该方法只在偏倚试验时作为参比方法使用。 （√）

185．DL/T 2067—2019 规定，汽车司乘人员在采制样装置采样期间应离开采制样区域。 （√）

186．DL/T 2067—2019 规定，采样方案不应随意变更，任何运行参数的变更均应在运行日志中如实记录。 （√）

187．GB/T 35983—2018 规定，除尘器、空气压缩机应有单独的工作间，并采取隔声、消声等降低噪声的措施。 （√）

188．GB/T 30731—2014 规定，联合制样系统的制样精密度应符合 GB/T 474—2008 和 GB/T 19494.2—2004 的要求，且在精密度符合要求时灰分差值的平均值与零无显著性偏倚。 （√）

189．GB/T 30731—2014 规定，联合制样系统的供料流量应与上一级设备匹配，并能保证各阶段缩分器切割数符合 GB/T 474—2008 和 GB/T 19494.2—2004 的规定。 （×）

190．DL/T 1339—2014 规定，破碎缩分设备性能试验的试验项目包括预试验、性能试验和辅助试验三类。 （√）

191．GB/T 19494.2—2004 和 GB/T 474—2008 规定，煤样如果太多，制样时可分几部分处理，但每部分均应按同一比例缩分，再将各部分缩分后的煤样混合起来作为一个煤样，再制备成一般分析试样。 （√）

192．标称最大粒度与落流缩分机切割器有效宽度之比越大，选择性地弃掉大颗粒的可能性就越小。 （×）

193．在制样过程中，在不考虑制备全水分煤样的前提下，可在任一制样阶段对煤样进行空气干燥。 （√）

194．对机械缩分器的连续缩分系统，后一缩分器的切割周期应与相邻的前一缩分器的切割周期相同，以保证前一缩分器的每一切割样都能被后一切割器再切割一次以上。 （×）

195．煤样制备的目的是通过破碎、混合、缩分和干燥等步骤将采集的煤样制备成能代表原来煤样特性的分析（试验）用煤样。 （√）

196．只要缩分后煤样总样满足标准规定相应标称最大粒度下的最小质量要求，缩分可以在制样的任意阶段进行。 （√）

197．GB/T 19494.2—2004 和 GB/T 474—2008 规定，对定质量缩分，初级子样的最少切割次数为 4 次，且同一采样单元的各初级子样的切割数应相等。 （√）

198．GB/T 19494.2—2004 和 GB/T 474—2008 规定，对易氧化煤和空气干燥作为全水

分测定一部分的煤样，空气干燥时控制温度不应高于40℃。　　　　　　　（√）

199．制备一般分析试验煤样时只有在最后制样阶段的空气干燥才要求达到湿度平衡状态。　　　　　　　　　　　　　　　　　　　　　　　　　　　　　　（√）

200．采取全水分后剩下的煤样，除九点法取样后的余样外，可用于制备一般分析试验煤样。　　　　　　　　　　　　　　　　　　　　　　　　　　　　　（√）

201．灰分与粒度越大，则煤的不均匀性就越小。　　　　　　　　　　　　（×）

202．GB/T 19494.2—2004和GB/T 474—2008规定，不要将刚磨制好的煤粉立即装入瓶内，马上就用于测定。制粉后应将其倒入浅盘中摊平，应在空气中冷却至与环境达到空气干燥状态，再装入瓶中。　　　　　　　　　　　　　　　　　　　　　（√）

203．制样精密度实际上是指制样与化验的总精密度。　　　　　　　　　　（√）

204．一级缩分器的缩分比为1:16，二级缩分器的缩分比为1:4，将320kg煤样通过两级缩分后，最终样品为5kg。　　　　　　　　　　　　　　　　　　　　　（√）

205．混合是为缩分作准备，可以说是缩分的辅助性操作。缩分是制样中最为关键性的操作，它是制样误差产生的主要来源之一。　　　　　　　　　　　　　　（√）

206．如缩分器缩分比过大，可用两台或多台缩分比较小的缩分器串联，既可达到同样的缩分效果，又可有效地防止缩分器堵煤。　　　　　　　　　　　　　　（√）

207．GB/T 19494.2—2004和GB/T 474—2008规定，对于水分过大的无烟煤，制备一般分析试验煤样时可在温度为105～110℃的鼓风干燥箱内干燥适当时间后再破碎和缩分，干燥过程不要求与大气达到湿度平衡。　　　　　　　　　　　　　　　　（×）

208．机械缩分时对于定质量缩分，切割间隔应随被缩分煤的质量成正比变化，以使缩分出的试样质量一定。　　　　　　　　　　　　　　　　　　　　　　（√）

209．依据GB/T 474—2008，缩分机械应通过精密度和偏倚试验方可使用，试验时由缩分机械得到的煤样进一步缩分时，应使用二分器缩分。　　　　　　　　（√）

210．制样时将煤样多次（3次以上）交替通过二分器，可使煤样混合均匀。　（√）

211．棋盘缩分法是将煤样充分混合后，铺成一个或多个厚度均匀的长方块，并将各长方块分成18个小块，然后从各小块中部分别取样。　　　　　　　　　　　（×）

212．GB/T 19494.2—2004和GB/T 474—2008规定，用堆锥法将试样掺合一次后摊开成厚度大于标称最大粒度3倍的圆饼状，然后用九点法取出9个子样，合并成一全水分煤样。（×）

213．对粒度大于13mm的煤样，可用堆锥四分法缩分，对粒度小于13mm的样品，应尽量采用二分器或其他机械缩分器缩分。　　　　　　　　　　　　　　（√）

214．破碎的目的是减小煤样的粒度，通过增加煤样的颗粒数，以减小缩分误差。

　　　　　　　　　　　　　　　　　　　　　　　　　　　　　　　　　　（√）

215．在试样制备的最后阶段，用机械方法对试样进行混合能提高缩分精密度。（√）

216．缩分应使用机械方法，如用人工方法，则粒度小于25mm时，最好使用二分器。

如用棋盘法和条带法缩分，则至少取 30 个子样。 （×）

217．对于商品煤供需双方因煤质发生争议时，第三检验方可在煤堆上采取仲裁煤样。 （×）

218．煤样粒度大于 25mm 时，无论煤量多少，先破碎使其全部通过 25mm 的方孔筛，掺合均匀后，用堆锥四分法缩分出不小于 30kg 的煤样。 （×）

219．只要对一批商品煤按照随机取样原则，采取足够多的子样数目，就可获得代表该批煤的平均特性的分析结果。 （×）

220．对于运载不同煤种的海轮，分煤种进行采样：不同煤种可按实际的运载量为一个采样单元，也可以一个船舱作为一个采样单元。 （√）

221．DL/T 569—2007 规定，对于汽车运输的商品煤，区分煤的品种（矿别）、供煤方，以到达电厂的一天实际发煤量（以 1000t 为下限）并作为一个采样单元，若不足 1000t，应以累计数天后直至大于 1000t 的发运量为一个采样单元。 （×）

222．DL/T 569—2007 规定，原煤、筛选煤装载量小于等于 30t 的汽车，每车至少采取 2 个子样。 （√）

223．根据 GB/T 18666—2014，验收煤样的采样基数应为买受方收到的、出卖方发给的整批煤量（只限一次抵达买受方的煤炭）。 （×）

224．采样器开口尺寸偏小可导致机械采制样装置出现系统偏差。 （√）

225．质量基采样的子样质量不随煤的流量而改变，时间基采样的子样质量正比于煤的流量。 （√）

226．GB/T 19494.3—2004 指出，对于例行采样方案的精密度的估算采用多个采样单元双份样法，特定批煤的采样精密度的估算采用多份采样法。 （√）

227．在火车上实施机械化采样时，国标规定，当要求采取的子样数目少于该采样单元的车厢时，每一车厢应采取一个子样。 （√）

228．静止煤机械采样系统的偏倚试验的参比试样可采用人工钻孔法采取。 （√）

229．GB/T 475—2008 规定，直接测定初级子样方差时，一般是在一批煤或在同一煤源的几批煤中，至少采取 10 个子样进行制样和化验，然后用总方差扣减制样化验方差。 （×）

230．GB/T 19494.1—2004 规定，横过皮带采样器基本有两种类型，一种为固定式，另一种为移动式。 （√）

231．GB/T 475—2008 规定，煤炭采样精密度为单次采样测定结果与对同一煤（同一来源、相同性质）进行无数次采样的测定结果的平均值的差值（在 95%概率下）的极限值。 （√）

232．GB/T 475—2008 规定，将一批煤分为若干个采样单元时，采样精密度优于作为一个采样单元时的采样精密度。 （√）

233．GB/T 19494.3—2004 规定，特定批煤精密度核验时，将该批煤分为数个采样单元，但合并成试样的数量不能小于采样单元数且不小于 10。 （√）

234．GB/T 19494.3—2004 规定，用不同缩分器（方法）采取双份试样，按二分器操作程序，双份试样分别从第一次缩分得的两半试样中采取。 （×）

235．GB/T 19494.1—2004 规定，在火车顶部采取原煤和筛选煤样时，抽查煤样和非抽查煤样的子样分布可以重合。 （×）

236．GB/T 19494.1—2004 规定，移动煤流采样时，应尽量避免煤流的负荷和品质变化周期与采样器的运行周期重合，否则会引起采样偏倚。 （√）

237．GB/T 30730—2014 规定，静止煤采样器应能进行全深度采样或深部分层采样。对于深部分层采样，采样器能插入被采样煤下部进行采样，各层子样应能构成全深度煤柱。 （√）

238．DL/T 567.2—2018 规定，采取的煤粉样品应经充分混合、缩分及干燥后进行各指标检验。 （√）

239．DL/T 567.3—2016 规定，炉渣采样应控制每值每炉采样量约为总渣量的万分之五，但不得小于 10kg。采样的子样数不少于 10 个。 （√）

240．DL/T 567.2—2018 规定，用于化学成分分析的煤粉样品，研磨至 0.2mm 后可不进行空气干燥，直接装瓶。 （×）

241．霍特林（Hotelling）计算值 T^2 大于查表值 $T^2_{p,n-1}$，则系统检测出偏倚；若计算值 T^2 小于或等于查表值 $T^2_{p,n-1}$，则系统未检测出偏倚。 （√）

242．DL/T 747—2010 规定，原煤机械采样精密度以干燥基灰分计算时，在 95% 的置信概率下为 1.5% 以内。 （×）

243．GB/T 30731—2014 规定，煤炭联合制样系统的全水分最大允许偏倚不大于 0.5%。 （√）

244．GB/T 30731—2014 规定，煤炭联合制样系统的外在水分适应性应不低于 7%。 （×）

245．GB/T 30731—2014 规定，煤炭联合制样系统的灰分差值的平均值应与零无显著性偏倚。 （√）

246．GB/T 30731—2014 规定，当煤炭联合制样系统落流缩分器的切割器开口尺寸为煤样标称最大粒度的 3 倍时，其切割线速度不应超过 0.6m/s。 （√）

（二）单选题

下面每题只有一个正确答案，将正确答案填在括号内。

1. GB/T 475—2008 规定，原煤 A_d 为 8% 时的采样精密度的规定值为（B）。

A．±2.0%　　　　B．±1.0%　　　　C．±1.5%　　　　D．±0.8%

2．GB/T 19494.2—2004 规定，全部初级子样合成后的煤样进行缩分时至少切割数为（D）。

　　A．30　　　　　　B．40　　　　　　C．50　　　　　　D．60

3．DL/T 1339—2014 规定，在核验缩分机的精密度和系统偏差时，在留样和弃样制备过程中必须使用（C）。

　　A．堆锥法　　　B．机械缩分法　　C．二分器法　　D．棋盘法

4．GB/T 474—2008 规定，使用条带截取缩分法缩分煤样时，带长至少为宽度的（D）倍。

　　A．5　　　　　　B．6　　　　　　C．8　　　　　　D．10

5．GB/T 474—2008 规定，在环境温度为（B）℃时，使煤样与大气达到湿度平衡所需的推荐时间为不超过 6h。

　　A．20　　　　　　B．30　　　　　　C．40　　　　　　D．50

6．GB/T 475—2008 规定，原煤筛分试验结果：＞100mm 占 1.2%；＞50～100mm 占 3.1%；＞25～50mm 占 5.0%；＜25mm 占 90.7%，则这堆原煤标称最大粒度为（B）。

　　A．100mm　　　B．50mm　　　C．25mm　　　D．150mm

7．GB/T 19494.1—2004 规定，横过皮带采样切割器应以均匀的速度通过煤流，各点速度差不大于（A）。

　　A．10%　　　　B．20%　　　　C．15%　　　　D．5%

8．GB/T 483—2007 规定，最高内在水分是指煤样在温度（C）、相对湿度（C）下达到平衡时测得的内在水分。

　　A．40℃，90%　　　　　　　　B．50℃，92%

　　C．30℃，96%　　　　　　　　D．60℃，92%

9．下面采样地点不建议采取仲裁煤样的是（D）。

　　A．汽车顶部　　　　　　　　B．火车顶部

　　C．煤流　　　　　　　　　　D．静止大煤堆

10．GB/T 19494.1—2004 规定，初级子样质量接近均匀是指子样质量变异系数小于（A）且子样质量和煤流流量无相关性。

　　A．20%　　　　B．15%　　　　C．10%　　　　D．5%

11．GB/T 19494.1—2004 规定，当切割器开口尺寸等于煤的标称最大粒度的 3 倍时，切割器的速度不能超过（B）m/s；大于标称最大粒度 3 倍时，最大切割速度不能超过（B）m/s。

　　A．0.5，1.0　　　B．0.6，1.5　　　C．0.6，1.2　　　D．0.5，1.5

12．DL/T 569—2007 规定，若某坑口电厂对汽车运输原煤进行采样，每车容量为 60t，每车应采最少子样数目是（D）。

　　A．1　　　　　　B．2　　　　　　C．3　　　　　　D．4

13. DL/T 520—2007 规定，采样时，应及时对到厂的每一列、每（A）节火车（汽车）车厢实施人工或机械化采样。

    A. 1   B. 2   C. 3   D. 4

14. DL/T 520—2007 规定，制样时，应将采到的煤样于（C）h 内制备出分析用煤样、存查煤样，并将分析用煤样及时交给化验室。

    A. 2   B. 4   C. 6   D. 8

15. GB/T 5751—2009 规定，我国无烟煤和烟煤划分的指标是（B）。

    A. V_{ar} B. V_{daf} C. H_{daf} D. V_{daf}

16. GB/T 475—2008 规定，除精煤外的洗煤采样精密度的规定值为（B）。

    A. ±2.0%   B. ±1.5%   C. ±1.0%   D. ±0.5%

17. 如果煤的制样和化验方差为 0.20，某一批次煤采样精密度为 ±1.5% 时，子样数目为 60 个，那么如采样精密度为 ±1.0% 时，所需采取的子样数目为（B）个。

    A. 180   B. 435   C. 90   D. 45

18. GB/T 474—2008 规定，试验确定制样和化验方差时，应至少采取双份试样对数为（B）。

    A. 10   B. 20   C. 50   D. 60

19. GB/T 475—2008 规定，人工从落流采样中采样时，采样器的切割速度为（C）。

    A. 小于 1.5m/s   B. 小于皮带速度   C. 小于 0.6m/s   D. 小于 1m/s

20. 对同一采样单元，制样和化验方差不变，则采样时增加子样数会（C）。

    A. 减少系统误差   B. 增加随机误差

    C. 提高采样精密度   D. 提高初级子样方差

21. GB/T 211—2017 规定，煤中全水分的测定方法以（A）作为仲裁方法。

    A. A1   B. A2   C. B1   D. B2

22. GB/T 474—2008 规定，采用九点法取全水时，其中有 4 个点在煤饼的 1/2 半径处，1 个点在中心，另有 4 个点在煤饼的（B）处。

    A. 2/3 半径处   B. 7/8 半径处   C. 4/5 半径处   D. 5/8 半径处

23. GB/T 474—2008 规定，制备一般分析试样时，6mm 煤样的最少留样量为（C）。

    A. 15kg   B. 7.5kg   C. 3.75kg   D. 0.75kg

24. 一输煤皮带流量为 1800t/h，带速为 2.5m/s，该皮带在 1m 长的带段上的煤量为（A）。

    A. 200kg   B. 500kg   C. 150kg   D. 350kg

25. 缩分器缩分比越大，则以下说法正确的是（B）。

    A. 缩分误差越大   B. 缩分误差越小

    C. 对缩分误差无影响   D. 不确定是否会产生缩分误差

26. GB/T 474—2008 规定，当煤样置于空气中连续 1h，其质量变化不超过（B）时，即认为达到空气干燥状态。

    A. 0.01%   B. 0.1%   C. 0.5%   D. 0.05%

27. 密封式制粉机制备的一般分析试验煤样的出料粒度，一般应（D）。

    A. <0.05mm   B. <0.1mm   C. <0.5mm   D. <0.2mm

28. 按照 GB/T 474—2008，对煤样进行空气干燥时，正确的做法是（C）。

    A. 煤层厚度为标称最大粒度的 3 倍

    B. 测定黏结性煤样，干燥温度设为 50℃

    C. 干燥后、称样前煤样置于环境温度下冷却

    D. 煤样快速干燥，温度可设为 60℃

29. GB/T 474—2008 规定，标称最大粒度为 6mm，全水分试样最小质量为（D）kg。

    A. 15   B. 3.75   C. 3   D. 1.25

30. GB/T 19494.1—2004 规定，不属于落流采样器的有（A）。

    A. 横过皮带式   B. 转盘式   C. 切割斗式   D. 摇臂式

31. GB/T 19494.1—2004 规定，从一批煤中采取一个总样所代表的煤量称为采样单元。确切地说，一批煤可以是（B）。

    A. 一个采样单元   B. 一个或多个采样单元

    C. 多个采样单元   D. 若干个采样单元

32. GB/T 475—2008 规定，系统采样按相同的时间、空间或质量间隔采取子样，但第一个子样在第一间隔内随机采取，其余子样（B）。

    A. 按随机的时间间隔采取   B. 按相同的间隔采取

    C. 按随机的空间间隔采取   D. 按随机的质量间隔采取

33. GB/T 475—2008 基本采样方案规定，煤流采样时，精煤煤量为 500t 的最少子样数目为（C）。

    A. 5 个   B. 6 个   C. 10 个   D. 18 个

34. GB/T 475—2008 基本采样方案规定，除精煤外的其他洗煤以 350t/h 的流量，以 17500t 为一采样单元，应采最少子样数为（A）。

    A. $20 \times \sqrt{17.5}$ B. $60 \times \sqrt{17.5}$

    C. $15 \times \sqrt{17.5}$ D. $30 \times \sqrt{17.5}$

35. 下面采样地点代表性最差的是（A）。

    A. 煤堆采样   B. 火车顶部采样

    C. 汽车顶部采样   D. 煤流采样

36. 下面采样地点采样代表性最好的是（C）。

    A. 煤堆采样   B. 火车顶部采样

    C. 煤流采样   D. 汽车顶部采样

37. 对某批煤开展采样时，在子样数目、子样点布置不变的情况下，单独过大地增加子样质量会（D）。

  A. 显著降低采样精密度

  B. 虽增加了后续制样的工作量，但可显著提高采样精密度

  C. 对煤质验收结果无影响

  D. 不显著提高采样精密度，同时又增加后续工作量

38. GB/T 19494.1—2004 和 GB/T 475—2008 规定，下面采样方式不允许采取仲裁煤样的是（A）。

  A. 船舱采样   B. 火车顶部采样

  C. 汽车顶部采样   D. 煤流采样

39. 按照 GB/T 475—2008，在标称最大粒度为 25mm 的 4000t 精煤煤堆上至少应采取（B）煤样。

  A. 120kg   B. 60kg   C. 20kg   D. 40kg

40. GB/T 475—2008 规定，对标称最大粒度为 50mm 的原煤，应采取的子样最小质量为（B）。

  A. 1kg   B. 3kg   C. 4kg   D. 5kg

41. GB/T 475—2008 规定，干燥基灰分为 13.76% 的精煤的采样精密度规定为（C）。

  A. $\pm 0.1 A_d$，但不小于 $\pm 1\%$（绝对值）

  B. $\pm 2\%$（绝对值）

  C. $\pm 1\%$（绝对值）

  D. $\pm 1.5\%$（绝对值）

42. GB/T 474—2008 规定，商品煤存查煤样从报出结果之日起一般保存（B），以备复查。

  A. 1 个月   B. 2 个月   C. 3 个月   D. 半年

43. GB/T 474—2008 规定，商品煤标称最大粒度为 3mm 的存查煤样缩取质量不少于（C）。

  A. 100g   B. 200g   C. 700g   D. 2000g

44. GB/T 475—2008 规定，商品煤一般分析试验煤样粒度应（B），并达到空气干燥状态。

  A. <3mm   B. <0.2mm   C. <1mm   D. <6mm

45. GB/T 475—2008 规定，干燥基灰分为 16.18% 的其他洗煤的采样精密度规定为（D）。

  A. $\pm 1\%$（绝对值）

  B. $\pm 2\%$（绝对值）

C．±1/10×灰分但不小于±1%（绝对值）

D．±1.5%（绝对值）

46．GB/T 475—2008 规定，在煤堆或运输工具顶部采样时，采样工具的开口尺寸应是煤标称最大粒度的（C）。

A．1.5 倍
B．2.5 倍

C．至少 3 倍
D．2.5～3 倍

47．GB/T 475—2008 规定，灰分大于 20%的筛选煤的采样精确度为（B）。

A．灰分值的 2%
B．±2%（灰分，绝对值）

C．发热量的 2%
D．±2%（水分，绝对值）

48．GB/T 475—2008 规定，用户核对 4 节火车车皮（240t）筛选煤质量，至少应该采取（C）个子样。

A．15
B．30
C．18
D．6

49．GB/T 475—2008 规定，某洗煤厂生产的一批洗精煤，灰分 A_d 预期值为 8.00%，对其人工采、制、化后，所得到的干燥基灰分在 95%置信概率下应在（C）的范围内波动。

A．6.50%～9.50%
B．6.00%～10.00%

C．7.00%～9.00%
D．7.20%～8.80%

50．某批煤在子样数目、子样点布置不变的情况下，单独过大地增加子样质量会（D）。

A．显著提高煤质结果的准确性

B．显著降低采样精密度

C．可显著提高采样精密度

D．不能显著提高采样精密度，同时又增加后续工作量

51．煤炭采样系统误差（偏倚）首要来自（C）。

A．子样质量过大
B．子样数目不够

C．采样工具开口尺寸太小
D．子样数目过多

52．为了清洗不易开启的破碎机，可按（B）操作。

A．从取来的煤样中取出一小部分放入破碎机，入洗后倒掉

B．从被采样的煤中另取一部分放入破碎机中，碎后将其弃去

C．随便用什么煤样清洗后弃掉

D．用水冲洗后直接使用

53．按照 GB/T 474—2008，用二分器缩分煤样时，以下操作与标准规定一致的是（C）。

A．先将煤样反复人工堆掺混合均匀，然后用铲分次倒入二分器中

B．先将煤样混合均匀 3 遍，入料时，应使煤呈柱状流沿整个二分器开口幅度摆动

C．缩分前可不混合。缩分时应使试样呈柱状沿二分器长度来回摆动供入格槽

D. 不必混合，但应使用开口尺寸与二分器开口幅度相近（略小）的铲，使煤流
宽度与二分器的开口幅度一致

54. GB/T 474—2008 规定，九点法取全水分样品，根据（A）确定煤饼的厚度。

A. 煤样标称最大粒度的 3 倍   B. 没有限制，但越薄越好

C. 煤样量的多少，厚度适中   D. 通常 20～40mm

55. GB/T 474—2008 规定，在缩分过程中，每一阶段的最少留样量取决于（B）。

A. 煤样量的多少   B. 煤样标称最大粒度的大小

C. 具体制样目的、要求   D. 制样设备能力和制样人员多少

56. GB/T 474—2008 规定，用来制备一般和共用煤样破碎至粒度为 6mm 时，缩分后总样的质量至少为（B）。

A. 0.7kg   B. 3.75kg   C. 1.25kg   D. 3kg

57. 商品煤样的灰分是（B）。

A. 与被采样的批煤的灰分真值相等

B. 与被采样的该批品种煤的平均灰分十分接近

C. 与被采样的该批品种煤任何部分的灰分十分接近

D. 与从被采样的那批煤中采取的大量总样的灰分的平均值相等

58. GB/T 474—2008 规定，全水分煤样的采取方式为（C）。

A. 不能单独采取

B. 不能在煤样制备过程中分取

C. 既可单独采取，也可在煤样制备过程中分取

D. 不用采取

59. 设计最佳制样方案最终目的是（D）。

A. 减少留样量，减轻劳动量

B. 减小煤样粒度

C. 减少筛分煤样量

D. 获得足够小的制样方差和不过大的留样量

60. GB/T 474—2008 规定，二分器的格槽宽度为煤样标称最大粒度的（C）。

A. 1～1.5 倍   B. 3 倍

C. 3 倍，但不小于 5mm   D. 2～3.5 倍

61. GB/T 474—2008 规定，标称最大粒度为 13mm 的煤样最小留样量为（B）。

A. 60kg   B. 15kg   C. 7.5kg   D. 3.75kg

62. GB/T 475—2008 规定，一采样单元为 160t 洗煤，应采子样数为（D）。

A. 4 个   B. 6 个   C. 8 个   D. 10 个

63. 人工采样时，煤的标称最大粒度为 25mm，每个子样最小质量为（D）。

A. 2kg　　　　　　B. 5kg　　　　　　C. 4kg　　　　　　D. 1.5kg

64. 提高采样精密度的主要方式是（C）。

　　A. 增加子样量　　　　　　　　　B. 减少子样量

　　C. 增加子样数　　　　　　　　　D. 减少子样数

65. 降低采样系统误差的方法之一是（C）。

　　A. 增加子样数　　　　　　　　　B. 减少子样数

　　C. 采样点正确布置　　　　　　　D. 减小采样器开口

66. GB/T 475—2008 规定，对 1440t 原煤在皮带上采样，应采子样数为（A_d=18%）（C）。

　　A. 72 个　　　　　　B. 144 个　　　　　　C. 36 个　　　　　　D. 18 个

67. 一列车装了一个矿生产的原煤及洗煤，还装了另一个矿生产的原煤及洗煤，则该批煤应划为的采样单元是（B）。

　　A. 2 个　　　　　　B. 4 个　　　　　　C. 1 个　　　　　　D. 3 个

68. GB/T 474—2008 规定，煤样全部通过 6mm 方孔筛后，应保留（C）。

　　A. 至少 15kg　　B. 至少 7.5kg　　C. 至少 3.75kg　　D. 至少 30kg

69. 同孔径的方孔筛与圆孔筛相比，（A）。

　　A. 方孔筛孔径更大　　　　　　　B. 圆孔筛孔径更大

　　C. 孔径一样大　　　　　　　　　D. 跟筛孔大小无关

70. GB/T 474—2008 规定，煤样制备与分析的总精密度（P 为采制化总精密度），应为（A）。

　　A. $0.05P^2$　　　B. $0.10P^2$　　　C. $0.20P^2$　　　D. $0.15P^2$

71. 在制样过程中，堆锥四分法缩分前应掺合煤样至少（C）。

　　A. 1 次　　　　　　B. 2 次　　　　　　C. 3 次　　　　　　D. 4 次

72. GB/T 211—2017 规定，两步法测定内在水分时，称取的试验煤样为（C）。

　　A. 标称最大粒度 13mm，500 g±10g　　B. 标称最大粒度 6mm，10 g～12g

　　C. 标称最大粒度 3mm，10 g±1g　　　D. 标称最大粒度 3mm，10 g～12g

73. GB/T 211—2017 规定，微波干燥法测定全水分时，煤样粒度和质量可为（D）。

　　A. 3mm，1g　　　　　　　　　　B. 13mm，10g

　　C. 0.2mm，1g　　　　　　　　　D. 6mm，11g

74. GB/T 211—2017 规定，采用空气干燥法测定全水分，该法适用于（D）。

　　A. 各种煤　　　　　　　　　　　B. 无烟煤与烟煤

　　C. 烟煤与褐煤　　　　　　　　　D. 烟煤（易氧化的煤除外）及无烟煤

75. 用天平称取 10～12g 全水分试样时，一般应称准至（C）g。

　　A. 0.1　　　　　　B. 0.01　　　　　　C. 0.001　　　　　　D. 0.0001

76. 用标称最大粒度 13mm 试样测定全水分，试样完全干燥后，从电热鼓风箱中取出后应（C）。

    A．冷却至室温称重　　　　　　　　　　B．冷却 5min 称重

    C．立即称重　　　　　　　　　　　　　D．冷却 3min 称重

77．煤中全水分测定进行检查性干燥时，每次需（C）。

    A．10min　　　　　B．20min　　　　　C．30min　　　　　D．60min

78．外在水分测定值为 8.0%，内在水分测定值为 2.0%，计算的全水分为（C）。

    A．10.0%　　　　　B．>10.0%　　　　C．<10.0%　　　　D．≥10.0%

79．采用 A2 两步法测定全水分的是（B）。

    A．通氮干燥法　　　　　　　　　　　　B．空气干燥法

    C．通氮干燥法和空气干燥法　　　　　　D．微波干燥法

80．GB/T 211—2017 正文中规定的测定煤中全水分方法有（C）种。

    A．2　　　　　　　B．3　　　　　　　C．4　　　　　　　D．5

81．采用一步法测定标称最大粒度为 13mm 的试样的全水分时，称取的煤样质量为（B）。

    A．198~202g　　　B．490~510g　　　C．0.99~1.01g　　　D．9~11g

82．采用一步法测定标称最大粒度为 6mm 的试样的全水分时，称取得煤样质量为（B）。

    A．5~6g　　　　　B．10~12g　　　　C．15~18g　　　　D．20~25g

83．用粒度为 13mm 的煤样测定全水分时，在干燥完毕应趁热称重，这样可防止测定结果（B）。

    A．偏高　　　　　B．偏低　　　　　C．没有影响　　　　D．不确定

84．适用烟煤与褐煤全水分测定的方法是（C）。

    A．6mm 的空气干燥法　　　　　　　　　B．13mm 的空气干燥法

    C．6mm 的微波干燥法　　　　　　　　　D．13mm 的微波干燥法

85．适用于所有煤种全水分测定的方法是（A）。

    A．6mm 通氮干燥法　　　　　　　　　　B．6mm 的空气干燥法

    C．6mm 的微波干燥法　　　　　　　　　D．13mm 空气干燥法（一步法）

86．空气干燥法测定煤的外在水分，试样粒度为标称最大粒度 13mm，干燥温度应不超过（A）℃。

    A．40　　　　　　　B．50　　　　　　　C．60　　　　　　　D．80

87．煤中内在水分（B）时，测定时可免于检查性干燥。

    A．<1.0%　　　　　B．<2.0%　　　　C．<3.0%　　　　D．<4.0%

88．机械缩分过程中，当开口为最大标称粒度的 3 倍时，切割器的速度应不大于（B）m/s。

A．0.2　　　　　B．0.6　　　　　C．1.0　　　　　D．1.5

89．双倍子样双份样法和例行子样双份样法进行采样设备精密度检验时，前者所采集的子样数目比后者的子样数目（A）。

A．多　　　　　B．相等　　　　　C．少　　　　　D．不确定

90．对于火车上静止煤机械采样系统进行偏倚试验时，所用参比方法为（D）。

A．斜线三点法　　　　　　　　B．随机采样法

C．停带采样法　　　　　　　　D．钻孔法

91．落煤流机械采样初级子样质量和采样器的切割速度的关系为（B）。

A．正比例　　　　　　　　　　B．反比例

C．无关　　　　　　　　　　　D．非线性相关

92．破碎设备的技术要求之一是不宜使用转速大于（B）r/min 的锤式破碎机。

A．450　　　　　B．950　　　　　C．1200　　　　　D．2000

93．DL/T 1339—2014 规定，破碎缩分设备性能试验中预检验对于缩分器开口尺寸 b 与煤样标称最大粒度 d 的关系是（C）。

A．$b \leqslant 3d$　　　B．$b < 3d$　　　C．$b \geqslant 3d$　　　D．$b > 3d$

94．DL/T 1339—2014 规定，火电厂煤炭破碎缩分联合制样设备性能试验中，缩分倍率相对标准偏差的技术要求是（B）。

A．$\leqslant 5\%$　　　B．$\leqslant 10\%$　　　C．$\leqslant 15\%$　　　D．$\leqslant 20\%$

95．DL/T 1339—2014 规定，火电厂煤炭破碎缩分联合制样设备性能试验中，破碎机转速应取（B）次测定结果的算术平均值为测定结果。

A．2　　　　　B．5　　　　　C．8　　　　　D．100

96．DL/T 1339—2014 规定，火电厂煤炭破碎缩分联合制样设备性能试验中，样品损失率的技术要求为（A）。

A．$\leqslant 2.0\%$　　　B．$< 2.0\%$　　　C．$\leqslant 5.0\%$　　　D．$< 5.0\%$

97．GB/T 475—2008 规定，采用基本采样方案时，原煤 A_d 为 18% 时的采样精密度为（C）%。

A．±1.0　　　　　B．±1.5　　　　　C．±1.8　　　　　D．±2.0

98．GB/T 475—2008 规定，采用基本采样方案时，1500t 灰分 $A_d \leqslant 20\%$ 的原煤在火车中需要采取的最少子样数为（C）个。

A．18　　　　　B．60　　　　　C．74　　　　　D．90

99．在原煤采样中如粒度大于 150mm 的物料（煤与矸石）质量分数大于 5% 时，应（B）。

A．采入粒度大于 150mm 的物料，采样后一并制样化验

B．采入粒度大于 150mm 的物料，采样后与其他物料分别制样化验

C．不采入粒度大于 150mm 的物料

D．不采入粒度大于 150mm 的物料，用所采煤样与粒度大于 150mm 物料的历史值加权平均

100．GB/T 475—2008 规定，500t 灰分小于或等于 20%的原煤在火车中需要采取的最少子样数为（C）。

    A．10　　　　　　B．18　　　　　　C．30　　　　　　D．60

101．采样铲的开口宽度应不小于被采样最大标称粒度的（B）倍，但不小于（B）mm。

    A．2，30　　　　B．3，30　　　　C．2.5～3，40　　D．2.5，40

102．按照 GB/T 19494.1—2004，机械螺杆采样器螺距和环距应为被采煤最大标称粒度的（B）。

    A．2.5～3 倍　　B．3 倍　　　　C．3.5 倍　　　　D．4 倍

103．移动煤流采样系统偏倚试验所用参比方法是（C）。

    A．时间基采样　　　　　　　　　B．随机采样

    C．停皮带采样　　　　　　　　　D．质量基采样

104．按照 GB/T 19494.1—2004，在火车上进行非全深度机械采样时，对于 $A_d \geqslant 20\%$ 的筛选煤，当煤量为 1000t 时，应采取的最少子样数为（C）个。

    A．18　　　　　　B．30　　　　　　C．40　　　　　　D．60

105．商品煤存查煤样从报出结果之日起一般应保存（B）个月以备复查。

    A．1　　　　　　B．2　　　　　　C．3　　　　　　D．4

106．人工从标称最大粒度为 80mm 煤中采取专用全水分煤样，其煤样量应不少于（B）。

    A．35kg　　　　B．105kg　　　　C．170kg　　　　D．60kg

107．一般分析试验试样、全水分试样在装入样品瓶时装入煤样的量应不超过样品瓶容积的（B）。

    A．1/2　　　　　B．3/4　　　　　C．2/3　　　　　D．1/4

108．定质量缩分时初级子样最少切割次数为（C）。

    A．1　　　　　　B．2　　　　　　C．4　　　　　　D．6

109．对某原煤进行筛分试验首先用 150mm 的筛子筛分，筛下物用 100mm 的筛子筛分，依次类推，结果如下：

筛孔尺寸（mm）	100	50	25
筛上物累计质量占总量的分数（%）	0	2.5	9.1

则该原煤标称最大粒度为（C）。

A．100mm　　　　　　　　　B．25mm

C．50mm　　　　　　　　　D．以上都不是

110. 依据 GB/T 19494.1—2004，在没有协议精密度情况下精煤的采样精密度为（D）。

    A. $\pm 1/10A_d$　　　B. $\pm 1.0\%$　　　C. $\pm 1.5\%$　　　D. $\pm 0.8\%$

111. GB/T 474—2008 推荐煤样在不高于 40℃的烘箱中进行干燥后，使煤样与大气湿度达到平衡后，冷却所需时间一般为（C）h 足够。

    A. 1　　　B. 0.5　　　C. 3　　　D. 2

112. 按照 DL/T 747—2010 的规定，对机械采制样装置整机全水分损失不应超过（C）。

    A. 0.5%　　　B. 0.6%　　　C. 0.7%　　　D. 0.8%

113. 称取全水分试样时，在称样前应将密封容器中的试样充分混合至少（B）。

    A. 0.5min　　　B. 1min　　　C. 1.5min　　　D. 2min

114. 在煤堆上采样，在非新工作面情况下应先除去（B）的表层煤。

    A. 0.3m　　　B. 0.2m　　　C. 0.1m　　　D. 0.4m

115. 停皮带采样框由两块平行的边板组成，板间距离至少为被采样煤标称最大粒度的 3 倍且不小于（C）。

    A. 10mm　　　B. 20mm　　　C. 30mm　　　D. 40mm

116. 500kg 粒度为 13mm 的煤样连续使用二分器缩分五次后留下来的少量样品与舍弃的大量样品的质量比为（B）。

    A. 1:32　　　B. 1:31　　　C. 1:16　　　D. 1:15

117. 在输煤皮带上开展机械采样，当输煤负荷恒定时，下列（C）采样方式更准确。

    A. 质量基更准确　　　　　　　　B. 时间基更准确

    C. 二者同样准确　　　　　　　　D. 以上答案都不是

118. 条带截取法缩分煤样时，带长至少为宽度的（A）倍，每个试样一般至少截取（A）个子样。

    A. 10，20　　　B. 20，10　　　C. 20，30　　　D. 30，20

119. 原煤采样时，遇到粒度大于 150mm 的大块煤或矸石，若其质量分数超过（A）时，不应故意推开，而应采入子样中。

    A. 5%　　　B. 10%　　　C. 15%　　　D. 20%

120. 在环境温度为 30℃时，使煤样与大气达到湿度平衡所需时间不超过（B）h。

    A. 4　　　B. 6　　　C. 8　　　D. 10

121. 对于火车运输入厂的某矿 200t 原煤（$A_d > 20\%$）实施机械采样，应采取的最少子样数目是（A）个。

    A. 10　　　B. 20　　　C. 22　　　D. 30

122. 如果煤的制样和化验方差为 0.15，某一批次煤采样精密度为±2.0%时，子样数目为 60 个，那么如果采样精密度为±1.6%时，所需采取的子样数目为（C）个。

    A. 133　　　B. 94　　　C. 105　　　D. 163

123．落煤流采样器的采样切割器应以均匀的速度通过煤流，任一点的切割速度变化不超过预定基准速度的（A）。

　　A．5%　　　　　　B．10%　　　　　　C．15%　　　　　　D．20%

124．棋盘法缩分煤样时，至少分割并取（D）个点。

　　A．6　　　　　　B．9　　　　　　C．18　　　　　　D．20

125．GB/T 35983—2018 规定，管道采用圆形截面的机制镀锌螺旋管或 PVC 管等，管道内壁应光滑。直径小于 450mm 的机制镀锌螺旋管壁厚不小于（A）mm，直径小于 320mm 的 PVC 管壁厚不小于（A）mm。

　　A．0.8，3.0　　B．1.0，3.2　　C．3.0，0.8　　D．1.0，3.0

126．DL/T 2067—2019 规定，对采制样装置实行定期检修管理，小修宜（B）年一次，大修宜（B）年一次。

　　A．0.5，1　　B．1，2　　C．1，3　　D．2，3

127．GB/T 30731—2014 规定，联合制样系统全水分最大允许偏倚不大于（B）%。

　　A．0.4　　　　　　B．0.5　　　　　　C．0.8　　　　　　D．1.0

128．GB/T 30731—2014 规定，联合制样系统主要部件的运行参数应有足够的可调性，以适应不同（D）的制样要求。

　　A．质量　　　　　　B．水分　　　　　　C．灰分　　　　　　D．粒度

129．GB/T 30731—2014 规定，联合制样系统破碎单元的入料口尺寸应与最大入料粒度相匹配，保证煤样不堵在破碎机入料口，且不小于最大标称粒度的（A）倍。

　　A．1.2　　　　　　B．1.5　　　　　　C．2　　　　　　D．3

130．GB/T 30731—2014 规定，联合制样系统缩分单元的切割器开口尺寸至少为煤样标称最大粒度的（D）倍。

　　A．1.2　　　　　　B．1.5　　　　　　C．2　　　　　　D．3

131．GB/T 30731—2014 规定，当切割器的开口尺寸为煤样标称最大粒度的 3 倍时，其切割线速度不应超过（B）m/s。

　　A．0.3　　　　　　B．0.6　　　　　　C．1.0　　　　　　D．1.5

132．GB/T 30731—2014 规定，样品接收单元入料装置若使用溜槽和（或）溜管，其应为直形、水平倾角不小于（C）。

　　A．30°　　　　　　B．45°　　　　　　C．60°　　　　　　D．70°

133．GB/T 474—2008 规定，粒度小于 3mm 的煤样，若使之全部通过 3mm 圆孔筛，则可用二分器直接缩分出不少于（C）用于制备一般分析试验的煤样。

　　A．700g　　　　　　B．200g　　　　　　C．100g　　　　　　D．60g

134．GB/T 474—2008 规定，分析煤样装入煤样瓶中的装样量应不超过煤样瓶容积的（B），以便使用时混合，送交化验室化验。

A．70%　　　　　B．75%　　　　　C．80%　　　　　D．90%

135．GB/T 477—2008 规定，筛分试验选用的最大孔径试验筛要保证筛分试验后筛上物的质量不超过筛分前试样的（D），且其他各粒级煤的质量均不超过筛分试样总质量的（D），否则，适当增加粒级。

A．1%，10%　　　B．5%，20%　　　C．10%，30%　　　D．5%，30%

136．GB/T 477—2008 规定，筛分操作一般从最大筛孔向最小筛孔进行。如煤样中大粒度含量不多，可先用（A）或（A）筛孔的筛子截筛，然后对其筛上物和筛下物分别从大的筛孔向小的筛孔逐级进行筛分，各粒级产物应分别称量。

A．13mm，25mm　　　　　　　　B．13mm，6mm

C．6mm，25mm　　　　　　　　D．6mm，13mm

137．人工制备煤样过程中，当缩分粒度小于 13 mm 的煤样时，其一般分析煤样留样量应不少于（A）kg。

A．15　　　　　B．7.5　　　　　C．3.75　　　　　D．1.25

138．在制备煤样时，当煤样破碎到全部通过 3 mm 圆孔筛时，其留样量不应少于（D）kg。

A．1　　　　　B．3.5　　　　　C．3.75　　　　　D．0.1

139．联合制样机的主要功能是（C）。

A．破碎+筛分　　　　　　　　B．掺合+缩分

C．破碎+缩分　　　　　　　　D．筛分+缩分

140．测定全水分煤样前，应对小于 13mm 或小于 6mm 的煤样（D）。

A．掺合三遍　　　　　　　　B．掺合一遍

C．不必掺合　　　　　　　　D．充分掺合均匀

141．密封式制粉机是用来制备煤样粒度为（D）的煤样。

A．13mm　　　　B．6mm　　　　C．1mm　　　　D．0.2mm

142．制样用的方孔筛筛孔面积是同孔径的圆孔筛筛孔面积的（C）倍。

A．1.07　　　　B．1.17　　　　C．1.27　　　　D．1.37

143．不同规格的二分器：二分器的格槽开口尺寸为试样标称最大粒度的（A）。

A．3 倍，但不能小于 5mm　　　　B．2.5～3 倍，但不能小于 10mm

C．2.5～3 倍，但不能小于 25mm　　D．2.5～3 倍，但不能小于 6mm

144．使用二分器缩分煤样时，缩分前不需要（C）。

A．过筛　　　　B．破碎　　　　C．混合　　　　D．干燥

145．标称最大粒度为 25mm 的一般和共用煤样最少留样量为（C）。

A．60kg　　　　B．50kg　　　　C．40kg　　　　D．15kg

146．条带截取缩分法：将试样充分混合后，顺一个方向铺成长带，带长至少为宽度

的（B）倍，至少截取（B）个子样。

　　A．20，10　　　　　　B．10，20　　　　　C．20，20　　　　D．30，10

147．通常用于检验一组数据异常值的方法是（D）。

　　A．t 检验法　　　　B．F 检验法　　　　C．相关性检验法　　D．Grubbs 法

148．皮带运输原煤时间为 2h，采集 1 个总样（原煤灰分 A_d=18%），皮带流量为 500t/h，按照基本采样方案，采样周期应为（D）。

　　A．7min　　　　　　B．6min　　　　　　C．5min　　　　　D．4min

149．GB/T 474—2008 规定，在采样过程很长，试样放置时间太久时，应（A）以缩短试样放置时间。

　　A．增加采样单元数　　　　　　　　　　B．增加子样数

　　C．增加试样子样质量　　　　　　　　　D．减少子样质量

150．GB/T 19494.2—2004 规定，当切割器开口尺寸等于煤的标称最大粒度的 3 倍时，切割器的速度不能超过（C）m/s。

　　A．0.2　　　　　　　B．0.4　　　　　　C．0.6　　　　　D．0.8

151．GB/T 19494.3—2004 规定，双份采样方法直接测定初级子样方差，从一批煤或同一煤源的若干批煤中采取至少（C）个子样。

　　A．10　　　　　　　B．20　　　　　　　C．50　　　　　D．100

152．按 GB/T 19494.3—2004 粗略估计，一个缩分阶段的方差一般为化验方差的两倍，因此一个 3 阶段制样和化验程序的总体方差可按（D）分配为 2 个缩分阶段方差和 1 个化验方差。

　　A．1:1:1　　　　　　B．1:2:1　　　　　C．1:2:2　　　　D．2:2:1

153．标称最大粒度为 25mm 的 800t 火车装筛选煤（A_d>20.00%），按基本采样方案，至少应采取煤样质量为（C）。

　　A．40kg　　　　　　B．65kg　　　　　　C．72kg　　　　　D．170kg

154．已知 V_{PT}=0.2，1000t 的原煤，当作为一个采样单元采集 60 个子样时，采样精密度达到±2%，如只采集 10 个子样，采样精密度为（A）。

　　A．±4.9%　　　　　B．±1%　　　　C．±2%　　　　　D．±5.9%

155．某坑口电厂采样汽车运输商品煤，每车容量为 60t 煤，按照 DL/T 569—2007 要求，每车应采最少子样数目是（D）。

　　A．1　　　　　　　　B．2　　　　　　　　C．3　　　　　　D．4

156．按 DL/T 747—2010 的要求，对于灰分 A_d 为 36% 的煤，其最大允许偏倚可选取（A）的值。

　　A．0.32%～0.53%　　　　　　　　　　B．0.53%～0.72%

　　C．0.72%～1.20%　　　　　　　　　　D．1.20%～1.60 %

157. 基本采样方案中，洗煤以 1750t 为一个采样单元，应采子样数为（A）。

    A. $20 \times \sqrt{1.75}$ B. $60 \times \sqrt{1.75}$ C. $15 \times \sqrt{1.75}$ D. $30 \times \sqrt{1.75}$

158. 皮带流量为 1200t/h，采样装置开口宽度为 150mm，皮带带速为 2.5m/s，截取煤流全断面的一个完整的子样量为（D）。

    A. 5kg   B. 10kg   C. 15kg   D. 20kg

159. DL/T 567.2—2018 规定，入炉煤粉取样过程中，在取样间隔时间和运行条件不变的情况下，应连续进行两次煤粉取样，其质量差值应不大于（C）（相对偏差）。

    A. ±5%   B. ±10%   C. ±8%   D. ±12%

160. DL/T 567.3—2016 规定，对锅炉运行例行监督采样时，宜一值（班）为一采样周期，采用连续采样时，连续采样的总样量不得低于总灰量的（B）万分之一。

    A. 5   B. 10   C. 15   D. 20

161. 对某特定批煤用多份采样方法（j=10）进行精密度核对，已知单份试样的标准差 s=0.40%，该品种的煤例行采样时 m=4，该品种的批煤实际采样精密度估算值为（C）。

    A. 0.40%   B. 0.28%   C. 0.25%   D. 0.13%

162. 以下九点取样法示意图正确的是（C）。

A.
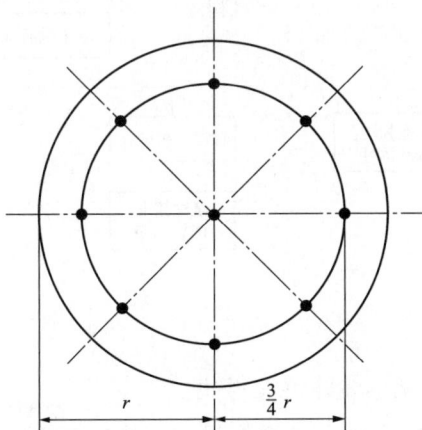

B.
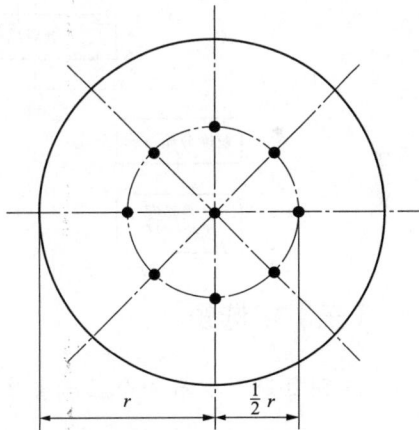

C.
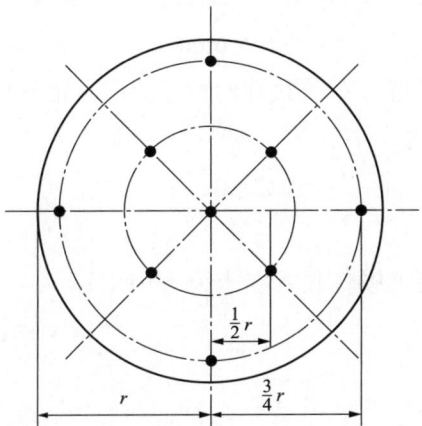

D.
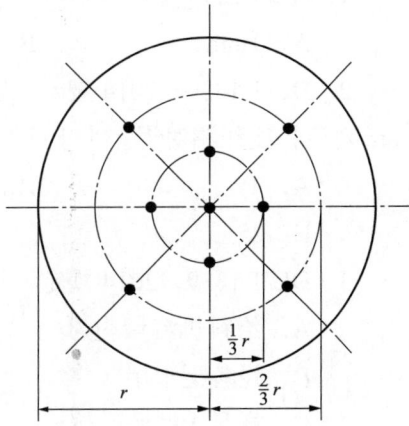

163．以下制备粒度分析和其他物理试验煤样的示意图中正确的是（D）。

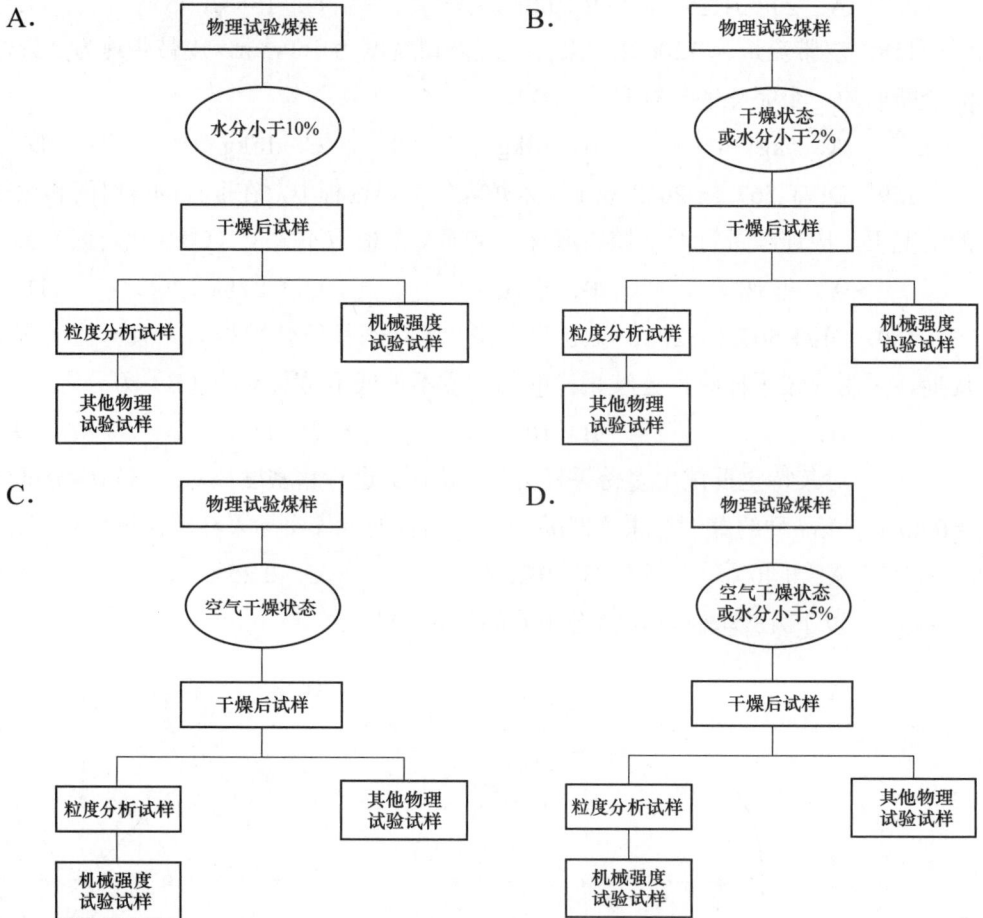

A.

```
┌──────────┐
│ 物理试验煤样 │
└──────────┘
      │
   ╭────────╮
   │ 水分小于10% │
   ╰────────╯
      │
┌──────────┐
│  干燥后试样  │
└──────────┘
      │
  ┌───┴────┐
┌────────┐   ┌────────┐
│粒度分析试样│   │机械强度│
└────────┘   │试验试样│
      │      └────────┘
┌────────┐
│其他物理│
│试验试样│
└────────┘
```

B.

```
┌──────────┐
│ 物理试验煤样 │
└──────────┘
      │
   ╭────────╮
   │ 干燥状态 │
   │ 或水分小于2% │
   ╰────────╯
      │
┌──────────┐
│  干燥后试样  │
└──────────┘
      │
  ┌───┴────┐
┌────────┐   ┌────────┐
│粒度分析试样│   │机械强度│
└────────┘   │试验试样│
      │      └────────┘
┌────────┐
│其他物理│
│试验试样│
└────────┘
```

C.

```
┌──────────┐
│ 物理试验煤样 │
└──────────┘
      │
   ╭────────╮
   │ 空气干燥状态 │
   ╰────────╯
      │
┌──────────┐
│  干燥后试样  │
└──────────┘
      │
  ┌───┴────┐
┌────────┐   ┌────────┐
│粒度分析试样│   │其他物理│
└────────┘   │试验试样│
      │      └────────┘
┌────────┐
│机械强度│
│试验试样│
└────────┘
```

D.

```
┌──────────┐
│ 物理试验煤样 │
└──────────┘
      │
   ╭────────╮
   │ 空气干燥状态 │
   │ 或水分小于5% │
   ╰────────╯
      │
┌──────────┐
│  干燥后试样  │
└──────────┘
      │
  ┌───┴────┐
┌────────┐   ┌────────┐
│粒度分析试样│   │其他物理│
└────────┘   │试验试样│
      │      └────────┘
┌────────┐
│机械强度│
│试验试样│
└────────┘
```

（三）多选题

下列每题至少有一个正确答案，将正确答案填在括号内。

1．GB/T 211—2017 规定，一步法测定全水分试样的最大标称粒度为（CD）。

　　A．1mm　　　　　　B．3mm　　　　　　C．6mm　　　　　　D．13mm

2．DL/T 1339—2014 规定，留弃样粒度分布一致性的技术要求：留弃样中（ABCD）mm 对应粒度级相对误差小于或等于 10.0%。

　　A．1　　　　　　　B．3　　　　　　　C．6　　　　　　　D．13

　　E．25

3．DL/T 1339—2014 规定，设备料流通畅性技术要求为（ABC）。

　　A．给料机流量均匀

　　B．设备无卡堵

　　C．样品无残留

D．溜槽与溜管的侧面与水平面夹角不小于 65°

E．对于皮带给料机，应有防止皮带跑偏的装置

4．DL/T 747—2010 规定，下列（ABCDE）属于煤炭机械采制样装置的整机综合性能检验的项目。

A．采样精密度核验   B．偏倚试验

C．全水分损失检验   D．制样（缩分）精密度核验

E．制样（缩分器）偏倚检验

5．影响煤的不均匀性的因素有（ABCD）。

A．无机矿物质的分布状态   B．煤炭颗粒分布

C．偏析作用   D．是否经过加工处理

6．GB/T 474—2008 规定，在缩分机械出现（ABCE）情况时，应对其进行精密度检验和偏倚试验。

A．新设计生产时   B．新设备使用前

C．更换关键部件后   D．增加切割次数时

E．怀疑精密度不够或有偏倚时

7．GB/T 19494.1—2004 规定的移动煤流机械化采样器的基本条件是（AD）。

A．能无实质性偏倚地收集子样

B．初级子样切割器能截取一完整煤流横截段，能按规定的间隔采取子样

C．采样无偏倚、精密度符合要求，并被权威性试验所证明

D．能在规定条件下保持工作能力

8．GB/T 474—2008 规定，在下列（ABCD）情况下，应对煤炭制样设备和程序进行精密度核验和偏倚试验。

A．首次采用或改变制样程序时   B．新缩分机和制样系统投入使用时

C．对制样精密度产生怀疑时   D．其他认为须检验制样精密度时

9．缩分器应满足的要求有（ABCD）。

A．不产生实质性偏倚

B．其供料方式应使粒度离析达到最小

C．每一缩分阶段供入设备的煤流应均匀

D．有足够的容量，能完全保留或完全通过整个煤样而不损失或溢出

10．依据 GB/T 474—2008，影响制样精密度的最主要的因素是（AB）。

A．缩分前煤样的均匀性   B．缩分后的煤样留量

C．采样量   D．子样数

11．对于煤炭采样系统进行偏倚试验时，所用参比方法是（CD）。

A．三点采样法   B．随机采样法

  C．停皮带采样法   D．人工钻孔法

12．按 GB/T 19494.2—2004 对煤样进行空气干燥时，对易氧化煤及用于下列分析试验用煤样，不能在高于 40℃温度下干燥的有（ABD）。

  A．发热量   B．黏结性   C．灰分

  D．空气干燥作为全水分测定的一部分

13．DL/T 1339—2014 规定，将试验项目分为（ABC）。

  A．预试验   B．性能试验   C．辅助试验   D．整机试验

  E．阶段试验

14．DL/T 1339—2014 规定，属于制样设备性能试验的试验项目的有（ABCD）。

  A．水分适应性   B．精密度   C．全水分损失率

  D．A_d 最大允许偏倚 E．样品损失率 F．切割器切割速度

15．DL/T 569—2007 规定，在汽车上采样时，按车厢装载量确定每车最少子样数目，车厢装载量划分为（ABC）。

  A．≤30t   B．30～50t   C．≥50t   D．30～60t

  E．>60t

16．DL/T 747—2010 规定，同时满足机械螺杆和旋转筒采样器的技术要求有（BD）。

  A．采样器内径应不小于被采样煤标称最大粒度的 3 倍

  B．采样器应配有适当的运载机械，使之能在要求的任一采样部位采样

  C．采样器螺杆的螺距和环距（轴与筒壁的距离）应不小于被采样煤标称最大粒度的 3 倍

  D．采样器的结构运行速度应保证不将大块煤或矸石排开不采，同时煤样不会充满盛样容器而溢出

17．DL/T 747—2010 规定，机械采制样装置验收结果可能有（ABCD）情况。

  A．全部各项符合技术要求，该产品合格，可以接收

  B．有部分项不合格，对这些不合格项应由制造商或有关部门更改，修理完善后重新检测，直至合格

  C．机械采制样装置整机综合性能不合格，则应做退货处理，放弃使用该设备

  D．机械采制样装置只适宜在某些特定条件下使用时，应注明使用条件，可有条件接收

18．按 GB/T 477—2008 的要求，适用于大筛分的筛孔尺寸有（ABCD）。

  A．50mm   B．13mm   C．3mm   D．0.5mm

  E．0.25mm   F．0.090mm

19．落流采样器初级子样质量计算公式中的参数有（CDE）。

  A．煤流速度   B．煤流宽度

C. 煤流量   D. 采样器开口尺寸

E. 采样器速度

20. 对静止煤采样时，机械螺杆采样器（如右图所示）应用较多，以下相关论述错误的有（AC）。

A. 圆筒的开口直径应等于被采样煤标称最大粒度的 3 倍

B. 机械螺杆采样器应能钻入煤层底部采取到全深度煤柱子样，也可采取部分深度煤柱子样

C. 螺旋的螺距和环距如图中 1 和 2 所示，螺距不小于被采样煤标称最大粒度的 3 倍，环距则没有要求

D. 已知机械螺杆直径为 80mm，螺旋的螺距和环距为 150mm，采样器采煤平均厚度为 2.00m，所采煤堆积密度为 900kg/m^3，则估算初级子样质量为 204kg

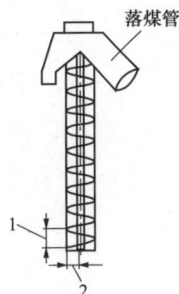

21. 出现（BCE）情况时，应对制样程序和设备进行精密度核验和偏移试验。

A. 更换制样人员

B. 新的缩分机和制样系统投入使用

C. 对制样精密度产生怀疑

D. 采煤批次发生变化

E. 首次采用或改变制样程序

22. 在连续采样方式下，影响批煤采样精密度的因素有（ACD）。

A. 被采样煤的初级子样方差、制样和化验方差

B. 采样单元方差

C. 采样单元数

D. 初级子样数

23. 影响煤的不均匀性的因素有（ABCD）。

A. 无机矿物质的分布状态   B. 煤炭粒度分布

C. 偏析作用   D. 是否经过加工处理

24. 进行采样设备偏倚性试验时，两组数据进行合并的必要条件是（AC）。

A. 方差一致   B. 组数一致   C. 均值一致   D. 同时间采样

25. 按照氧含量从大到小排序，下列正确的是（AD）。

A. 褐煤、烟煤、无烟煤   B. 烟煤、褐煤、无烟煤

C. 无烟煤、烟煤、褐煤   D、褐煤、焦煤、瘦煤

26. DL/T 2067—2019 规定了燃煤电厂煤炭机械化制样装置的（ABCD）等内容。

A. 安全管理   B. 运行   C. 检修维护   D. 定期检验

27. GB/T 35983—2018 规定，煤样制样设备除尘系统应能调节除尘器脉冲喷吹程序的

是（ACD）。

  A．脉冲宽度   B．脉冲强度

  C．脉冲间隔   D．脉冲循环周期

28．关于实验室制样中使用的各种破碎机，下列说法或操作正确的是（BC）。

  A．使用颚式破碎机可把煤样破碎至 1mm 及以下

  B．使用对辊破碎机破碎煤样时，水分损失或煤粉损失少

  C．用锤式破碎机破碎煤样时应先通电启动破碎机再开给料门

  D．锤式破碎机兼有破碎和筛分作用，这种破碎方法称为逐级破碎法

29．存查煤样的主要作用有（BCD）。

  A．买卖双方发生质量纠纷时作为批煤品质纠纷的仲裁依据

  B．实验室质量管理

  C．原始化验结果有疑问时再进行检验

  D．买卖双方发生质量纠纷或疑问时再进行检验

30．九点法取全水分煤样时的注意问题，下列叙述正确的是（ACD）。

  A．取样前先将煤样分成两部分，一部分取全水分试样，另一部分制备一般分析试验煤样，不能用取完全水分的余样制备分析试验煤样。

  B．用堆锥法将试样掺合三次后摊开成厚度不大于标称最大粒度 3 倍的圆饼。

  C．九点定位是以底圆半径为准。

  D．取样时要用符合要求的取样铲和插板取样。

31．关于机械缩分，以下叙述中正确的是（ABD）。

  A．全部子样或缩分后子样的合成试样缩分的最少切割数为 60 次

  B．对定比缩分，一平均质量初级子样的最少切割数为 4 次

  C．缩分后的初级子样进一步缩分时，每一切割样至少应再切割 10 次

  D．缩分后的初级子样进一步缩分时，每一切割样最少应再切割 1 次

32．GB/T 474—2008 规定，在出现（ABCE）情况后，应对缩分机械进行精密度检验和偏倚试验。

  A．新设计生产时   B．新设备使用前

  C．更换关键部件后   D．增加切割次数

  E．怀疑精密度不够或有偏倚时

33．下列因素中影响缩分精密度的是（ABC）。

  A．缩分前煤样的均匀性   B．缩分后留样量

  C．缩分方法   D．被缩分煤样量

34．下列情况煤样不应在高于 40℃的条件下进行空气干燥的是（ACD）。

  A．褐煤   B．无烟煤   C．气煤   D．长焰煤

E．贫煤

35．对于机械缩分的切割次数，以下叙述中正确的是（ABC）。

A．对于定质量缩分，初级子样的最少切割次数为 4 次，且同一采样单元的各初级子样的切割数应相等

B．对于定比缩分，一个平均质量初级子样的最少切割次数为 4 次

C．缩分后的初级子样进一步缩分时，每一切割样至少应再切割 1 次

D．对于缩分后的初级子样，再缩分时或破碎后再缩分时，应至少再切割 1 次

36．缩分设备应满足的要求有（ABCD）。

A．不产生实质性偏倚

B．其供料方式应使粒度离析达到最小

C．每一缩分阶段供入设备的煤流应均匀

D．有足够的容量，能完全保留或完全通过整个煤样而不损失或溢出

37．煤炭制样实验室的主要安全隐患为（ABCD）。

A．粉尘污染　　　　B．机械损伤　　　　C．爆炸　　　　D．噪声

38．以下有关存查煤样的叙述，正确的是（ABD）。

A．对于一般分析试样，通常可以标称最大粒度 3mm 的煤样 700g 作为存查煤样

B．全水分检测也可以留取存查煤样

C．商品煤存查煤样，从报出结果之日起一般保存 3 个月，以备复查

D．如煤样通过 3mm 圆孔筛且用二分器缩分，存查煤样的质量可以小于 700g

39．在制样过程中，产生制样偏差的原因有（BC）。

A．煤样粒度　　　　　　　　　　B．外界物质进入

C．煤样损失　　　　　　　　　　D．煤样量

40．破碎缩分机一般检验内容应包括（ACD）。

A．精密度　　　　　　　　　　　B．工器具上的残留

C．缩分比　　　　　　　　　　　D．全水分损失率

41．下列（ACD）情况下应进行制样设备精密度核验和偏倚实验。

A．新购缩分系统　　　　　　　　B．新购锤式破碎机

C．新进联合破碎机　　　　　　　D．调整缩分系统缩分比

42．存放煤样的房间应满足的条件是（ABD）。

A．不受强光照射　　　　　　　　B．房间内无热源

C．在阳面　　　　　　　　　　　D．不存放任何化学药品

43．煤炭长期露天储存时会发生的变化有（ABCD）。

A．发热量降低　　　　　　　　　B．挥发分变化和灰分产率增加

C．元素组成发生变化　　　　　　D．抗破损强度降低

44. 关于机械缩分的方法下列选项正确的有（ABD）。

A. 机械缩分可对未经破碎的单个子样、多个子样或总样进行，也可对破碎到一定粒度的试样进行。

B. 缩分时，第一次切割应在第一切割间隔内随机进行。对于第二和第三缩分器，后一切割器的切割周期不应和前一切割器切割周期重合

C. 对于定比缩分，切割间隔应随被缩分煤的质量变化而变化

D. 对于定质量缩分，缩分出的煤样质量一定

45. 从共用煤样中抽取全水分煤样，下列说法正确的是（ABD）。

A. 从共用煤样中分取全水分煤样最好用机械方法，若共用煤样水分过高又不可能将整个煤样进行干燥，则可用人工方法

B. 人工分取全水分煤样，可用二分器法、棋盘法、条带法和九点法

C. 抽取全水分煤样后的余样如果质量满足要求，可以制备一般分析试验煤样

D. 用九点法抽取全水分试样，则应先将煤样分成两部分，一部分制全水分煤样，另一部分制一般分析试验煤样

46. 为了保证所得试样的试验结果的精密度符合要求，采样时应考虑的因素包括（ABCDE）。

A. 煤的变异性   B. 从该批煤中采取的总样数目

C. 煤炭运输工具   D. 每个总样的子样数目

E. 与标称最大粒度相应的试样质量

47. 移动煤流采样方式有（ABCD）。

A. 时间基系统采样   B. 质量基系统采样

C. 时间基分层随机采样   D. 质量基分层随机采样

48. 横过皮带采样切割器应满足的要求有（ABCDEF）。

A. 切割器应沿与皮带中心线相垂直的平面切取煤流

B. 切割器应切取一完整的煤流横截面

C. 切割器应以均匀的速度通过煤流

D. 切割器开口尺寸至少应为被采煤标称最大粒度的 3 倍，初级子样切割器的开口尺寸不能小于 30mm

E. 切割器应有足够的容量，足以容纳与最大煤流量下切取的整个子样

F. 切割器边板的弧度应与皮带的曲率相匹配，边板和后板与皮带表面应保持最小距离，不直接与皮带接触，后板上配有扫煤刷或弹性刮板

49. 根据 GB/T 475—2008 或 GB/T 19494.1—2004，以下说法正确的有（AB）。

A. 采样精密度随煤炭品种不同而有不同的要求

B. 采样中影响采样精密度的主要因素是子样数

C．采样的精密度与标准差成正比

D．增加子样量可提高采样精密度

50．按照 GB/T 19494.3—2004，精密度估算方法有（ABD）。

A．双倍子样数双份采样方法　　　　B．例行子样数双份采样方法

C．多倍子样数多份采样方法　　　　D．多份采样方法

E．六分样方法

51．GB/T 19494.3—2004 给出的精密度计算公式系以（AB）假设为基础。

A．被采样煤的品质变化是随机的　　B．品质观测值为正态分布

C．初级子样方差不超过 40　　　　D．变异系数稳定

52．GB/T 19494.3—2004 要求，在对偏倚试验结果进行统计分析时，有以下（ABC）的假设条件。

A．变量服从正态分布　　　　　　　B．测量误差的独立性

C．数据的统计一致性　　　　　　　D．变异系数稳定

53．在 GB/T 19494.1—2004 中，横过皮带采样器单个初级子样质量与以下（BD）因素有关。

A．皮带运行时间　　　　　　　　　B．采样器开口尺寸

C．采样器速度　　　　　　　　　　D．煤流的流量

54．DL/T 747—2010 规定，煤炭机械采制样装置的整机综合性能检验工作内容可能包括（ABCDE）。

A．采样精密度核验　　　　　　　　B．偏倚试验

C．全水分损失检验　　　　　　　　D．制样（缩分）精密度核验

E．制样（缩分器）偏倚检验

55．根据 GB/T 19494.1—2004 或 GB/T 475—2008，以下煤样构成中叙述正确的是（ABCD）。

A．对于质量基采样，若初级子样质量均匀，煤样可以由初级子样直接合并而成，也可由定比缩分法缩分到一定质量后合并而成

B．对于质量基采样，若初级子样质量不均匀，煤样可由定质量缩分法缩分到一定质量后合并而成

C．对于时间基采样，煤样可以由初级子样直接合并而成，也可由定比缩分法缩分到一定质量后合并而成

D．合并煤样时，各独立煤样的质量应正比于各被采煤的质量，使合并后煤样的品质参数值为各合并前煤样品质参数的加权平均值

56．根据 GB/T 19494.1—2004 或 GB/T 475—2008，下列情况下应另行设计专用采样方案的是（AC）。

A. 采样精密度用发热量表示时

B. 采样精密度用灰分表示，要求的灰分精密度值与相应国标一致时

C. 采样精密度用灰分表示，要求的灰分精密度值优于相应国标要求时

D. 采样精密度用灰分表示，要求的灰分精密度值劣于相应国标要求时

57. GB/T 19494.1—2004 规定的移动煤流采样机械的基本条件是（AD）。

A. 能无实质性偏倚地收集子样并被权威性试验所证明

B. 初级子样切割器能截取一完整煤流横截段，能按规定的间隔采取子样

C. 采样无偏倚、精密度符合要求，并被权威性试验所证明

D. 能在规定条件下保持工作能力

58. 下列（ABD）满足移动煤流横过皮带采样机械的要求。

A. 切割器应沿与皮带中心线相垂直的平面切取煤流

B. 切割器应切取一完整的煤流横截段。截段横断面可以垂直于皮带中心线，也可与之成一定的倾角

C. 切割器应以均匀的速度（各点速度差不大于 5%）通过煤流切割器的开口，尺寸至少应为被采样煤标称最大粒度的 3 倍，初级子样切割器的开口不能小于 30mm

D. 切割器应有足够的容量，足以容纳于最大煤流量下切取的整个子样

E. 切割器边板的弧度应与皮带的曲率相匹配，边板和后板与皮带保持最小距离，最好直接与皮带表面接触，后板上配有扫煤刷子或弹性刮板

59. 煤炭采样时下列情况会产生偏倚的是（BD）。

A. 子样质量超过标称最大粒度规定的最小子样质量

B. 采样时，采样周期和煤炭质量品质变化周期重合

C. 煤炭本身煤质均匀性较差

D. 子样采取时，采样工具太小没有采到粒度较大的煤

60. 关于同一种煤的初级子样方差，下面阐述正确的是（AC）。

A. 随着煤炭加工深度增加而减少

B. 随着煤炭粒度增加而减少

C. 随着煤炭混匀程度增加而减少

D. 随着子样质量增加而减少

61. 导致采样偏倚的原因有（ABCE）。

A. 采样机械或工具设计不合理，子样定界或抽取不正确

B. 子样定时或定位不正确

C. 采取的子样丧失完整性

D. 采样周期与煤质波动周期不重合

E. 采样机械部件污染或可调节件损坏

62. 以下（BCD）满足静止煤机械螺旋杆采样机的基本要求。

　　A. 螺杆的结构、容量和运行速度应保证将大块煤或矸石排开不采，同时煤样不会充满采样器而溢出

　　B. 采取标称最大粒度为 50mm 的煤时，螺杆的螺距和环距为 150mm

　　C. 螺杆的螺旋和螺筒的配合应尽可能紧密、不漏煤

　　D. 螺杆应能钻入煤层至底部，或采取一全煤柱煤样，或采取一分层煤样

（四）填空题

1. GB/T 474—2008 规定，标称最大粒度为 13mm 和 6mm 时的一般分析煤样的最小留样量分别为 15kg 和 3.75kg。

2. GB/T 474—2008 规定，全水分试样制完后，应储存在不吸水、不透气的密闭容器中。

3. GB/T 474—2008 规定，粒度小于 3mm 的煤样，如使之全部通过 3mm 圆孔筛，则可用二分器直接缩分出不少于 100g 用于制备一般分析试验煤样。

4. GB/T 474—2008 规定，制备过程中取全水分煤样时，对于水分大的煤样，将煤样直接破碎到规定粒度 13mm 以下，稍加掺合摊平，用九点法缩分出不少于 3kg 煤样，立刻装入密封容器中。

5. GB/T 475—2008 规定，直接从静止煤中采样时，应采取全深度试样或分上、中、下或上、下的不同深度的试样。

6. 根据 GB/T 475—2008，在采样中，如粒度大于 150mm 的大块物料（煤或矸石）质量分数超过 5%，采样时遇到大块物料不应故意推开，应采入子样中。采样后，将粒度大于 150mm 大块物料和其他物料分别进行制样和化验，按粒度大于 150mm 大块物料在批煤中的比例进行加权平均，以获得总样的参数结果。

7. GB/T 474—2008 规定，最后制样阶段的空气干燥应达到湿度平衡状态。

8. GB/T 19494.1—2004 规定，除精煤外，其他煤的采样精密度为 $\pm\frac{1}{10}A_{\mathrm{d}}$，但不大于 1.6%。

9. GB/T 475—2008 规定，商品煤分品种以 1000t 作为一基本采样单元，当该批煤不足时，子样数根据基本采样单元最少子样数按比例递减，但不得少于最少子样数要求；子样的最小质量又必须满足被采煤标称最大粒度的 0.06 倍，且不少于 0.5kg。

10. GB/T 474—2008 规定，一般分析试样装入煤样瓶中的装样量不应超过煤样瓶容积的 3/4，以便使用时混合，送交化验室化验。制样过程的实质是煤样的数量减少和粒度减小。

11. 根据 GB/T 474—2008，煤样的缩分应尽可能使用二分器，以减少缩分误差，缩分前可以不需要混合。

12. 按照 DL/T 567.1—2007 要求，试验用干燥箱、高温炉都应定期进行温场校验，以确定恒温区域。

13．撞击式飞灰取样器不足之处：飞灰中<u>较大的颗粒</u>易于被撞击而落入集灰瓶中，造成所采集的飞灰样品中粗颗粒比实际飞灰中粗颗粒<u>多</u>，使其飞灰可燃物测定结果<u>偏高</u>。

14．DL/T 520—2007 规定，制样室的地面应为水泥地面，并需在地面上铺以面积至少为 <u>10</u>m²、厚度为 <u>6</u>mm 以上的钢板。

15．根据 DL/T 569—2007，某电厂采用驳船运输商品煤 4000t，假设该原煤的灰分 A_d＞20%，以整批煤作为一个采样单元，则该批煤需要采取的最少子样数目为 <u>160</u> 个。

16．常用的煤粉采样方式有<u>活动式煤粉取样</u>、<u>自由沉降式煤粉取样</u>和<u>煤粉等速取样</u>。

17．锅炉飞灰采样方式有<u>抽气式</u>和<u>撞击式</u>两种。

18．随机误差在测定操作中总是不可避免的，但随着测定次数的增加，测定数据分布呈现<u>对称性</u>、<u>有界性</u>、<u>单峰性</u>和<u>抵偿性</u>。

19．已知为空气干燥基，要求为收到基，其换算系数公式为 $\underline{(100-M_{ar})/(100-M_{ad})}$。

20．按照 GB/T 19494.3—2004 的规定，对于静止煤采样系统偏倚试验所用参比方法为<u>停皮带采样法</u>和<u>人工钻孔采样法</u>。

21．根据 GB/T 19494.1—2004，当制样化验方差可忽略时，每一采样单元的子样数不变如果将一批煤由一个采用单元改为两个采样单元，则该批煤的采样精密度原来的<u>$1/\sqrt{2}$</u>倍；而同一个采样单元中采取大量的重复样品并分别制样和分析，则单次观测值的精密度与总体标准差估计值的关系为 <u>P=2s</u>。

22．GB/T 474—2008 规定，一般以标称最大粒度为 3mm 的煤样 700g 作为存查煤样，存查煤样应尽可能减少缩分和破碎环节，从报出结果之日起一般应保存 <u>2</u> 个月，以备复查。

23．制样是通过<u>破碎</u>，减小试样的粒度，通过<u>缩分</u>，减少试样的质量。

24．一个煤样有 8kg，采用二分器缩分后留 1.5kg，需要缩分 <u>4</u> 次。

25．GB/T 474—2008 规定，九点法取全水试样，摊平煤饼的厚度应为不大于煤样标称最大粒径的 <u>3</u> 倍。

26．GB/T 474—2008 规定，采用堆锥四分法缩分煤样时，应至少倒锥 <u>3</u> 次；采用九点取样法时，应掺混 <u>1</u> 次。

27．相同尺寸的方孔筛与圆孔筛，筛孔面积较大的是<u>方孔筛</u>。

28．皮带中部采样机和端部采样机，它们的区别主要在<u>采样头（初级采样器）</u>。

29．根据 GB/T 475—2008，原煤灰分 A_d 为 24%，则人工采样精密度应为<u>±2%</u>，灰分 A_d 为 16%，精密度应为<u>±1.6%</u>。

30．根据 GB/T 19494.3—2004，煤炭机械化采样精密度的估算视采样目的和采样方案、设备而定。对已有的采样系统，核验例行采样方案精密度最严密的方法是<u>多个采样单元双份采法</u>；而对一特定的批煤，从试验结果估算其能达到的精密度，此时最好的方法是<u>多份采样法</u>。

31．120kg 粒度为 6mm 煤样连续使用二分器缩分 4 次后，留下来的少量样品与弃样质量比为 1:15，若使用破碎缩分机制样，其切割器开口尺寸至少为 18mm。

32．根据 GB/T 19494.3—2004，粗略估计，一个缩分阶段的方差一般为化验方差的两倍，因此 3 阶段制样和化验程序的总体方差 V_{PT}^0 可按 2:2:1（比例）分配为 2 个缩分阶段方差和 1 个化验方差。化验阶段方差目标值 V_T^0 可按公式 $V_T^0 = r^2/8$ 从有关分析试验方法标准中求得。

33．一皮带运输机以 350t/h 的流量输送 0～25mm 的洗精煤，欲以 1750t 为一采样单元进行人工采样。如按时间基采样时，每隔 15min 采 1 个子样。如按质量基采样时，每隔 87.5t 采 1 个子样。

34．根据 GB/T 475—2008，对于标称最大粒度为 50mm 的 400t 筛选煤（A_d<20.00%）的煤堆按照 1 个采样单元采样，最终总样质量应至少为 170kg。

35．GB/T 475—2008 规定，在从火车、汽车和驳船顶部煤采样的情况下，在装车（船）后应立即采样；在经过运输后采样时，应挖坑至 0.4～0.5m 采样，取样前应将滚落在坑底的煤块和矸石清除干净。子样应尽可能均匀布置在采样面上，要注意在处理过程（如装卸）中离析导致的大块堆积（例如，在车角或车壁附近）。

36．一堆原煤筛分试验结果：>150mm 占 1.2%，100～150mm 占 1.2%，50～100mm 占 1.8%，25～50mm 占 6.8%，<25mm 占 89.0%，则对这堆原煤采样时每个子样质量至少为 3kg。

37．根据 GB/T 475—2008，停皮带采样法是从停止的皮带上取出一全横截段作为一子样，是唯一能够确保所有颗粒都能采到的，从而不存在偏倚的方法，是核对其他方法的参比方法。

38．GB/T 474—2008 规定，在粉碎成 0.2mm 的煤样之前，应用磁铁将煤样中铁屑吸去，再粉碎到全部通过孔径为 0.2mm 的筛子，并使之达到空气干燥状态，然后装入煤样瓶中（装入煤样的量不应超过煤样瓶容积的 3/4），以便使用时混合，送交化验室化验。

39．根据 GB/T 19494.2—2004，制样和化验误差几乎全产生于缩分和从分析煤样中抽取少量煤样的过程中。影响制样精密度的最主要的因素是缩分前煤样的均匀性和缩分后煤样的留样量。

40．根据 GB/T 474—2008，试样制备的目的是通过破碎、缩分、混合、筛分和干燥等步骤将采集的煤样制备成能代表原来煤样特性的分析（试验）用煤样。

41．根据 GB/T 474—2008，空气干燥是将煤样铺成均匀的薄层，在环境温度下使之与大气湿度达到平衡。空气干燥时煤层厚度不能超过煤样标称最大粒度的 1.5 倍或表面负荷为 1g/cm² （哪个厚用哪个）。

42．根据 GB/T 474—2008，全水分煤样可用棋盘法、条带法、二分器法和九点法采取。为避免水分损失，空气干燥前应尽量少对煤样进行处理，采取全水分后余下的煤样，除九点法取样后的余样外，可用以制备一般分析试验煤样。

43．根据 GB/T 474—2008，制备全水分煤样时空气干燥的目的主要是<u>测定外在水分和在随后的制样过程中尽可能减少水分损失</u>。制备一般分析煤样时空气干燥的目的主要是<u>使煤样顺利通过破碎和缩分设备</u>和<u>避免分析试验过程中煤样水分发生变化</u>。

44．根据 GB/T 474—2008，缩分是制样的最关键的程序，目的<u>在于减少试样量</u>。试样缩分可以用<u>机械方法</u>，也可用<u>人工方法</u>进行。为减小人为误差，应尽量使用<u>机械方法</u>缩分。

45．采样精密度实际上是<u>采制化的</u>总精密度。如果误差用方差来表示，则采样误差占整个系统误差的 <u>80%</u>，制样误差占 <u>16%</u>，化验误差为 <u>4%</u>。

46．采样是从大量粒度和化学组成极不均匀的煤炭中抽取一部分具有<u>代表性</u>的煤样的过程。

47．根据 GB/T 475—2008，商品煤样可以在<u>煤流中</u>、<u>运输工具顶部</u>和<u>煤堆上</u>采取。

48．根据 GB/T 475—2008，用以从静止煤中采样的采样器的开口尺寸不应小于被采煤样最大粒度的 <u>3</u> 倍。

49．运量超过 1000t 或不足 1000t 时，可以<u>实际运量</u>为一采样单元。

50．商品煤样就是代表商品煤<u>平均性质</u>的煤样。

51．GB/T 475—2008 规定，子样就是采样器具<u>操作一次</u>所采取的或<u>截取一次煤流全横截断</u>所采取的一份样。

52．GB/T 475—2008 规定，分样是由均匀分布于<u>整个采样单元</u>的若干初级子样组成的煤样。

53．GB/T 475—2008 规定，总样是从一采样单元取出的<u>全部子样</u>合并成的煤样。

54．GB/T 475—2008 规定，采样单元是从一批煤中采取一个<u>总样</u>的煤量，一批煤可以是<u>一个</u>或<u>多个</u>采样单元。

55．GB/T 475—2008 规定，批是需要进行<u>整体性质测定</u>的一个独立煤量。

56．如果采样、制样和化验方法无<u>系统误差</u>，精密度就等于准确度。

57．GB/T 475—2008 规定，系统采样是按相同的<u>时间</u>、<u>空间</u>或<u>质量</u>间隔采取子样，但第一个子样在第一间隔内随机采取，其余子样按<u>选定</u>的间隔采取。

58．GB/T 475—2008 规定，随机采样是采取子样时，对采样的<u>部位</u>或时间均不施加任何人为意志，能使任何部位的物料都有机会采出。

59．GB/T 475—2008 规定，时间基采样是通过整个采样单元按相同的<u>时间间隔</u>采取子样。

60．GB/T 475—2008 规定，质量基采样是通过整个采样单元按相同的<u>质量间隔</u>采取子样。

61．GB/T 475—2008 规定，一个采样单元所采<u>全部</u>子样，合并而成为<u>总样</u>。

62．GB/T 475—2008 规定，煤堆上不采取<u>仲裁煤样</u>，必要时应用<u>迁移煤堆</u>，在迁移过程中采样。

63．根据 GB/T 19494.2—2004，全水分煤样既可<u>单独</u>采取，也可<u>在制样过程中</u>分取。

64．一批煤的煤样分成若干分样采取，则在各分样的制备过程中分取全水分煤样，并以各分样的<u>全水分加权平均值</u>作为该批煤的全水分值。

65．GB/T 475—2008 规定，煤的变异性通常用<u>初级子样方差</u>来衡量。

66．采样工具也会影响所采样品有无系统误差。

67．采样精密度要求越低，则精密度的数值<u>越大</u>。

68．根据 GB/T 475—2008，在火车上采样，如有 2 节车厢装原煤，应采子样数为<u>18</u>个。

69．根据 GB/T 475—2008，采样精密度随煤炭品种不同而有不同的要求。

70．根据 GB/T 475—2008，采样中影响采样精密度的主要因素是<u>子样数</u>。

71．根据 GB/T 475—2008，采样的子样数一定时，采样的精密度与总样标准差成<u>正比</u>。

72．根据 GB/T 19494.1—2004，对采样机来说，提高采样精密度的方法是<u>增加子样数</u>，而不是增加<u>子样量</u>。

73．制样方案的设计，以获得<u>足够小的制样方差</u>和<u>不过大</u>的留样量为准。

74．GB/T 474—2008 规定，制样室应为<u>水泥</u>地面，堆掺缩分区还需铺厚度 <u>6mm 以上</u>的钢板。

75．GB/T 474—2008 规定，二分器两侧<u>格槽数</u>应相等，格槽对水平面的倾斜度不小于 <u>60°</u>。

76．GB/T 474—2008 规定，如果水分过大，影响进一步破碎、缩分时，应事先在低于 <u>50℃</u>温度下适当干燥煤样。

77．测定全水分试样的粒度是<u>标称最大粒度 13mm 或者 6mm</u>。

78．制样代表性好，说明<u>制样精密度合格</u>，并无系统误差。

79．偏析作用是由于煤的<u>粒度</u>和<u>密度</u>的不同，在重力作用下，大小颗粒产生的<u>自然分离</u>或<u>分层</u>的现象。

80．制样室常用的破碎机有<u>锤式</u>、<u>对辊</u>及<u>颚式</u>。

81．GB/T 474—2008 规定，九点取样法抽取全水分试样时，其中 4 个点位于煤样圆饼的 <u>1/2</u> 半径上，4 个点位于 <u>7/8</u> 半径上，另一个点为<u>中心点</u>。

82．GB/T 474—2008 规定，人工缩分方法包括<u>二分器法</u>、<u>棋盘法</u>、条带截取法、堆锥四分法和<u>九点取样法</u>。

83．GB/T 474—2008 指出，人工缩分方法中以<u>二分器法</u>缩分精密度较高，该方法<u>在缩分同时起到了充分掺合的作用</u>，以<u>多子样数</u>和<u>大留样量</u>为基础。

84．制样过程中必须破碎到一定粒度才能<u>混合和缩分</u>，<u>缩分</u>是制样过程中误差的主要来源。

85．根据 GB/T 475—2008，煤样最大粒度小于 50mm，每个子样应采取 <u>3kg</u>；最大粒度小于 100mm，每个子样应采取 <u>6kg</u>。

86．GB/T 475—2008 规定，原煤（A_d＞20%）采样精密度为 <u>±2%</u>，洗煤采样精密度为 <u>±1.5%</u>。

87．测定全水分的煤样，可在<u>制取分析煤样的过程中</u>分取，也可<u>单独采集</u>。

88．煤的标称最大粒度小于 25mm，每个子样量至少为 <u>1.5kg</u>，标称最大粒度为 100mm，每个子样量至少为 <u>6kg</u>。

89．根据 GB/T 19494.1—2004，提高采样精密度的办法是<u>增加子样数</u>，采样点正确布置，可减少采样的系统误差。

90．根据 GB/T 475—2008，1500t 原煤的煤堆，应采子样数为 <u>74</u> 个，如是 1500t 洗煤的煤堆，应采子样数为 <u>25</u> 个。

91．根据 GB/T 475—2008，400t 皮带输送的原煤，灰分大于 20%，应采子样数 <u>18</u> 个；如灰分小于 20%，则应采子样数 <u>10</u> 个。

92．外在水分测定时，应将煤样置于环境温度或不高于 40℃的空气干燥箱中干燥到质量恒定，恒定的标准为连续干燥 1h，质量变化不超过 <u>0.5g</u>。

93．煤样在温度 <u>30</u>℃、相对湿度 <u>96</u>%下达到平衡时测得的内在水分称为最高内在水分。

94．采样精密度与<u>被采煤的变异性</u>、<u>制样和化验误差</u>、采样单元数、子样数有关。

95．一般用标称最大粒度为 3mm 的煤样不少于 <u>700g</u> 作为存查煤样。从报出结果之日起一般应保存 <u>2</u> 个月。

96．破碎缩分设备性能试验分三部分，分别是<u>预检验</u>、<u>性能检验</u>和辅助检验。

97．火电厂煤炭破碎缩分联合制样设备性能试验不合格的项目，可根据<u>辅助检验</u>结果分析原因并提出设备调整方案和<u>改进方案</u>。

98．火电厂煤炭破碎缩分联合制样设备性能试验中切割器切割速度 <u>$\leqslant 0.3 \times [1 + b / (3d)]$</u>且不大于1.5m/s。

99．火电厂煤炭破碎缩分联合制样设备性能试验中如连续两组 10 对双份试样的标准差都不大于 $1.75\sqrt{V_{PT}}$，则制样精密度<u>合格</u>；如有任一组标准差大于 $1.75\sqrt{V_{PT}}$，则制样精密度<u>不合格</u>。

100．按照 GB/T 474—2008 规定，贮存煤样的房间<u>不应有热源</u>，不受阳光直射，<u>无任何化学药品</u>。

101．按照 GB/T 19494.1—2004 规定，连续采样时起始采样单元煤量的确定方法为对大批量（如轮船载煤）取 <u>5000t</u>；对小批量煤（如火车、汽车或驳船载煤）取 <u>1000t</u>。

102．人工采样时，如粒度大于 150mm 的大块物料（煤或矸石）质量分数超过 <u>5%</u>，采样时遇到大块物料不应故意推开，应采入子样中。

103．采样精密度的定义是单次采样测定值与对同一煤（同一性质，同一来源）进行<u>无数次</u>采样测定值的平均值的差值在 <u>95</u>%概率下的极限值。

104．GB/T 19494.1—2004 规定，机械采样器火车车厢上子样位置的选择方法是<u>全深度采样</u>和<u>深部分层采样</u>。

105．机械缩分时，切割间隔应随被缩分煤质量而成比例地变化，使缩分后的试样的质量基本一致是<u>定质量缩分</u>。

106．保留的试样量和被缩分的试样量成一定比例的缩分方法是<u>定比缩分</u>。

107．缩分可以在任意阶段进行，当一次缩分后的质量大于要求量时，可将缩分后试样用<u>原缩分器</u>或<u>下一个缩分器</u>做进一步缩分。

108．任何一种采样方法都应进行精密度核验，当采样涉及的煤种和煤源比较多时，应选取品质最不均匀（或灰分最高）的煤进行精密度核验。例行采样程序的精密度的核验方法包括<u>双倍子样数双份采样法</u>和<u>例行子样数双份采样法</u>。

109．影响采样精密度的主要因素有<u>煤的变异性</u>、从该批煤中采取的总样数目、每个总样的子样数目、与标称最大粒度相应的<u>试样质量</u>。

110．按照 GB/T 19494.2—2004 规定，标称最大粒度为 6mm 时，一般分析煤样缩分后留样最小质量应为 <u>3.75kg</u>。而全水分试样，缩分后留样最小质量应为 <u>1.25kg</u>。

111．DL/T 747—2010 规定，机械采制样装置上如敷设有用于检修的通道和安全栏杆，通道的宽度不应小于 <u>500mm</u>，安全栏杆高度不应小于 <u>1050mm</u>。

112．采样器应以均匀的速度通过煤流，对于落流采样器任一点的速度变化不应大于预定基准速度的 <u>5</u>%，对于横过皮带采样器各点速度差不大于 <u>10</u>%。

113．按设计某在线制样系统落流缩分器，煤的标称最大粒度为 25mm，若缩分器的开口尺寸为 75mm，其运行速度不应大于 <u>0.6m/s</u>；若缩分器的开口尺寸为 320mm，切割速度不应超过 <u>1.5m/s</u>。

114．GB/T 477—2008 规定，煤炭筛分试验选用的最大孔径试验筛要保证筛分试验后筛上物的质量不超过筛分前试样的 5%，且其他各粒级煤的质量均不超过筛分试样总质量的 <u>30</u>%，否则适当增加粒级。

115．影响制样精密度的最主要的因素是缩分前煤样的均匀性和缩分后的<u>煤样留量</u>。

116．对同一煤进行一系列测定所得结果间的彼此符合程度就是<u>精密度</u>，而这一系列测定结果的平均值对一可以接受的参比值的偏离程度就是<u>偏倚</u>。

117．堆锥四分法是一种比较方便的方法，但主要缺点是操作过程中易导致<u>粒度离析</u>，操作不当会产生偏倚。

118．逐级破碎是指<u>只将大于要求粒度的颗粒破碎，小于要求粒度的颗粒不再重复破碎</u>。

119．GB/T 19494.1—2004 中对机械化采样精密度规定精煤<u>±0.8</u>%，其他煤<u>±1/10A_d但</u> <u>≤1.6</u>%。

120．制样室收到原煤 100kg，全部破碎到粒度小于 6mm，用二分器缩分 <u>4</u> 次才能得到最接近并满足规定要求的留样量。

121．人工从标称最大粒度 80mm 原煤中采取专用全水分煤样，其煤样量不应少于 105kg。

122．按 GB/T 475—2008，使用九点法从共用煤样中分取全水分试样后的剩余煤样，不能用于制备一般分析试验煤样。

123．检验缩分机系统偏差时，在参比样制备过程中必须使用二分器法缩分。

124．一般分析试验煤样、全水分试样在装入样品瓶时装入试样的量不应超过样品瓶容积的 3/4。

125．某电厂某天通过火车运煤到厂一批煤，过衡煤重 1000.0t，立即取样检测，其全水分为 6.0%。取样后还未卸车立即下了一场大雨，雨后立即再过衡，煤重 1018.0t。如不考虑下雨时车厢内煤的损失，则雨后该批煤的全水分是 7.7%。

126．空气干燥箱和通氮干燥箱的换气频率分别为 5 次/h 以上和 15 次/h 以上。

127．方差在数值上为观测值与它们的平均值之差值的平方和除以自由度（或观测次数减 1）。

128．当采用直接对被采样煤进行测定的方法来确定初级子样方差时，应从同一批煤或同一煤源的几批煤中，至少采取 50 个子样。

129．设计专用采样方案时，在没有子样方差资料、采样单元方差资料以及制样和化验方差资料的情况下，对于灰分，最初可以假定初级子样方差为 20，采样单元方差为 5，制样和化验方差为 0.2。

130．人工落流采样法不适用于煤流量在 400t/h 以上的系统。采样时，采样装置应尽可能地以恒定的小于 0.6m/s 的速度横向切过煤流。

131．最后制样阶段的空气干燥应达到湿度平衡状态。

132．机械缩分可以采取两种方式，分别是定质量缩分和定比缩分。

133．破碎煤样不宜使用圆盘磨和转速大于 950r/min 的锤碎机和高速球磨机（大于 20Hz）。

134．GB/T 35983—2018 规定，制样设备应采用密闭罩或外部罩与除尘系统连接。

135．GB/T 35983—2018 规定，除尘工作台采用柜体半密闭式设计，有吸尘孔和弃料口。

136．DL/T 2067—2019 适用于静止煤和移动煤流机械化采制样装置在燃煤电厂的使用。

137．DL/T 2067—2019 规定，采制样装置在运行中不应进行清理或检修工作。

138．DL/T 2067—2019 规定，移动煤流采样器采样间隔准确、全断面刮扫且无刮伤皮带痕迹。静止煤采样器采样位置准确，采样器不应采集到车厢拉筋或边框等部位。

139．DL/T 2067—2019 规定，给料装置应给料均匀，不应引起堵煤。缩分器切割过程应均匀覆盖完整的煤流，切割到全断面。

140．DL/T 2067—2019 规定，对采制样装置实行定期检修管理，小修宜 1 年一次，大修宜 2 年一次。

141．DL/T 2067—2019 规定，采制样装置应定期维护保养，包括日常维护、月维护。

142．GB/T 30731—2014 规定，联合制样系统应结构紧凑，布局合理，机械传动性能好，无明显生热；密封良好，样品损失小；各单元应具备清扫残留样品的功能。

143．GB/T 30731—2014 规定，筛板的厚度宜不小于 3mm，破碎腔厚度宜不小于 10mm。

144．GB/T 30731—2014 规定，联合制样系统破碎单元的入料口尺寸应与最大入料粒度相匹配，保证煤样不堵在破碎机入料口，且不小于最大标称粒度的 1.2 倍。

145．GB/T 30731—2014 规定，联合制样系统缩分单元的切割器开口尺寸至少为煤样标称最大粒度的 3 倍。

146．GB/T 30731—2014 规定，全部子样或缩分后子样合成试样缩分的切割数不应少于 60 次；且联合制样系统缩分单元后续切割器的切割周期与前一切割器切割周期不重合。

147．DL/T 747—2010 规定，机械化制样系统以干燥基灰分 A_d 表示最大允许偏倚 MTB 在 A_d 不大于 30%时取 0.2%～0.3%，在 A_d 大于 30%时取预期采样精密度 1/5～1/3。

148．DL/T 747—2010 规定，燃煤机械采制样系统整机全水分损失不超过 0.7%，其中在线制样系统全水分损失不超过 0.4%。

149．按照 GB/T 474—2008 规定：贮存煤样的房间不应有热源、不受阳光直射，无任何化学药品。存查煤样的保存时间可根据需要确定，商品煤存查煤样，从报出结果之日起一般应保存 2 个月，以备复查。

150．按照 GB/T 474—2008，煤样标称最大粒度为 25mm 时，共用煤样缩分后留样最小质量为 40kg，全水分专用煤样缩分后留样最小质量为 8kg。

151．制样和化验总方差目标值为 $0.05P_L^2$（计算时%不代入）制样和化验各阶段产生的误差以方差表示，P_L 为采样、制样和化验总精密度。

152．九点取样法中，布点的半径为圆饼外圆半径的：1/2 与 7/8 通过圆心的四条直线相邻两线夹角为 45°。

153．条带截取法是将煤样充分混合后，顺着一个方向随机铺成一长度至少为宽度 10 倍的长带，然后用一宽度至少为煤样标称最大粒度 3 倍的取样框，沿样带长度每隔一定距离截取一段试样的缩分方法。

154．全水分煤样缩分后总样最小质量，约为一般煤样缩分后总样最小质量的 20%，但不能少于 0.65kg。

155．用于制备全水分、发热量和黏结性等煤样的破碎机，要求生热和空气流动程度尽可能小。所以不宜使用圆盘磨和转速大于 950r/min 的锤碎机和高速球磨机。

156．试样制备的目的是通过破碎、混合、缩分和干燥等步骤将采集的煤样制备成能代表原来煤样特性的分析（试验）用煤样。

157．标准筛：筛孔孔径为 25、13、6、3、1、0.2mm 及其他孔径的方孔筛，3mm 的圆孔筛。

158．缩分是制样的最关键的程序，目的在于减少试样量。试样缩分可以用机械方法，也可用人工方法进行。为减小人为误差，应尽量使用机械方法缩分。

159. 当机械缩分使煤样完整性破坏，如水分损失、粒度离析等时，或煤的粒度过大使得无法使用机械缩分时，应该用人工方法缩分。

160. 缩分时各次切割样质量应均匀，为此，供入缩分器的煤流应均匀，切割器开口应固定。供料方式应使煤流的粒度离析减到最小。

161. 二分器的格槽宽度应是煤样标称最大粒度3倍，但不小于5mm。摆动给料时二分器具有缩分功能和较好的混合功能。

162. 破碎缩分机在初次使用时应对其进行精密度检验和偏倚试验。

163. 破碎设备应经常用筛分法来检查其出料粒度。

164. 如一批煤的煤样分成若干分样采取，则在各分样的制备过程中分取全水分煤样，并以各分样的加权平均值作为该批煤的全水分值。

165. GB/T 475—2008规定，火车、汽车及船舶运输的1000t原煤至少应采取的子样数目为60，煤量超过1000t时子样数目的计算公式为 $N = 60\sqrt{\dfrac{M}{1000}}$ 。

166. 按照GB/T 18666—2014，商品煤质量验收时，单项质量指标的差值等于报告值减去检验值。

167. 对于煤流采样的子样质量以实际截取输送机最大运量时煤流全断面的全部煤量为准。

168. 任何一种采样方法都应进行精密度核验，当采样涉及的煤种和煤源比较多时，应选取品质最不均匀或灰分最高的煤进行精密度核验。

169. 精密度是在规定条件下所得独立试验结果间的符合程度；偏倚是导致一系列结果的平均值总是高于或低于用参比方法得到的值。

170. GB/T 475—2008规定，人工进行落流采样时，采样器开口的长度应大于煤流的全宽度（前后移动截取时）或全厚度（左右移动截取时）。

171. GB/T 19494.1—2004规定，精密度确定后，应在例行采样中用多份采样方法来确认精密度是否达到要求。

172. GB/T 19494.1—2004规定，按质量基采样中，为保证实际采取的子样数不少于规定的最少子样数，实际子样质量间隔应小于或等于计算的子样间隔。

173. DL/T 747—2010中，发电用煤机械采制样装置：用于采集和制备发电用煤煤样的专门机械设备。一般包括采样器和在线制样设备如破碎机、缩分器及相应的控制系统等主要组成部件。

174. 对原煤进行筛分得到试验数据为：>100mm占0.8%、50～100mm占2.8%、25～50mm占6.8%，其他为小于25mm，则对这堆原煤人工采样时每个子样质量至少为3kg，一般煤样和共用煤样的总样最小质量为170kg。

175. 按GB/T 19494.1—2004要求，落流采样器的切割器应以均匀的速度通过煤流，任一点切割速度变化不超过预定基准速度的 5%。

176．煤堆的采样应当在堆堆或卸堆过程中，或在迁移煤堆过程中。如在皮带输送煤流上、在小型运输工具如汽车上、在堆/卸过程中的各层新工作表面上、在斗式装载机卸下煤上以及刚卸下并未与主堆合并的小煤堆上采取子样。不能直接在静止的、高度超过 2m 的大煤堆上采样。在静止大煤堆上，不能采取仲裁煤样。

177．在原煤采样过程中，如果粒度大于 150mm 的大块物料（煤或矸石）超过 5%，采样时遇到大块物料不应故意推开不采，应采入子样中。采样后，将粒度大于 150mm 大块物料和其他物料分别进行制样和化验，按粒度大于 150mm 大块物料在批煤中的比例进行加权平均，以获得总样的参数（如灰分或发热量）结果。

178．按照 GB/T 474—2008 规定，在制样缩分过程中，最大标称粒度为 6mm 的一般共用煤样，缩分后试样的质量最小应为 3.75kg；最大标称粒度为 6mm 的全水分煤样，缩分后试样的质量最小应为 1.25kg；全水分煤样缩分后总样最小质量，约为一般煤样的 20%，但不能少于 0.65kg。

179．在煤的采样、制样、化验三个环节中，如果用方差来表示误差的话，采样的影响占 80%，制样占 16%，化验占 4%，故在煤质分析中，关键是采样。

180．移动煤流中最理想的采样方法是停皮带采样法，但由于操作及设备安全性问题，该方法只在偏倚试验时作为参比方法使用。静止煤采样时，人工钻孔采样法是偏倚试验时的参比方法。

181．初级子样方差测定至少要采取 50 个子样，采样单元方差测定至少要采取 20 个采样单元，制化方差测定至少要采取 20 个分样。

182．GB/T 475—2008 规定的制样程序可使以灰分或水分表示的制样和化验方差 V_{PT} 达到 0.2 以下。

183．任何一种采样方法都应进行精密度核验，当采样涉及的煤种和煤源比较多时，应选取品质最不均匀（或灰分最高）的煤进行精密度核验。

184．GB/T 30730—2014 规定，采样器的开口尺寸至少应为被采样煤标称最大粒度的 3 倍，且不得小于 30mm。

185．DL/T 567.2—2018 中规定，使用活动式煤粉取样装置、自由沉降式取样装置，在煤粉下落过程中进行间隔采样，子样数最少为 10 个，子样质量不得少于 50g。

186．当采用霍特林（Hotelling）T^2 进行偏倚试验结果判定时，系统未检测出偏倚，且置信区间在可接受偏倚范围内时，判定为：系统未检测出偏倚，且置信区间（x~y）满足可接受偏倚范围（a~b）的要求，系统可接受为无偏倚。x、y 分别为置信区间的下限值和上限值，a、b 分别为可接受偏倚范围的下限值和上限值。

187．依据 GB/T 474—2008，补充完善制备共用煤样的制备程序的空缺部分。（1）15kg；（2）空气干燥；（3）3.75kg；（4）1.25kg；（5）>60g；（6）3kg；（7）15kg；（8）3mm；

（9）700g；（10）>60g。

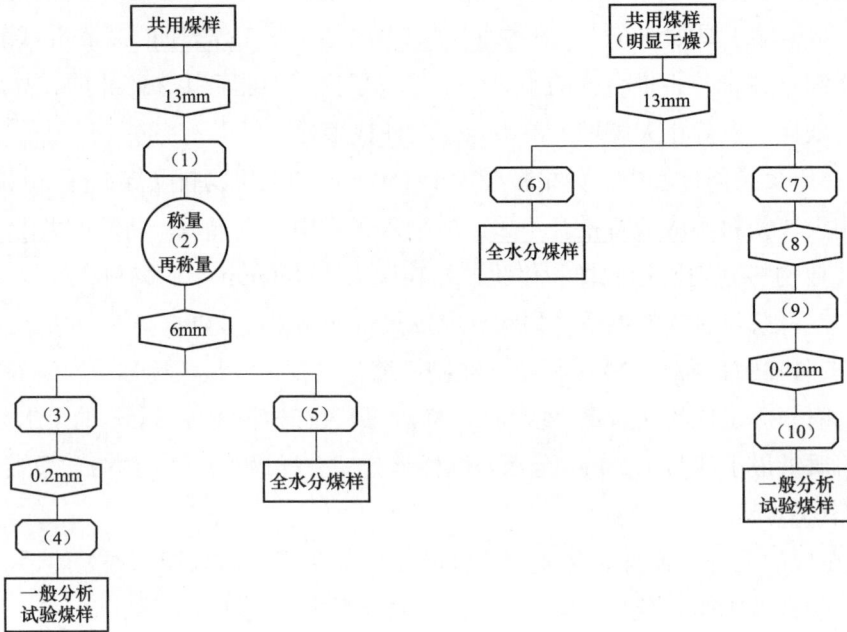

（五）问答题

1. 试解释以下名词术语：批、采样单元、总样、分样、子样，并以框图形式表述其相互关系。

答：（1）批：需进行整体性质测定的一个独立煤量。

（2）采样单元：从一批煤中采取一个总样的煤量。一批煤可以是一个或多个采样单元。

（3）总样：从一个采样单元取出的全部子样合并成的煤样。

（4）分样：在试验采样中由均匀分布于整个采样单元的若干子样组成的煤样。在例行采样中，分样指若干个子样合并后的煤样。

（5）子样：采样器具操作一次或截取一次煤流全横截断所采取的子样。

批、采样单元、总样、分样、子样的关系如下图所示。

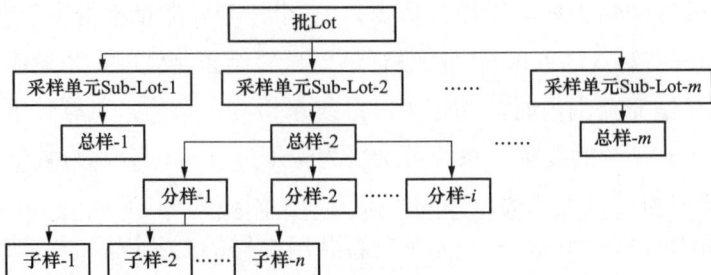

2. 试述子样质量如何确定，并举例说明。

答：子样的最小质量根据标称最大粒度 d 确定，可以是原样或缩分后的样品；初级子样最小质量=总样最小质量/子样数目=m/n，且 m_a=0.06d。

例如：当 d=50mm 时，总样质量为 170kg，假设子样数 n=30，则由总样数确定的子样质量为 170/30=5.7kg；而由标称最大粒度确定的 m_a=0.06×50=3kg，因此最终确定取最大数值，即 5.7kg。

3. 简述制备与测定全水分应注意哪些事项。

答：（1）采取的全水分煤样应保存在密封良好的容器内，并存放在阴凉干燥的地方。

（2）制样速度要快，为减少水分损失，制备全水分煤样时，粒度不应过小，若需用粒度较小的煤样，则选用密封式破碎机制样，或采用两步法进行全水分测定。

（3）测定全水分前仔细检查盛煤样容器的情况，然后擦净称量，并与标签上注明情况逐一核对，确认运输过程有无水分损失，否则应进行水分损失补正。全水分样送至化验室后应立即测定。

（4）在称取煤样前，应将密封容器中的煤样混合至少 1min 后再多点取样称量。

（5）测定 13mm 全水分时，干燥后的煤样要立即趁热称量。

（6）测定全水分时，要进行检查性干燥，每次 30min。

4. 简述棋盘法人工缩分的步骤。

答：留样量满足粒度和最小留样质量的关系，试样充分混合，铺成厚度不大于试样标称最大粒度 3 倍且均匀的长方块，每个长方块分成 20 个以上的小块。每个方块的取样量为最小质量除以方块数量；工具要求平底铲、开口不小于标称最大粒度的 3 倍、边高大于厚度、容量可容纳一个完整方块、工具表面光滑不吸潮、不污染煤样；采样动作迅速、用挡板、铲子铲出完整断面。

5. 为了保证试样的试验结果精密度符合要求，采样时应考虑的因素有哪些？

答：（1）煤的变异性（一般以初级子样方差衡量）。

（2）从该批煤中采取的总样数目。

（3）每个总样的子样数目。

（4）与标称最大粒度相应的试样质量。

6. 人工采制样过程中系统误差的来源有哪些？

答：（1）采样时子样点位置不正确：如在火车车厢（筒仓装煤）上采样时，子样过多分布在车厢边沿。

（2）采样时子样间隔时间不正确：如时间基采样周期与被采煤煤质变化周期相重合。

（3）采样时在特性差异较大的煤的分界处布置子样，采取的子样粒度不能代表邻近煤的粒度组成。

（4）采样时采样工具不符合要求：如采样工具的开口尺寸与煤的标称最大粒度不相适应。

（5）在搬运、制备过程中，煤粒、煤粉、水分的损失及外来杂质的混入。

7. 影响煤的不均匀性因素有哪些？

答：（1）无机矿物质的分布状态。

（2）煤的粒度。

（3）煤运输或流动过程中的偏析。

（4）煤是否经过加工处理。

8. 机械采制样装置缩分器的性能需要符合哪些要求？

答：（1）有足够的容量，能完全保留或通过整个试样而不引起损失或溢出。

（2）缩分用的切割器应能横扫进入试样的整个断面。

（3）缩分器开口宽度应至少为煤样标称最大粒度的 3 倍，但不小于 30mm。

（4）切割器的切割次数要满足要求：对于单个初级子样至少为 4 次，对一个总样至少为 60 次，且满足试样粒度下相应最小质量的要求。

（5）不发生系统偏差。

（6）供料方式应使粒度离析达到最小。

（7）每一缩分阶段供入设备的煤流应均匀。

（8）在线缩分机的相邻缩分器的缩分切割周期不应重合。

（9）在第一缩分间隔内随机取样，应在开始供料前启动缩分器。

（10）切割速度满足要求。

9. 如何正确使用槽式二分器？

答：使用槽式二分器时要遵循下列操作方法，才可以得到满意的效果：

（1）首先要正确选用与煤样粒度相适应的槽式二分器，格槽宽度不小于煤样标称最大粒度的 3 倍，但不能小于 5mm；然后用铲样工具将煤样有规则地呈柱状沿二分器长度方向来回摆动落入格槽，并使之均匀地分布在所有格槽内。

（2）要控制供料速度，防止格槽堵煤。

（3）当煤样需多次通过二分器时，则每次要保留的煤样应交替地从二分器两边获得。

（4）缩分不同煤品种时，缩分前应把二分器清除干净后方可进行。

（5）在使用二分器缩分粒度小于或等于 0.2mm 的煤样时，应采用封闭式二分器，以减少水分损失和粉尘飞扬。

10．简述静止煤采样用系统采样法和随机采样法分布子样的方法及其优缺点。

答：（1）系统采样法：将采样车厢表面分成若干面积相等的小块并编号，然后依次轮流从各车的各个小块中部采取 1 个子样，第一个子样从第一车（船）的小块中随机采取，其余子样顺序从后继车中轮流采取。

系统采样法的优点是操作方便，缺点是如果煤质出现周期性变化，采样所得结果与实际偏差较大。

（2）随机采样法：将采样车厢表面划分成若干小块并编号。制作数量与小块数相等的牌子并编号，一个牌子对应于一个小块。将牌子放入一个袋子中。

决定第 1 个采样车厢的子样位置时，从袋中取出数量与需从该车厢采取的子样数相等的牌子，并从与牌号相应的小块中采取子样，然后将抽出的牌子放入另一个袋子中；决定第 2 个采样车厢的子样位置时，从原袋剩余的牌子中，抽取数量与需从该车厢采取的子样数相等的牌子，并从与牌号相应的小块中采取子样。以同样的方法，决定其他各车厢的子样位置。当原袋中牌子取完时，反过来从另一袋子中抽取牌子，再放回原袋。如是交替，直到采样完毕。

以上抽号操作也可在实际采样前完成，记下需采样的车厢及其子样位置。实际采样时按记录的车厢及其子样位置采取子样。

随机采样法的缺点是增加了编号工序，操作较麻烦；优点是可以避免由于煤质出现周期性变化造成的采样误差。

11．试说明煤样制备包括哪些步骤以及每个步骤的主要作用。

答：煤样制备的一般包括破碎、筛分、混合、干燥、缩分等步骤。

（1）破碎：是将煤样粒度减小的操作过程，分机械设备破碎和多阶段破碎缩分两种。破碎的目的在于增加试样颗粒数（增加不均匀质的分散程度），以减少缩分误差。同样质量的试样，粒度越小，颗粒数越多，缩分误差越小。

（2）筛分：是分离出不符合制样的一定阶段的粒度要求，而将其进一步破碎达到要求的粒度，以保证在各制样阶段都达到一定的分散程度。

（3）混合：目的是通过人为的方法使煤样尽可能均匀。从理论上讲，缩分前进行充分混合会减小制样误差，但实际并非完全如此。如在使用机械缩分器时，缩分前的混合对保证缩分精密度没有多大必要，而且混合还会导致水分损失。

（4）干燥：目的是使煤样顺畅地通过破碎机、缩分机、二分器和过筛，是为了避免分析试验过程中煤样水分发生变化，而影响结果换算。

（5）缩分：是在粒度不变的情况下质量减少，以减少后续工作负荷和最后满足检验所需要的煤样质量。缩分是制样的最关键的程序，是制样误差的主要来源。试样缩分可以用机械方法，也可用人工方法进行。为减小人为误差，应尽量使用机械方法缩分。缩分可在任意阶段进行，缩分后试样的最小质量应满足标准的规定，当一次缩分后的质量大于要求量时，可将缩分后试样用原缩分器或下一个缩分器作进一步缩分。当试样明显潮湿，不能顺利通过缩分器或沾黏缩分器表面时，应在缩分前进行空气干燥。

12．采样的技术要点是什么？

答：（1）要有足够的子样数，以保证采样精密度符合要求。

（2）每个子样要有一定的质量。

（3）采样点要正确布置。

（4）要有适当的采样工具或机械，这样可避免采样产生系统误差。

13．怎样由人工在火车顶部采取入厂煤样？

答：（1）首先按照同一品种的煤量作为一个采样单元。

（2）根据煤的品种确定应采子样数目及子样布置方式。

（3）子样质量根据 GB/T 475—2008 中的规定采取。

（4）用尖锹（长 300mm×250mm）挖坑至 0.4m 以下采取，取样前应将滚落在坑底的煤块和矸石清除干净。

（5）采取的子样要立刻放入密闭且不受污染的容器中。采样结束，放好标签，迅速送交化验室。

14．如何设计煤堆采样方案？

答：（1）首先估算被采煤堆的大致煤量，根据 $N=n\times\sqrt{m/1000}$ 算出应采的最少子样数目。

（2）子样点布置：①依据"系统采样或随机采样"的原则，根据煤堆形状和子样数目，将子样分布在煤堆的表面（距地面 0.5m）上，采样时应先除去 0.2m 的表面层。②按比例分配子样数在煤堆表面。

（3）按已确定的子样数依据"系统采样或随机采样"的原则，在煤堆表面布置子样点。

（4）煤堆坡度大时，上方的大块煤或矸石滚落下落，应彻底清除掉。

（5）采取的煤样应立刻放入密闭且不受污染的容器内，采样结束拴好标签，立即送交化验室。

15．影响采样精密度因素有哪些？

答：（1）被采样煤的变异性（初级子样方差、采样单元方差）。

（2）制样和化验误差。

（3）采样单元数。

（4）子样数。

（5）采样方式。

16．为什么二分器的缩分精密度优于堆锥四分法？

答：用二分器缩分时，煤样是以煤流的形式往复摆动均匀给入二分器。每摆动给料一次，就摆过一定数目的格槽，煤样被分成一定数目的子样，加上各次摆动略过的格槽数目即为缩分时的子样总数目。二分器缩分是以多子样数目和大留样量为基础，并且不存在堆锥四分法混合煤样时的粒度离析现象，所以，二分器的缩分精密度大大高于堆锥四分法。

17．制样室设施应具备哪些基本要求？

答：（1）制样室应宽大敞亮，不受风雨及外来灰尘的影响。

（2）制样室应为水泥地面，堆掺缩分区，还需要在水泥地面上铺以面积至少 $10m^2$、厚度 6mm 以上的钢板。

（3）室内严禁明火，不应有热源，不受强光照射，无任何化学药品。

（4）制样室应有卫生设施、专用更衣室及必要的衣柜等。

（5）应装有排风扇或其他通风除尘设备。

（6）应设置煤样干燥间。

（7）大功率设备（如破碎机）的电源应单独布线。

（8）应配备消防器材。

18．制样的总则是什么？

答：（1）制样的目的是将采集的煤样，经过破碎、混合和缩分等程序，制备成能代表原来煤样的分析（试验）用煤样。

（2）制样方案的设计，以获得足够小的制样方差和不过大的留样量为准。

（3）煤样制备和分析的总精度为 $0.05P^2$，并无系统偏差。

（4）对需要检验与煤样制备精密度有关的设备和制备程序，要及时进行精密度和偏倚试验加以确认。

（5）制样过程应避免样品污染和样品损失。

19．影响制样精密度的因素是什么？

答：影响制样精密度的因素包括煤样的均匀性、样品外在水分、煤样粒度、留样质量、制样机机械性能、缩分设备、操作程序规范性、制样环境。

20. 小于 13mm 煤样一步法测定全水分的技术要点是什么？

答：将小于 13mm 煤样掺合一遍，堆锥压平成圆饼，用九点法迅速取出不少于 3kg 的全水分煤样。①粒度小于 13mm，称样 500g，称准至 0.5g。②在 105～110℃的电热鼓风干燥箱中干燥至恒重。③干燥后要趁热称重。④进行检查性干燥，每次 30min，直至连续 2 次称重质量减少不超过 0.5g 或质量有所增加为止，在后一种情况下，以第一次称重数据进行计算。

21. 什么是采样精密度？请举例说明。

答：所谓采样精密度，是指单次采样测定结果与同一煤进行无数次采样测定结果平均值的差值在 95%置信概率下的极限值。例如，对灰分 A_d=24%的原煤来说，标准规定采样精密度为±2%，这就是说，如所采煤样灰分 A_d 在 22%～26%内，就说明精密度合格。如所采样的灰分 A_d 值越接近 24%，说明采样精密度越高。

22. 制备一般分析试样时应该注意什么？

答：制备一般分析煤样时，煤样应先进行空气干燥；样品为粒度小于 1mm（方孔筛）或粒度小于 3mm（圆孔筛）煤样 100g，先用磁铁将铁屑吸去，置于密封式制粉机中破碎 1～2min，取出置于空气中与湿度平衡，装入磨口玻璃瓶中，煤粉量不能超过瓶容积的 3/4。

23. 将 160kg 原煤样如何制成小于 3mm 的煤样？

答：（1）将 160kg 原煤样先过 25mm 圆孔筛，未通过的将其破碎，令煤样完全通过 25mm 筛为止。

（2）将煤样掺合 3 遍，采用堆锥四分法，缩分 1 次，保留 80kg，舍弃 80kg。

（3）过 13mm 方孔筛，经破碎后使煤样全部通过 13mm 筛，然后再将煤样通过 13mm 二分器 2 次，最终保留 20kg，此阶段舍弃 60kg。

（4）过 6mm 方孔筛，经破碎后使煤样全部通过 6mm 筛，然后再将煤样通过 6mm 二分器 1 次，保留 10kg，舍弃 10kg。

（5）过 3mm 方孔筛，使用对辊破碎使煤样全部通过 3mm 筛，然后再将煤样通过 3mm 二分器，保留 0.8kg，其余舍弃。

24. 对采煤样机的主要技术要求是什么？

答：（1）水分损失、采样精密度符合有关标准要求，整机无实质性偏倚。

（2）制样与分析精密度符合 $0.05P^2$（P 为采制化总精密度）。

（3）具有良好的运行可靠性，年投运率达到 95%以上，其大修间隔与输煤系统设备大致相同，一般为 1～2 年。

25. 煤炭采样的目的是什么？采样的基本要求是什么？为了保证所得试样的精密度符合要求，采样时需考虑哪几方面的因素？

答：煤炭采样的目的是获得一个实验结果能代表整批被采样煤的试验煤样。采样的基本要求是被采样批煤的所有颗粒都有可能采入采样器具，每一个颗粒都有相等的概率被采入试样中。为了保证所得试样的结果的精密度符合要求，采样时应考虑以下因素：

（1）煤的变异性（一般以初级子样的方差衡量）。

（2）从该批煤中采取的总样数目。

（3）每个总样的子样数目。

（4）与标称最大粒度相应的试样质量。

（5）采样位置随机布置或分层随机布置，采用系统均匀布置时，第一个样要随机布置。

26. 简述九点取样法制备全水分煤样的操作要点。

答：（1）煤样应破碎至标称最大粒度为 13mm。

（2）用堆锥法将试样掺合一次后摊开成厚度不大于被取煤样标称最大粒度 3 倍的圆饼状。

（3）用十字分样板或其他工具在煤饼上划出两组正交线，两组正交线之间的夹角为 45°。

（4）在煤饼中心一个点，在煤饼第一个正交线上半径的 7/8 处取 4 个点，在第二个正交线上半径的 1/2 处取 4 个点。

（5）九点所采的每个点的样品质量均匀一致，合成后的全水分样品质量不少于 3kg。

27. 采样方案和采样程序包括哪些主要内容？

答：（1）确定采样精密度。

（2）根据煤种、批量、标称粒度，确定采样单元数、子样数目、子样质量。

（3）确定采样点布置方式：系统采样、随机采样或分层随机采样。

（4）科学选取采样工具。

28. 影响一般分析试验总样或其缩分后留样的最小质量的因素有哪些？

答：（1）与煤的标称最大粒度有关，标称最大粒度越大，总样或留样的最小质量越大。

（2）与煤的不均匀度有关，不均匀度越大，总样或留样的最小质量越大。

（3）与被测参数的期望采样精密度有关，期望采样精密度越高，要求的采样数增加使得总样或留样的最小质量越大；但其作用是有限的，当总样或留样的最小质量超过一定值后，不会再提高采样精密度。

29. 现有原煤样 150kg，制样室有出料粒度分别 25、13、6mm 的方孔筛和 3mm 圆孔筛、锤击式破碎机，各种规格的二分器、十字分样板等，请根据上述条件写出制备 13mm 全水分煤样、存查煤样、一般分析试验煤样的过程。

答：（1）将原煤样 150kg 全部破碎至 25mm 以下。

（2）用堆锥四分法缩分煤样一次，留下 75kg 煤样，其余舍去。

（3）将煤样 75kg 全部破碎至 13mm 以下，用 13mm 二分器将煤样一分为二，或用堆锥四分法将煤样一分为二。

（4）一半 37.5kg，稍加混合，用九点法取出不少于 3kg 煤样，密封，装瓶，称量，送化验室，其余舍去。

（5）另一半 37.5kg 用 13mm 二分器或用堆锥四分法缩分煤样一次，留下 18.7kg 煤样，其余舍去。

（6）将 18.7kg 煤样全部破碎至 6mm 以下，用 6mm 二分器缩分煤样一次留下 9.4kg 煤样，其余舍去。

（7）将 9.4kg 煤样全部破碎至 3mm（圆孔筛）以下，用 3mm 二分器缩分煤样三次留下两份 1.1kg 煤样，其余舍去。

（8）将其中一份 1.1kg 煤样作为存查煤样。

（9）将另一份 1.1kg 煤样用 3mm 二分器缩分煤样三次留下 0.13kg 煤样，用于制备一般分析试验煤样。

（10）将 0.13kg 煤样用磁体除去铁屑，在室温下或温度不高于 50℃的烘箱中稍微干燥后用 3mm 二分器缩分出一半，磨碎至 0.2mm，放在室温下，使其达到空气干燥状态，装瓶，做好标签。

30. 采样中产生偏倚的原因有哪些？

答：（1）子样点位置不正确：如在火车车厢（筒仓装煤）上采样时，子样过多分布在车厢边沿。

（2）子样间隔时间不正确：如时间基采样周期与被采煤煤质变化周期相重合；在特性差异较大的煤的分界处布置子样，采取的子样粒度不能代表邻近煤的粒度组成。

（3）采样工具不符合要求：如采样工具的开口尺寸与煤的标称最大粒度不相适应。

（4）子样质量小于与其标称最大粒度对应的最小子样质量。

31. 请简述静止煤机械螺杆采样器的基本技术要求。

答：（1）采样器螺杆的螺距和环距（轴与筒壁的距离）不应小于被采样煤标称最大粒度的 3 倍。

（2）采样器应钻入煤层至底部，采取一全深度煤柱煤样，也可采取部分深度煤柱煤样。

如果是采取部分深度煤柱煤样，螺杆的长度应为被采样煤层厚度的 1/2 或 1/3，同时应使连续依次采取的 2 段或 3 段煤柱煤样构成一个全煤柱煤样。

（3）螺杆螺旋和螺筒应紧密配合，既不使螺杆运行受阻又不漏煤。

（4）螺杆的结构部件如螺杆的支撑杆、螺杆头部的钻头或破碎装置等及螺杆的运行速度应保证不将大块煤、硬煤或矸石排开不采，同时煤样不会充满盛样容器而溢出。

（5）采样器应配有适当的运载机械，使之能在要求的任一采样部位采样。

32．皮带中部采样装置采样器应满足哪些要求？

答：（1）切割器应沿与皮带中心线相垂直的平面切取煤流。

（2）采取粒度分析煤样时，采样器切割速度不应击碎煤块。

（3）切割器应以均匀的速度（各点速度差不大于10%）通过煤流。

（4）切割器的开口尺寸至少为被采样煤标称最大粒度的 3 倍，初级子样切割器的开口不能小于 30mm。

（5）切割器应有足够的容量，足以容纳于最大煤流量下切取的整个子样。

（6）切割器边板的弧度应与皮带的曲率相匹配，边板和后板与皮带表面应保持一最小距离，不直接与皮带接触，后板上配有扫煤刷子或弹性刮板。

33．如何正确使用颚式破碎机？

答：（1）该破碎机用于煤样的粗碎或中碎，不得超范围使用。调整排料粒度时，严禁颚板和定颚板相碰撞。

（2）保证各运转部位润滑良好，每班使用前对各加油点加油一次。

（3）开车前要检查各运转部位是否有障碍物，确认无障碍物后方能启动。启动后先观察有无异常现象，确认无异常后才能开始给料，严禁先给料后开车。

（4）在破碎机工作过程中，禁止对破碎机进行任何修理和清理工作，如发现突然自动停车或其他异常现象，须立即切断电源进行检查处理。

（5）停车后要彻底进行清扫，保证设备清洁。

34．如何正确使用锤式破碎机？

答：（1）设备启动前，应检查漏斗、破碎腔及传动部位，确认无异物后，再将上盖压紧。

（2）在设备运行中，严禁打开上盖或者到底部进行作业，以防锤片脱落伤人。

（3）作业前要按规定对润滑部位进行加油润滑。

（4）停车后应将设备清扫干净，保持设备清洁。

（5）上盖与底座的接触部位，不得有积煤、尘垢或其他杂物，以保证压紧密合。

35. 根据 GB/T 475—2008 规定，简述如何确定采样单元。

答：（1）商品煤分品种以 1000t 为一基本采样单元。

（2）当批量煤不足 1000t 或大于 1000t 时，可根据实际情况，以下煤量作为采样单元：一列火车装载的煤、一船装载的煤、一车或一船舱装载的煤、一段时间内接受或发送的煤。

36. 简述人工采样工具的基本要求。

答：（1）采样工具的开口宽度应满足 $W \geqslant 3d$ 的要求且不小于 30mm。W 为采样器具开口端横截面的最小宽度，d 为煤的标称最大粒度。

（2）器具的容量应至少能容纳 1 个子样的煤量，且不被试样充满，煤不会从器具中溢出或泄漏。

（3）如果用于落流采样，采样口的长度大于截取煤流的全宽度或全厚度。

（4）子样抽取过程中，不会将大块的煤或矸石等推到一旁。

（5）黏附在器具上的湿煤应尽量少且易除去。

37. 简述保存煤样的方法。

答：（1）少量煤样可装入不同容量的带磨口塞的广口瓶中，有空隙时可用废纸条充填，然后用石蜡把瓶口封住，放于避阳光处。

（2）长期保存煤样的原则是尽量做到粒度要大、隔绝空气和避阳光。

（3）保存煤样的房间不应有热源，以防氧化。

（4）准确称量包装物和样品质量，并作好记录。

（5）用防潮防脱色检签标识样品信息。

38. 简述煤样的保存时间。

答：（1）为了科研等项目的制备的标准煤样应充氮气保存，保存时间可达几年。

（2）为保证双方对有质量争议的商品煤的仲裁，商品煤存查煤样的保存时间一般为 2 个月。

（3）生产检查煤样是为了指导生产，因此生产检查煤样的保存时间由有关煤质检查人根据具体情况确定。

（4）其他分析试验煤样根据需要确定保存时间。

39. 如何进行移动煤流分层随机采样？

答：分层随机采样不是按相等的时间或质量间隔采取子样，而是在每个预先划定的采样间隔内、以随机的时间或质量采取子样。以时间采样为例，如预先划定的时间间隔为 5min，则系统采样是在第一个子样于第一个 5min 内随机采取后，每隔 5min 采取一个子样；

而分层随机采样则是每个子样都在每个 5min 间隔内随机采取。

40．如何测定煤炭的标称最大粒度和粒度大于 150mm 的块煤比例？

答：（1）取 1 个基本采样单元煤量（1000t 或 5000t），用系统采样方法从中至少采取 25 个子样，然后将各子样合并并准确称量（称准到 0.5kg），合成总样的质量至少为 1700kg。采样时应避免煤粒破损，于移动煤流中采样应用停皮带法，于静止煤中采样应用人工挖取法。

（2）分别用筛孔孔径为 150、100、50mm 和 25mm 的圆孔筛筛分并准称量各筛上物质量（称准到 0.5kg）。

（3）分别计算各筛上物对总样的质量分数，取筛上物累计质量分数最接近（但不大于）5% 的筛子孔径为煤的标称最大粒度。

（4）150mm 筛上物占样品的质量分数即为粒度大于 150mm 块煤比例。

41．什么是制样精密度？影响制样精密度的主要因素是什么？

答：制样精密度是用同一设备和同一制样程序，对同一煤样进行大量次数制备所得试样的品质参数之间接近程度的量度。

在操作正确下，影响制样精密度的主要因素是缩分，而影响缩分精密度的主要因素是缩分前的煤样均匀性和缩分后煤样保留量。

42．存查煤样的作用是什么？

答：（1）实验室质量管理，如化验结果核对。

（2）原始化验结果有疑问或丢失时进行再检验。

（3）发生品质纠纷或疑问时进行再检验。

值得注意的是，存查煤样的测定结果只能证明原化验结果是否正确，不能证明原采样和制样是否正确，因此它不能作为批煤品质纠纷的仲裁依据，特别是单方面的存查煤样。

43．什么是有代表性的煤样？

答：所谓有代表性的煤样，就是指所采的少量样品能代表这一批煤炭的平均质量和特性，也就是所采的样品能代表总体。样品由总体中的不同部位随机采得的许多子样掺合而成，以消除该样品的系统偏差，并提高采样精密度。

44．制样室收到某一共用煤样 170kg，标称最大粒度为 50mm，外在水分特别大或比较大，在制样时应如何处理？

答：对于外在水分特别大或比较大的共用煤样，不能直接使用破碎机、缩分机或破碎缩分机处理煤样。

对于外在水分特别大的煤样，应先将煤样用工业天平（电子秤）称准至样品总量 0.1%，然后将煤样铺成均匀的薄层，在通风、环境温度下进行干燥达到湿度平衡然后称重，失重率用于全水分测定值的补偿。也可在带空气循环装置、温度不超过 40℃ 的干燥室进行干燥达到湿度平衡，但在称样前煤样必须冷却到室温。

对于外在水分比较大的煤样，可先用 13mm 的筛子过筛，将筛上物破碎，用堆锥四分法缩分两份，一份用九点法缩分出全水分试样，另一份适当干燥后再制备成一般分析试样。

45．需要在序号为 1、2、3、…、50 的 50 节火车车厢中至少采取 104 个子样，请按 GB/T 475—2008 的规定给出其合理分布。

答：（1）子样在车厢中分配：按随机抽样法，如 5、17、29、35 等 4 节车厢各布置 3 个子样，其余车厢各布置 2 个子样。

布置 3 个子样的车厢也可采用系统抽样法，每隔 10 车厢选择一节车厢采 3 个子样，但第一间隔内随机选择。

（2）子样在车厢中定位：每节车厢划分 18（15）个方格，采用抽签法将每一车厢中分配的子样布置在各车厢的方格内。

46．简述火电厂煤炭破碎缩分联合制样设备性能试验的试验周期，并说明何种情况下需要立即进行性能试验。

答：设备性能试验周期宜为 2 年，如遇下列情况，应立即进行试验：

（1）新设备设计生产或投用时。

（2）设备进料、破碎、缩分等关键部件更换时。

（3）怀疑设备水分损失率过高时。

（4）怀疑精密度不够或有偏倚时。

47．简述 GB/T 475—2008 关于采样方案建立的基本程序。

答：（1）确定煤源、批量。

（2）确定欲测定的参数和需要的试样类型。

（3）确定煤的标称最大粒度、总样和子样的最小质量。

（4）确定或假定要求的精密度。

（5）测定或假定煤的变异性（即初级子样方差和采样单元方差）和制样化验方差。

（6）确定采样单元数和采样单元的子样数。

（7）决定所用的采样方法：连续采样或间断采样。

（8）决定采样方式和采样基：系统采样、随机采样或分从随机采样；时间基采样或质量基采样，并决定采样间隔（min 或 t）。

（9）确定采样的地点和采样点布置。

（10）决定将子样合并成总样的方法和制样方法。

48．简述堆锥四分法缩分煤样的操作步骤。

答：把破碎、过筛的煤样用平板铁锹铲起堆成圆锥体，再交互地从煤样堆周边贴底逐锹铲起堆成另一个圆锥。每锹铲起的煤样，不应过多，并分两三次撒落在新锥顶端，使之均匀地落在新锥的四周。如此反复堆掺三次，再由煤样堆顶端，从中心向周围均匀地将煤样摊平（煤样较多时）或压平（煤样较少时）成厚度适当的扁平体。将十字分样板放在扁平体的正中，向下压至底部，煤样被分成四个相等的扇形体。选择相对的两个扇形体弃去，留下的另外两个扇形体按规定的粒度和质量限度，制备成一般分析煤样或适当粒度的其他煤样。

49．简述整机综合性能检验报告应包括的基本内容。

答：（1）设备名称、型号及出厂序列号（编号）。

（2）试验用煤来源、标称最大粒度、初级子样方差。

（3）整机综合性能验收检验项目，包括整机偏倚、整机采样精密度、整机水分损失。必要时包括制样（缩分器）精密度、制样（缩分器）偏倚。

（4）整机综合性能验收检验依据。

（5）整机综合性能验收检验方法步骤、数据处理及结果。

（6）整机综合性能验收结论。

（7）机械采制样装置性能缺陷改进方案及使用建议。

50．对于一个标称最大粒度为 25mm 的入厂煤，人工单独采取全水分试样时构成该总样的每个子样最小质量是多少？总样最小质量是多少？构成该总样的最少子样数目为多少？为保证全水分煤样的代表性采样时应注意哪些事项？

答：子样最小质量 $m_a=0.06d=0.06×25=1.5$（kg），$d=25$mm 对应全水分总样最小质量为 8kg，子样数目 $n=8/1.5=5.3$，取 6，因为 6＜10，应取 $n=10$。

注意事项如下：

（1）煤在贮存中由于泄水而逐渐失去水分，因此采样时不能在表面采样。

（2）批煤中的游离水将沉到底部，因此随着煤深度增加，水分含量也逐渐增加，因此采样时应采用深部分层采样或全深度采样。

（3）如长时间从若干批中采取全水分试样，有必要限制试样放置时间，以免水分损失。

51．请根据电力行业标准 DL/T 747—2010 的规定，简述在线制样系统的主要性能要求。

答：在线制样系统性能应符合下列要求：

（1）在线制样系统宜为无偏倚系统（按干燥基灰分，A_d），全水分损失不超过 0.40%。

（2）整个制样系统（包括离线）制样和化验方差（按干燥基灰分，A_d）不大于 0.20。

（3）每一制样阶段的粒度和留样量应符合 GB/T 19494.2—2004 规定的要求，例如当标称最大粒度为 13mm 时，最小留样量不少于 15kg。

（4）应具备在 DL/T 747—2010 的规定条件或约定煤质条件下保持连续工作能力，不能因为堵塞、清扫或维护而中断制样。

52．某固定式采样器横过皮带采样切割器，在运行时会出现如下情形：①截段横断面与皮带中心线成一定的倾角；②采样切割器出现"犁煤"现象，仅能切取煤流横截段的前 1/3 段，后 2/3 段煤流只被采样切割器分开；③采样后出现留"底煤"现象，在采样位置下方遗漏煤样较多；④采样切割器先快后慢切割煤流，快慢速度恒定；⑤采样切割器开口尺寸为被采煤标称最大粒度的 2 倍，但采取的初级子样质量和总样质量均满足要求；⑥采样切割器采取初级子样后输送时样品有撒落，且大粒度的煤粒损失得多。

请回答：（1）依据灰分偏倚产生的原因，以上会引起采样偏倚的有哪些？（只写题号）

（2）根据国家标准，上述情形②违背哪些技术要求？

（3）根据国家标准，提出解决上述③留"底煤"问题的措施。

答：（1）②③④⑤⑥。

（2）违背了：①切割器应有采样器应有足够的容量，足以容纳于最大煤流量下切取的整个子样；②采样器应切取一完整的煤流横截段。

（3）尽量减小采样器与皮带之间的距离，将采样器下方皮带托滚更换成采样器板弧度相匹配的整形托板，在采样器边板和后板上装配扫煤刷子或弹性挡板。

53．如何确定制样和化验方差？

答：有两种方法：

方法一，从同一批煤或同一种煤的几批中至少采取 20 个分样，从每个分样中缩制出两个试样，分别制备分析样并化验，按成对试验法方差计算公式计算制样和化验方差；

方法二，将一个或多个总样缩制出至少 20 个试样，分别制备分析样并化验，按方差计算公式计算制样和化验方差。

54．如何实施停皮带采样？

答：采样位置：相邻、机采的前部或后部不被扰乱的煤流处。

采样工具要求：板间距离至少为被采样煤标称最大粒度的 3 倍，边板底缘弧度与皮带弧度相近；采样时，使两边板与皮带中心线垂直；全部收集挡板间的样品，收集阻挡边板煤粒处理方式：左取右舍或者相反。

55．人工采样时产生系统误差的原因有哪些？并举例说明。

答：（1）子样点位置不正确，如在火车车厢（筒仓装煤）上采样时，子样过多分布在车厢边沿或底部。

（2）子样间隔时间不正确，如时间基采样周期与被采煤煤质变化周期相重合。

（3）在特性差异较大的煤中布置子样时子样分界不正确，如在偏析作用较大时在火车上非全深度或深部分层采样。

（4）采样工具不符合要求，采取的子样粒度不能代表邻近煤的粒度组成：如采样工具的开口尺寸与煤的标称最大粒度不相适应。

（5）采样后煤样丧失完整性，如样品洒落、水分损失。

56．简述在煤流量不稳定的煤流中使用机械采样器采用时间基采样方式时的采样方法（要求给出初级子样抽取要求、初级子样分布和合并方法）。

答：（1）初级子样抽取：采样可使用固定速度的采样器，保证截取一完整煤流横截段作为一子样，子样不能充满采样器或从采样器中溢出。在整个采样过程中，采样器横过煤流的速度应保持恒定。子样质量与煤流量成正比。平均初级子样质量和绝对初级子样质量应满足标准中采样方案的规定。

（2）初级子样分布：初级子样应均匀分布于整个采样单元中，按以下预先设定的时间间隔采取，第 1 个子样在第 1 个时间间隔内随机采取，其余子样按相等的时间间隔采取。如果预先计算的子样数已采够，但该采样单元煤尚未流完，则应以相同的时间间隔继续采样，直至煤流结束。

采样间隔：$\Delta T = 60m/Gn$

式中　　m ——采样单元煤量，t；

　　　　G ——煤的最大流量，t/h；

　　　　n ——子样数。

应避免煤流的负荷和品质变化周期与采样器的运行周期重合，以免导致采样偏倚。

（3）子样合并方法：将初级子样合并成煤样，或直接合并，或将初级子样用定比缩分法缩分到一定阶段后合并。

57．某电厂新购进一台破碎缩分联合制样机，其工作流程是：

煤样→料斗→皮带给料机→出料标称最大粒度 **13mm** 的锤式破碎机（第一级）→第一

级缩分器（往复式单个切割槽）→出料标称最大粒度 **3mm** 的对辊式破碎机（第二级）→第二级缩分器（往复式单切割槽）→留样。其第一级缩分机缩分比为 **1/2～1/8** 可调，第二级缩分机缩分比为 **1/2～1/4** 可调。

按相关国家标准，第一级缩分器（切割器）和第二级缩分器（切割器）应满足哪些要求？整机性能试验内容有哪些？

答：（1）第一级缩分器：

1）开口至少 3×13=39mm，尺寸恒定。

2）切割完整煤流（来自第一级破碎机出口）横截段。

3）切割速度为 $v_C = 0.3 \times \left(1 + \dfrac{w}{3d}\right)$，且不能超过 1.5m/s，速度恒定。

4）切割频率：每个总样至少切割 60 次，且均匀分布。

5）缩分比调整应保证缩分后留样量大于或等于 15kg。

（2）第二级缩分器：

1）开口至少：3×3=9mm，尺寸恒定。

2）切割完整煤流横截段。

3）切割速度：$v_C = 0.3 \times \left(1 + \dfrac{w}{3d}\right)$，且不能超过 1.5m/s，运行速度恒定。

4）切割周期：保证第一级缩分器的每个切割样至少切割 4 次。

5）缩分比调整应保证缩分后留样量大于或等于 0.7kg。

（3）整机检验：

1）制样和化验总方差核验。

2）制样偏倚试验。

3）水分适应性和全水分损失率试验。

58. 采制样装置月维护内容应包括哪些？

答：（1）检查采制样装置的动力系统、升降机构、采样装置、制样装置，更换磨损、变形、裂纹、腐蚀的零部件。

（2）检查电气控制系统的馈电装置、控制器、过载保护、安全保护装置，发现不灵敏或者损坏应及时维修更换。

（3）更换采制样装置磨损、卡涩的轴承、支承、传动部位。

（4）开关和各类仪表应定期检查，及时维修、更换损坏零件。

（5）若发现液压系统和润滑系统的高压软管出现严重龟裂或胀粗等异常情况，应及时更换。

（6）各开式齿轮、联轴节防护罩和变速器的基础螺栓如有松动应及时拧紧。

59. 简述空气干燥的方法及注意事项。

答：煤样干燥可用温度不超过 50℃，带空气循环装置的干燥室或干燥箱进行，但干燥后，称样前必须将干燥煤样置于环境温度下冷却并使之与大气湿度达到平衡。冷却时间视干燥温度而定，如在 40℃下进行干燥，则一般冷却 3h 即足够。但在下列情况下，不能在高于 40℃温度下干燥：

（1）易氧化煤。

（2）受煤的氧化影响较大的测定指标用煤样。

（3）空气干燥作为全水分测定的一部分。

60. 制样室铺设钢板的目的是什么？

答：制样室铺设钢板的目的是将煤样置于钢板上进行各种制样操作，包括筛分、掺合、缩分等。由于钢板坚硬、光滑，在制样过程中，煤样不易损失，操作更为方便，且钢板易于清理干净，不致残留煤样，故制样室必须配备制样钢板。

61. 缩分设备应满足哪些要求？

答：切割器开口尺寸至少应为被切割煤标称最大粒度的 3 倍。有足够的容量，能完全保留试样或使其完全通过，试样无损失或溢出不产生实质性偏倚，例如不会选择性地收集（或弃去）颗粒煤或失去水分。必要时应为全封闭式，以防水分损失。供料方式应使粒度离析达到最小，每一缩分阶段供入设备的煤流应均匀。

62. 全水分试样制备过程中空气干燥一般应在试样破碎和缩分之前进行，在哪些情况下可变动空气干燥程序？

答：煤样水分较低，制样过程中不产生水分实质性偏倚时，可不预先进行空气干燥。试样量过大，难以全部进行空气干燥时，可先破碎—缩分到一定阶段，再进行空气干燥，但破碎—缩分过程应经检验无实质性偏倚试样粒度过大，难以进行空气干燥，可先破碎到一定粒度再干燥，但破碎过程中应不产生实质性偏倚。

63. 缩分中保留煤样的最小质量与哪些因素有关？

答：在一切散粒混合的物料中，都存在一个可以保持与原物料同样组成平均物料特性的极限质量。煤炭属于散粒混合物料，同样具有这一性质。这一极限质量就是缩分过程中需保留煤样的最小质量，它与物料本身的性质有关，并随下列因素的变化而增大：

（1）煤炭粒度的增加。

（2）煤炭的不均匀性增大。

（3）要求测定精密度的提高。

64. 试述从 36kg 原始煤样中如何制备全水分煤样（粒度小于 13mm）、存查煤样和分析煤样。

答：（1）首先将 36kg 煤样用 13mm 筛子筛分，筛上物继续破碎，直至全部通过 13mm 筛。

（2）倒堆 3 次后，用堆锥四分法（或用二分器、棋盘法、条带法）缩分成两份煤样（每份煤样约 18kg），取其中一份稍加掺合后按九点法（或用二分器、棋盘法、条带法）取出不小于 3kg 的全水分样品。

（3）将上述粒度小于 13mm 的另一份煤样用 6mm 筛子筛分，筛上煤样继续破碎，使其全部通过 6mm 筛。

（4）用二分器对粒度小于 6mm 的煤样（约 18kg）缩分两次（交替留样），样品留样量约为 4.5kg。

（5）将上述煤样（约 4.5kg）用 3mm 方孔筛筛分，筛上的煤样再破碎，使其全部通过 3mm 方孔筛子。

（6）将上述煤样缩分 2 次，得到两份煤样（约 1.125kg）。

（7）取上述煤样中的一份用来缩分出不少于 700g 的煤样作为存查煤样。

（8）另一份用 3mm 圆孔筛筛分，破碎筛上煤样，并使其全部通过 3mm 圆孔筛，缩分出不少于 100g 的煤样用来制备分析煤样。

（9）将上述 100g 煤样干燥后，吸去铁屑，通过制粉机磨成粒度小于 0.2mm 的一般分析试验煤样，再置于环境温度下冷却并使之与大气湿度达到平衡后装瓶。

65. 用堆锥四分法缩分煤样，怎样才能使其符合精密度要求？

答：（1）要使煤样分两三次从堆顶撒落下来，并使其沿堆面各方位下落，在堆锥过程中，操作者应不断地改变方位。煤样量大时，最好两人对面堆掺。

（2）将煤堆锥角摊平时，可采用均匀用力压平的方式，最后形成扁平的堆锥。

（3）缩分时，最好用十字分样板（板高大于煤堆高度），并将它放在扁平煤堆的正中，用力一次压到底部，对角留样。

66. 怎样使制备好的粒度小于 0.2mm 的分析煤样达到空气干燥状态？

答：将制备好的 0.2mm 的分析煤样放入洁净而干燥的盘中，摊成均匀薄层。将装有煤样的盘移到预先调节好温度的干燥箱中，控制温度不超过 50℃，每小时称量一次，直到连续干燥 1h 后，煤样质量变化不超过 0.1%，即达到空气干燥状态。煤样移出干燥箱，稍冷却后，装入煤样瓶中，装入的煤量不应超过煤样瓶容积的 3/4，以便使用时混合。

67. 落流缩分机切割器对速度有什么要求？

答：切割器有效宽度与标称最大粒度之比对切割器采取无偏倚子样的能力有决定性的

影响。比值越大,选择性地弃掉大颗粒的可能性就越小。

当切割器开口尺寸等于标称最大粒度的 3 倍时,切割器的速度不能超过 0.6m/s 当切割器开口尺寸大于标称最大粒度 3 倍时,最大切割速度 v_C(m/s)可按下式计算,但最大不能超过 1.5 m/s。

$$v_C=0.3\times[1+b/(3d)]$$

式中　b ——切割器开口尺寸,mm;

　　　d ——标称最大粒度,mm。

无论切割器的开口尺寸和切割速度是多少,都应经试验证明它没有实质性偏倚。

68．如何在一般分析用煤样制备过程中,制备全水分煤样?

答:(1)将缩分出的不少于 40kg 的煤样继续破碎,使之全部通过 13mm 方孔筛,掺合均匀后,用相应的二分器缩分出不少于 15kg 的煤样。若需进行全水分测定,则可从留样中用九点采样法取出部分煤样。

(2)将缩分出的不少于 15kg 煤样再继续破碎,使之全部通过 6mm 方孔筛,掺合均匀后,用相应的二分器缩分出不少于 7.5kg 的煤样。若需测定全水分,则可从留样中用条带截取法取出部分煤样。

69．简述二分器的主要技术指标和使用方法。

答:(1)技术指标:二分器格槽宽度为煤样最大粒度的 3 倍且不小于 5mm,格槽数目两边应相等每侧不少于 8 个,宽度应相同,斜面坡度不应小于 60°。

(2)使用方法:使用二分器缩分,缩分前不需要混合。入料时,簸箕应向一侧倾斜,并要沿着二分器的整个长度往复摆动,以使煤样比较均匀的通过二分器,缩分后交替选择一边煤样。

70．九点取样法如何抽取全水分煤样?

答:(1)用堆锥法将试样掺合一次后摊开成厚度不大于标称最大粒度 3 倍的圆饼状,然后用平底取样小铲和插板,从下图所示的 9 点中取 9 个子样,合成一全水分试样。点位要规范。

(2)取样小铲的开口尺寸至少为煤样标称最大粒度的 3 倍,边高应大于煤样堆厚度。

(3)取样时,先将插板垂直插入煤样层底部,再插入铲至样层底部。将铲向插板方向水平移动至二者合拢,提起取样铲和插板,取出试样。

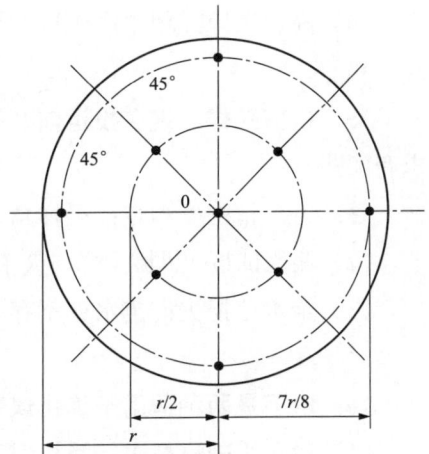

（4）从每点取出的样量应大体上一致，并尽量一次取足，取样时迅速，样品不要撒落。

71. 简述煤炭实验室常用的碎煤机械有哪些类型及用途。

答：常用的碎煤机械有：

（1）颚式破碎机，做粗碎煤样用，主要用于粒度小于 25mm 和 13mm 的煤样制备。

（2）锤式破碎机，做中碎煤样用，主要用于粒度小于 6mm 和 3mm 的煤样制备。

（3）对辊式破碎机，做细碎煤样用，主要用于粒度小于 3mm 和 1mm 的煤样制备。

（4）密封式粉碎机，做特细碎煤样用，主要用于粒度小于 0.2mm 的煤样制备。

72. 制备粒度要求特殊的试验项目所用的煤样时应注意哪些事项？

答：应按照 GB/T 474—2008 中规定的制备程序，在相应的阶段使用相应的设备制取，同时在破碎时应采用逐级破碎的方法。应尽量使用颚式破碎机和对辊式破碎机进行破碎。

73. 在煤样制备过程中应注意哪些事项？

答：制样过程中尽量避免样品损失和污染，保持样品的代表性。例如：工具（铲子、簸箕、二分器、破碎机械等等）使用前要清扫干净（避免污染），使用后也要清扫干净并尽可能完全地收集（避免损失）正确选择工具（如不同规格的二分器、筛子等等）逐级破碎逐级缩分（一般不应将大量样品一次性破碎到最小粒度）保证对应粒度的最小留样量控制干燥温度，不要过干燥。

74. 当使用锤式破碎机转速过高时，破碎煤样过程有哪些因素可能导致产生制样偏倚？

答：（1）破碎时摩擦生热和气流扰动导致煤中水分损失。

（2）破碎时摩擦生热导致煤样变质。

（3）破碎时密封不严和气流扰动导致煤粉损失。

（4）高速破碎过程中产生过细煤粉，会导致样品在破碎机腔体残留。

75. 机械采样装置在投运前必须由权威机构检验，整机性能检验项目及相应的技术要求有哪些？

答：（1）精密度测定：采样精密度应优于或等于预期采样精密度。

（2）偏倚试验：机械采样与人工参比采样之间灰分平均值有一致性，不存在实质性偏倚。

（3）全水分损失：全水分不存在实质偏倚。

76. 以下是两种适用于静止煤采样的机械螺杆，请回答下述问题。

（1）对于机械螺杆进行静止煤采样，目前存在的主要问题有哪些？

（2）某电厂的机械采样装置采用的是机械螺旋杆采样器，螺距为 **180mm**，环距为 **120mm**，螺杆的采样深度为 **1.5m**。所采煤标称最大粒度为 **50mm**，平均堆积密度为 **1.15t/m³**，请问该采样器能否满足要求？

（3）（a）和（b）两种机械螺杆采样各有什么特点？

答：（1）应用机械螺杆进行静止煤采样时，可能产生的主要问题是排斥大粒度煤和漏煤，二者均可能引起采样偏倚。机械螺杆通常不适用于标称最大粒度大于 50mm 的原煤采样。

（2）环距为 120mm，小于标称最大粒度的 3 倍，所以该采样器不能满足要求。

（3）（a）所示螺杆为阿基米德螺旋，螺杆下部几环为全螺旋，其上为锥形螺旋，以便在上部留有足够的空间容纳煤样，采样后需将采样器提升出煤表面，卸下煤样。（b）所示螺杆整个都为全螺旋，上部筒壁有一出煤口，采样时，采样器旋入煤层的同时，煤样即从出煤口流出。

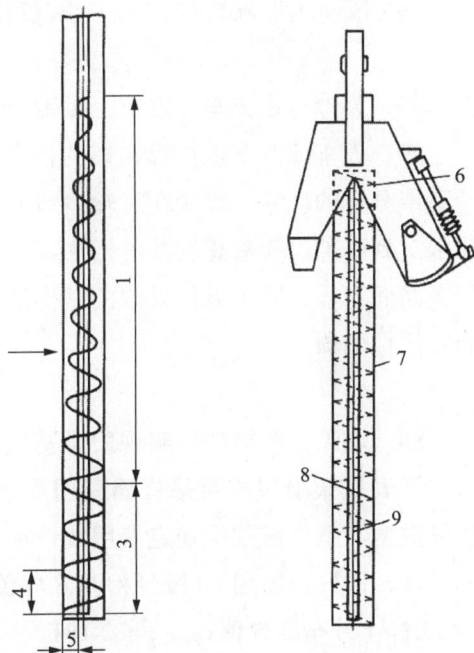

（a）阿基米德螺旋式　　　　（b）全深度全螺旋式

77. 请简述静止煤采样系统的参比方法及实施过程（对于煤炭机械化采样）。

答：（1）停皮带采样法：①在装车（船）的皮带上采取停皮带总样，与装车后用螺旋杆采样器或其他采样器对该采样单元采取的总样组成一对试样。②先用螺旋杆采样器或其他采样器在车上采样，然后将煤转到皮带，采取停皮带总样，两总样组成一对试样。

（2）人工钻孔法：在螺旋杆采样器取样点旁边（尽量靠近但不交叉）、未被扰乱的部位垂直插入一直径与螺旋杆采样器相等的圆筒，取全断面为一子样与螺旋杆采样器所采子样构成一对试样。

78. 按照 GB/T 18666—2014 的规定，对火电厂商品煤进行质量验收时，有哪些判断依据和比较方法？各自如何选择允许差？

答：（1）根据商品煤种类和计价指标正确选择验收判断指标：以发热量计价时选择发热量、全硫；以灰分计价时选择灰分和全硫。

（2）当以发热量计价时，对于原煤和筛选煤、非冶金精煤和其他洗煤，应根据干基灰分的范围来确定干基高位发热量的允许差；并按照干基全硫的范围来确定全硫的允许差。

（3）当以灰分计价时，对于原煤和筛选煤需要根据干基灰分范围选择灰分的允许差；

对于其他商品煤直接选取固定允许差；并根据全硫的范围来确定全硫允许差。

（4）若以火电厂采制化结果和矿方的采制化结果进行比较时，直接选用允许差值 T_0。

（5）若以火电厂采制化结果和矿方产品指标或厂矿双方合同规定的既定指标进行比较时，采用 $T = T_0 / \sqrt{2}$，即上述允许差的 $1/\sqrt{2}$。

（6）既有出卖方的测定值，又有贸易合同约定值的情况时，分别按照两个情况进行验收。

79．为什么在火车或汽车上采取全深度子样或不同深度子样？

答： 火车或汽车上煤存在煤的粒度与密度的不同，在重力作用下，大小颗粒产生自然分离或分层的现象；煤炭在运输途或储存过程中由于泄水而逐渐失去水分，也可能由于游离水沉到底部，随着煤层深度增加，水分含量也逐渐增加的现象。如不采取全深度子样和全横断面子样，就可能使采取的试样的粒度分布和水分显著不同于被采煤而产生不可接受的实质性偏倚。

80．煤流采样器如何实现质量基采样？质量基采样器，子样质量应满足哪两条要求？

下表是某横过皮带采样器采用质量基采样时核验的有关煤流量和定质量缩分后子样质量数据，请根据国标规定使用统计检验判定该采样器是否是质量基采样？如果不是质量基采样，请分析原因。（统计检验临界值在 95% 置信水平下自由度为 19 时 χ^2 分布临界值 $Z=30.1$，t 分布临界值 $t_{0.975,18} = 2.101$）

某质量基采样器核验数据

序号	1	2	3	4	5	6	7	8	9	10
子样 Y（kg）	13.5	12.6	9.8	12.0	9.4	8.0	6.0	7.5	8.2	11.1
流量 X（t/h）	1060	1050	970	1010	950	860	720	840	890	970
序号	11	12	13	14	15	16	17	18	19	20
子样（kg）	12.0	10.3	10.5	9.1	7.0	7.5	10.0	8.0	9.0	11.3
流量（t/h）	1020	960	950	970	910	880	920	970	990	1020

注 经计算知：$\overline{X} = 945.5, \overline{Y} = 9.64, L_{XX} = 122495, L_{YY} = 78.608, L_{XY} = 2664.6$。

答：（1）煤流采样器实现质量基采样：①对于落流采样器，使用横切煤流速度可根据煤流量调节的采样器，各子样的切割速度不同，但单个子样切割过程中速度稳定。②对于横过皮带采样器，使用带有定质量缩分装置的固定速度采样器，将采出的初级子样缩分到固定质量后并入总样。

质量基采样器，子样质量应满足两条要求：①并入总样的各个子样的质量变异系数应小于 20%；②煤流流量和子样质量间无相关性。

（2）子样量变异系数与统计检验。

标准差 $S=\sqrt{L_{YY}/(n-1)}=2.034$，平均值 y=9.64；变异系数 CV=21.1%。

统计检验，$Z<Z_{19}$，可知判定初级子样质量变化稳定。

（3）相关系数与统计检验：

$$r=L_{XY}/\sqrt{L_{XX}L_{YY}}=0.8587$$

$$t=0.8587\times\frac{\sqrt{20-2}}{\sqrt{1-0.8587^2}}=7.1088>t_{0.975,18}=2.101$$

查 t 分布表，95%置信概率，自由度为 18，临界值 $t_{0.975,18}=2.101$，$t_c>t_{0.975,18}$，所以煤流流量和子样质量间有相关性，其回归方程为 $y=-10.93+0.02175x$。

（4）结论与分析：

该采样器非质量基采样。初级子样质量稳定但煤流流量 x 和子样质量 y 间有相关性。根据初级子样计算公式可知，流量较稳定，其变异系数 $CV=\dfrac{\sqrt{L_{XX}/(n-1)}}{X}=8.5\%$，流量波动范围没有造成子样质量的大幅变化。子样质量的变化主要是配用的定质量缩分器控制不精准，缩分后质量与初级子样或流量有关系，需进一步完善调整。

81．试分析为什么制样时要保留存查煤样，为什么存查煤样的保存期为 2 个月。当审核煤样化验数据时，发现某个煤矿的煤质异常，应如何才能找出问题？

答：保存存查样是为了发生数据问题时查找原因。保存期为 2 个月，是因煤样会氧化会变质，2 个月后变质可能性变大，可比性降低。当发现某个煤矿煤质异常时，会先检查原始数据录入是否正确，如错误进行更正并记录，再确认设备分析时状态是否正常，若均正常，就确认人员操作是否有问题，确认错误就以复样结果报出，若仍正常，就怀疑接样是否出错，抽查存查样进行核对，以存查样结果报出，若仍正常应检查监控录像确认是制样出错还是采样出错，根据具体情况再处理。

82．某电厂采用汽车运煤，煤源为某 20 个原煤，经测定其标称最大粒度为 90mm，平均堆积密度为 1.0t/m³，某制造商提供给该厂的机械采样装置采用的是机械螺旋采样器，螺距为 150mm，环距为 75mm，螺旋轴的直径为 60mm，螺杆的长度为 250mm。该采样器应在车厢各个部位随机采样。请根据 GB/T 19494.1～3—2004 分析该采样器是否符合要求，如不符合要求，请提出适合的采样器形式。

答：不符合要求：

（1）螺距和环距尺寸不对，因要采样的煤标称最大粒度为 90mm，所以螺距为 3×90=270mm，环距为 3×90=270mm。

（2）螺杆的长度为 250mm 不符合要求，应增加长度以使其能采取全深度煤样。

（3）因原采样器螺距和环距，螺杆的长度不符合要求，致使所采子样质量偏小，不符合要求。通过增加螺距和环距螺杆的长度使采样器符合采样要求，子样质量符合标准要求。

83. 某电厂来了一批筛选煤 2000t（火车运输，共 40 节车皮），标称最大粒度为 50mm。该厂采样人员按照基本采样方案对该批煤进行人工采样，将该批煤作为一个采样单元，共采取子样数 84 个。采样人员在火车顶部选取尖锹挖坑至 0.4m 以下采样，每个子样采 1.5kg，个别子样量达不到要求时进行补采 1 次，共采取样品 126kg。请根据国家标准规定及实际工作经验判断该采样人员设计的采样方案是否合理。

答：（1）该采样人员设计的采样方案不合理。

根据 GB/T 475—2008 规定，将一批煤作为一个采样单元采样，应采取的子样数应为：

$n = 60 \times \sqrt{\dfrac{2000}{1000}} = 84.8 = 85$（个），而该采样人员仅采 84 个，子样数达不到标准要求。

（2）采样工具选择不对。应采用尖锹挖坑，用符合国标规定的采样铲，如宽为 150mm，边高为 100mm 的采样铲进行采样。

（3）子样位置选取不正确。因并未表明该批煤品质均匀，因此应采取全深度试样或不同深度（上、中、下或上、下）的试样。

（4）子样质量不满足要求，按照标称最大粒度为 50mm，则每个子样质量不应少于3kg。总样质量不满足要求，按照标称最大粒度为 50mm 的要求，总样质量要满足170kg。

（5）按照国标规定，采取子样时应一次采出，多不扔，少不补，而该采样人员在子样量不足时进行补采不符合标准要求。

84. 对于一个标称最大粒度为 50mm 的入厂煤，若取 10%最大颗粒被排斥时的偏倚为最大允许偏倚时，怎样确定被排斥煤颗粒的大小？怎样采取试验煤样？以 10%最小粒度煤样制备为例，用 3mm 筛孔尺寸的筛子筛分煤样，称取筛下物，如筛下物比例大于 10%以及小于 10%时，应怎样操作使筛下物比例为 10%？

答：（1）仔细观察采样机采样时的粒度选择性，即主要漏采煤的大颗粒还是小颗粒；当采样机漏采大颗粒为主时，测定最大煤颗粒被排斥时的偏倚，反之，测定最小煤颗粒被排斥时的偏倚。

（2）取 10 个煤样，可在皮带、火车或汽车载煤处采样，采样不得漏采，每个煤样不少于 100kg。

（3）若筛下物比例大于 10%，从筛下物中取出或筛选出大粒度煤样放到筛上物中，直至比例为 10%；若筛下物比例小于 10%，从筛上物中取出或筛选出小粒度煤样放到筛下物中，直至比例为 10%。

85. DL/T 567.2—2018 规定，制样报告应包括哪些内容？

答：（1）依据标准。

（2）制样时间和地点。

（3）操作者签名。

（4）制样条件（温度、湿度等）。

（5）仪器设备编号。

（6）样品编号。

（7）制样期间出现的任何不正常和无规律的情况说明。

（8）制样过程简述。

86. 根据 DL/T 567.3—2016 中相关要求，简述如何飞灰样品的制样过程。

答：（1）将取得的飞灰样品混合均匀，使用二分器缩分出不少于 60kg。

（2）使用密封式制样粉碎机将飞灰样品研磨至 0.2mm 以下。

（3）将飞灰样品放置在室温下放置至空气干燥状态，每小时质量变化不超过 0.1%。

（4）特殊检验项目如飞灰粒度分布的样品，缩分样品质量不少于 200g，试样达到空气平衡状态后直接装瓶。

87. 请依据 GB/T 474—2008，按照水分专用煤样的一般制备程序，绘制全水分试样制备程序示意图。

答：全水分试样制备程序示意图如下图所示。

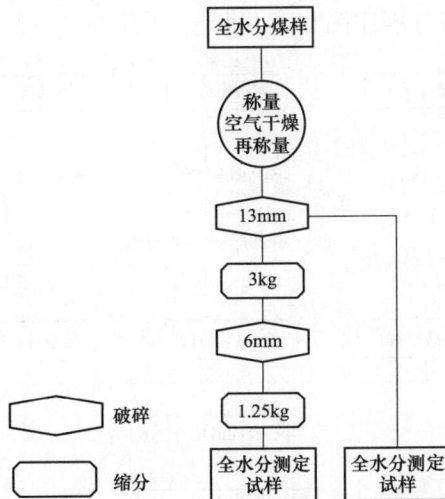

88. 某批次来煤标称最大粒度为 50mm，样品质量为 200kg，请依据 GB/T 474—2008，按 3 个阶段制备一般分析试验煤样，绘制一般制备程序示意图。

答：一般制备程序示意图如下图所示。

```
┌──────────┐
│  一般煤样  │
└──────────┘
      │
   ⬡ 25mm ⬡
      │
   ⬡ 40kg ⬡
      │
   ⬡ 13mm ⬡
      │
   ⬡ 15kg ⬡
      │
    ◯ 空气干燥
      │
   ⬡ 3mm ⬡
      │
   ⬡ 700g ⬡
      │
   ⬡ 0.2mm ⬡
      │
  ⬡ 60～300g ⬡
      │
┌──────────┐
│ 一般分析   │
│ 试验煤样   │
└──────────┘
```

89. GB/T 19494.2—2004 对机械缩分法做出了明确规定。请简述使用机械缩分法对单个初级子样缩分时的切割数的规定，并给出该国标对单个初级子样一阶段缩分或两阶段缩分的流程图。（任画一张图）

答：初级子样一阶段缩分程序图如下图所示。

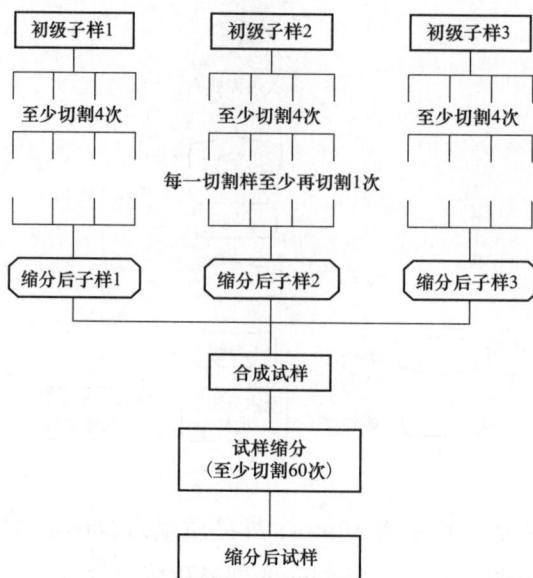

初级子样两阶段缩分程序图如下图所示。

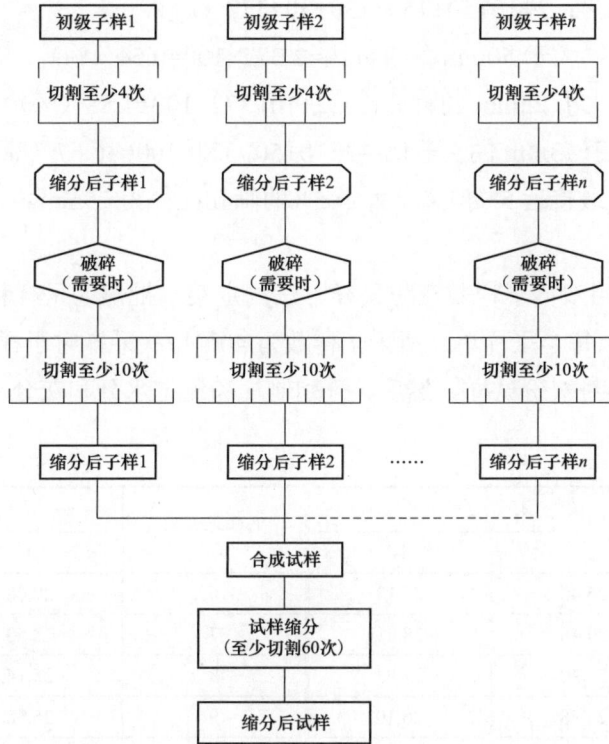

90. 某批次入厂煤共采集标称最大粒度 **25mm** 的煤样共 **40kg**，须制备出粒度小于 **13mm** 的全水分试样、粒度小于 **3mm** 的存查煤样和一般分析试验煤样，请画出制样流程图。

答：制样流程图如下图所示。

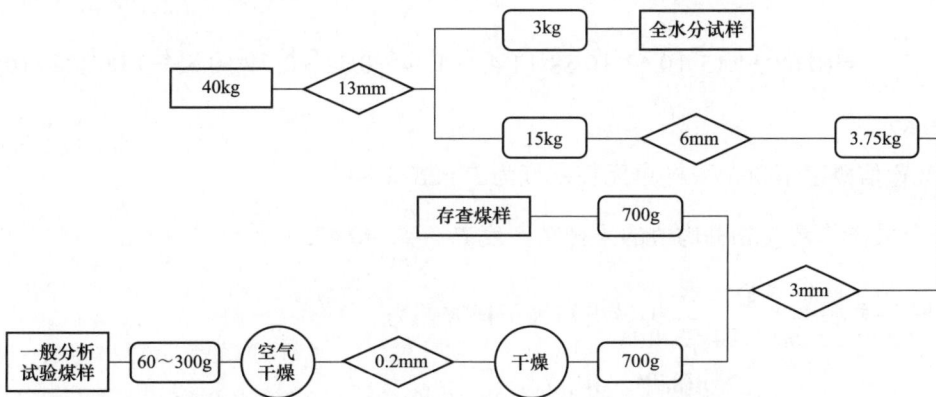

（六）计算题

1. 根据以下筛分结果求最大标称粒度是多少？

大于 50mm：2kg；大于 25mm 且小于 50mm：10kg；大于 13mm 且小于 25mm：50kg；

大于 6mm 且小于 13mm：150kg；大于 3mm 且小于 6mm：130kg；小于 3mm：30kg。

解：样品总质量为：2+10+50+150+130+30=372（kg）

大于 50mm 的百分比=2/372×100=0.54（%）

大于 25mm 的百分比=(2+10)/372×100=1.88（%）

大于 13mm 的百分比=(2+10+50)/372×100=16.67（%）

比较以上结果取最接近 5%但又不大于 5%的筛孔孔径为 25mm。

2．某火电厂采用双倍子样数双份采样方法测定某一批煤的采样精密度。该批煤共划分为 10 个采样单元，每个采样单元所采子样数为 40，每次采样时子样依次轮流放入 A、B 两容器中，合并成一对双份试样。然后，分别制样和测定水分和灰分，每个试样的干燥基灰分测定结果见下表。

采样单元号	A_d（%）		采样单元号	A_d（%）	
	A	B		A	B
1	26.45	27.13	6	29.08	30.42
2	29.46	28.31	7	28.50	29.02
3	27.30	27.93	8	25.14	25.78
4	26.98	26.10	9	26.78	26.23
5	26.55	25.10	10	27.84	28.90

试计算该批煤单个采样单元的采样精密度和该批煤 10 个采样单元灰分平均值的采样精密度及初级子样方差。（假定制样和化验方差为 0.20）

解：

$$S=\sqrt{\frac{\sum x^2}{2m}}=[(0.68^2+1.15^2+0.63^2+0.88^2+1.45^2+1.34^2+0.52^2+0.64^2+0.55^2+1.06^2)/(2\times10)]^{1/2}$$
$$=0.67$$

95%置信概率下单个采样单元精密度为 $P_o=2S=1.34$

10 个采样单元灰分平均值的采样精密度 $P=\frac{P_o}{\sqrt{m}}=0.42$

根据公式 $n=\frac{4V_I}{mP_L^2-4V_{PT}}$ 推导出初级子样方差为

$$V_I=\frac{n(mP_L^2-4V_{PT})}{4}=40\times(10\times0.42^2-4\times0.20)/4=9.64$$

3．某火电厂汽车运来某一供应商原煤 500t，每辆车厢容量 20t，按 GB/T 475—2008，应最少采取多少个子样？假定煤的最大标称粒度为 25mm，请问所得总样最小质量为多少？

解：按照标准要求基本采样单元 1000t 应采取 60 个子样。

$$60×(500/1000)=30（个）$$

$$0.06×25=1.5（kg）$$

$$1.5×30=45（kg）$$

满足 25mm 总样量 40kg 要求。

4. 某火电厂由火车运来一列原煤共 50 节，每节载煤 60t，采用机械采样装置采样，假定该批煤的初级子样方差为 20，预期采样精密度为 ±1.5%，制样和化验方差为 0.2。按照 GB/T 19494.1—2004，每个采样单元最少子样数是多少？

解：来煤量共 3000t，可作为一个采样单元，根据 GB/T 19494.1—2004 中的要求，最少子样数为

$$n = \frac{4V_{\text{I}}}{P_{\text{L}}^2 - 4V_{\text{PT}}} \sqrt{\frac{M}{M_0}} = \frac{4×20}{1.5^2 - 4×0.2} \sqrt{\frac{50×60}{1000}} = 96（个）$$

5. 某火电厂燃煤由海船供应，为了能获得有代表性的煤样，该厂在码头卸煤皮带输送机上使用落煤流采样器采取煤样。一艘海船运煤 30000t，皮带输送机额定负荷为 1500t/h，输煤速度为 2.5m/s，采样器开口宽度为 270mm，采样器以速度 1.2m/s 横过煤流采取子样，按照 GB/T 19494.1—2004 将批煤划分 3 个采样单元，问采样器采取的初级子样质量是多少？如果该批煤初级子样方差为 30，制样和化验方差为 0.10，预期采样精密度按干燥基灰分计为 ±1.00%。试按照 GB/T 19494.1—2004 规定计算每个采样单元至少采取多少个初级子样？如按时间基采样方式分布初级子样，采样时间间隔是多少分钟？

解：落流采样器初级子样质量为

$$m = \frac{Cb×10^{-3}}{3.6v} = \frac{1500(\text{t/h})×270(\text{mm})×10^{-3}}{3.6×1.2(\text{m/s})} = 94（kg）$$

每个采样单元初级子样数为

$$n = \frac{4V_{\text{I}}}{mP_{\text{L}}^2 - 4V_{\text{PT}}} = \frac{4×30}{3×1^2 - 4×0.1} = 47（个）$$

采样时间间隔

$$\Delta t = \frac{60m_{\text{sl}}}{Gn} = \frac{60×10000}{1500×47} = 8.5（\text{min}）$$

6. 从煤矿发来一批原煤，今测得运送过程中的水分损失 $M_1 = 0.8\%$，实验室实测的全水分 $M_{\text{t}} = 10.2\%$（即不计入运送中的水分损失），求补正后的全水分 M_{t}'。

解：

$$M_{\text{t}}' = M_1 + \frac{100 - M_1}{100} × M_{\text{t}} = 0.8 + \frac{100 - 0.8}{100} × 10.2 = 10.9（\%）$$

7. 某电厂制样室收到采样送来的两桶粒度大于 13mm 的煤样，煤样来自一个采样单

元，立即称量 A 桶煤样和容器的质量为 25.5kg，B 桶煤样和容器的质量为 20.5kg，单个容器的质量均为 0.5kg。但由于送样太晚，制样人员不能马上制样，将其放置了 8h，随后再次称量 A、B 桶煤样和容器的质量为 25.2kg 和 20.3kg。制样员将两桶煤样合并，发现煤样较湿，首先进行了空气干燥，空气干燥后煤样的质量损失率为 9.6%，然后将煤样破碎到 6mm 制得全水分煤样，化验员测出的全水分为 18.4%，若考虑破碎过程中的水分损失率为 0.6%，请计算煤样实际的全水分值。

解：
$$A 桶储存损失率 = (25.5-25.2)/(25.5-0.5) = 1.2（\%）$$
$$B 桶储存损失率 = (20.5-20.3)/(20.5-0.5) = 1.0（\%）$$

煤样储存水分损失率（加权平均）为：$M_0 = 1.2 \times \dfrac{25}{25+20} + 1.0 \times \dfrac{20}{25+20} = 1.11（\%）$

储存和干燥的质量损失为：$M_1 = 1.11 + 9.6 \times \dfrac{100-1.11}{100} = 10.60（\%）$

储存、干燥、破碎后的质量损失为：$M_2 = 10.60 + 0.6 \times \dfrac{100-10.60}{100} = 11.14（\%）$

煤样的全水分为：$M_t = 11.14 + 18.4 \times \dfrac{100-11.14}{100} = 27.5（\%）$

8. 如果采、制、化的误差均用方差来表示，假设采样方差占 80%，制样方差占 16%，化验方差占 4%，求制样和化验方差 V_{PT} 与总精密度 P 的关系。

解：由已知条件可得：
$$V_{PT} = V_{SPT} / 5$$
$$P_L = 2\sqrt{V_{SPT}} \Rightarrow V_{SPT} = P_L^2 / 4$$
$$V_{PT} = P_L^2 / (5 \times 4) = 0.05 P_L^2$$

9. 某电厂由铁路运来某煤矿一批筛选煤 200t，车皮容量为 50t，现需依据 GB/T 475—2008 的基本采样方案实施人工采样，问共需采多少个子样？并问如何分布这些子样？

解：车皮数为：200/50=4（节）

因是筛选煤，4 节车皮，200t 批量煤，依 GB/T 475—2008 基本采样方案，应采的子样数不得少于 18 个。为均匀分布子样点，每车多采 2 个，共采 20 个，每车采 5 个。

子样点分布：依据均匀布点的原则，将车厢分成若干个边长为 1~2m 的小块并编号，用随机方法选择各车厢的采样点位置。

10. 某电厂燃用灰分 $A_d > 20\%$ 的原煤，每班上煤量为 2000t，煤的最大粒度小于 25mm，每班应采样品量为多少（人工采样）？

解：
$$子样数 N = n \times \sqrt{m/1000} = 60 \times \sqrt{2000/1000} = 85（个）$$
$$每个子样质量应满足 m = 0.06d = 0.06 \times 25 = 1.5（kg）$$

所以应采样品量为：1.5kg×85=127.5kg。

满足标称最大粒度 25mm 样品质量不少于 40kg 的要求。

11．一列火车装原煤 300t 及洗煤 240t，煤的最大粒度均小于 50mm，问应各采集多少样品？（每节车皮装 60t，人工采样）

解：原煤 300/60=5 节，按照 GB/T 475—2008 要求，不足 1000t 先按照等比例递减原则，最少不能少于 18 个子样，所以应采集 18 个子样。

洗煤 240/60=4 节，按照 GB/T 475—2008 要求，洗煤应采集 10 个子样。

最小子样质量满足：$m=0.06d=0.06×50=3.0$（kg）；

原煤应采煤样量为：3.0kg×18=54（kg）；

洗煤应采煤样量为：3.0kg×10=30（kg）。

12．2000t 筛选煤，粒度小于 25mm，用汽车运往电厂，每车装煤 10t，如在汽车上采样，如何实施？

解：（1）划分一个采样单元。

（2）计算共需运输车辆：2000/10=200（车）。

（3）应采子样数目：$N=n×\sqrt{m/1000}=60×\sqrt{2000/1000}=85$（个）。

（4）按规定，按随机采样方式抽签确定采样车厢。

（5）每个子样质量为 2.0kg。

13．对于成型的煤堆有同种筛选煤 50000t，粒度小于 50mm，问对该批煤进行煤堆采样如何实施？

解：（1）划分一个采样单元。

（2）应采子样数目为：$N=n×\sqrt{m/1000}=60×\sqrt{50000/1000}=425$（个）。

（3）每个子样质量不少于 3kg，每个子样质量保持一致。

（4）根据煤堆的形状和大小，将工作面或煤堆表面划分成若干区，再将区分为若干面积相等小块（煤堆底部的小块应距地面 0.5m），然后用系统采样法或随机采样法决定采样区和每区采样点的位置，非新工作面的情况下，采样时应先除去 0.2m 表面层。

14．某批煤粒度大于 150mm 的比率为 10%，灰分为 32%，粒度小于 150mm 煤的灰分为 22%，求该批煤的实际灰分为多少？

解：按照加权平均法计算：

$$A=\frac{m_1×l_1+m_2×l_2}{m_1+m_2}=\frac{10\%×32\%+90\%×22\%}{100}=23\%$$

15. 某电厂日燃用 10000t 煤，全硫含量为 1.5%，可燃硫占比为 90%，计算缴纳排污费用（按 600 元/t 二氧化硫计费）。

解：燃烧后生成：10000×1.5%=150（t）（硫），按可燃硫占 90% 计算：150×90%=135（t）（可燃硫），因为 $S + O_2 = SO_2$，所以产生 270t SO_2。

若排污费标准按 600 元/t 收取，则 270t×600 元/t=162000（元）。

16. 某电厂某日进原煤 3450t，其中 1000t 煤 $A_{ad,1}$=20.79%、$M_{ad,1}$=2.01%、$M_{t,1}$=7.5%，1050t 煤 $A_{ad,2}$=23.48%、$M_{ad,2}$=2.35%、$M_{t,2}$=7.6%，1400t 煤 $A_{ad,3}$=30.64%、$M_{ad,3}$=2.20%、$M_{t,3}$=7.6%，求该批原煤的收到基灰分。

解：

$$A_{ar,1} = A_{ad,1} \times \frac{100 - M_{t,1}}{100 - M_{ad,1}} = 19.63\%$$

$$A_{ar,2} = 22.22\%$$

$$A_{ar,3} = 28.95\%$$

$$A_{ar} = \frac{m_1 A_{ar,1} + m_2 A_{ar,2} + m_3 A_{ar,3}}{m_1 + m_2 + m_3} = 24.20\%$$

17. 某电厂收到某矿发送的 40 节火车运输的原煤，每节 60t，标称最大粒度为 25mm，按基本采样方案，将该批煤作为一个采样单元，实施火车顶部人工采样，请计算应采取的子样数、子样质量、总样质量并说明按系统采样法在火车顶部采样应如何布点？

解：子样数目为：
$$N = n\sqrt{\frac{M}{1000}} = 60 \times \sqrt{\frac{40 \times 60}{1000}} = 93 \text{（个）}$$

子样质量为：
$$m_a = 0.06d = 0.06 \times 25 = 1.5 \text{（kg）}$$

总样质量为：
$$1.5 \times 93 = 139.5 \text{（kg）}$$

每节车皮布点为：n=93/40=2.3（个），按系统采样法每节车皮应采取 3 个点

子样数目为：
$$n = 3 \times 40 = 120 \text{（个）}$$

总样质量为：
$$1.5 \times 120 = 180 \text{（kg）}$$

即第一节车皮随机抽取采样点，后面的车皮以此类推。

18. 一列火车，由 50 节车皮组成，运输 3000t 筛选煤，要求采样精密度为 1.5%（灰分），已知：标称最大粒度 50mm，初级子样方差 V_I=20，制样和化验方差 V_{PT}=0.15。请设计采样方案。

解：将整批煤作为一个采样单元采样，即 m=1，计算初级子样数：

$$n = \frac{4V_I}{mP_L^2 - 4V_{PT}} = \frac{4 \times 20}{1.5^2 - 4 \times 0.15} = 49$$

按每个车厢采一个子样计，$n = 50$。

按 GB/T 475—2008 规定标称最大粒度 50mm 原煤采取，子样最小质量为 3kg，总样最小质量 170kg，则计算总样质量=3kg×50=150kg，计算总样质量小于规定的总样最小质量 170kg，故采用如下方法之一进行调整：

在子样质量为 3kg 下增加子样数：

$$n = \frac{总样质量}{子样质量} = \frac{170\text{kg}}{3\text{kg}} \approx 57$$

故共采取 57 个子样，每车采 1 个子样（共 50 个子样），余下的 7 个子样按系统分配法，每 7 个车采 1 个子样。

或者在子样数为 50 下，增加子样质量：

$$子样质量 = \frac{总样质量}{子样数} = \frac{170}{50} \approx 3.4（\text{kg}）$$

故每车采 1 个子样，共采取 50 个子样，每个子样最小质量为 3.4kg。

19. 一批 20000t 原煤由皮带输送卸船，要求采样精密度为 1.0%，已知初级子样方差 $V_I = 20$，制样和化验方差 $V_{PT} = 0.2$。

解： 求采样单元数和每一采样单元子样数。

取 5000t 为起始采样单元，采样单元数为

$$m = \sqrt{\frac{20000}{5000}} = 2$$

每一采样单元子样数为

$$n = \frac{4V_I}{2P_L^2 - 4V_{PT}} = \frac{4 \times 20}{2 \times 1.0^2 - 4 \times 0.2} = 67（个）$$

20. 请根据 GB/T 475—2008 采样精密度的规定和 GB/T 474—2008 制样和化验总精密度的规定，证明采样这个环节的方差占采制化总方差的比例为 80%。

解：
$$V_{SPT} = V_S + V_P + V_T$$

式中　　V_{SPT}——采制化总方差；

V_S、V_P、V_T——采样、制样、化验方差。

按 GB/T 475—2008 及采样精密度含义：

$$P = 2\sqrt{V_{SPT}}$$

式中　P——采制化总精密度。

故　　　　　　　　　　　　　　$V_{SPT} = 0.25 P^2$

按 GB/T 474—2008：

$$V_P + V_T = 0.05 P^2$$

所以采样方差为：

$$V_S = V_{SPT} - (V_P + V_T) = 0.25 P^2 - 0.05 P^2 = 0.20 P^2$$

$$\frac{V_S}{V_{SPT}} = \frac{0.20 P^2}{0.25 P^2} \times 100\% = 80\%$$

21．在落煤流中对一批原煤（$A_d > 20\%$）进行人工采样，已知该批煤总量为 1000t，煤流量 $G=80t/h$，请计算出按时间基采样时的子样最大时间间隔。

解：
$$T \leqslant \frac{60Q}{Gn} = \frac{60 \times 1000}{80 \times 60} \approx 12.5 \text{（min）}$$

22．某火电厂制样员将采集到的 144kg 全部破碎 13mm 后，先使用切割槽式缩分器缩分，测定其缩分比为 1:9，留样再经对辊破碎机破碎至 3mm 以下，然后用电动二分器连续缩分两次，问最终留样质量为多少？13mm 和 3mm 煤样缩分后弃样各为多少？

解： 最终留样：　　　　　　144×1/9×1/4=4（kg）

13mm 煤样缩分后弃样：　　144×8/9=128（kg）

3mm 煤样缩分后弃样：　　144×1/9×3/4=12（kg）

23．某火电厂燃煤由海船供应，为了能获得有代表性煤样，该厂在码头卸煤皮带输送机上使用横过皮带采样器采取煤样。海船运煤 30000t，皮带输送机额定负荷为 1500t/h，采样器开口宽度为 270mm，皮带速度 2.5m/s，问：

（1）按照 GB/T 19494.1—2004 该批煤应合理划分几个采样单元？

（2）平均每个采样单元煤量是多少？

（3）采样器初级子样质量是多少？

（4）如果每个采样单元采取 130 个初级子样，按时间基采样方式分布，采样时间间隔是多少分钟？

解：（1）船运煤量较大，依据标准，以 5000t 作为基本采样单元。采样单元数为 $\sqrt{30000/5000} = 2.4$，故取采样单元数为 3。

（2）平均每个采样单元煤量为：

$$30000/3 = 10000 \text{（t）}$$

（3）采样器初级子样质量为：

$$m = \frac{Cb \times 10^{-3}}{3.6v} = \frac{1500(t/h) \times 270(mm) \times 10^{-3}}{3.6 \times 2.5(m/s)} = 45kg$$

（4）采样时间间隔为：

$$\Delta t \leqslant \frac{60 m_{sl}}{Gn} = \frac{60 \times 10000}{1500 \times 130} = 3.08 \text{（min）}$$

取采样时间间隔为 3min。

24．已知某一批煤划分为三个采样单元，各采样单元煤量依次为 1000、800、500t，每个采样单元全水分别为 7.0%、8.0% 和 8.5%，试计算该批煤全水分 M_t。

解： 根据加权平均原理得：

M_t =7.0×1000/(1000+800+500)+8.0×800/(1000+800+500)+8.5×500/(1000+800+500)

=7.7（%）

25．1000t 原煤，当采集 60 个子样时，采样精密度达到 ±2%，问只采集 10 个子样，采样精密度为多少？（已知 V_{PT}=0.2）

解： 由公式：

$$P = 2s = 2\sqrt{V_{SPT}}$$

$$V_{SPT} = \frac{V_I}{n} + V_{PT}$$

当 n=60 个时，P=±2%，V_{PT}=0.2 代入公式，求得 V_I=48。

当 n'=10 时，则采样精密度为：

$$P' = 2\sqrt{\frac{V_I}{n'} + V_{PT}} = 2 \times \sqrt{\frac{48}{10} + 0.2} = 4.47$$

26．某电厂在皮带中部和落煤流头部安装了两台机械采样设备，皮带速度为 2m/s，满载负荷为 1000t/h，落煤流采样设备初级采样头运动速度为 1.5m/s，采样器开口尺寸为 150mm，请分别计算在皮带负荷为 80% 时两台采样设备各自应采的子样量。

解： 落煤流头部子样质量为：

$$m = \frac{Cb \times 10^{-3}}{3.6v} = \frac{1000(\text{t/h}) \times 0.8 \times 150(\text{mm}) \times 10^{-3}}{3.6 \times 1.5(\text{m/s})} = 22.2(\text{kg})$$

皮带中部子样质量为：

$$m = \frac{Cb \times 10^{-3}}{3.6v} = \frac{1000(\text{t/h}) \times 0.8 \times 150(\text{mm}) \times 10^{-3}}{3.6 \times 2(\text{m/s})} = 16.7(\text{kg})$$

27．某火电厂采用多份采样方法测定某一批煤 10 个采样单元煤的采样精密度。共采 120 个子样，依次轮流放入 10 个容器中，合并成 10 个分样，然后分别制样和测定水分、灰分，每个分样的干燥基灰分测定结果见下表，试估算在 95%置信概率下该批次煤的采样精密度？若已知制样和化验方差为 0.2，问该批煤的初级子样方差为多少？

分样号	A_d（%）	$A_d - \overline{A}_d$	$(A_d - \overline{A}_d)^2$
1	25.12	−0.66	0.4356
2	25.8	0.02	0.0004
3	26.00	0.22	0.0484
4	26.80	1.02	1.0404
5	24.30	−1.48	2.1904
6	27.10	1.32	1.7424
7	25.40	−0.38	0.1444
8	24.80	−0.98	0.9604
9	26.50	0.72	0.5184
10	26.00	0.22	0.0484
平均值	$\overline{A}_d=25.78$		$\Sigma(A_d - \overline{A}_d)^2=6.69$

解：（1）由上表可计算出 10 组灰分测定值的标准偏差，为：

$$s = \sqrt{\Sigma(A_d - \overline{A}_d)^2 /(10-1)} = 0.862$$

该批煤采样精密度为：

$$P = \frac{2S}{\sqrt{j}} = \frac{2 \times 0.862}{\sqrt{10}} = 0.55 \quad (\%)$$

（2）由于 $P = 2\sqrt{\dfrac{V_I}{mn} + \dfrac{V_{PT}}{m}}$

已知 $n=12$、$V_{PT}=0.2$、$m=10$，代入数值得到初级子样方差：$V_I = 6.68$。

28. 某火电厂由火车运来一列原煤共 2000t，每节载煤 50t，假定该批煤的初级子样方差为 5，预期采样精密度为 ±0.8%，制样方差为 0.2。按照 GB/T 475—2008 每个采样单元最少子样数是多少？

解：（1）按照基本采样方案计算最小子样数：

$$n = 60 \times \sqrt{2000/1000} = 85$$

因共有 2000/50=40 车，满足每车最少一个子样的要求。

（2）将该批煤划分为 2 个采样单元，即 $m=2$。

由

$$P = 2\sqrt{\frac{V_I}{mn} + \frac{V_{PT}}{m}}$$

代入数值得：　　　　　　　　　　$n=42$（个）

故按最小子样数计算，2000t 煤作为一个采样单元，共需采子样 85 个；

按专用采样方案，以 1000t 煤作为一个采样单元，每个采样单元需采子样 42 个，共需采子样 84 个。

29. 某燃煤电厂欲对其所属一台联合制样机（可以缩分出两个留样的设备）和一台电动缩分机（只能缩分出一个留样的设备）开展精密度和偏倚试验，请依据以下设备相关信息，分别计算两台设备开展精密度和偏倚试验时试验样品的质量。

解： 联合制样机出料粒度为 6mm，进料粒度为 50mm，缩分倍率为 5；电动缩分机出料粒度为 13mm，进料粒度为 13mm，缩分倍率为 4。

通过查阅 DL/T 1339—2014 中表 A.1，对于联合制样机而言，出料最小质量为 0.4kg，电动缩分机出料最小质量为 0.8kg。

用于开展联合制样机精密度和偏倚试验时，准备的样品总质量为：$\frac{50}{6} \times 0.4 \times 5 \times 32 = 533.75$（kg）。

用于开展电动缩分机精密度和偏倚试验时，准备的样品总质量为：$\frac{13}{13} \times 0.8 \times \frac{4^2}{4-1} \times 32 = 136.53$（kg）。

30. 某燃煤电厂对一台电动缩分机（只能缩分出一个留样的设备）开展了偏倚试验工作，请根据下表中的数据计算参比样干燥基灰分。

留样信息				弃样信息			
留样质量 M_L（kg）	留样全水分 $M_{L,t}$（%）	留样水分 $M_{L,ad}$（%）	留样灰分 $A_{L,ad}$（%）	弃样质量 M_Q（kg）	弃样全水分 $M_{Q,t}$（%）	弃样水分 $M_{Q,ad}$（%）	弃样灰分 $A_{Q,ad}$（%）
2.8	4.5	2.33	23.52	9.4	4.5	2.30	23.45

解： 留样收到基灰分计算：
$$A_{L,ar} = \frac{A_{L,ad} \times (100 - M_{L,t})}{(100 - M_{L,ad})} = 23.00 \text{（%）}$$

弃样收到基灰分计算：
$$A_{Q,ar} = \frac{A_{Q,ad} \times (100 - M_{Q,t})}{(100 - M_{Q,ad})} = 22.92 \text{（%）}$$

参比样收到基灰分计算：
$$A_{R,ar} = \frac{A_{L,ar} \times m_L + A_{Q,ar} \times m_Q}{m_L + m_Q} = 22.94 \text{（%）}$$

参比样全水分计算：
$$M_{R,t} = \frac{M_{L,t} \times m_L + M_{Q,t} \times m_Q}{m_L + m_Q} = 4.5 \text{（%）}$$

参比样干燥基灰分计算：

$$A_{R,d} = \frac{A_{R,ar} \times 100}{100 - M_{R,t}} = 24.02 \ （\%）$$

31. 某电厂化验室收到制样室送来的粒度为 6mm 的煤样，立即称量煤样和密封容器的质量为 950.2g，煤样标签上注明密封容器的质量为 200.5g。在制样过程中对煤样经过干燥时质量损失为 6.0%。化验员将上述装有全水分煤样的密封容器妥善放置。12h 后，化验员再次称量该煤样和密封容器的质量为 946.5g。测定全水分时称量试样 10.52g，在规定条件下干燥失重 0.86g，请计算该批煤的全水分。

解：依题意该批煤的全水分应有：

（1）制样干燥去除的水分 6.0%。

（2）化验室储存水分损失率：(950.2−946.5)/(950.2−200.5)×100=0.49（%）

（3）化验室全水分测定值：0.86/10.52×100=8.17（%）

该批煤（制样室收样时）的全水分为：

装瓶时的全水分：0.49+8.17×(100−0.49)/100=8.62（%）

全水分：6.0+8.62×(100−6.0)/100=14.1（%）

32. 某电厂收到一列火车运输原煤，共 52 节，每节载质量 65t，前 1～5 号车为甲供应商煤，中间 20 车为乙供应商煤，后面 27 车为丙供应商煤。煤的标称最大粒度均为 50mm，煤的干燥基灰分为 25%～35%。在火车顶部人工采取原煤煤样。问：按 GB/T 475—2008 规定，该批煤应如何划分采样单元？人工在各采样单元中应至少采多少个子样？各采样单元子样如何分布？

解：（1）按供应商分为 3 个采样单元甲、乙、丙。

（2）甲：5×65/1000×60≈20（个）；

乙：$\sqrt{20 \times 65/1000} \times 60 \approx 69$（个）；

丙：$\sqrt{27 \times 65/1000} \times 60 \approx 80$（个）。

（3）甲采样单元：20/5=4，5 节车皮，每车采 4 个子样。

乙采样单元：69/20=3.45，20 节车皮，每车采 4 个子样，或每车采 3 个子样，其余 9 个子样在 20 个车皮内按随机法抽取。

丙采样单元：80/27=2.96，27 节车皮，每车采 3 个子样。

33. 某火电厂采用多份采样方法测定某一煤矿 10000t 来煤的采样精密度。共采 5 个采样单元，每个采样单元采取 60 个子样，依次轮流放入 1、2、3、…、9、10，共 10 个容器中，合并成 10 个分样。然后分别制样和测定水分、灰分，制样和化验方差为 0.20，每个分样的干燥基灰分测定结果见下表。试计算该批煤采样精密度及其 95%置信范围。根据上述结果能否判定该批煤实际采样精密度达到了预期采样精密度（按干燥基灰分计）不超过 1.00%的要求（在观测数为 10 时精密度上下限因数分别为 0.70 和 1.75）？若对该批煤将采样单元增加到 10 个，每个采样单元初级子样数至少为多少？

分样号	A_d（%）	分样号	A_d（%）
1	25.12	6	21.10
2	25.78	7	25.40
3	28.50	8	24.80
4	29.80	9	26.50
5	24.30	10	29.00

解： 按以下公式计算标准差

$$s = \sqrt{\frac{\Sigma x_i^2 - (\Sigma x_i)^2 / n}{n-1}}$$

得 s=2.57。

（1）批煤采样精密度 P=2×s/$\sqrt{j}$ =2×2.57/$\sqrt{10}$ =1.63（%）。

（2）采样精密度下限：0.70×1.63=1.14（%）。

上限：1.75×1.63=2.84（%）。

实际采样精密度的范围为 1.14%～2.84%，不满足 1.00%要求，实际采样精密度未达到预期采样精密度。

（3）该批煤初级子样方差 V_1=10×30×1.63^2/4-30×0.20=193.3。

采样单元增加到 10 个，每个采样单元初级子样数至少为 n=4×193.3/(10×1^2-4×0.2)=84（个）。

34. 某电厂在煤流中部对一批总量 m 为 5000t 的入厂原煤（A_d>20%）进行机械采样，期望的批煤采样精密度 P_L=1.00%（如果煤的制样和化验方差为 0.05P^2，初级子样方差为 20）。已知该批煤标称最大粒度为 50mm，输煤皮带带宽为 1.5m，传输速度为 2.5m/s，煤流量 G=500t/h。所用的采样器为刮斗式，开口宽度是按照煤的标称最大粒度小于 30mm 设计的，假设能够采到完整子样并将此批煤作为一个采样单元，请预测一下子样质量和总样质量能否达到要求？

解：
$$n = \frac{4V_I}{P_L^2 - 4V_{PT}} = \frac{4 \times 20}{1.0^2 - 4 \times 0.05} = 100 \text{（个）}$$

$$m = \frac{Cb}{3600v} = 500 \times 150/(3600 \times 2.5) = 8.33 \text{（kg）}$$

最小子样质量 　　　　m_a= d^2/1000=50^2/1000=2.5（kg）

所以 $m > m_a$，满足要求。

总样质量 m_s =100×8.33=833（kg），大于标准规定的最小总样质量 170kg 的要求。

35．一批入厂原煤为 1600t，最大标称粒度 50mm，干燥基灰分大于 20%，问应采集的子样数及所采煤样的质量至少为多少？

解：因为原煤的最大粒度 50mm，干燥基灰分大于 20%，所以每个子样的最小质量为 3kg，适合作为一个采样单元，应采的子样数根据以下公式计算：

$$N = n\sqrt{\frac{M}{1000}} \approx 76$$

应采的煤样总质量为 76×3=228（kg）。

36．一批 10000t 洗精煤由皮带输送机装船，皮带输送率为 3000t/h，要求采样总精密度为 0.50%（干燥基灰分）。已知 V_I =3.0，V_{PT} =0.1，欲进行机械化采样，求采样单元数、每个采样单元子样数和时间基采样间隔。

解：取 5000t 为起始采样单元，计算采样单元数：

$$m = \sqrt{M / M_0} = \sqrt{10000 / 5000} \approx 2 （个）$$

计算每个采样单元子样数：

$$n = (4V_I)/(m P_0^2 - 4V_{PT}) = (4×3.0)/(2×0.5^2 - 4×0.1) = 120 （个）$$

计算子样时间间隔：

$$\Delta T = 60M/(Gn) = (60×5000)/(3000×120) = 5/6(\text{min}) \approx 0.8333\text{min} = 50 （s）$$

37．一批 3000t 的筛选煤由一列火车发运，要求采制化总精密度 P_L 为 1.0%（干燥基灰分），已知初级子样方差 V_I =10.0，制样和化验方差为 V_{PT} =0.1，以该批煤为一个采样单元，采用皮带中部采样机采样，需要采多少子样？

解：已知数 V_I =10.0、V_{PT} =0.1、P_L =1.0，得

$$n = \frac{4V_I}{P_L^2 - 4V_{PT}} \times \sqrt{\frac{3000}{1000}} = \frac{4×10.0}{1.0^2 - 4×0.1} \times \sqrt{3} = 116$$

故共需采 116 个子样。

38．某制造商提供给某厂的采样器是机械螺旋采样器，螺距为 150mm，环距为 100mm，螺旋轴的直径为 70mm，机械螺旋采样深度为 2000mm。煤的平均堆积密度为 0.95t/m³。请计算在全深度采样时，单个子样的质量。

解：根据以下公式计算子样质量：

$$m = \frac{1}{4}\pi d^2 l \rho$$

所以　　　　　　m=(1/4)×3.14×(0.1×2+0.07)^2×2×0.95=0.109（t）

39. 某火电厂采用双倍子样数双份采样方法测定某一批煤的采样精密度。该批煤共划分为 10 个采样单元，每个采样单元正常子样数 40 个，每次采样时子样依次轮流放入 A、B 两容器中，合并成一对双份试样。然后分别制样和测定水分、灰分，每个试样的干燥基灰分测定结果见下表。

采样单元号	A_d（%）		采样单元号	A_d（%）	
	A	B		A	B
1	26.45	27.13	6	29.08	30.42
2	29.46	28.31	7	28.50	29.02
3	27.30	27.93	8	25.14	25.78
4	26.98	26.10	9	26.78	26.23
5	26.55	25.10	10	27.84	28.90

试计算该批煤单个采样单元的采样精密度和该批煤的采样精密度，以及初级子样方差。（假定制样和化验方差为 0.20）

解：（1）计算标准差 $s = \sqrt{\frac{\Sigma d_i^2}{2n}} = \sqrt{\frac{8.96}{20}} = \sqrt{0.448} = 0.669$。

（2）单个采样单元的采样精密度 P=2s=2×0.669=1.34（%）。

（3）平均值的采样精密度 $P = \frac{2s}{\sqrt{n}} = \frac{2 \times 0.669}{\sqrt{10}} = 0.42(\%)$。

（4）初级子样方差 $V_I = \frac{mnP^2}{4} - nV_{PT} = \frac{10 \times 40 \times 0.42^2}{4} - 40 \times 0.20 = 9.64$。

40. 某火电厂燃煤由海船供应，为了能获得有代表性的煤样，该厂在码头卸煤皮带输送机上使用落煤流采样器采取煤样。一艘海船运煤 30000t，皮带输送机额定功率为 1500t/h，输煤速度为 2.5m/s，采样器开口宽度为 270mm，采样器以速度 1.2m/s 横过煤流采取子样，按照 GB/T 19494.1—2004 将批煤划分 3 个采样单元，问采样器采取的初级子样质量是多少？如果该批煤初级子样方差为 V_I=30，制样和化验方差为 V_{PT}=0.10，预期采样精密度按干燥基灰分计为±1.00%。试按照 GB/T 19494.1 规定计算每个采样单元至少采取多少个初级子样？如按时间基采样方式分布初级子样，采样时间间隔是多少分钟？

解：（1）落流采样器初级子样质量为

$$m = \frac{Cb}{3600v} =1500×270/(3600×1.2)=93.75（kg）$$

（2）每个采样单元初级子样数为

$$n = \frac{4V_{\mathrm{I}}}{mP_{\mathrm{L}}^2 - 4V_{\mathrm{PT}}} = 4 \times 30 / (3 \times 1.00^2 - 4 \times 0.10) = 47（个）$$

（3）采样时间间隔　$\Delta T = \frac{60m}{Gn} = 60 \times 10000 / (1500 \times 47) = 8.5（\mathrm{min}）$

41．一制样室对联合破碎缩分机进行精密度检验，要求的制样和化验方差目标值 $V_{\mathrm{PT}} = 0.2\%$，取 20 个试样用该设备分别制备，每个试样制得一对双份试样 A 和 B，共得到 20 对双份试样。分别制样和化验，其中第一组 10 对双份试样结果见下表，第二组 10 对双份试样计算出的标准差 $s_2 = 0.42$，从实验结果判断该联合破碎缩分机精密度是否达到要求？

第 一 组 实 验 数 据

试样对	留样 A 干燥基灰分	留样 B 干燥基灰分	$d_i = A_{\mathrm{A}} - B_{\mathrm{B}}$	d_i^2
1	34.36	35.04	−0.68	0.4624
2	34.25	34.65	−0.4	0.1600
3	35.12	34.65	0.47	0.2209
4	34.87	34.52	0.35	0.1225
5	34.25	35.01	−0.76	0.5776
6	33.98	34.24	−0.26	0.0676
7	34.52	35.10	−0.58	0.3364
8	35.78	35.10	0.68	0.4624
9	34.86	35.32	−0.46	0.2116
10	36.10	35.98	0.12	0.0144

解：（1）

$$s_1 = \sum \sqrt{\frac{d_i^2}{2n}} = 0.36$$

$$0.7\sqrt{V_{\mathrm{PT}}} = 0.31$$

$$1.75\sqrt{V_{\mathrm{PT}}} = 0.78$$

$0.7\sqrt{V_{\mathrm{PT}}} < s_1 < 1.75\sqrt{V_{\mathrm{PT}}}$，标准差落在标准目标值的上下限范围内。

（2）$s_2 = 0.42$，因此 $0.7\sqrt{V_{\mathrm{PT}}} < s_2 < 1.75\sqrt{V_{\mathrm{PT}}}$，标准差落在标准目标值的上下限范围内。

（3）结论：连续两组 10 对双份试样标准差都落在目标值范围内，所以此破碎缩分机精密度达到要求。

42．某沿江南方电厂用海轮运输煤炭进厂，该海轮有 4 个仓共运输筛选煤 20000t，干燥基灰分 A_{d} 为 21.00%～25.00%，煤炭粒度为 25mm，该电厂以一个仓为一个采样单元，按 GB/T 19494.1—2004 制定的专用采样方案进行采样，请问该船煤的预期采样精密度是多少？为了核对该船煤采样精密度，电厂再增加 6 个采样单元煤量即第二船 30000t 煤，对每一采样单元进行双倍子样数双份采样法采样，得到 10 对双份试样，分别制样和化验，其干燥基灰分 A_d 试验数据见下表，请根据试验结果核对第一船煤的采样精密度。

批号	A_d（％）		批号	A_d（％）	
	A	B		A	B
1	21.45	22.13	6	23.08	24.42
2	24.46	23.31	7	23.50	24.02
3	22.30	22.93	8	21.14	21.78
4	21.98	21.10	9	22.78	22.23
5	22.55	21.10	10	22.84	23.90

解：（1）根据筛选煤和干燥基灰分情况，采样单元精密度 $P_{SL}=\pm1.6\%$，批煤采样精密度 $P_L=\dfrac{P_{SL}}{\sqrt{4}}=\dfrac{\pm1.6\%}{2}=\pm0.8\%$。

（2）计算统计量：

$$P_i=2s=2\sqrt{\frac{\Sigma d_i^2}{2n}}=2\times\sqrt{\frac{8.96}{20}}=2\times\sqrt{0.448}=1.34$$

$$P_L=\frac{P_i}{\sqrt{4}}=\frac{1.34}{2}=0.67$$

精密度下限 $\alpha_L\times P_L=0.70\times0.67=0.47$。

精密度上限 $\alpha_U\times P_L=1.75\times0.67=1.17$。

根据以上核对试验结果，在 95%概率下，批煤最佳采样精密度为 0.67%，且精密度落在 0.47%～1.17%范围内。原预期采样精密度 P_L 为 $\pm0.8\%$，说明制定的采样方案能达到预期采样精密度的要求。

43．某电厂来了一列 50 节的火车装筛选煤，装载有 3000t，根据以往的采样资料已知 A_d=25%、V_I=15、V_m=5、V_{PT}=0.2，电厂将该批煤平均分成 2 个采样单元，采用机械方法进行采样，每车采 3 个子样，请问按照此采样方案能否达到预期的精密度？（写出计算依据）

解：每车采 3 个子样，共采 150 个，每个采样单元采集 75 个子样。

$$P=2\sqrt{\left(\frac{V_I}{mn}+\frac{V_{PT}}{m}\right)}=2\times\sqrt{\left(\frac{15}{2\times75}+\frac{0.2}{2}\right)}=0.89 \text{（％）}$$

当筛选煤 A_d=25%时，期望精密度应小于或等于 1.6%，因此可以满足要求。

44．某电厂进行机械化采制样精密度试验：进厂煤采用横过皮带采样器采样，采用全自动制样机制样，每次可得到 0.2mm 一般分析试样约 120g。按国家标准进行该一体化机械采样系统精密度试验，试验煤选取同一来源、同一品种煤（混煤），试验参数为干燥基灰分。

按双倍子样数双份采样法，每个采样单元共采取例常采样子样数的 2 倍子样即 40 个子样，单、双号样分别收集在一起称为 A_i 样、B_i 样（i 为试验次序号 1、2、…、10），进行了 10 个采样单元试验。

先使 A_i 样通过全自动制样机得到一个一般分析试样，B_i 样通过全自动制样机得到另一个一般分析试样，分别均进行两次灰分重复试验，分别得到 A_{i1} 和 A_{i2}，B_{i1} 和 B_{i2}。试验结果及相关差值平方和计算见下表。

A、B 样试验结果及试样差值与平均值

| 试验号 i | A 样（单号样集成） | | | | B 样（双号样集成） | | | | A 样–B 样 |
| | A_i | | | | B_i | | | | $(A_i-B_i)^2$ |
	A_{i1}	A_{i2}	$(A_{i1}-A_{i2})^2$	均值	B_{i1}	B_{i2}	$(B_{i1}-B_{i2})^2$	均值	d_i^2
1	26.80	26.60	0.04	26.70	27.56	27.74	0.0324	27.65	0.9025
2	26.04	26.34	0.09	26.19	25.30	25.48	0.0324	25.39	0.64
3	29.69	29.59	0.01	29.64	28.32	28.10	0.0484	28.21	2.0449
4	28.36	28.22	0.0196	28.29	27.52	27.72	0.04	27.60	0.4761
5	20.65	20.44	0.0441	20.54	20.81	21.02	0.0441	20.92	0.1444
6	22.24	22.10	0.0196	22.17	23.54	23.70	0.0256	23.62	2.1025
7	25.27	25.15	0.0144	25.21	26.87	26.72	0.0256	26.8	2.5281
8	23.48	23.63	0.0225	23.56	22.97	23.13	0.0256	23.05	0.2601
9	24.51	24.63	0.0144	24.57	25.36	25.54	0.0324	25.45	0.7744
10	27.03	27.18	0.0225	27.10	26.14	26.30	0.0256	26.22	0.7744
			$\Sigma d_i^2 = 0.297$				$\Sigma d_i^2 = 0.329$		$\Sigma d_i^2 = 10.637$

（1）请计算化验方差和采制化总方差。

（2）请根据计算结果判断每个采样单元采样精密度（以干燥基灰分表示）是否达到预期值 1.0% 和 GB/T 19494.1—2004 规定的 1.6% 要求？已知精密度计算因素：自由度分别为 10 时，精密度计算上限因素为 0.70，上限因素为 1.75。

（3）灰分化验精密度是否满足 GB/T 212—2008 的相关要求（重复性限 r=0.30%）。F 检验临界值 $F_{0.05,60}$=1.53。

解：（1）各阶段总方差计算：

化验方差计算：

$$V_{\mathrm{T}} = \frac{\Sigma d_i^2}{2n} = 0.626/40 = 0.016$$

采制化总方差：

$$V_{\mathrm{SPT}} = \frac{\Sigma d_i^2}{2n} + \frac{V_T}{2} = 10.637/20 + 0.08 = 0.54$$

（2）精密度检验：

每个采样单元采样精密度 $P=2s=2\sqrt{V_{\mathrm{SPT}}}=1.47$。

采样精密度下、上限为 0.70×1.47=1.03、1.75×1.47=2.57。预期不应大于 1.0%和国标规定的最差采样精密度 1.6%。从目前数据看，采样精密度不满足预期要求。但对采样精密度是否符合 GB/T 19494.1—2004 还不能作出判断，须继续采样精密度试验。

（3）化验方差为 0.016，按化验方差 $s_{\mathrm{r}}^2=\dfrac{r^2}{8}=0.3^2/8=0.011$。

进行 F 检验：$F=0.016/0.011=1.42<F_{0.05,60}=1.53$，灰分化验精密度满足要求。

45．某南方电厂收到海轮运输煤炭 34672t，实测煤中全水分为 9.8%。已知供需双方合同约定煤炭批量是 35000t，全水分是 9.0%。请问该电厂应如何核算验收煤量？

解： 由题意知合同定义干煤量=35000×（1−0.09）=31850（t）

实际干煤量=34672×（1−0.098）=31274（t）

干煤亏吨=31850−31274=576（t）

供方应补给电厂全水分为 9.8%的煤炭量=576/（1−0.098）=639（t）

46．一批 3000t 的汽车煤，买方以 1500t 作为一个采样单元，卖方以 1000t 作为一个采样单元，每个采样单元的采样方案均符合 GB/T 19494.1—2004 要求，采样精密度均为 1.6%。验收允许差定为多少较为合适。

解：当对同一批煤划分多个采样单元验收时，要根据采样单元数按照公式合成精密度。

$$P_{\mathrm{h}}=\sqrt{\left(\dfrac{P_{\mathrm{a}}}{\sqrt{m_{\mathrm{a}}}}\right)^2+\left(\dfrac{P_{\mathrm{b}}}{\sqrt{m_{\mathrm{b}}}}\right)^2}=\sqrt{\left(\dfrac{1.6}{\sqrt{2}}\right)^2+\left(\dfrac{1.6}{\sqrt{3}}\right)^2}=146（\%）$$

得出合成精密度为 1.46，查 GB/T 18666—2014 表 4 批煤验收时，灰分允许差为 $-P_{\mathrm{h}}$，即 −1.46%；发热量允许差为 $+0.396P_{\mathrm{h}}$，即 578J/g 较为合适。

47．某火电厂采用多份采样方法测定某一批煤的采样精密度。共采 120 个子样，依次轮流放入 10 个容器中，合并成 10 个分样然后分别制样和测定水分、灰分，每个分样的干燥基灰分测定结果如下表：

分样号	A_{d}（%）	分样号	A_{d}（%）
1	25.12	6	27.10
2	25.78	7	25.40
3	26.50	8	24.80
4	26.80	9	26.50
5	24.30	10	26.00

试估算在 95%置信概率下该批次煤的采样精密度的范围？（已知自由度为 9 在 95%置信概率下，上、下限因素分别为 0.70、1.75）

解：（1）总体标准差 s=0.92。

（2）P=2×0.92/10$^{0.5}$=0.58（%）。

（3）采样精密度上限：0.70×0.58=0.41（%）。

采样精密度下限：1.75×0.58=1.02（%）。

48．依据 GB/T 475—2008 中的基本采样方案，某火电厂从煤矿运来洗中煤 900t，最大粒度为 50mm；原煤 180t，最大粒度为 100mm。两者的车皮容量均是 50t，试问各采多少个子样？

解：洗中煤：900t÷50t/节=18 节车厢

原煤：150t÷50t/节=3 节车厢

按规定洗中煤每节车皮采取 1 个子样，原煤的量不足 300t，故至少要采取 18 个子样。

49．某火电厂燃煤由煤矿供应，某天火车运煤 3000t 混煤，标称最大粒度 50mm。供方在装车时按 GB/T 475—2008 采用基本采样方案进行人工采样，将该列煤作为一个采样单元。电厂在卸煤后皮带输送机上按 GB/T 19494.1—2004 使用皮带端部落流采样器采样，平分为 2 个采样单元采样，已知该车煤采样精密度为 1.0%，初级子样方差 V_I=30，制样和化验方差 V_{PT}=0.15；皮带输送机额定负荷为 1000t/h，采样器开口宽度为 150 mm，采样器切割速度 1.4 m/s，皮带速度 2.0m/s。请计算：

（1）供方人工采样最少子样数是多少？实际采样精密度实际是多少？假定人工制样和化验方差 V_{PT}=0.16。

（2）需方实施机采每个采样单元至少应采多少个初级子样？按时间基采样，初级子样采样时间间隔最大值是多少分钟？初级子样质量理论值是多少千克？

（3）需方如作为 1 个采样单元采样，至少应采多少个初级子样？

（4）按照 GB/T 18666—2014 的规定，该批煤验收时灰分和发热量允许差各是多少？

解：（1）人工采样最少子样数：$60 \times \sqrt{\dfrac{3000}{1000}} = 104$

人工实际采样精密度：$p_a = 2\sqrt{\dfrac{30}{104} + 0.16} = 1.34$（%）

（2）初级子样数：$n = \dfrac{4 \times 30}{2 \times 1.0^2 - 4 \times 0.15} = 86$

时间间隔 $= \dfrac{60 \times 1500}{1000 \times 86} = 1.0$（min）

$$初级子样质量 m = \frac{1000 \times 150 \times 10^{-3}}{3.6 \times 1.4} = 30 \text{（kg）}$$

（3） $$n = \frac{4 \times 30}{1.0^2 - 4 \times 0.15} \times \sqrt{\frac{3000}{1000}} = 520$$

（4）灰分允许差 $$\Delta A(\%) = \sqrt{1.34^2 + 1.00^2} = 1.67$$

发热量允许差 $$\Delta Q_{\mathrm{gr,d}} = 1.67 \times 0.396 = 0.66 \text{（MJ/kg）}$$

$$20.83\text{kg} \times 96 = 2000\text{kg}$$

$$\Delta T = \frac{60m}{Gn} = \frac{60 \times 13333}{2000 \times 96} = 4$$

50．某工作人员对煤样进行质量基采样后，共采样 10 个，每个子样质量分别为 96、104、94、86、82、103、98、101、93、97（单位 kg），求子样的质量变异系数。

解：平均质量：$\overline{X} = \dfrac{\sum X_i}{n} = 95.4$（kg）；方差：$V = \dfrac{\sum x^2 - \left(\sum X\right)^2 / n}{n-1} = 49.82$

标准差：$s = \sqrt{V} = \sqrt{49.82} = 7.06$；质量变异系数：$CV = \dfrac{\overline{X}}{s} \times 100 = \dfrac{7.03}{95.4} \times 100 = 7.4\%$

51．某电厂用多份采样方法对一特定批煤（装有标称最大粒度 50mm 筛选煤的 60 节火车，每车 60t）进行精密度检验，已知采样程序的采样单元数 $m_0 = 2$，每个采样单元子样数 $n_0 = 30$，要求期望的精密度 $P_0 = 0.5\%$，制样和化验方差 $V_{\mathrm{PT}} = 0.10$。多份采样的试验结果（干基灰分 A_d%）如下：15.32、17.65、16.82、14.25、15.96、16.25、18.54、14.87、16.35、15.25。请问实际采样精密度是否达到了期望精密度的要求？如果没有达到要求请另行设计采样单元数为 4 的采样方案。

解：$s = \sqrt{\dfrac{\sum x_i^2 - \left(\sum x_i\right)^2 / j}{j-1}} = 1.30$；$P = \dfrac{2s}{\sqrt{j}} = \dfrac{2 \times 1.30}{\sqrt{10}} = 0.82$

精密度上限 $= 1.75 \times 0.82 = 1.44$，精密度下限 $= 0.7 \times 0.82 = 0.57$

P_0（0.5）$\leqslant \alpha_{\mathrm{L}} P$（0.57），则精密度不符合要求，需要重新设计采样方案。

计算初级子样方差 $V_{\mathrm{I}} = \dfrac{m_0 n_0 P^2}{4} - n_0 V_{\mathrm{PT}} = \dfrac{2 \times 30 \times 0.82^2}{4} - 6 \times 0.1 = 9.5$

取 $m = 4$ 时，$n = \dfrac{4V_{\mathrm{I}}}{mP_0^2 - 4V_{\mathrm{PT}}} = \dfrac{4 \times 9.5}{4 \times 0.5^2 - 4 \times 0.1} = 65$

划分 4 个采样单元时，每个采样单元为 15 节火车，把每个车厢表面分成 3×6=18 小块，按照系统采样或者随机采样方法布置 65 个子样，总样质量=3×65=195（kg）大于 50 mm 标称最大粒度为 50mm 规定的总样最小质量 170kg，所以以每个子样采取 3.0kg 符合要求。

52．已知：一批 2000t 筛选煤（标称最大粒度 25mm）由 40 节车厢载运，要求采样总精密度为 0.6%（A_d）。已知：初级子样方差 V_{I}=5.0，制样和化验方差 V_{PT}=0.2，求采样单元

数 m、每一采样单元子样数 n 和平均最小子样质量。

解：（1）求采样单元数和每一采样单元子样数 $m=\sqrt{\dfrac{M}{M_0}}=\sqrt{\dfrac{2000}{1000}}=1.42\approx2$

$$n=\frac{4V_I}{mP_L^2-4V_{PT}}=\frac{4\times5.0}{2\times0.6^2-4\times0.2}=-250$$

子样计算数为负数，证明制样和化验误差太大，按 2 个采样单元采样达不到要求的精密度，采样单元数必须增加。为此，取子样数为 60，则

$$m=\frac{4V_I+4nV_{PT}}{nP_L^2}=\frac{4\times5.0+4\times60\times0.2}{60\times0.6^2}=3.14$$

m 可取 3，也可取 4。但取 3 时采样单元不好划分，故取 $m=4$，即每 10 节车厢为 1 采样单元。

按 4 个采样单元，计算子样数 $n=\dfrac{4V_I}{mP_L^2-4V_{PT}}=\dfrac{4\times5.0}{4\times0.6^2-4\times0.2}=31.25\approx32$

（2）平均最小子样质量：标称最大粒度为 25mm 下，总样最小质量 m_g=40kg，则 $\overline{m_1}=m_g/n=40/32=1.25$（kg）。

（3）子样分布：每节车厢子样数为 32/10=3.2，即每节 3 个余 2 个。将车厢煤分成 18 个面积相等的小块，先用随机方法从每节车厢采 3 个子样，再用随机方法从 10 个车厢中选取 2 个车厢，各加 1 个子样。

53．某电厂使用机械化采制样装置采样，离线制样采用破碎缩分制样机+离机人工制样。已知离线制样和化验方差目标值为 0.13，化验方差目标值为 0.03。按国标对离线制样和化验进行精密度试验，按国标要求组成一对 AB 双份样，共进行 10 对实验。对每一分析试验煤样按国标规定进行两次重复试验，试验结果见下表，表中所列方差值已经离群值检验。

A、B 样试验结果及试样差值与平均值

试验号 i	A 样				B 样				A 样–B 样
	A_i				B_i				$(A_i-B_i)^2$
	A_{i1}	A_{i2}	$(A_{i1}-A_{i2})^2$	均值	B_{i1}	B_{i2}	$(B_{i1}-B_{i2})^2$	均值	d_i^2
1	27.80	27.60	0.04	27.70	27.26	27.44	0.0324	27.35	0.1225
2	26.04	26.34	0.09	26.19	25.30	25.48	0.0324	25.39	0.6400
3	29.69	29.59	0.01	29.64	29.32	29.48	0.0484	29.21	0.0256
4	28.36	28.22	0.0196	28.29	27.52	27.72	0.04	27.60	0.4761
5	20.65	20.44	0.0441	20.54	20.81	21.02	0.0441	20.92	0.1444
6	22.24	22.10	0.0196	22.17	22.54	22.70	0.0256	22.62	0.2025
7	25.27	25.15	0.0144	25.21	25.87	25.72	0.0256	25.80	0.3481
8	23.48	23.63	0.0225	23.56	22.97	23.13	0.0256	23.05	0.2601
9	24.51	24.63	0.0144	24.57	25.36	25.54	0.0324	25.45	0.7744
10	27.03	27.18	0.0225	27.10	26.14	26.30	0.0256	26.22	0.7744

（1）请计算离线制样方差目标值。

（2）请计算化验方差。

（3）请计算离线制样方差。

（4）请根据计算结果判断化验方差和离线制样方差是否达到预期值。

解： 已知精密度计算因素：自由度分别为 10、20 时，精密度计算上限因素为 0.70、0.77 上限因素为 1.75、1.44。

（1）离线制样和化验总方差=离线制样方差+化验方差

离线方差目标值=制样和化验总方差目标值–化验方差目标值=0.13–0.03=0.10。

（2）化验方差：

可根据表中 20 对重复化验数据计算化验方差

$V_T = \sum D_i^2/2n$ =0.61/40=0.016。

（3）离线制样方差：

当前实验，A、B 样为一次制样和两次化验平均值，即离线制样总方差 V_{PT} = 3.77/20=0.1885。

应包括制样方差 V_P，和平均值化验方差，所以 $V_{PT} = V_P + V_{T/2}$。

$V_P = V_{PT} - V_{T/2}$ =0.1885–0.008=0.18。

（4）化验标准差为 0.13，其标准差合格范围为（0.133，0.25），所以化验方差满足预期要求。

（5）离线制样标准差 0.43 其合格范围（0.22，0.55），所以离线制样方差均满足预期要求。

54. 南方某电厂收到一批火车运煤共 982t，过衡后立即使用机械采样装置采样、制样，并将样品立即送至化验室分析，得到如下结果：全水分 M_t =6.5%，一般分析试样水分 M_{ad} =1.65%，灰分 A_{ad} =25.68%，全硫 $S_{t,ad}$ =1.05%，氢 H_{ad} =3.50%，收到基低位发热量 $Q_{net,ar}$ =21.74MJ/kg。根据该机械采样装置性能试验报告，该装置使用过程中水分偏倚为 –0.9%。该电厂要求对此水分偏倚校正。问：

（1）进行水分校正后的全水分是多少？

（2）进行水分校正后的收到基低位发热量是多少？

（3）其干燥基高位发热量是多少？

（4）全硫按合同约定不应大于 1.00%，按 GB/T 18666—2014，该批煤全硫是否合格？

解：（1）水分校正后的全水分为

$$M_t=0.9+(100-0.9)/100×6.5=7.3（\%）$$

（2）水分校正后的收到基低位发热量为

$$Q_{net,ar}=(21740+23×6.5)×(100-7.3)/(100-6.5)-23×7.3=21534(J/g)=21.53（MJ/kg）$$

（3）干燥基高位发热量为

$$Q_{gr,ad}=(21740+23\times6.5)\times(100-1.65)/(100-6.5)+206\times3.50=23746（J/g）$$

$$Q_{gr,d}=23746\times100/(100-1.65)=24144（J/g）$$

（4）全硫验收：

$$S_{t,d}=1.05\times100/(100-1.65)=1.07（\%）$$

全硫（$S_{t,d}$）报告值−检验值=1.00−1.07=−0.07（%）$>-0.17/\sqrt{2}=-0.12$（%）

所以合格。

第三章 化验检测

一、全水分与工业分析

（一）判断题

判断下列描述是否正确，正确的在括号内打"√"，错误的在括号内打"×"。

1. 煤的固定碳中除了碳元素以外，还有氢、硫等元素，但其中可燃组分只有碳元素。
（×）

2. 用微波干燥法快速测定煤中水分的方法适用于褐煤和烟煤，不适用于无烟煤。（√）

3. 煤的内在水分常温下不会失去，只有加热到一定温度时才会失去。（√）

4. 通氮干燥法测定煤的空气干燥基水分时，于 105～110℃温度条件下进行干燥，对于烟煤干燥 1.5h，无烟煤和褐煤干燥 2h。（√）

5. 在挥发分测定的 7min 时间内，需要煤样在（900±10）℃至少保持 4min。（√）

6. 在测定煤样空气干燥基水分时，检查性干燥一直到连续两次煤样质量减少或质量增加不超过 0.01g 时为止。（×）

7. 测定煤的灰分时，从马弗炉中取出灰皿直接在空气中冷却至室温再称量，会使测定结果偏高。（√）

8. 煤中干燥无灰基氢含量 H_{daf} 与挥发分 V_{daf} 之间存在正相关性。（√）

9. 煤的挥发分 V_{daf} 与发热量 $Q_{gr,daf}$ 存在非线性相关关系。（√）

10. 当采用 DL/T 1030—2006 中的复式快速法测定煤样的挥发分时，由于挥发分的加热裂解有一个升温和降温的过程，样品裂解总时间与 GB/T 212—2008 中挥发分测定方法明显不同，因此该方法测定的挥发分存在系统偏差，测定结果需进行校准。（√）

11. 测定煤的灰分试验过程中，当煤样的灰分不大于 15.00%时不必进行检查性灼烧试验；测定煤的空气干燥基水分试验过程中，当煤样的水分不大于 2.00%时不必进行检查性干燥试验。（×）

12. 当煤中碳酸盐二氧化碳含量超过 2%时，在干燥无灰基挥发分计算中就要加以扣除。（√）

13. 煤中全水分和灰分测定中检查性干燥时间均为 30min。（×）

14. 灰分是干燥基煤样中唯一的不可燃组分。（√）

15. 煤中水分、灰分、挥发分、固定碳四项成分之和，随着煤种的不同而有所不同。 （×）

16. 挥发分测定的技术条件之一，必须是将煤样与空气适当接触。 （×）

17. GB/T 212—2008 中规定，空气干燥基水分的测定方法有通氮干燥法、空气干燥法，在仲裁分析中应使用空气干燥法。 （×）

18. 依据 GB/T 212—2008，只要检查性干燥和检查性灼烧结果不合格，就要一直进行下去，直至合格为止。 （√）

19. 测定挥发分时装有煤样的坩埚放入马弗炉后，炉温应在 7min 内恢复到（900±10）℃。 （×）

20. 干燥无灰基挥发分 $V_{daf}>37\%$ 的煤种为褐煤。 （×）

21. 某煤样进行挥发分测试，2 次重复测试的空气干燥基挥发分结果分别为 25.20%、25.72%，则样品空气干燥基挥发分为 25.46%。 （×）

22. 挥发分测试，坩埚质量偏大，在其他情况都正常的情况下其测试结果有偏低的趋势。 （√）

23. 新更换的电炉丝和控温元件后的干燥箱，可马上投入使用。 （×）

24. 测定灰分时，在 500℃停留 30min 后，再将炉温升到（815±10）℃并保持 30min。 （×）

25. 测定挥发分试验后发现坩埚外表面有絮状烟垢凝聚，属于正常现象。 （×）

26. 灰分测定结果为 15.00%，必须进行检查性灼烧。 （√）

27. 马弗炉的恒温区应在炉门开启的条件下测定。 （×）

28. 如果煤中碳、氢、氧、氮及可燃硫含量之和为 80%，那么说明该煤中的灰分含量为 20%。 （×）

29. 测定小于 13mm 煤样的全水分，干燥完毕应将其置于空气中，冷却室温后称重。 （×）

30. 挥发分是影响锅炉稳定燃烧的重要特性指标。 （√）

31. 全水分的测定，实际上是测定煤中游离水的含量。 （√）

32. 全水分是指煤样中游离水和结晶水的总和。 （×）

33. 煤中灰分的主要来源是矿物质。 （√）

34. 在空气干燥基水分测定中，如果温度设定低于规定温度，则所测结果偏高。 （×）

35. 在空气干燥基水分测定中，如果加热时间设定低于规定时间，则所测结果偏低。 （√）

36. 测定灰分时，如不在 500℃时停留 30min 直接升温至 815℃，维持 1h，会使灰分测定结果偏高。 （√）

37. 在测定挥发分时，除水分外所逸出的物质均为煤中的可燃物质。（×）

38. 使用没有烟囱的高温炉测定挥发分时，对测定结果没有影响。（√）

39. 使用没有烟囱的高温炉测定灰分时，结果将会偏高。（√）

40. V_{daf} 值随煤的变质程度增加而逐渐减小。（√）

41. V_{daf} 值随煤的变质程度增加而逐渐升高。（×）

42. 某一化验员，在测定挥发分时，称试样煤样连同坩埚盖称，试验后也没有连同坩埚盖称，这样操作并不影响测定结果。（×）

43. 煤在灰化的过程中，只有高于 500℃后，才有二氧化硫释放出来。（×）

44. 收到基水分与全水分可以相互替代使用。（√）

45. 测定空气干燥基水分时，如水分大于 2%，则不要进行检查性干燥。（×）

46. 测定空气干燥基水分时，如水分小于 2%，则不要进行检查性干燥。（√）

47. $V_{daf}+FC_{daf}=100\%$。（√）

48. $V+FC=C+H+O+N+S$。（√）

49. $A_d+V_d+FC_d\neq100\%$。（×）

50. 通氮干燥法测定全水分可适用所有煤种。（√）

51. 挥发分测定以后，坩埚内余剩余物为灰分。（×）

52. 挥发分测定以后，坩埚内余下的为焦渣，焦渣中的主要组分为灰分和固定碳。（√）

53. 焦渣燃烧后，余下的为灰分。（√）

54. 空气干燥基水分测定时，是将称好的试样在室温下放进鼓风干燥箱，然后升温至 105~110℃。（×）

55. 空气干燥基水分测定时，若加热温度为 115~120℃，会使测定结果偏低。（×）

56. 在挥发分测定中，不论二氧化碳含量高低，都应该加以扣除。（×）

57. 各种煤在测定空气干燥基水分时，达到恒重的时间都是一致的。（×）

58. 不论煤的灰分含量如何，都应在测定时进行检查性灼烧。（×）

59. 煤的变质程度越深，固定碳的含量越高。（√）

60. 一般来说，煤的变质程度越深，内在水分含量越少。（√）

61. 空气干燥水分与空气湿度有关。（√）

62. 干燥基灰分不受水分含量变化的影响。（√）

63. 用快速灰化法方法 B 测定灰分时，如煤样燃烧起火，只要燃烧完全，并不会影响试验结果。（×）

64. 测定挥发分时应同时测定空气干燥基水分，如不同时测定，至多可相隔 2 天。（×）

65. 用小于 13mm 的煤样测定全水分，称样量应为 250g。（×）

66. 煤中的可燃成分只有挥发分和固定碳。（×）

67. 煤中最易燃烧的成分为固定碳，而不是挥发分。（×）

68．煤中最易燃烧的成分为挥发分，而不是固定碳。　　　　　　　　　　（√）

69．测定挥发分时，必须对煤中二氧化碳含量加以矫正。　　　　　　　（×）

70．测定挥发分时，必须对煤中空气干燥基水分含量加以校正。　　　　（√）

71．在实验室中不能测定煤中的化合水。　　　　　　　　　　　　　　（√）

72．挥发分与灰分测定一样，必须在充足的空气环境中加热试样。　　　（×）

73．完成挥发分测定后，将坩埚中的残余物燃尽，坩埚中不会残留任何物质。（×）

74．粒度小于 13mm 的煤样，采用空气干燥法测定全水分，适用于褐煤及无烟煤。（×）

75．粒度小于 6mm 的煤样，采用空气干燥法测定全水分，适用于烟煤及无烟煤。

（√）

76．只有通氮干燥法测定煤中全水分适合于所有煤种。　　　　　　　　（√）

77．测定煤中灰分及挥发分时，可将灰皿及挥发分坩埚置于炉底上加热。（×）

78．焦渣中包含可燃成分。　　　　　　　　　　　　　　　　　　　　（√）

79．灰分测定结果是灰分产率而不是灰分含量。　　　　　　　　　　　（√）

80．两个煤样 V_{ad} 相等，灰分 A_{ad} 大者，V_{daf} 值也一定大。　　　　　（×）

81．GB/T 212—2008 规定，测定挥发分后，发现坩埚外壁有黑色物，此测定应作废。

（√）

82．GB/T 212—2008 规定，空气干燥法测定煤的空气干燥基水分时要在空气流中、于 105～110℃温度条件下进行干燥，对于烟煤干燥 1.5h，无烟煤干燥 1h。（×）

83．测定褐煤和长焰煤的挥发分时，煤样应压饼并切割成小块后称量，目的是防止煤样在高温下迅速氧化。（×）

84．测定煤中灰分时，炉膛内要保持良好的通风状态，这主要是为了将二氧化硫及时排出炉外。（√）

85．根据 GB/T 212—2008 对灰分测定的精密度要求，灰分在 15%～30% 的，同一实验室重复性限为 0.30%，再现性临界差为 0.60%。（×）

86．煤的挥发分主要是由水分、碳氢的氧化物和碳氢的化合物组成，因此煤中的物理吸附水（全水分）和矿物质分解的二氧化碳均属于挥发分。（×）

87．在挥发分测定的 7min 时间内，可以让煤样在（900±10）℃至少保持 5min。

（×）

88．测定挥发分的高温炉的恒温区校准需要在关闭炉门下测定，并至少每年测定 1 次。

（√）

89．DL/T 1030—2006 规定了使用专用自动工业分析仪测定煤的水分和灰分的缓慢法和快速法。（×）

90．DL/T 1030—2006 适用于无烟煤、烟煤、褐煤和水煤浆。　　　　　（×）

91．DL/T 1030—2006 规定，单式测定法是每次试验只测定一个试样的仪器测定法。（√）

92．DL/T 1030—2006 规定，使用的纯氮的纯度不小于 99.99%。　　　　　（√）

93．DL/T 1030—2006 规定，水分 M_{ad} 小于 5.00% 时，再现性临界差为 0.20%。（×）

94．GB/T 30732—2014 规定，测定灰分时在 500℃ 停留 30min 后，再将炉温升到（815±10）℃并保持 30min。　　　　　　　　　　　　　　　　　　　　（×）

95．GB/T 30732—2014 规定，测定灰分时，如不在 500℃ 时停留 30min，直接升温至 815℃，维持 1h，灰分测定结果会偏低。　　　　　　　　　　　　　　　　　（×）

96．GB/T 30732—2014 规定，自动工业分析仪高温炉的恒温区至少每年校准一次。
　　　　　　　　　　　　　　　　　　　　　　　　　　　　　　　　　　　（√）

97．GB/T 30732—2014 规定，自动工业分析仪的温度测控和显示系统至少每年检定/校准一次。　　　　　　　　　　　　　　　　　　　　　　　　　　　　　　　（√）

98．GB/T 30732—2014 适用于褐煤、烟煤和无烟煤。　　　　　　　　　　（√）

99．煤的灰分 A_d 与发热量 $Q_{gr,d}$ 存在线性相关关系。　　　　　　　　　　（√）

100．对某些特定煤种，按照 GB/T 211—2017 测定的全水分会低于按 GB/T 212—2008 测定的一般分析试验煤样水分，此时应用一步法测定全水分，并用一般分析试验煤样水分代替内在水分。　　　　　　　　　　　　　　　　　　　　　　　　　　　　（×）

101．空气干燥法测定煤中空气干燥基水分，仅适用于无烟煤及烟煤。　　　（√）

102．测定挥发分后的焦渣中不含碳酸盐二氧化碳。　　　　　　　　　　　（×）

103．按 GB/T 30732—2014 规定，灰分测定灼烧过程中，仪器按设定的时间间隔自动进行称量，直至 10min 间隔下质量变化不超过 0.0010g 为止。　　　　　　　　　（×）

104．GB/T 212—2008、DL/T 1030—2006 和 GB/T 30732—2014 对灰分测定的精密度要求是一致的。　　　　　　　　　　　　　　　　　　　　　　　　　　　　　（√）

105．煤的挥发分就是煤在规定条件下隔绝空气加热的质量损失率。　　　　（×）

106．缓慢灰化法测定煤的灰分过程中，在 500℃ 保持 30min，目的是确保有机物完全燃烧。　　　　　　　　　　　　　　　　　　　　　　　　　　　　　　　　　（×）

107．煤的灰分测定方法精密度规定：灰分大于 30.00% 时，重复性限为 0.50%，再现性临界差为 0.70%。　　　　　　　　　　　　　　　　　　　　　　　　　　　（√）

108．测定煤的挥发分中包含煤中的结晶水。　　　　　　　　　　　　　　（√）

109．焦渣特征是指煤样在测定挥发分后残留物黏结、结焦的性状。　　　　（√）

110．测定褐煤挥发分时，试样如不压饼切块，会造成测定结果偏高。　　　（√）

111．测定煤中的灰分时，试样要在带有烟囱的高温炉中灼烧。这是为了将煤中分解产生的二氧化碳排出炉外，以获得可靠的结果。　　　　　　　　　　　　　　　　　（×）

112．煤中矿物质是赋存在煤中的无机物，不包括游离水，但包括化合水。　（√）

113．贮存压力气瓶时要把氧气和可燃气严格分开存放，并远离明火至少 10m。（√）

114．凡需根据水分测定结果进行校正和基准换算的分析试验，应同时测定水分。如不能同时进行，两次测定也应在尽量短的、水分不发生显著变化的期限内进行（最多不超过7天）。　　　　　　　　　　　　　　　　　　　　　　　　　　　　　　（×）

115．工业分析是一切工业用煤的基础资料。　　　　　　　　　　　　　　（√）

116．煤中的化合水是以化合的方式同煤中的矿物质相结合，属于矿物晶格的一部分，包含在全水分内。　　　　　　　　　　　　　　　　　　　　　　　　　　　　（×）

117．煤样的最高内在水分是指在饱和蒸气压和温度为 30℃、相对湿度为 96% 的条件下，吸附和凝结于毛细管及孔隙内的饱和水分。　　　　　　　　　　　　　　（×）

118．煤中的灰分主要以硅、铝、铁、镁、钙、钠、钾、硫、磷、钛等元素的氧化物形态存在，极少数以硫酸盐形态存在。　　　　　　　　　　　　　　　　　（√）

119．测定灰分时，煤样失去结晶水的过程不在其灰化过程中。　　　　　　（×）

120．煤样灰化过程中，最好采取分段控温加热的方法，以避免二次生成硫酸盐，从而提高灰分测定结果的准确性。　　　　　　　　　　　　　　　　　　　　　（√）

121．灰分不是煤中的固有组分，因此正确的名称应该为灰分产率，而水分、挥发分、碳、氢、氮等组分是煤中的固有组分。　　　　　　　　　　　　　　　　　（×）

122．测定挥发分时，应在预先灼烧至质量恒定的坩埚内称量粒度小于 0.2mm 的空气干燥煤样（1±0.1）g。　　　　　　　　　　　　　　　　　　　　　　　　（×）

123．进行灰分检查性灼烧试验时，每次 20min，直到连续两次灼烧后的质量变化不超过 0.0010g 或质量增加为止，并以最后一次灼烧后的质量为计算依据。　　　　（×）

124．挥发分高的煤易燃烧完全，化学不完全燃烧热损失和机械不完全燃烧热损失也较低。　　　　　　　　　　　　　　　　　　　　　　　　　　　　　　（√）

125．挥发分高的煤在贮存时易发生氧化自燃，因此存放时间不宜过长。　（√）

126．挥发分测定是一项规范性很强的试验，其测定结果完全取决于人为选定的条件。　　　　　　　　　　　　　　　　　　　　　　　　　　　　　　　　（√）

127．挥发分开始析出的温度，随煤的变质程度加深而降低。　　　　　　（×）

128．GB/T 212—2008 规定了煤和水煤浆中水分、灰分、挥发分和固定碳的测定方法。　　　　　　　　　　　　　　　　　　　　　　　　　　　　　　　（×）

129．使用通氮干燥法测定水分时，通氮干燥箱应保证箱体严密，具有较小的自由空间，有气体进、出口，并带有自动控温装置，能保持温度在 30～40℃ 及 105～110℃ 范围内。　　　　　　　　　　　　　　　　　　　　　　　　　　　　　　　（×）

130．GB/T 212—2008 规定，使用方法 B 测定水分预先鼓风是为了使温度均匀，为此可将装有煤样的称量瓶放入干燥箱前 1～3min 就开始鼓风。　　　　　　　（×）

131．GB/T 212—2008 规定，使用快速灰化法中方法 A 测定灰分时，对于新的灰分快速测定仪，需对不同煤种与缓慢灰化法进行对比试验，根据对比试验结果及煤的灰化情况，调节传送带的传送速度。　　　　　　　　　　　　　　　　　（√）

132．GB/T 212—2008 规定，使用快速灰化法中方法 B 测定灰分时，应将马弗炉加热到 850℃，打开炉门，将灰皿快速推入马弗炉中，迅速关闭炉门开始计时。 （×）

133．GB/T 212—2008 规定，使用马弗炉测定挥发分时，马弗炉应具备（900±10）℃的控温精度及恒温区。 （×）

134．使用马弗炉测定挥发分时，为保证测定结果的准确性，应紧闭炉门，关闭烟囱。 （×）

135．依据 GB/T 212—2008，测定挥发分时，马弗炉的预先加热温度不一定为 920℃，可根据实际情况调节，只要保证放入坩埚及坩埚架后，炉温在 3min 内恢复至（900±10）℃即可。 （√）

136．焦渣特征分类中，不熔融黏结规定为：焦渣形成扁平的块，煤粒的界线不易分清，焦渣上表面有明显银白色金属光泽，下表面银白色光泽更明显。 （×）

137．GB/T 212—2008 规定，水分的测定方法 A 中，氮气纯度为 99.9%，含氧量小于 0.1%。 （×）

138．使用通氮干燥法测定煤样中的水分时，可在预先干燥和已称量过的称量瓶内称取粒度小于 0.2mm 的一般分析试验煤样（1±0.1）g，盖上瓶盖，轻轻振荡样品使其平摊在称量瓶中。 （√）

139．使用通氮干燥法测定煤样中的水分时，干燥完毕后取出称量瓶，盖上盖，立即称量其质量，并根据质量损失计算水分含量。 （×）

140．测定煤样灰分时，称取一定量的一般分析试验煤样，放入马弗炉中，以一定的速度加热到（815±10）℃，灰化并灼烧到质量恒定，根据煤样的质量损失计算灰分产率。 （×）

141．GB/T 212—2008 中水煤浆干燥试样灰分的测定步骤与煤样完全相同。 （√）

142．GB/T 212—2008 对水煤浆水分测定的精密度进行了规定，但对灰分和挥发分测定的精密度未进行规定。 （×）

143．GB/T 212—2008 规定，灰分快速测定仪应能避免煤中硫氧化生成的硫氧化物与碳酸盐分解生成的氧化钙接触。 （×）

144．煤中的固定碳一般无法直接测定，但可通过差减法计算得到。 （√）

145．如能保证煤样均匀且同时进行水分和发热量的测定，则煤样的空气干燥状态不会影响最终化验结果。 （×）

146．挥发分、固定碳、硫铁矿为煤中可燃成分，但不是煤中的固有组成。 （×）

147．灰中三氧化硫含量越高，灰质量越差，利用价值越小。 （√）

148．煤在挥发分试验中释放出的气态物质包括结晶水、矿物质分解的二氧化碳、碳氢化合物为主的有机物质。 （√）

149．按照干燥基准，煤的工业分析组成包括水分、灰分、挥发分和固定碳。 （×）

（二）单选题

下面每题只有一个正确答案，将正确答案填在括号内。

1. 用缓慢灰化法测定煤的灰分，高温炉在整个试验过程中的最高温度不能超过（D）。

  A. 500℃　　　　　B. 805℃　　　　　C. 815℃　　　　　D. 825℃

2. 将空气干燥基挥发分 V_{ad} 换算成干燥无灰基挥发分 V_{daf} 的换算系数是（A）。

  A. $100/（100-M_{ad}-A_{ad}）$　　　　　　　B. $100/（100-M_{ar}-A_{ad}）$

  C. $（100-M_{ar}）/（100-M_{ar}-A_{ad}）$　　　　D. $（100-M_{ad}）/（100-M_{ad}-A_{ad}）$

3. 煤的挥发分 V_{daf} 与发热量 $Q_{gr,daf}$ 之间相互关系是（C）。

  A. 正相关　　　　B. 负相关　　　　C. 非线性相关　　　　D. 不相关

4. 灰分测定时，要求 500℃ 保温 30min 的目的是（D）。

  A. 使煤样慢慢氧化　　　　　　　　B. 使煤中碳酸盐充分分解

  C. 使煤中有机物烧尽　　　　　　　D. 使生成的硫氧化物充分逸出

5. 下列无须作废的试验有（C）。

  A. 快速灰化法方法 B 测定某煤样灰分时，煤样着火发生爆燃

  B. 艾士卡法测定某煤样全硫时，灼烧物洗液中发现有未烧尽的煤粒漂浮

  C. 测定某煤样发热量后，观察到点火丝未燃烧

  D. 测定某煤样挥发分时，观察到坩埚口出现火花

6. 煤中灰分测定进行检查性灼烧，每次需要（B）。

  A. 10min　　　　B. 20min　　　　C. 30min　　　　D. 60min

7. 下列各式中正确的是（A）。

  A. $V_{ad} \leqslant V_d$　　　B. $A_d < A_{ad}$　　　C. $M_t < M_f$　　　D. $V_{ad} \geqslant V_{daf}$

8. 外在水分为 8.0%、内在水分为 2.0% 的煤样，全水分为（D）。

  A. 10.0%　　　　　　　　　　　　B. >10.0%

  C. 8.0%～9.0%　　　　　　　　　　D. 9.0%～10.0%

9. 最高内在水分是指煤样在温度与相对湿度分别为（C）和充氮常压下达到湿度平衡时测得的内在水分。

  A. 40℃，90%　　　　　　　　　　B. 50℃，90%

  C. 30℃，96%　　　　　　　　　　D. 40℃，96%

10. 焦渣上表面无光泽，下表面稍有银白色光泽的焦渣特征为（B）。

  A. 3 型　　　　　B. 4 型　　　　　C. 5 型　　　　　D. 6 型

11. 下列对挥发分测定条件最恰当准确的表述是（C）。

  A. 在（900±10）℃，隔绝空气加热 7min

  B. 在不高于（900±10）℃，隔绝空气加热 7min

C. 在不高于（900±10）℃，隔绝空气加热不超过 3min，在（900±10）℃隔绝空气加热不少于 4min

D. 在不高于（900±20）℃，隔绝空气加热 7min

12. 煤中全水分测定进行检查性干燥，每次需（C）。

    A. 10min   B. 20min   C. 30min   D. 60min

13. 煤中的不可燃成分是指（C）。

    A. 挥发分   B. 固定碳

    C. 黏土   D. 焦渣

14. 下述存放的烟煤中，最易自燃的是（C）。

    A. 含硫最高的贫煤   B. 发热量高的气肥煤

    C. 含硫最高的气肥煤   D. 发热量最高的焦煤

15. GB/T 212—2008 规定，通氮干燥法适用于（A）。

    A. 所有煤种   B. 无烟煤   C. 无烟煤和烟煤   D. 褐煤

16. 应用空气干燥法，一步法测定小于 13mm 煤样的全水分时，对干燥的煤样（C）。

    A. 应在空气中冷却 5min 后称样   B. 在空气中冷却到室温后称样

    C. 趁热称样   D. 对称样时间不予限制

17. 用粒度小于 13mm 煤样一步法测定全水分，试样完全干燥后在空气中冷却至室温称重，其全水分测定结果（B）。

    A. 会偏高   B. 会偏低   C. 无影响   D. 不确定

18. 测定挥发分时，当将坩埚及架子放入马弗炉并关闭炉门后炉温必须（C）min 内恢复至（C）℃。

    A. 3，815±10   B. 4，815±10   C. 3，900±10   D. 4，920±10

19. 煤中的无机物质不包括（D）。

    A. 化合水   B. 碳酸盐   C. 硫化物   D. 游离水

20. 微波干燥法测定烟煤的全水分，以下粒度和质量符合要求的为（D）。

    A. 3mm，1g   B. 13mm，10g   C. 0.2mm，1g   D. 6mm，11g

21. 煤样灰分含量大于 30.00% 时，灰分测定的重复性限为（C）%。

    A. 0.20   B. 0.30   C. 0.50   D. 0.70

22. 两步法测定煤中全水分时，外在水分与内在水分测定时所用煤样粒度分别为（A）。

    A. <13mm，<3mm   B. <13mm，6mm

    C. <6mm，<3mm   D. <6mm，<0.2mm

23. 灰分测定时的仲裁方法是（A）。

    A. 缓慢灰化法   B. 快速灰化法方法 A

    C. 快速灰化法方法 B   D. 酸碱滴定法

24．用工业分析及元素分析方法均可表示煤的组成，下列元素分析组分中与 V+FC 含量相等的是（D）。

    A．C+H   B．C+H+O+N

    C．C+H+O   D．C+H+O+N+S

25．根据 GB/T 212—2008 规定，水分不大于（A）时，不必检查性干燥。

    A．1.00%   B．2.00%   C．3.00%   D．4.00%

26．煤通常加热至 200℃以上时才能析出的水分称为（B）。

    A．内在水分   B．结晶水   C．全水分   D．外在水分

27．采用复式法测定煤炭挥发分产率时，需称取一定量的空气干燥煤样，放在带盖的瓷坩埚中，在（900±10）℃下，隔绝空气加热（B）min。以减少的质量占煤样质量的百分数，再减去该煤样的水分含量作为挥发分产率。

    A．5   B．7   C．8   D．10

28．测定煤中灰分时，炉膛内要保持良好的通风状态，这主要是为了将（D）排出炉外。

    A．水蒸气   B．烟气

    C．二氧化碳   D．二氧化硫和三氧化硫

29．测定煤的外在水分的试样粒度是（B）。

    A．<6mm   B．<13mm

    C．<3mm   D．<6mm 或<13mm

30．通氮干燥法测定煤的全水分，加热温度为（C）。

    A．145～150℃   B．165～170℃

    C．105～110℃   D．155～160℃

31．GB/T 212—2008 规定，空气干燥法测定煤的空气干燥基水分，适用于（A）。

    A．烟煤和无烟煤   B．褐煤

    C．水煤浆   D．泥炭

32．GB/T 212—2008 规定，按照缓慢灰化法测定煤的灰分，为使硫化物充分分解，在炉温达到 500℃时，应维持（C）。

    A．10min   B．20min   C．30min   D．60min

33．测定灰分若高温炉不装烟囱，会使测定结果（A）。

    A．偏高   B．偏低   C．没有影响   D．不确定

34．测定灰分时，测定炉温的热电偶是（B）。

    A．铂铑-铂热电偶   B．镍铬-镍硅热电偶

    C．铜-铜镍热电偶   D．镍铬-铜镍热电偶

35．热电偶所指示的温度，是根据（B）参数查出的。

    A．电流   B．电动势

C. 电阻　　　　　　　　　　　　D. 电流和电阻

36. 焦渣特征分为（B）。

A. 6 类　　　　B. 8 类　　　　C. 10 类　　　　D. 12 类

37. 挥发分测定时的时间控制为（B）。

A. 7min±10s　　B. 7min　　　C. 7min±15s　　D. 7min±30s

38. 热电偶与测温仪表的连接线是（C）。

A. 普通电线　　　　　　　　　　B. 特殊规格的电线

C. 补偿导线　　　　　　　　　　D. 铜导线

39. 通常挥发分坩埚架由（C）材料加工。

A. 铁丝　　　　B. 铜丝　　　　C. 镍铬丝　　　　D. 铜合金

40. 挥发分坩埚放入炉内后，在（C）时间内炉温必须恢复到（900±10）℃。

A. 1min　　　　B. 2min　　　　C. 3min　　　　D. 4min

41. 失去部分空气干燥基水分的煤样，测出的灰分仍按 A_{ad} 表示，其测值会（B）。

A. 偏低　　　　B. 偏高　　　　C. 无影响　　　　D. 不确定

42. 失去部分空气干燥基水分的煤样，测出的挥发分仍按 V_{ad} 表示，其测值会（A）。

A. 偏低　　　　B. 偏高　　　　C. 无影响　　　　D. 不确定

43. 热电偶的补偿导线（A）。

A. 有正负之分　　　　　　　　　B. 无正负之分

C. 不考虑正负　　　　　　　　　D. 只有正补偿

44. 挥发分当用作划分煤种的主要依据之一时，所采用的符号是（D）。

A. V_d　　　　B. V_{ad}　　　C. V_{ar}　　　D. V_{daf}

45. 采用空气干燥法测定煤中的空气干燥基水分，其干燥温度为（C）℃。

A. 95～100　　B. 100～105　　C. 105～110　　D. 110～120

46. 热电偶与控温仪表的连接线所用的补偿导线是（C）。

A. 普通铜导线　　　　　　　　　B. 有正负之分的补偿导线

C. 有特殊要求且有正负之分的补偿导线　D. 铂铑-铂导线

47. 如使用烟囱打开的高温炉测定煤的挥发分，则测定结果会（A）。

A. 偏高　　　　B. 偏低　　　　C. 没有影响　　　D. 不确定

48. 在挥发分测定中，煤样应与空气（C）。

A. 充分接触　　　　　　　　　　B. 微微接触

C. 完全隔绝　　　　　　　　　　D. 不作具体要求

49. 测完挥发分的坩埚，通常需要用（C）方法清理干净，以便再用。

A. 自来水洗净

B. 洗涤剂洗，再用水冲干净

C．放在测定挥发分的高温炉中让焦渣燃烧成灰，倒出擦净

D．挥发分坩埚只宜一次性使用，用完作废

50．微波干燥法快速测定煤的空气干燥基水分，适用于（C）。

A．所有煤　　　　B．无烟煤及烟煤　　　C．烟煤及褐煤　　　D．褐煤

51．通氮干燥法测定煤中的水分，在称量瓶放入干燥箱前（A）min 开始通氮气，氮气流量以每小时换气（A）次为准。

A．10，15　　　　B．10，30　　　　C．30，15　　　　C．30，30

52．GB/T 212—2008 规定，在 105～110℃下，使用空气干燥法测定烟煤的空气干燥基水分时，加热时间（A）h；使用通氮干燥法测定褐煤的空气干燥基水分时，加热时间为（A）h。

A．1，2　　　　B．1.5，2　　　　C．1.5，1.5　　　　D．1，1.5

53．DL/T 1030—2006 规定，快速法测定条件与 GB/T 212—2008 方法（A），测定速度明显优于该方法，经试验验证精密度和准确度与该方法基本相同。

A．不同　　　　B．相同　　　　C．相近　　　　D．不变

54．DL/T 1030—2006 规定，复式测定法是每次试验可同时测定（C）试样的仪器测定法。

A．单个　　　　B．9 个　　　　C．多个　　　　D．18 个

55．DL/T 1030—2006 中使用的工业用氧的纯度为不小于（D）。

A．99.9%　　　　B．99.7%　　　　C．99.5%　　　　D．99.2%

56．DL/T 1030—2006 规定，标准法测定挥发分时，按仪器说明说的要求开机，并接通内置电子天平电源，预热（D）min 以上。

A．5　　　　B．10　　　　C．20　　　　D．30

57．GB/T 30732—2014 规定，自动工业分析仪高温炉的恒温区至少每年测定（A）次。

A．一　　　　B．二　　　　C．三　　　　D．四

58．煤样的 M_t=5.8%、M_{ad}=1.78%、A_d=22.15%、V_{ar}=30.00%，其 FC_d 应为（A）%。

A．46.00　　　　B．49.13　　　　C．52.13　　　　D．19.67

59．测定煤中灰分时，炉膛内要保持良好的通风状态，这主要是为了在提供充足的氧气的同时将（D）排出炉外。

A．水蒸气　　　　B．烟气　　　　C．二氧化碳　　　　D．二氧化硫

60．煤样减灰中用于调整比重液的化学试剂是（A）。

A．$ZnCl_2$　　　　B．NaCl　　　　C．AgCl　　　　D．NaCl

61．煤的挥发分指标对锅炉燃烧的影响是（D）。

A．挥发分指标与锅炉燃烧无关系

B．挥发分越低，锅炉燃烧越稳定

C. 挥发分越高，着火越困难

D. 挥发分指标越高，越容易着火，锅炉燃烧越稳定

62. 煤样的 M_t=5.8%、M_{ad}=1.78%、A_d=22.15%、V_{ar}=30.00%，其 V_{daf} 应为（A）。

A. 40.91%　　　　B. 42.13%　　　　C. 39.13%　　　　D. 41.67%

63. 测定挥发分时，对于褐煤和长焰煤应预先压饼，并切成宽度约（A）mm 的小块测定。

A. 3　　　　　　B. 2　　　　　　C. 1　　　　　　D. 0.2

64. 根据 GB/T 212—2008，有关煤的挥发分定义，正确的是（C）。

A. 煤中挥发性有机物

B. 煤样燃烧时释放的挥发性成分

C. 煤样在规定条件下隔绝空气加热并进行水分校正后的质量损失

D. 煤中固有的挥发性物质

65. 对某煤样重复三次测定，得到挥发分的平均值为 30.70%，而真实含量为 30.35%，则 30.70%−30.35%=0.35% 为（B）。

A. 相对误差　　　　　　　　　　B. 绝对误差

C. 相对偏差　　　　　　　　　　D. 绝对偏差

66. 在仲裁分析中遇到有用空气干燥煤样水分进行校正及基的换算时，应选用（B）测定空气干燥煤样的水分。

A. 甲苯蒸馏法　　　　　　　　　B. 通氮干燥法

C. 空气干燥法　　　　　　　　　D. 微波干燥法

E. 光波干燥法

67. 煤的灰分是（A）。

A. 煤在规定条件下燃烧后的无机残渣

B. 煤中矿物质

C. 采煤时混放煤中的顶底板岩石

D. 煤中黄铁矿和石灰石高温氧化分解的产物

68. 依据 GB/T 212—2008，快速灰化法中的方法 A 测定灰分时，称取空气干燥基煤样质量为（B）。

A.（1±0.01）g　　　　　　　　B.（0.5±0.01）g

C.（1±0.1）g　　　　　　　　　D.（0.5±0.05）g

69. GB/T 212—2008 规定，在仲裁分析中需要使用一般分析试验煤样水分进行校正以及基的换算时，应用（A）方法测定一般分析试验煤样的水分。

A. 方法 A　　　　　　　　　　　B. 方法 B

C. 微波干燥法　　　　　　　　　D. 以上方法均可

70. GB/T 212—2008 中规定，测定水分使用的玻璃称量瓶尺寸应为（B）。

    A. 直径 30mm、高 20mm   B. 直径 40mm、高 25mm

    C. 直径 40mm、高 20mm   D. 直径 30mm、高 25mm

71. 依据 GB/T 483—2007 要求，凡需根据空气干燥基水分进行换算和校正的项目，应同时测定水分，如不能同时测定，两个测定时间间隔不应超过（B）。

    A. 3 天   B. 5 天   C. 7 天   D. 6 天

72. 依据 GB/T 212—2008 测定水煤浆中的水分含量，样品应在预先鼓风并加热到 105～110℃ 的干燥箱中干燥（B）。

    A. 0.5h   B. 1h   C. 1.5h   D. 2h

73. 依据 GB/T 212—2008 对水煤浆进行工业分析测定，操作步骤与煤样工业分析测定不同的是（A）。

    A. 水分的测定   B. 灰分的测定

    C. 挥发分的测定   D. 固定碳的测定

74. 依据 GB/T 30732—2014 进行工业分析测定，需用到的试剂不包括（C）。

    A. 氧气   B. 氮气

    C. 氢氧化钠   D. 氯化钙

75. GB/T 30732—2014 规定，自动工业分析仪的温度测控和显示系统应能准确显示和控制炉膛温度，分辨率应能达到（D）。

    A. 0.1℃   B. 0.2℃   C. 0.5℃   D. 1.0℃

76. 使用自动工业分析仪进行工业分析测定，需要单独称量测定的是（C）。

    A. 水分   B. 灰分

    C. 挥发分   D. 以上均不需要

77. 使用自动工业分析仪测定挥发分，准确加热 7min 后（B）。

    A. 立即称量   B. 冷却至设定温度后称量

    C. 冷却至室温后称量   D. 冷却 5min 后称量

78. DL/T 1030—2006 规定，压饼机应为螺旋式或杠杆式，用于把高挥发分空气干燥煤样压制成直径约为（C）的煤饼。

    A. 1mm   B. 5mm   C. 10mm   D. 30mm

79. 使用自动仪器法进行工业分析测定，深壁坩埚可以用来测定的参数包括（D）。

    A. 水分   B. 灰分   C. 挥发分   D. 以上均可

80. 依据 DL/T 1030—2006 煤炭工业分析测定，以下参数中既可以选择单式法也可以选择复式法的是（C）。

    A. 水分   B. 灰分   C. 挥发分   D. 以上均可

81. 依据 DL/T 1030—2006 煤炭工业分析测定，以下参数中需要预先将称量器皿灼烧至质量恒定的是（D）。

    A．水分　　　　B．灰分　　　　C．挥发分　　　　D．以上均需要

82．依据以下标准进行煤炭工业分析测定，挥发分测定精密度最高的是（D）。

    A．GB/T 212—2008　　　　　　B．GB/T 30732—2014

    C．DL/T 1030—2006　　　　　　D．以上均相同

83．下图是某工业分析仪的水灰测定炉的结构示意图，图中序号为 1～4 的部分分别是（C）。

    A．通气环、转盘、支架、测温机构

    B．转盘、通气环、称量机构、测温机构

    C．转盘、通气环、升降旋转机构、称量机构

    D．通气环、转盘、称量机构、测温机构

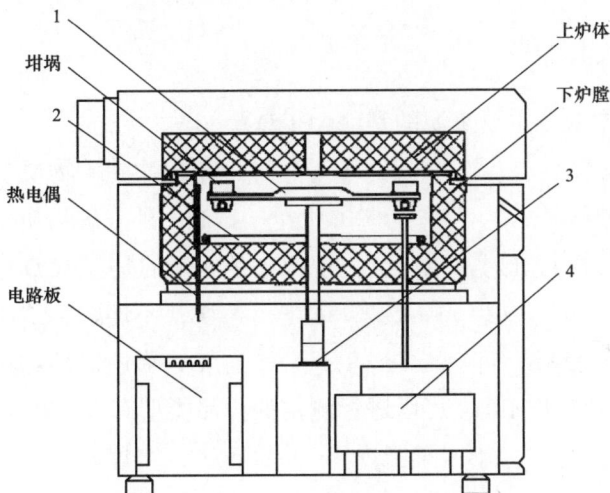

（三）多选题

下面每题至少有一个正确答案，将正确答案填在括号内。

1．DL/T 1030—2006 规定，螺旋式或杠杆式压饼机用于把（AD）等高挥发分空气干燥煤样压制成直径为 10mm 的煤饼。

    A．褐煤　　　　B．贫瘦煤　　　　C．无烟煤　　　　D．长焰煤

2．DL/T 1030—2006 规定，专用自动工业分析仪，测定水分时，炉温应能分别保持在（ABC）℃范围内。

    A．105～110　　B．115～125　　C．125～135　　D．135～145

3．GB/T 30732—2014 规定，灰分测定的方法有（ABC）种。

    A．缓慢灰化法单独测定　　　　　　B．缓慢灰化法连续测定

    C．快速测定　　　　　　　　　　　D．缓慢测定

4．GB/T 30732—2014 规定，自动工业分析仪能直接测定煤的（ABC）。

A. 水分　　　　　　　 B. 灰分　　　　　　　 C. 挥发分　　　　　　 D. 固定碳

5. 能在110℃时失去的水是（ABD）。

A. 煤中毛细孔所吸附的水

B. 煤颗粒表面含有的水

C. 煤中无机矿物质结合的水

D. 吸附在煤的非毛细空穴中的水

6. 下列必须作废的试验是（ABD）。

A. 用快速法测定某煤样灰分时，煤样着火发生爆燃

B. 艾士卡法测定某煤样全硫时，灼烧物洗液中有未燃尽的煤粒

C. 测定某煤样弹筒发热量后，观察到点火丝未完全燃烧

D. 测定某煤样挥发分时，观察到坩埚口出现火花

7. GB/T 30732—2014规定，煤的工业分析（仪器法）测试过程中炉内气氛控制所用到的气体有（ABC）。

A. 空气　　　　　　　 B. 氮气　　　　　　　 C. 氧气　　　　　　　 D. 二氧化碳

E. 氩气

8. 以下属于煤中灰分主要来源的是（ABCD）。

A. 原生矿物质

B. 次生矿物质

C. 内在矿物质

D. 外来矿物质

9. 判断挥发分焦渣特征时，以下会出现银白色光泽的是（BCD）。

A. 弱粘结

B. 不熔融粘结

C. 不膨胀熔融粘结

D. 微膨胀熔融粘结

10. 依据GB/T 30732—2014可以进行测定的样品类型有（ABD）。

A. 长焰煤　　　　　　 B. 气肥煤　　　　　　 C. 水煤浆　　　　　　 D. 褐煤

11. GB/T 211—2017规定的煤中全水分测定的方法有（ACDE）。

A. 两步法（外在水分为空气干燥，内在水分为通氮干燥）

B. 两步法（外在水分为通氮干燥，内在水分为通氮干燥）

C. 一步法（通氮干燥）

D. 一步法（空气干燥）

E. 微波干燥法

（四）填空题

1. 用微波干燥法测定空气干燥基水分，适用的煤种为<u>褐煤</u>和<u>烟煤</u>。

2. 依据GB/T 212—2008，通氮干燥法测定煤的水分时，要在105～110℃条件下进行干燥，对于烟煤需要干燥<u>1.5</u>h，褐煤和无烟煤需要干燥<u>2</u>h。

3. 依据GB/T 212—2008，缓慢灰化法测定灰分时，将装有煤样的灰皿送入炉温不超过<u>100</u>℃的马弗炉恒温区，关上炉门并使炉门留有<u>15</u>mm左右缝隙。

4．灰分进行检查性灼烧温度为（815±10）℃，灼烧时间 20min。

5．缓慢灰化法进行煤灰分测定，将灰皿送入马弗炉后，在不少于 30min 的时间内炉温缓慢升至 500℃，并在此温度下保持 30min。

6．对于易喷溅的褐煤、长焰煤测定挥发分，可将煤样预先压饼并切成小块；对于低挥发分的无烟煤，可在挥发分坩埚内滴加苯或酒精或正己烷。

7．用手指轻压即成小块符合 3 型焦渣特征；不熔融黏结的焦渣下表面稍有银白色光泽。

8．用于测定灰分和挥发分的马弗炉的恒温区至少每年测定一次。

9．GB/T 212—2008 规定可以适用于褐煤的空气干燥基水分的测定方法为通氮干燥法和微波干燥法。

10．挥发分测完后，坩埚中的残留物，称为焦渣，它的特征共分 8 种类型。

11．空气干燥法测定煤中内在水分，要在电热鼓风干燥箱中进行，鼓风的目的是箱内温度均匀及加快煤中水分的析出。

12．挥发分坩埚的总质量范围是 15～20g；马弗炉的温度能保持在（900±10）℃。

13．缓慢灰化法试验过程中，检查性灼烧时间规定为每次 20min，当煤样的灰分低于 15.00%时可不进行检查性灼烧试验。

14．采用缓慢灰化法测定灰分时，规定炉温在 500℃时要维持 0.5h，这是为了保证黄铁矿和有机硫氧化产生的二氧化硫排出炉外。

15．煤的工业分析中挥发分和固定碳是可燃成分。

16．固定碳含量最高的煤种是无烟煤，内在水分含量最高的煤种是褐煤。

17．工业分析指标中，灰分最能反映煤的不均匀程度。

18．测定挥发分的关键技术条件是控制好加热温度与加热时间。

19．从工业分析角度看，挥发分与固定碳是产生热量的主要来源。

20．使用热电偶时，要注意有正负之分，还应配备补偿导线。

21．测定煤中全水分时，如煤样粒度小于 6mm，称样量为 10～12g；如煤样粒度小于 13mm，称样量为（500±10）g。

22．挥发分坩埚应带盖称量，测完以后，如坩埚外壁出现黑色附着物，则试验作废。

23．灰分的测定，同一实验室允许差用重复性限表示，不同实验室允许差用再现性临界差表示。

24．测定灰分中，煤样应在灰皿中晃动摊平，它的厚度应不超过0.15g/cm²。

25．外在水分的符号是 M_f，内在水分的符号是 M_{inh}。

26．如挥发分在 800℃下加热 7min 测定，其结果会偏低；如在 950℃下加热 7min 测定，则结果会偏高。

27．煤中焦渣是煤样在隔绝空气条件下燃烧形成的，焦渣的成分是固定碳及灰分。

28．一般分析试验煤样应达到空气干燥状态，粒度应小于 0.2mm。

29．所谓空气干燥状态，是指煤样在空气中连续干燥 <u>1h</u>，其质量变化不超过 <u>0.1%</u>。

30．小于 13mm 测定全水分煤样称量所用天平感量是 <u>0.1g</u>，小于 6mm 煤样称量所用天平感量是 <u>0.001g</u>。

31．在工业分析中，快速测定<u>水分</u>和<u>灰分</u>的方法，均不可作为仲裁实验方法。

32．随煤的变质程度加深，工业分析指标中的<u>固定碳逐渐增大</u>，<u>挥发分逐渐减小</u>。

33．测定灰分时所用高温炉上，测温用<u>镍铬-镍硅</u>热电偶，热电偶与控温仪表的连接线为<u>补偿导线</u>。

34．测挥发分时，如烟囱口没有封闭，测定结果会<u>偏高</u>，在空气干燥基挥发分计算时，还应减去<u>空气干燥基水分</u>含量。

35．煤的外在水分用粒度<u>小于 13mm</u> 煤样测定，干燥温度为不高于 <u>40℃</u>。

36．计算挥发分时，如煤样中碳酸盐二氧化碳在 <u>2%～12%</u> 范围内，就要对挥发分的测定结果加以校正；当碳酸盐二氧化碳含量<u>大于 12%</u>时，还要考虑焦渣中二氧化碳含量。

37．挥发分坩埚架，系采用<u>镍铬丝</u>或其他耐热金属材料制成。

38．煤的变质程度越深，则煤中含碳量越<u>高</u>，含碳量与固定碳的差值越<u>小</u>。

39．工业分析中的<u>挥发分</u>与<u>固定碳</u>，相当于元素分析中的<u>碳</u>、<u>氢</u>、<u>氧</u>、<u>氮</u>和<u>可燃硫</u>。

40．GB/T 212—2008 规定，通氮干燥法要在氮气流中，于 105～110℃温度条件下进行干燥，对于烟煤干燥 <u>1.5h</u>，褐煤和无烟煤干燥 <u>2h</u>，氮气流量以每小时换气不小于 15 次为准。

41．DL/T 1030—2006 规定，标准法是测定条件与国家标准方法相同或相近，经试验验证<u>精密度</u>和<u>准确度</u>与国家标准方法相同的仪器测定法。

42．DL/T 1030—2006 规定，加热炉应带有气体<u>进出口</u>和自动<u>控温</u>装置。

43．DL/T 1030—2006 规定，专用自动工业分析仪，测定灰分时，炉温应能分别保持在 <u>490～510℃</u>、<u>805～825℃</u> 范围内。

44．DL/T 1030—2006 规定，快速法作为日常分析方法，仅可用于日常<u>生产监督</u>与<u>控制分析</u>。

45．DL/T 1030—2006 中快速法中，将 <u>0.5～0.6g</u> 粒度小于 0.2mm 的空气干燥煤样放入坩埚内摊平，仪器自动称量样品和不带盖坩埚质量，称准至 <u>0.0002g</u>。

46．GB/T 30732—2014 规定，水分和灰分可用<u>同一份试样</u>、在同一加热炉中连续测定，也可用<u>两份试样</u>分别测定；挥发分应单独称样测定。

47．GB/T 30732—2014 规定，每次测定应同时用<u>一个或多个空坩埚</u>进行坩埚热态质量<u>浮力效应</u>校正。

48．GB/T 30732—2014 规定，水分和灰分测定用的坩埚的材质为<u>瓷或石英</u>，有足够的底面积，能保证在煤样摊平后每平方厘米的煤样质量不超过 <u>0.15g</u>。

49．有证煤标准物质是指<u>附有证书的</u>煤标准物质，其一种或多种特性值用<u>建立了溯源性的程序确定</u>，使之可溯源到准确复现的用于表示该特性值的计量单位，而且每个标准值都附有给定置信水平的不确定度。

50．测定挥发分高温炉的热容量为当起始温度为 920℃左右时，放入室温下的坩埚架和若干坩埚，关闭炉门后，在 3min 内恢复到（900±10）℃。

51．GB/T 212—2008 规定，使用空气干燥法测定一般分析试验煤样无烟煤的水分时，在 105～110℃下加热时间 1.5h，而使用通氮干燥法在 105～110℃下加热时间 2h。

52．测定褐煤和长焰煤的挥发分时，煤样应压饼并切割成 3mm 小块后称量，目的是防止煤样在高温下爆燃、喷溅，造成结果偏高。

53．GB/T 212—2008 规定，通氮干燥法称取一定量的一般分析试验煤样，置于 105～110℃干燥箱中，在干燥氮气流中干燥到质量恒定。

54．按照 GB/T 30732—2014 规定，自动工业分析仪测定水分时，通入气体为氮气或空气，换气次数应大于或等于 30 次/h。

55．DL/T 1030—2006 规定，采用自动仪器法测定煤的水分，进行检查性干燥，每隔 10min 称量一次热态样品，样品温度应保持在 105～110℃。

56．外在水分是指在一定条件下煤样与周围空气湿度达到平衡时失去的水分，内在水分是指在一定条件下煤样达到空气干燥状态时保持的水分。

57．使用快灰法中的方法 A 测定灰分时，将快速灰分测定仪预先加热至（815±10）℃，开动传送带并将其调节到 17mm/min 左右或其他合适的速度。

58．同时对多个样品进行快速测定灰分时，要将含硫高的煤靠近炉膛后部烟气出口位置，这样可以减少由于溢出的硫氧化物在炉内"交叉作用"而影响测定结果。

59．热态的灰吸湿性很强，灼烧后若在空气中冷却时间过长，会使灰分测定结果偏高。

60．煤粉的阴燃温度随挥发分含量增高而降低，因此当煤中挥发分较高时，制粉系统煤粉积集时容易使煤粉着火自燃。

61．测定空气干燥基水分进行检查性干燥时，每次 30min，直到连续两次干燥煤样质量减少不超过 0.0010g 或质量增加时为止。在后一种情况下，采用质量增加前一次的质量为计算依据。

62．GB/T 212—2008 规定，使用快速灰化法方法 A 测定灰分时，在预先灼烧至质量恒定的灰皿中，称取粒度小于 0.2mm 的一般分析试验煤样（0.5±0.01）g，称准至 0.0002g，均匀地摊平在灰皿中，使其每平方厘米的质量不超过 0.08g。

63．GB/T 212—2008 规定，使用快速灰化法方法 B 测定灰分时，应先使第一排灰皿中的煤样灰化，待 5～10min 后煤样不再冒烟时，以每分钟不大于 2cm 的速度把其余各排灰皿顺序推人炉内炽热部分。

64．GB/T 30732—2014 规定，自动工业分析仪应包括高温炉、内置天平、试样承接和传送装置、温度测控和显示系统、炉膛气氛控制系统、结果显示和打印装置等。

65．依据 GB/T 30732—2014 中的快速测定法测定煤样中的灰分，应以煤样不发生爆燃的速度将炉子快速升温至（815±10）℃，必要时应增大空气流量。

66．依据 GB/T 30732—2014 中的快速测定法测定煤样中的挥发分，预先将高温炉加热至 900～920℃，需要时可按规定通入氮气保持炉内惰性气氛。

67．影响浮力效应的主要因素包括气体密度、气体流量、温度、相对湿度变化。

68．DL/T 1030—2006 规定，卧式盆（环）状型炉内的坩埚架应采用耐高温材料制成，在 800～900℃高温下不发生化学反应、不变形且具有足够的强度。

69．DL/T 1030—2006 规定，浅壁坩埚应为瓷或石英制品，用来测定水分和灰分。

70．DL/T 1030—2006 规定，挥发分坩埚应带有配合严密的盖，除底部外表面外，其余部位均涂釉。

71．依据 DL/T 1030—2006 测定水分和灰分，向仪器通入氮气后，按炉内每小时换气 30～60 次控制，重启炉膛 3～5min 后，将样品送入已加热到 105～110℃的炉内。

72．测定挥发分坩埚盖与坩埚口的配合严密程度。如果它们配合不严密，在煤样加热后期，由于气体析出完毕，坩埚内压力下降，空气将渗入坩埚内，使煤的燃烧损失增加，造成结果显著偏高。

73．一般分析试验煤样达到空气干燥状态的标志是室温下连续干燥 1h 后，煤样质量变化不超过 0.1%。如果没有到达空气干燥状态，会造成煤样称不准和需要用水分进行校正或者基的换算时结果不准。

（五）问答题

1．依据 GB/T 212—2008，在使用马弗炉按缓慢灰化法测定煤中灰分的过程中，可导致测定结果偏高的原因有哪些？

答：（1）煤样在灰皿中未铺平。

（2）未严格按照规定的升温程序进行灰化。

（3）马弗炉通风不好。

（4）未进行检查性灼烧。

（5）在空气中冷却时间超过规定时间。

（6）煤样中黄铁矿或黄铁矿硫含量较高，需要对灰分进行修正。

2．煤的灰分与煤中矿物质有何区别和联系？

答：煤中矿物质是指煤中实际存在的除了水分的无机物。包括黏土、方解石（碳酸盐）、硫铁矿、硫酸盐和氧化物等。

煤中灰分是在一定条件下，煤中可燃物完全燃尽，而煤中矿物质发生一系列分解、化合反应后遗留的残留物。它是矿物质转化而来的，所以应称为产率。在转化中发生的化学变化有失去结晶水、碳酸盐分解、硫化物氧化、氯化物等挥发。

它们有相关性，经验公式为：$M=1.10A+0.5S_p$

式中　M——煤中矿物质含量，%；

　　　A——灰分产率，%；

　　　S_p——硫化铁硫含量，%。

3. 测定挥发分时，应怎样操作才能得到准确的结果？

答：测定挥发分时，除了严格按照规定的加热速度和加热时间外，还要注意下列事项：

（1）称样前坩埚要在（900±10）℃的温度下灼烧到质量恒定。

（2）称取试样质量要在（1±0.01）g范围内，并轻敲坩埚，使试样摊平。

（3）高温炉要有足够的恒温区，能保持（900±5）℃的温度，根据炉子恒温区来确定一次要放的坩埚数量，通常以不超过4～6个为宜。

（4）坩埚的几何形状和容器大小都要符合规定的要求，坩埚的总质量以15～20g为宜。

（5）在测定过程中，应在炉温升至920℃左右打开炉门，迅速将放有坩埚的架子放到恒温区，关闭炉门，并立即计时。要注意观察恢复到（900±10）℃所需的时间，当样品放入后3min内要恢复到（900±10）℃，否则试验作废。

（6）所使用的热电偶的安装位置要正确，并在有效检定期内。

（7）测定挥发分与测定灰分的高温炉应分开，如同用一台高温炉，当测定挥发分时，应将烟囱出口处的挡板关闭或用耐火材料堵住。

（8）坩埚要放在坩埚架上，坩埚架要用镍铬丝或其他耐热金属丝制成，其规格尺寸以能使所有坩埚都在高温炉恒温区内，并且坩埚底部紧邻热电偶热接点上方。

（9）从炉中取出坩埚后，在空气中冷却5min，然后移入干燥器冷至室温（约20min）后称量。

4. 简述测定高黄铁矿硫的煤样时对灰分的影响及如何修正。

答：煤样在灰化的条件下，黄铁矿硫产生以下化学反应：

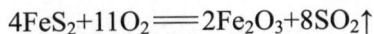

$$4FeS_2+11O_2 === 2Fe_2O_3+8SO_2\uparrow$$

可以看出，黄铁矿中的硫形成二氧化硫逸出，而铁却被氧化成三氧化二铁留于灰中，因而使灰分测定结果偏高，这在黄铁矿硫低时可以忽略，但当增加到一定数量时，导致空气干燥基的元素分析百分组成总和超过100%。因此，必须对实测灰分进行修正，方法如下：

按规定方法测定煤中黄铁矿硫 $S_{p,ad}$。

根据黄铁矿 FeS_2 分子式中的硫铁质量比计算出相应的铁含量，即

$Fe=Fe/2S \cdot S_{p,ad}=0.8709S_{p,ad}$。

根据 Fe_2O_3 分子式中氧铁质量比计算换算系数：$3O/2Fe=0.4298$。

计算由于 Fe 转变为 Fe_2O_3 时灰分额外增加的量为 $0.3743S_{p,ad}$。

从实际测得的灰分中减去额外增加量，即为修正后的灰分产率。

5. 简述煤分析报告中，全水分、挥发分、灰分、发热量及全硫的单位及保留位数。

答：（1）全水分：单位为%，小数点后保留一位。

（2）挥发分、灰分：单位为%；小数点后保留两位。

（3）发热量：单位为 MJ/kg 时，小数点后保留三位；单位为 J/g 时，保留到十位。

（4）全硫：单位为%；小数点后保留两位。

6. 什么是煤的挥发分？其主要组成是什么？

答：煤样与空气隔绝，并在一定温度下加热一定时间，从煤中有机物分解出来的液体（呈蒸汽状态）和气体的总和称为挥发分。

煤的挥发分主要是由水分、碳氢的氧化物和碳氢化合物组成，但煤中物理吸附水（包括外在水和内在水）和矿物质二氧化碳不在挥发分之列。

7. 煤中挥发分对锅炉设备的运行有何影响？

答：挥发分是发电用煤的重要煤质指标。挥发分的高低对煤的着火和燃烧有着较大影响。一般来讲，挥发分高的煤易着火，火焰大，燃烧稳定，但火焰温度较低。相反，挥发分低的煤，不易点燃，燃烧不稳定，化学不完全燃烧热损失和机械不完全燃烧热损失增加，严重的甚至还能引起灭火。锅炉燃烧器形式和一、二次风的选择、炉膛形状及大小、燃烧带的敷设、制粉系统的选型和防爆措施的设计等都与挥发分有密切关系。

8. 缓慢灰化法规定，在 500℃时保持 30min，然后升温至（815±10）℃，保持 1h。请说明这两个温度的意义。

答：缓慢灰化法测定，在 500℃维持 30min，是为了让硫化物氧化生成的二氧化硫有足够的时间排出炉外，在这个温度碳酸盐尚未分解，可以降低二氧化硫重新固化到灰中的反应发生，使得灰分的结果偏高；815℃时，燃烧速度适中，有利于提高测试效率，所规定的温度和时间测试灰分产率的重现性较高。

9. 测定水分为什么要进行检查性干燥试验？应怎样取值？

答：用干燥法测定水分时，尽管对煤的类别规定了干燥温度和时间，但由于煤炭性质十分复杂，即使是同一类别的煤也有很大差异，因此煤样在规定的温度和时间内干燥后还需要进行检查性干燥试验，以确认煤样中水分是否完全逸出，直到达到恒重为止，它是试验终结的标志，最后一次称量与前一称量比较，其减量处在规定的数值之内或质量有所增加为止。在最后一种情况下，采用增重前的一次质量作为水分计算依据。

10. 为什么对装有热煤样的称量瓶要规定冷却时间？

答：称量瓶从干燥箱中取出，立即加盖，在空气中冷却时间尽量缩短，试验证明，在空气中冷却 3min 后放入干燥器中，与从干燥箱中取出加盖直接放入干燥器冷却相比结果偏低，这是因为称量瓶从干燥箱中取出来时，热的干燥煤样吸湿性极强。当温度急剧下降时，由于称量瓶内产生微负压而吸入潮湿空气，使干燥后的煤样增重，水分测定结果偏低。为此规定称量瓶从干燥箱中取出应立即加盖，并在空气中冷却 1～2min 后，置入干燥器中冷却到室温后称量。

11. 试述采用缓慢灰化法测定灰分炉子升温与控温要求。

答：（1）在 500℃以前，要缓慢升温，使煤中硫化物分解有足够的时间。

（2）在 500℃时要求恒温 30min，以保证硫化物分解生成的 SO_2 气体通过炉子上的烟囱充分排出炉外。

（3）在 500℃以上，直至炉温升至（815±10）℃，此时碳酸盐完全分解，而 SO_2 已从炉内排出，煤样灼烧至恒重（一般为 1～2h）即完成测定。

12. 浮煤样的挥发分与其原煤样挥发分有何区别和联系？

答：（1）浮煤样是指经一定密度的重液分选，浮在上部的煤样。浮煤样去掉了大部分游离矿物质。挥发分是指在规定条件下隔绝空气加热并进行水分校正后的质量损失，既有有机质产生的挥发分又有无机质产生的挥发分。

（2）一般原煤样挥发分比浮煤样挥发分要高，原煤样挥发分与浮煤样挥发分之差与原煤样灰分与浮煤样灰分之差成正比。但浮煤样挥发分的发热量比原煤样挥发分的发热量高。

（3）对于原煤样游离矿物质或灰分较小的煤，其挥发分几乎没有差别。

（4）当原煤含有大量丝质组分时，由于丝质组分挥发分低，造成镜煤在浮煤样中富集，浮煤样挥发分要比原煤样挥发分高。

13. 为什么 GB/T 212—2008 中规定不同实验室灰分的允许差要用干燥基表示？

答：对于不同实验室的允许差，由于空气干燥基常常受到外在水分易变动的影响，不同实验室的空气干燥基灰分无可比性，因此要用干燥基进行不同实验室间精密度的对比。

14. 根据 GB/T 212—2008 规定，如何进行挥发分坩埚的恒重？

答：坩埚的恒重是将坩埚先洗净，用小火烤干或烘干、编号，将坩埚放入冷的炉膛中逐渐升温或将坩埚在高温炉口预热一下，再放进炉膛中。在 800～950℃下灼烧 0.5～1h。然后从高温炉中取出坩埚，降温后再将其移入干燥器中，完全冷却至室温后，取出坩埚称重。随后再将坩埚放入高温炉内进行第二次灼烧，15～20min，再冷却和称重。如果前后两次质量之差不大于 0.2mg，即可认为坩埚已达恒重，否则还需再灼烧直至恒重为止。

15．热电偶为什么要定期检定/校准？

答：热电偶在使用过程中，由于受到环境条件、周期介质和热的作用，以及保护管和绝缘材料的污染，使热电偶的热端出现氧化、腐蚀和晶体结构的变化现象，这些都会使热电偶的热电特性发生变化。因此，必须将热电偶定期送到计量部门进行检定/校准，否则会引起测量误差。

16．阐述浮力效应，给出浮力效应值的计算表达式。

答：一个在热作用下不发生变化的物体，加热时，由于受到气体密度、气体流量、温度和相对湿度等因素的影响，相对于常温实验室的称量条件而产生的质量变化的现象。

假定某物体在室温下的质量为 m_s，加热后称量物体的质量为 m_b，则浮力效应值 $\Delta m = m_b - m_s$。

17．阐述 DL/T 1030—2006 中采用快速法中复式测定法测定水分时的炉内换气、温度及加热时间的要求。

答：按每小时换气 30～60 次控制纯氮的流量，对于无烟煤和烟煤升温至（130±5）℃持续加热 10～15min；对于褐煤升温至（120±5）℃，持续加热 20～25min，仪器自动称出干燥后样品和坩埚质量，称准至 0.0002g。

18．测定低变质程度煤如褐煤、长焰煤的挥发分时，应对试样如何处理？并说明这样处理的原因。

答：试样处理方法：用压饼机将一般分析试样压成饼，再切成 3mm 的小块，用颗粒状样品进行测定。

理由：低变质程度煤如褐煤、长焰煤，内在水分和挥发分均很高，如以松散粉状态放入 900℃高温炉内加热时，挥发物质瞬间大量释出时会把坩埚盖微微顶开（产生爆鸣），带走煤粒，同时使煤受到氧化，造成测定结果偏高，而且重复性差。严重时，坩埚盖会被吹开，使试验失败。

19．为什么全水分测定未规定不同化验室的允许差？

答：煤中全水分不是一个稳定值，随着气候的变化和操作过程的不同而有很大差异，这会使不同的化验室测定的结果无可比性。即使是同一化验室，同一样品有时也很难得出一致的结果。因此，规定不同实验室的允许差是毫无实际意义的，同时，也会给执行国家标准时造成不必要的困难。

20．请简述挥发分测定中为什么要判断焦渣特征。

答：挥发分逸出后遗留的焦渣特征表示煤在骤热下的黏结结焦性能。它对锅炉用煤的选择有积极的参考意义。对于链条炉，燃用粉状焦渣特征的煤，则容易被空气吹走，造成燃烧不完全，燃用黏结性强的煤，焦渣黏附在炉栅上，增加煤层阻力，妨碍通风。对于煤粉炉，黏结性强的煤，则在喷入炉膛吸热后立即黏结在一起，形成空心的粒子团，未燃尽就被烟气带出炉膛，增加飞灰可燃物。上述这些情况，都会导致锅炉效率降低，增加一次能源消耗，降低火电厂经济效益。因此，焦渣特征类型对锅炉燃烧用煤的选择和指导都有着实际应用价值。

21．请写出 GB/T 30732—2014 中浮力效应校正经验公式并说明式中各参数的含义。

答：浮力效应校正经验公式为

$$m_f = m_{st} \times \left(1 + \frac{m_a - m_t}{m_a}\right)$$

式中　m_f——加热后并经浮力效应校正后的样品和坩埚质量，g；

　　m_a——室温下空白坩埚质量，g；

　　m_t——测定温度下空白坩埚质量，g；

　　m_{st}——测定温度下带样坩埚质量，g。

22．请简述 GB/T 30732—2014 中自动工业分析仪的炉膛气氛控制系统通入气体流量的参考要求。

答：炉膛气氛控制系统应能以一定的速度往炉膛中通入气体，同时能将试验产生的气体产物排出炉膛。测定水分、灰分和挥发分时通入气体的换气次数参考值见下表。

测定项目	通入气体	每小时换气次数（次）
水分	氮气或空气	≥30
灰分	空气	≥60
	氧气	≥24
挥发分	氮气（适用时）	≥120

23．DL/T 1030—2006 中对自动工业分析仪的加热炉有怎样的规定？

答：加热炉应带有气体进出口和自动控温装置。

加热炉膛可分为卧式盆（环）状型和立式管状型。卧式盆（环）状型炉内坩埚架上可同时放置数只坩埚；立式管状型炉内一次试验只能放置一只坩埚。炉膛应具有较小的自由空间且具有足够大的恒温区；内表面应干净整洁，不掉皮（粉）、无脱落；周围布置加热元件和耐高温材料，绝热良好。

测定水分时，炉温应能分别保持在 105～110℃、115～125℃和 125～135℃范围内；测定灰分时，炉温应能分别保持在 490～510℃和 805～825℃范围内；测定挥发分时，炉温应能保持在 890～910℃范围内。上述温度范围应每半年校准一次。

24．请简述 GB/T 212—2008 中缓慢灰化法测定灰分的试验条件。

答：（1）通风良好：由马弗炉后部烟囱、炉膛与炉门边缘缝隙及炉门上的小孔组成通风道，确保供应燃烧所需充足的氧气并及时排放燃烧所产生的烟气。

（2）分段燃烧，500℃加热 30min，使碳酸盐尚未分解前及时排除燃烧所产生的二氧化硫。在（815±10）℃加热 1h 以确保燃尽，得到质量恒定的残留物。

（3）具体操作：将装有煤样的灰皿送入炉温不超过 100℃的马弗炉恒温区中，关上炉门，使炉门留有 15mm 的缝隙，在不少于 30min 时间内将炉温缓慢升到 500℃，并在温度下保持 30min，继续升温至（815±10）℃，并在此温度下加热 1h。

25．根据 GB/T 211—2017 规定，制备煤的全水分样品应注意哪些问题？

答：（1）采集的全水分试样保存在密封良好的容器内，并放在阴凉的地方。

（2）制样操作要快，最好用密封式破碎机。

（3）全水分样品送到实验室后立即测定。

（4）进行全水分测定的煤样不宜破碎过细。

26．煤中水分存在的形式有哪几种？它们各有什么特征？

答：根据存在的形式煤中水分可以分成三类：表面水分、内在水分、矿物质结合水。

（1）表面水分，又叫游离水分或外在水分，它存在于煤粒表面和煤粒缝隙及非毛细管的孔隙中。煤的表面水分含量与煤的类别无关，与外界条件却密切相关。在实际测定中，表面水分是指煤样达到空气干燥状态下所失去的水分。

（2）内在水分，又叫固有水分，它存在于煤的毛细管中。它与空气干燥基水分略有不同，空气干燥基水分是在一定条件下煤样在空气干燥状态下保持的水分，这部分水在 105～110℃下加热可除去，因为煤在空气干燥时，毛细管中的水分有部分损失，故空气干燥基水分要比内在水分高些。

（3）矿物质结合水（或结晶水），它是与煤中矿物质相结合的水分，在 105～110℃温度下测定空气干燥基水分时结合水是不会分解逸出的，通常在 200℃以上方能分解析出。

27．测定煤中全水分时，所用的电热干燥箱为什么要具有鼓风功能？

答：一方面，通过鼓风，使干燥箱内温度得以均匀；另一方面，有利于箱内积聚的水汽加速排出，从而缩短干燥时间。

28．测定 13mm 煤样全水分时，为什么要取出浅盘后立即趁热称量？

答：由于测定 13mm 煤样全水分时，称样量为 500g，而且平摊于浅盘中，干燥后热态煤样吸湿性极强，如果在空气中冷却时间稍长，则不同湿度下测得的水分结果就会产生偏差。另外，趁热称量也是为保持全水分重复测定的一致性。

29．某化验室收到一个密封严密的全水分试样，属于容易氧化的长焰煤或褐煤。请问可选用哪些测定方法？

答：适用于 6mm 粒度通氮干燥法、微波干燥法；适用于 13mm 粒度两步法（内在水分采用通氮干燥法）。

在测定之前应核对全水分试样包装密封情况并称重，以便补正运输、储存过程中损失。

30．请按照 GB/T 211—2017 的要求，简要回答烟煤的一步法测定全水分的步骤。

答：（1）核对全水分试样包装密封情况并称重，用工业天平秤准至样品总量 0.1%。

（2）充分混合试样不少于 1min。

（3）在预先干燥和已称量过的浅盘内迅速称取粒度小于 13mm 的煤样（500±10）g（称准至 0.1g），平摊在浅盘中。

（4）将浅盘放入预先加热到 105～110℃ 的空气干燥箱中，在鼓风条件下，烟煤干燥 2h。

（5）将浅盘取出，趁热称量（称准至 0.1g）。

（6）进行检查性干燥，每次 30min，直到连续两次干燥煤样的质量减少不超过 0.5g 或质量增加时为止。在后一种情况下，采用质量增加前一次的质量作为计算依据。

31．煤中外在水分和内在水分存在形态分别是什么？请比较其蒸汽压力与同温度下的纯水蒸气压力的大小。

答：外在水分以机械方式存留在煤中［或煤的开采、运输、贮存、洗煤过程中附着和润湿在煤块表面和大毛细孔（直径大于×10^{-5}cm）孔中的水分］；外在水分的蒸气压力与同温度下的纯水蒸气压力相等。

内在水分以物理化学方式与煤结合［或吸附、或凝聚在煤颗粒内部小毛细孔（直径小于或等于×10^{-5}cm）中的水分］；内在水分的蒸气压力小（或同温度下的纯水蒸气压力大）。

（六）计算题

1．A 标准煤样干燥基灰分标准值为 22.05%，而测定值为 22.58%。B 标准煤样干燥基灰分标准值 24.15%，而测定值为 23.99%，计算两个测定结果的绝对误差、相对误差并比较准确度。

解：A 标准煤样绝对误差：$E = |x - \mu| = 22.58 - 22.05 = 0.53$（%）

相对误差：　$RE = \dfrac{|x-\mu|}{\mu} \times 100\% = \dfrac{22.58-22.05}{22.05} \times 100\% = 2.40$（%）

B 标准煤样绝对误差：$E = |x-\mu| = |23.99-24.15| = 0.16$（%）

相对误差：　$RE = \dfrac{|x-\mu|}{\mu} \times 100\% = \dfrac{|23.99-24.15|}{24.15} \times 100\% = 0.66$（%）

测定结果 A 样绝对误差，相对误差分别为 0.53%和 2.40%，B 样为 0.16%和 0.66%，B 样准确度高于 A 样。

2. 某电厂化验室收到制样室送来的粒度为 6mm 的煤样，立即称量煤样和密封容器的质量为 950.2g。煤样标签上注明：密封容器的质量为 200.5g，在制样过程中对总样经过干燥处理，其干燥损失率为 6.0%。化验室将上述装有全水分煤样的密封容器妥善放置。12h 后，化验员再次称量该煤样和密封容器的质量为 944.5g。测定全水分时称量试样 11.52g，在规定条件下干燥失重 0.86g，请计算该批煤（制样室收到样品时）的全水分。

解： 该批煤的全水分由制样过程中干燥损失率、化验室储存损失率和化验室全水分测定值组成。

储存损失率=(950.2−944.5)/(950.2−200.5)×100=0.76（%）

化验室全水分测定值=0.86/11.52×100=7.47（%）

装瓶时的全水分=0.76+7.47×(100−0.76)/100=8.17（%）

全水分=6.0+8.17×(100−6.0)/100=13.7（%）

3. 用某种型号的仪器按 DL/T 1030—2006 中快速测定法（复式测定法）测定三种褐煤的挥发分，重复两次测定平均值（指干燥基，下同）分别为 35.62%、25.46%、15.04%；按 GB/T 212—2008 中规定的方法分别测定上述三种煤样，重复两次测定平均值分别为 37.40%、27.38%、16.66%。据此计算校准方程。现用该仪器测定一种煤样的挥发分为 31.27%，请计算校准后的挥发分值为多少？

解：（1）设校准方程为 $y=a+bx$，x 为 DL/T 1030—2006 测定值，y 为 GB/T 212—2008 测定值（即校准值）。

所以：　　　　　$x_1 = 35.62\%$，$x_2 = 25.46\%$，$x_3 = 15.04\%$

　　　　　　　　$y_1 = 37.40\%$，$y_2 = 27.38\%$，$y_3 = 16.66\%$

根据公式：

$$l_{xx} = \sum_{i=1}^{n}(x_i - \overline{x})^2 = \sum_{i=1}^{n} x_i^2 - \frac{1}{n}\left(\sum_{i=1}^{n} x_i\right)^2$$

得：　　　　　　　　　　$l_{xx} = 211.78$

根据公式：

$$l_{xy} = \sum_{i=1}^{n}(x_i - \overline{x})(y_i - \overline{y}) = \sum_{i=1}^{n}(x_i y_i) - \frac{1}{n}\left(\sum_{i=1}^{n} x_i\right)\left(\sum_{i=1}^{n} y_i\right)$$

得：

$$l_{xy} = 213.44$$

$$b = \frac{l_{xy}}{l_{xx}} = 1.0079$$

$$a = \overline{y} - b\overline{x} = 1.5729$$

所以校准方程为 $y = 1.5729 + 1.0079x$。

（2）现用该仪器测定一种煤样的挥发分为 31.27%，带入上述公式，得到校准后的挥发分为：$1.5729 + 1.0079 \times 31.27 = 33.09$（%）。

4．已知室温下空坩埚质量 m_0 为 19.2566g，称取的一般分析试验煤样质量 m_1 为 1.0453g，测定温度下该空白坩埚质量 m_2 为 19.2462g，测定温度下该带样坩埚质量 m_3 为 19.4084g，请计算该煤样的空气干燥基灰分 A_{ad}。

解： 加热后并经浮力效应校正后的样品和坩埚质量为：

$$m_f = m_3 \times \left(1 + \frac{m_0 - m_2}{m_0}\right) = 19.4084 \times \left(1 + \frac{19.2566 - 19.2462}{19.2566}\right) = 19.4189 \text{（g）}$$

该煤样的空气干燥基灰分为：

$$A_{ad} = \frac{m_f - m_0}{m_1} \times 100 = \frac{19.4189 - 19.2566}{1.0453} \times 100 = 15.53 \text{（%）}$$

二、元素分析

（一）判断题

判断下列描述是否正确，正确的在括号内打"√"，错误的在括号内打"×"。

1．GB/T 483—2007 规定，煤中无机硫都是不可燃硫。　　　　　　　　　　　　　（×）

2．GB/T 214—2007 规定，煤样与艾士卡试剂混合的反应温度和硫酸钡沉淀的灼烧温度都是在 800～850℃ 的范围内。　　　　　　　　　　　　　　　　　　　　　　　　　（√）

3．DL/T 567.7—2007 规定，库仑滴定法测定灰及渣中硫时，当样品的硫含量大于 4% 时，可将称样量减至 0.02～0.03g。　　　　　　　　　　　　　　　　　　　　　　　（√）

4．GB/T 25214—2010 规定，采用红外光谱法，煤燃烧后的二氧化硫能吸收特定波长的红外线，其气体吸光度与其浓度成正比。　　　　　　　　　　　　　　　　　　　（√）

5．GB/T 214—2007 规定，库仑滴定法测定煤中全硫时，为保证硫完全燃烧，需要在高温条件下通氧。　　　　　　　　　　　　　　　　　　　　　　　　　　　　　　（×）

6．GB/T 214—2007 规定，艾士卡法测定全硫时，每配制一批艾士卡试剂或更换其他

任一试剂时，都应进行 2 个以上空白试验，硫酸钡沉淀质量极差不得大于 0.0010g，取算术平均值作为空白值。 （√）

7．DL/T 568—2013 的高温燃烧—红外、热导联合测定法规定，碳氢氮元素分析仪测试煤样中的元素，其中碳、氢含量是通过红外检测池测定，氮含量通过热导检测池分析。

（√）

8．GB/T 214—2007 规定，库仑测硫仪的多点标定法，至少需要 3 个能覆盖被测样品硫含量范围的有证煤标准物质进行标定。 （√）

9．GB/T 214—2007 规定，因用库仑滴定法可进行煤中全硫测定，故二氧化硫和三氧化硫都参加电解池中的氧化还原反应。 （×）

10．DL/T 568—2013 中高温燃烧—红外、热导联合测定法规定，氢元素使用红外法检测。 （√）

11．GB/T 214—2007 规定，库仑滴定法测定煤中全硫时，电解液使用碘化钾、氯化钠和冰醋酸进行配制。 （×）

12．GB/T 476—2008 规定，三节炉法测定煤中碳氢时线状氧化铜的作用是除去二氧化硫的干扰。 （×）

13．DL/T 568—2013 规定，高温燃烧—红外、热导联合测定法中助燃气氧气的纯度不小于 99.998%；载气氦气的纯度不小于 99.995%。 （√）

14．GB/T 214—2007 规定，库仑滴定法测定煤中全硫时，电解液使用碘化钾、溴化钾和冰醋酸进行配制。 （√）

15．GB/T 214—2007 规定，采用库仑滴定法测定煤中全硫含量时，加入三氧化钨的目的是促使反应生成的 SO_3 转化为 SO_2。 （×）

16．GB/T 30733—2014 规定，测定煤中氢含量时，要做空白试验。 （√）

17．GB/T 483—2007 规定，煤中可燃组分与挥发分含量之差，就是固定碳含量。（√）

18．GB/T 483—2007 规定，煤中可燃组分与灰分含量之差，就是固定碳含量。（×）

19．GB/T 483—2007 规定，煤中不可燃组分，也就是煤中水分与灰分含量之和。（√）

20．煤中可以燃烧并产生热量的元素仅为碳和氢。 （×）

21．DL/T 483—2007 规定，煤中的可燃硫是指煤中的有机硫和黄铁矿硫。 （√）

22．GB/T 214—2007 规定，测定煤中的全硫的测定方法包括三种，其中艾士卡法为仲裁方法。 （√）

23．DL/T 568—2013 规定，煤中氧含量可通过计算求得，不必测定。 （√）

24．采用利比西法测定煤中碳氢的原理是由煤样燃烧生成的二氧化碳和水分被吸收剂吸收增重得出结果。 （√）

25．艾士卡法测定煤中全硫的工作原理是，将煤样与艾士卡试剂混匀后在 800～850）℃的温度下灼烧 1～2h，生成的硫酸盐与氯化钡溶液反应转化为硫酸钡沉淀后，即可

根据沉淀的质量计算出煤中全硫的含量。 （√）

26．二节炉法测得煤中的氢含量包括有机物中的氢和无机矿物质中的氢。 （√）

27．二节炉法测得的氢含量包括煤中所有的氢元素含量。 （√）

28．用高温燃烧中和法精确测定煤中全硫时，需要扣除煤中碳酸盐二氧化碳含量。（×）

29．在测量系统无系统偏差时，煤中固定碳结果等于煤中碳元素含量。 （×）

30．库仑测硫仪的电极要求电极片材料为纯度不低于 99.95% 的铂。 （×）

31．库仑测硫仪的指示电极要求响应时间小于 1s。 （√）

32．库仑测硫仪电解池要求高 120～180mm，容量不少于 400mL，电解池密封不漏气，且易于清洗。 （√）

33．库仑测硫仪的库仑积分器稳定性要求，在开机 30min 后，10min 内漂移不超过 30 个字。 （√）

34．库仑测硫仪（1150±10）℃恒温带长度要求不小于 60mm。 （×）

35．按 GB/T 31391—2015 定义，元素分析是碳、氢、氧、氮、硫、汞六个煤炭分析项目的总称。 （×）

36．按 GB/T 31391—2015 定义，元素分析包括煤中矿物质结晶水中的氢和氧。 （√）

37．库仑滴定法测全硫需对结果进行校正，主要是因为生成的 SO_3 不能参与电极反应。 （√）

38．GB/T 476—2008 规定，碳氢测定仪包括净化系统、燃烧装置、控温装置和吸收系统四个主要部分。 （×）

39．GB/T 214—2007 规定，库仑滴定法中的库仑积分器电解电流 0～350mA 范围内积分线性误差应小于 0.2%。 （×）

40．GB/T 25214—2010 规定，多点标定法标定测硫仪时，应用硫含量能覆盖被测样品硫含量范围的 3 个有证煤标准物质进行标定。 （×）

41．GB/T 476—2008 规定，电量-重量法测定煤中氢时，直接消耗电量的物质是偏磷酸。 （×）

42．红外光谱法测量煤中全硫时，先通过高温燃烧使煤中硫化合物转化为三氧化硫气体，然后通过红外光谱法测定三氧化硫的含量进而换算出煤中全硫含量。 （×）

43．电量-重量法是采用电量法测定煤中碳的含量，重量法测定氢含量。 （×）

44．用艾士卡法测定煤中全硫时需进行空白试验的目的是消除试验方法误差。 （×）

45．半微量开氏法测定煤中氮含量，用过量的硼酸吸收氨气不影响酸碱滴定结果。 （√）

46．三节炉法测定煤中碳氢时，线状氧化铜的作用是除去二氧化硫的干扰。 （×）

47．三节炉法测定煤中碳氢时，高锰酸银热解产物的作用是除去二氧化硫的干扰。 （×）

189

48. 三节炉法测定煤中碳氢时，粒状二氧化锰的作用是除去氮气的干扰。 　　　（×）

49. 煤中不可燃硫含量等于全硫减去硫铁矿硫和硫酸盐硫含量。 　　　　　（×）

50. 红外光谱法测定全硫时，煤燃烧分解后产生的水蒸气被高氯酸钙去除。 　　（×）

51. DL/T 568—2013 规定了高温燃烧—红外、热导联合测定法和高温燃烧—吸附解析—红外测定法两种方法。 　　　　　　　　　　　　　　　　　　　（×）

52. 煤样中硫和氯对碳测定的干扰在三节炉中采用铬酸铅和银丝卷消除。 　　（√）

53. 半微量开氏法测氮，蒸馏过程加入氢氧化钠，目的是使硫酸铵转化为氨气。（×）

54. 测定煤中碳酸盐二氧化碳，为消除煤中硫化物硫干扰，用粒状无水硫酸铜浮石吸收 H_2S。 　　　　　　　　　　　　　　　　　　　　　　　　　　（√）

55. 煤中的氧元素与煤的变质程度密切相关，而煤中的硫元素则与煤的变质程度无明显联系。 　　　　　　　　　　　　　　　　　　　　　　　　　（√）

56. 煤的组成元素中，单位质量产生热量最多的是碳元素。 　　　　　　　（×）

57. 艾士卡法是煤中全硫测定的仲裁方法。 　　　　　　　　　　　　　（√）

58. 库仑滴定法测硫的计算依据是库仑定律。 　　　　　　　　　　　　（×）

59. 依据 GB/T 476—2008 规定的煤中碳的测定方法，都是将碳转化为二氧化碳，通过吸收剂增重得出结果。 　　　　　　　　　　　　　　　　　　　　（√）

60. 组成艾士卡试剂的碳酸钠和氧化镁均需分析纯。 　　　　　　　　　（×）

61. 库仑滴定法测定煤中全硫时，如使用的电解液 pH<1，硫测试结果偏低。 　（√）

62. 按照 GB/T 30733—2014 和 DL/T 568—2013 标准，煤中氢元素的测定方法中所得氢的测定值是煤中有机物中的氢，即有机氢。 　　　　　　　　　　　（×）

63. 煤中每 0.01g 元素氢放出热量是每 0.01g 元素碳放出热量的 4.20 倍。 　（√）

64. 按 GB/T 213—2008 要求，测定弹筒硫时，氢氧化钡滴定法比用氢氧化钠滴定法更准确。 　　　　　　　　　　　　　　　　　　　　　　　　　（√）

65. 按 GB/T 214—2007 规定，库仑滴定法测定煤中全硫时，在燃烧管内部填充硅酸铝棉和玻璃纤维棉的作用是为了保证样品充分燃尽。 　　　　　　　　（×）

66. 按 GB/T 214—2007 规定，煤样与艾士卡试剂的灼烧物转移至烧杯后，经煮沸后充分搅拌。若此时尚有黑色煤粒漂浮在页面上，则本次测定作废。 　　　（√）

67. 按 GB/T 214—2007 规定，煤样全硫质量分数大于 4.00%时，艾士卡法全硫测定的重复性限为 0.30%。 　　　　　　　　　　　　　　　　　　　　　（×）

68. 按 GB/T 214—2007 规定，艾士卡法测全硫时，向滤液中滴入 2～3 滴甲基橙指示剂，用硝酸溶液中和并过量 2mL，使溶液呈微酸性。 　　　　　　　　（×）

69. 按 GB/T 214—2007 规定，高温燃烧中和法测全硫时，混合指示剂是将甲基红的乙醇溶液与亚甲基蓝的乙醇溶液混合后，贮存于棕色瓶中。 　　　　　（×）

70. 按 GB/T 214—2007 规定，高温燃烧中和法测全硫时，空白测定是用空的燃烧舟

不加煤样和试剂按照测试步骤测试，计算空白值。　　　　　　　　　　　　（×）

71．按 GB/T 214—2007 规定，采用库仑滴定法和高温燃烧中和法测全硫，方法精密度一致。　　　　　　　　　　　　　　　　　　　　　　　　　　　　　　　　　（√）

72．GB/T 214—2007 与 GB/T 25214—2010 对标定有效性核验的方法和要求一致。（×）

73．GB/T 31425—2015 对库仑测硫仪的管式高温炉控温误差为：显示温度达到设定值（通常 1150℃）并稳定后，显示温度与异径燃烧管内实际温度相差不超过±2℃。　（×）

74．DL/T 567.7—2007 规定，硫酸钡质量法适用于飞灰、炉渣及燃煤分析实验室内制备的煤灰中硫的测定。　　　　　　　　　　　　　　　　　　　　　　　　　　（×）

75．DL/T 567.7—2007 规定的高温管式炉燃烧—红外吸收法与 GB/T 25214—2010 规定的红外光谱法测定煤中全硫时，试样燃烧温度相同。　　　　　　　　　　　　　（×）

76．DL/T 567.7—2007 规定的高温管式炉燃烧—红外吸收法进行单点标定时，应使用硫值略高于待测样品的预期值的标准物质进行标定。　　　　　　　　　　　　　（√）

77．按 GB/T 476—2008 规定，用电量-重量法测定煤中碳和氢，进行电解池涂液，第 2 次涂液时，涂液流到距池体尾端约 10mm 处时，倒出多余涂液。　　　　　　　（×）

78．按 GB/T 476—2008 规定，用电量-重量法测定煤中碳和氢，当电解池使用 100 次左右或发现电解池有拖尾等现象时，应清洗电解池，重新涂膜。　　　　　　　（√）

79．按 GB/T 30733—2014 规定的煤中碳氢氮的测定方法可适用于水煤浆干燥试样的碳、氢和氮的快速测定。　　　　　　　　　　　　　　　　　　　　　　　　　（×）

80．按 DL/T 568—2013 规定，如标定用物质为有证标准物质，标定时使用其标准值；如标定用物质为纯化合物，标定时可使用其理论成分含量乘以纯度。　　　　　　（√）

（二）单选题

下面每题只有一个正确答案，将正确答案填在括号内。

1．GB/T 214—2007 规定，库仑滴定法测定煤中全硫时，煤样预分解温度为（D）℃，高温分解温度为（D）℃。

    A．500，1200　　　　　　　　　　　　B．815，1300

    C．500，815　　　　　　　　　　　　 D．500，1150

2．GB/T 214—2007 规定，库仑滴定法测定全硫，当 $S_{t,ad}=1.2\%$ 时，重复性限是（A）‰。

    A．0.05　　　　　　B．0.10　　　　　　C．0.15　　　　　　D．0.20

3．GB/T 214—2007 规定，库仑滴定法测定煤中全硫时，所称取的煤样量为（B）g。

    A．0.05±0.01　　　　　　　　　　　　B．0.05±0.005

    C．0.20±0.01　　　　　　　　　　　　D．0.05±0.001

4．GB/T 483—2007 规定，下列各种形态硫中，不可燃硫为（C）。

    A．有机硫　　　　　B．硫铁矿硫　　　　C．硫酸盐硫　　　　D．元素硫

5. GB/T 214—2007 规定，库仑滴定法测全硫，当重复性限为 0.10%时，煤中全硫质量分数范围为（A）%。

  A．1.50（不含）～4.00   B．1.50～4.00（不含）

  C．1.50～4.00   D．1.50（不含）～4.00（不含）

6. GB/T 214—2007 规定，煤样与艾士卡试剂混合的反应温度是（C）。

  A．700～800℃   B．750～850℃

  C．800～850℃   D．850～900℃

7. GB/T 25214—2010 规定，不适用于水煤浆干燥煤样的煤中全硫测定方法有（D）。

  A．艾士卡法   B．库仑滴定法

  C．高温燃烧中和法   D．红外光谱法

8. GB/T 214—2007 规定，在库仑测硫仪燃烧管出口处应填充洗净、干燥的（B）。

  A．变色硅胶   B．玻璃纤维棉   C．硅酸铝棉   D．高氯酸镁

9. GB/T 214—2007 规定，在库仑测硫仪燃烧管距出口端 80～100mm 处应填充一定厚度的（C）。

  A．变色硅胶   B．玻璃纤维棉   C．硅酸铝棉   D．高氯酸镁

10. DL/T 568—2013 规定，下列气体中（D）分子不能吸收特定波长的红外光，从而无法用吸光度的多少对其进行定性、定量分析。

  A．CO_2 B．SO_2 C．H_2O D．N_2

11. GB/T 25214—2010 规定，下列关于红外光谱法测煤中全硫，说法错误的是（C）。

  A．可以不需要配置化学溶液   B．可以不需要催化剂

  C．可以不需要通氧气   D．可以不需要 500℃预热

12. DL/T 568—2013 规定，下列煤的元素分析组成最恰当科学的表达式是（C）。

  A．$C_{daf}+H_{daf}+O_{daf}+N_{daf}+S_{t,daf}=100\%$

  B．$M_{ad}+A_{ad}+C_{ad}+H_{ad}+O_{ad}+N_{ad}+S_{t,ad}=100\%$

  C．$M_{ad}+A_{ad}+C+H_{ad}+O_{ad}+N_{ad}+S_{C,ad}=100\%$

  D．$M_{ad}+A_{ad}+C+H_{ad}+O_{ad}+N_{ad}+S_{t,ad}=100\%$

13. GB/T 214—2007 规定，测定硫的仲裁试验方法是（D）。

  A．库仑滴定法   B．高温燃烧中和法   C．红外光谱法   D．艾士卡法

14. DL/T 567.7—2007 规定，采用库仑滴定法测定灰及渣中硫时所使用的催化剂为（A）。

  A．三氧化钨   B．石墨

  C．铁粉   D．五氧化二钒

15. GB/T 214—2007 规定，测定煤中全硫时在煤样上覆盖一层三氧化钨的作用是（B）。

  A．掩蔽剂   B．催化剂   C．干燥剂   D．还原剂

16. DL/T 568—2013 规定，常用于检测碳、氢测定装置可靠性的物质有（D）。

    A. 碳酸钠　　　　　　B. 碳酸氢铵　　　　　C. 醋酸　　　　　　D. EDTA

17. GB/T 214—2007 规定，用库仑滴定法测定全硫，所用的电解液的组成试剂是（C）。

    A. 溴化钾+冰乙酸　　　　　　　　　　B. 碘化钾+冰乙酸

    C. 碘化钾+溴化钾+冰乙酸　　　　　　D. 碘化钾+溴化钾

18. GB/T 30733—2014 规定，测定碳、氢元素时要进行空白试验，是为了消除（B）。

    A. 人为误差　　　　　　　　　　　　B. 仪器和试剂误差

    C. 操作误差　　　　　　　　　　　　D. 绝对误差

19. GB/T 214—2007 规定，库仑滴定法中规定对用到的管式高温炉要求：能加热到 1200℃，并有不小于 70mm 长的（A）高温恒温带。

    A.（1150±10）℃　　　　　　　　　　B.（1250±10）℃

    C.（1150±20）℃　　　　　　　　　　D.（1300±10）℃

20. DL/T 568—2013 规定，煤中碳氢测定中，使用碱石棉是为了用来吸收燃烧生成的（C）。

    A. 二氧化硫　　　　B. 三氧化硫　　　　C. 二氧化碳　　　　D. 二氧化氮

21. GB/T 18666—2014 规定，商品煤质验收中，含硫量的评价指标是（A）。

    A. $S_{t,d}$　　　　　　B. $S_{t,ad}$　　　　　C. $S_{b,d}$　　　　　D. $S_{b,ad}$

22. 煤中不产生热量的元素是（C）。

    A. 碳　　　　　　　　B. 氢　　　　　　　　C. 氧　　　　　　　　D. 硫

23. DL/T 567.7—2007 规定，灰及渣中测出的硫，实际上是指煤中的（A）硫。

    A. 不可燃　　　　　　B. 可燃　　　　　　　C. 全　　　　　　　　D. 有机

24. GB/T 483—2007 规定，全硫表示为（B）。

    A. $S_t = S_o + S_p$　　　　　　　　　　B. $S_t = S_o + S_p + S_s$

    C. $S_t = S_o + S_p - S_s$　　　　　　　D. $S_t = S_p + S_s - S_o$

25. GB/T 483—2007 规定，煤中可燃硫是指（A）。

    A. $S_o + S_p$　　　　B. $S_o - S_s$　　　　C. $S_p - S_s$　　　　D. $S_o + S_p - S_s$

26. GB/T 214—2007 规定，艾士卡试剂的组成为（B）。

    A. 2 份无水碳酸钠+1 份氧化镁

    B. 2 份氧化镁+1 份无水碳酸钠

    C. 2 份碳酸钠（含 2 个结晶水）+1 份氧化镁

    D. 1 份碳酸钠（含 2 个结晶水）+2 份氧化镁

27. GB/T 214—2007 规定，$BaSO_4$ 折算成硫的因子是（A）。（硫的原子量为 32.066，硫酸钡的分子量为 233.436）

    A. 0.1374　　　　　B. 7.2795　　　　　C. 1.374　　　　　D. 0.01374

28．单位质量发热量最高的元素是煤中的（B）。

　　　A．碳　　　　　　　B．氢　　　　　　　C．硫　　　　　　　D．氧

29．煤中燃烧时产生热量最多的元素是（A）。

　　　A．碳　　　　　　　B．氢　　　　　　　C．硫　　　　　　　D．氧

30．GB/T 483—2007 规定，煤中不可燃硫是指（C）。

　　　A．黄铁矿硫　　　　B．有机硫　　　　　C．硫酸盐硫　　　　D．碳酸盐硫

31．GB/T 483—2007 规定，煤灰中的硫相当于煤中的（C）。

　　　A．S_p　　　　　　B．S_o　　　　　　C．S_s　　　　　　D．S_p-S_s

32．GB/T 214—2007 规定，采用库仑滴定法测定煤中全硫时应控制的燃烧温度为（C）℃。

　　　A．900±10　　　　B．1050±10　　　　C．1150±10　　　　D．1250±10

33．GB/T 214—2007 规定，采用库仑滴定法测定煤中全硫时称样量为（C）g。

　　　A．0.1±0.005　　B．0.2±0.005　　C．0.05±0.005　　D．0.5±0.005

34．GB/T 214—2007 规定，当全硫含量为 5%～10%时，采用艾士卡法测定煤中全硫时称样量为（A）g。

　　　A．0.5　　　　　　B．0.2　　　　　　C．1　　　　　　　D．0.1

35．GB/T 476—2008 规定，测定煤中碳、氢时，应将助燃气体通入三节炉中，助燃气体是（A）。

　　　A．氧气　　　　　　　　　　　　　B．空气

　　　C．二氧化碳　　　　　　　　　　　D．一氧化碳

36．GB/T 30733—2014 规定，测定煤中氢含量时，应同时测定（C）指标，以便进行氢含量的计算。

　　　A．M_t　　　　　　B．CO_2　　　　　C．M_{ad}　　　　　D．O_2

37．GB/T 19227—2008、GB/T 214—2007、GB/T 212—2008 和 GB/T 30733—2014 规定，下述测定时不必做空白试验的是（D）。

　　　A．碳与氢　　　　　　　　　　　　B．艾士卡法测硫

　　　C．开氏法测氮　　　　　　　　　　D．灰分

38．GB/T 214—2007 和 GB/T 212—2008 规定，下述试验时必须做空白试验的是（C）。

　　　A．灰分　　　　　　　　　　　　　B．挥发分

　　　C．艾士卡法测硫　　　　　　　　　D．空气干燥基水分

39．GB/T 476—2008 规定，测定碳和氢时，第三节炉（长度最小的一节炉）的炉温应控制在（C）℃。

　　　A．800±10　　　　B．850±10　　　　C．600±10　　　　D．750±10

40．GB/T 476—2008 规定，测定碳和氢的三节炉法中，第二节炉（长度最大的一节炉）

的炉温应控制在（C）℃。

    A．600±10   B．700±10   C．800±10   D．850±10

41．GB/T 476—2008 规定，测定碳和氢的二节炉法中，第二节炉（较短的一节炉）的炉温应控制在（B）℃。

    A．600±10   B．500±10   C．700±10   D．800±10

42．GB/T 214—2007 规定，采用库仑滴定法测定全硫时所用催化剂是（B）。

    A．氯化铜   B．三氧化钨

    C．三氧化二铬   D．三氧化二铁

43．GB/T 214—2007 规定，采用艾士卡法测定煤中全硫，在加氯化钡产生硫酸钡沉淀前，应控制好溶液酸度，此时溶液应为（C）性。

    A．强酸   B．弱酸   C．微酸   D．微碱

44．GB/T 214—2007 规定，采用库仑滴定法测定煤中全硫，电解液的酸性达到（A），就应更换电解液。

    A．pH＜1   B．pH＞1   C．pH＜2   D．pH＞2

45．GB/T 214—2007 规定，采用库仑滴定法测定煤中全硫，如不预先用标准物质进行标定，则测出结果会（B）。

    A．偏高   B．偏低   C．没有影响   D．不确定

46．GB/T 214—2007 规定，高温燃烧中和法测定煤中全硫时，硫的燃烧产物在过氧化氢溶液中被氧化形成硫酸，用标准碱溶液滴定，就可计算出含硫量。滴定用的碱溶液是（B）。

    A．浓氢氧化钠溶液   B．稀氢氧化钠溶液

    C．浓氢氧化钾溶液   D．稀氢氧化钾溶液

47．GB/T 214—2007 规定，高温燃烧中和法测定煤中全硫时，试样的燃烧温度应控制在（C）℃。

    A．1000±10   B．1150±10   C．1200±10   D．1250±10

48．GB/T 19227—2008 规定，测定煤中氮的过程中，关键是煤样的消化，最难消化的煤种是（A）。

    A．年老无烟煤   B．年轻无烟煤   C．烟煤   D．褐煤

49．GB/T 214—2007 和 GB/T 476—2008 规定，为保证煤样充分燃烧，要使用空气或氧气助燃，使用空气助燃的是（C）。

    A．三节炉法测定煤中碳、氢   B．二节炉法测定煤中碳、氢

    C．库仑滴定法测定煤中硫   D．高温燃烧法测定煤中硫

50．GB/T 19227—2008、GB/T 214—2007 和 GB/T 476—2008 规定，各个测定项目中称样量最少的为（D）。

    A．三节炉法测定煤中碳、氢   B．艾士卡法测定煤中全硫

C．开氏法测定煤中氮　　　　　　　　　　D．库仑滴定法测定煤中硫

51．GB/T 19227—2008、GB/T 214—2007 和 GB/T 476—2008 规定，元素分析中，测定结果计算不需要扣除空白值的项目是（A）。

A．三节炉法测碳　　　　　　　　　　B．三节炉法测氢

C．开氏法测氮　　　　　　　　　　D．艾士卡法测硫

52．GB/T 19227—2008 规定，开氏法测定煤中氮时，煤样消化时所用的浓酸为（C）。

A．盐酸　　　　B．硝酸　　　　C．硫酸　　　　D．磷酸

53．GB/T 476—2008 规定，三节炉法测定碳、氢含量时，氧气流速控制为（B）mL/min。

A．50　　　　B．120　　　　C．200　　　　D．500

54．GB/T 214—2007 规定，库仑滴定法测煤中全硫所用空气流量为（C）mL/min。

A．120　　　　B．500　　　　C．1000　　　　D．1500

55．GB/T 214—2007 规定，库仑滴定法测煤中全硫新配电解液 pH 值为（A）。

A．1～2　　　　B．2～3　　　　C．<1　　　　D．<0.5

56．GB/T 476—2008 规定，碳、氢测定中，用以去除煤中硫的燃烧产物所用的试剂是（D）。

A．针状氧化铜　　　B．铜丝卷　　　C．银丝卷　　　D．铬酸铅

57．GB/T 476—2008 规定，碳、氢测定中，用以将煤的不完全燃烧产物 CO 氧化成 CO_2 的试剂是（A）。

A．线状氧化铜　　　B．铜丝卷　　　C．银丝卷　　　D．铬酸铅

58．GB/T 214—2007 规定，艾士卡法测硫，其关键条件之一是控制加入氯化钡前溶液的酸度，以便硫酸钡能沉淀完全，调节溶液的酸度为（A）。

A．弱酸性　　　B．强碱性　　　C．中性　　　D．强酸性

59．GB/T 19227—2008、GB/T 212—2008、GB/T 214—2007 和 GB/T 476—2008 规定，测定结果的计算要使用 M_{ad} 值的是（B）。

A．艾士卡法测硫　　　　　　　　　　B．挥发分测定

C．三节炉法测定碳　　　　　　　　　D．开氏法测氮

60．GB/T 214—2007 规定煤中库仑滴定法全硫测定方法中在燃烧管内部填充的硅铝酸棉的作用是（C）。

A．均匀分配气流　　　　　　　　　　B．降低气体流速

C．保证样品充分燃尽　　　　　　　　D．提高燃烧管气密性

61．GB/T 31425—2015 库仑测硫仪气密性检验方法规定开动抽气泵，调节抽气流量至1000mL/min，然后关闭电解池和异径燃烧器管间的活塞，若抽气量降到（C）以下，则证明气密性为合格。

A．100mL/min　　　　　　　　　　B．200 mL/min

C. 300mL/min   D. 400mL/min

62. GB/T 31425—2015 库仑测硫仪库仑积分器稳定性检验要求，在开机 30min 后，库仑积分器的读数在 10min 内漂移不超过（D）字。

A. 10 个   B. 20 个   C. 25 个   D. 30 个

63. GB/T 31425—2015 要求库仑测硫仪的独立供电部分的电源接线端与机壳间的绝缘电阻不小于（D）。

A. 5MΩ   B. 10MΩ   C. 15MΩ   D. 20MΩ

64. GB/T 31425—2015 要求电解池电磁搅拌器转动平稳，无异常噪声，转速不低于（C），连续可调。

A. 300r/min   B. 400r/min   C. 500r/min   D. 600r/min

65. GB/T 31425—2015 要求库仑积分器在电解电流 0～350mA 范围内线性误差小于（A）。

A. ±0.1%   B. ±0.2%   C. ±0.3%   D. ±0.4%

66. GB/T 31425—2015 对库仑测硫仪指示电极响应时间的检验方法：在指示电极间接入毫伏计，启动测硫仪，毫伏计示值稳定后往电解池中滴加微量（B）稀溶液，测量毫伏计示值变化的时间，应小于 1s。

A. 硫酸   B. 亚硫酸   C. 盐酸   D. 冰醋酸

67. 依据 GB/T 214—2007 中关于库仑滴定法原理的描述，下列说法正确的是（B）。

A. 二氧化硫直接消耗电量   B. 碘化钾直接消耗电量

C. 溴化钾直接消耗电量   D. 碘直接消耗电量

68. 使用艾士卡法测定煤中全硫的含量，应用了分析化学中的（B）。

A. 酸碱滴定法   B. 重量分析法

C. 仪器分析法   D. 沉淀滴定法

69. 库仑测硫仪使用的热电偶材质是（C）。

A. 镍铬-镍硅   B. 镍铬-考铜

C. 铂铑-铂   D. 镍铬-康铜

70. 以下不属于 GB/T 214—2007 中煤中全硫的测定方法为（A）。

A. 硫酸钡光谱法   B. 艾士卡法

C. 库仑滴定法   D. 高温燃烧中和法

71. 高温燃烧中和法测定煤中全硫时，吸收液中发生的化学反应是（B）。

A. $SO_2+H_2O \rightarrow H_2SO_3$ 和 $SO_3+H_2O \rightarrow H_2SO_4$

B. $SO_2+H_2O_2 \rightarrow H_2SO_4$ 和 $SO_3+H_2O \rightarrow H_2SO_4$

C. $SO_2+2NaOH \rightarrow Na_2SO_3+H_2O$ 和 $SO_3+2NaOH \rightarrow Na_2SO_4+H_2O$

D. $SO_3+2NaOH \rightarrow Na_2SO_4+H_2O$

72. 按 GB/T 19227—2008 规定，半微量开氏法测定煤中氮元素用的混合碱液组成是（C）。

  A．氢氧化钠和氧化钙   B．氢氧化钠和碳酸钠

  C．氢氧化钠和硫化钠   D．氢氧化钠和硫酸钠

73. 按 GB/T 214—2007 要求，采用库仑滴定法测定某煤样的值为 2.55、2.68、2.65、2.54，则应按（D）式算出平均值报出。

  A．（2.55+2.54）/2   B．（2.65+2.68）/2

  C．（2.55+2.65+2.68+2.54）/4 D．（2.55+2.65+2.54）/3

74. 依据 GB/T 30733—2014，以下能够作为校准物质的是（B）。

  A．苯甲酸   B．苯丙氨酸   C．甲苯   D．苯乙酸

75. 高温燃烧中和法测定煤中全硫所用的吸收液是（B）。

  A．碳酸钙   B．过氧化氢溶液

  C．硫酸盐   D．硫铁矿

76. 煤中碳氢测定中，使用碱石棉是为了吸收（B）。

  A．二氧化硫   B．二氧化碳

  C．二氧化氮   D．三氧化硫

77. 依据下列实测全硫的结果，试计算其平均值的置信范围是（C）。（准确到小数点后统计两位）[$S_{t,ad}$（%）1.88 1.89 1.90 1.88 1.86 1.84 1.89 1.87（$t_{0.05,7}$=2.365）]

  A．1.88±0.03   B．1.88±0.01

  C．1.88±0.02   D．1.88±0.04

78. 用艾士卡法测定煤中全硫时需进行空白试验的目的是（C）。

  A．消除试验方法误差   B．消除人为误差

  C．消除化学试剂和试验用水纯度误差 D．消除偶然误差

79. GB/T 30733—2014 规定，煤中碳氢氮仪器法中常用校准物质可以是（D）。

  A．碳酸钠   B．碳酸氢铵

  C．乙酰苯胺酸   D．EDTA（乙二胺四乙酸）

80. GB/T 25214—2010 规定，燃烧管升温到（B）℃后，通入氧气并调节流量到（B）L/min，然后开始试验。

  A．1300，2   B．1300，3   C．1350，2   D．1350，3

81. GB/T 214—2007 规定，用库仑法标定仪器时，被标定仪器测定煤标准物质的硫含量时，每一标准物质至少重复测定（C）次，以（C）次测定值的平均值为煤标准物质的硫测定值。

  A．1，1   B．2，2   C．3，3   D．4，4

82. GB/T 214—2007 规定，艾士卡试剂是以 2 份质量的化学纯轻质氧化镁与 1 份质量

的化学纯无水碳酸钠混匀并研细至粒度小于（B）mm后，保存在密闭容器中。

  A．0.1   B．0.2   C．0.5   D．1

83．GB/T 214—2007规定，高温燃烧中和法所用的过氧化氢溶液，用稀硫酸溶液或稀氢氧化钠溶液中和至溶液呈钢灰色。此溶液应在使用（C）中和。

  A．前1天   B．前2天   C．当天   D．前一周

84．GB/T 214—2007规定：高温燃烧中和法测定煤中全硫时，当氯含量高于（B）的煤或用氯化锌减灰的精煤应进行氯的校正。

  A．0.01%   B．0.02%   C．0.05%   D．0.10%

85．GB/T 25214—2010规定，当煤样全硫含量大于（A）时，应适当减少称样量。

  A．4%   B．3%   C．2.5%   D．2%

86．DL/T 567.7—2007规定，高温燃烧中和法测定灰及渣中硫，以（B）作为添加剂，与样品一起燃烧。

  A．三氧化钨   B．活性炭粉

  C．艾士卡试剂   D．高氯酸镁

87．GB/T 476—2008规定，铬酸铅经处理后可重复使用，处理方法是用热的（B）浸渍，用水洗净、干燥，并在500～600℃下灼烧0.5h。

  A．浓氨水   B．约50g/L氢氧化钠溶液

  C．0.5mol/L盐酸   D．浓硫酸

88．GB/T 476—2008规定，电量-重量法测定煤中碳和氢时，煤样燃烧后生成的氮氧化物用（C）除去。

  A．高锰酸银热解产物   B．铬酸铅

  C．粒状二氧化锰   D．银丝卷

89．下图是某三节炉的示意图，图中虚线框住部分从左到右依次为（B）。

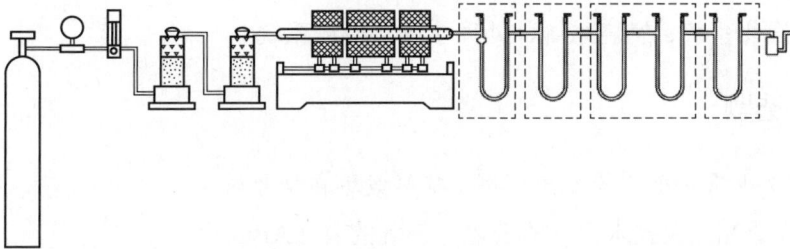

  A．吸水U形管、空U形管、吸CO_2 U形管、除氮氧化物U形管

  B．吸水U形管、除氮氧化物U形管、吸CO_2 U形管、空U形管

  C．除氮氧化物U形管、吸水U形管、吸CO_2 U形管、空U形管

  D．吸CO_2 U形管、空U形管、吸水U形管、除氮氧化物U形管

90. 根据 GB/T 31425—2015，下图是某库仑测硫仪的结构示意图，图中空缺部分 1～4 依次为（B）。

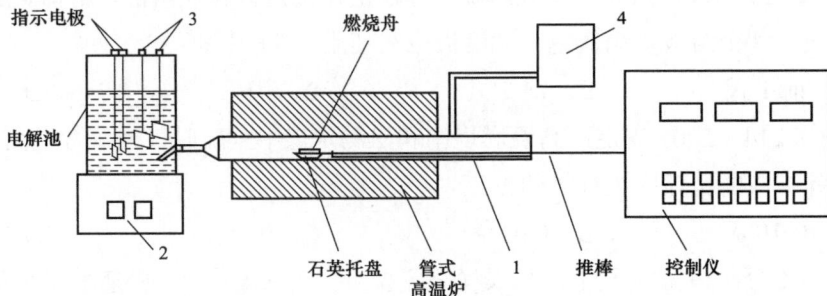

A. 异径燃烧管、电磁搅拌器、参比电极、抽气及烟气处理装置

B. 异径燃烧管、电磁搅拌器、电解电极、空气供应及净化装置

C. 减缩燃烧管、参比电极、电解电极、空气供应及净化装置

D. 减缩燃烧管、电解液抽取装置、参比电极、抽气及烟气处理装置

91. 依据 GB/T 30733—2014，下图是某碳氢氮测试仪的结构示意图，图中空缺部分 1～4 依次是（A）。

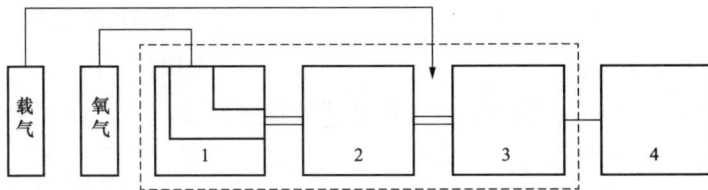

A. 燃烧系统、处理系统、检测系统、控制系统

B. 控制系统、燃烧系统、处理系统、检测系统

C. 燃烧系统、检测系统、环保系统、控制系统

D. 净化系统、燃烧系统、处理系统、检测系统

（三）多选题

下面每题至少有一个正确答案，将正确答案填在括号内。

1. 根据库仑测硫仪技术要求的表述，正确的有（ABCD）。

A. 仪器精密度要求满足对全硫质量分数 $S_{t,ad}$ 小于 1.50%的样品，同一样品两次重复测定之差应小于 0.05%

B. 仪器准确度要求满足对六个标煤两次重复测定值的平均值均在其认定值与测定结果的合成不确定度范围内

C. 外购件、外协件应有合格证，所有零部件经检验合格后方能使用

D. 金属镀层及化学表面应色泽均匀，不得有露底、起皮、起泡、斑痕或有擦伤和划痕，具有较好的防腐、防锈性能

2. 按 GB/T 31425—2015 规定，库仑测硫仪对工作环境温湿度条件的要求是（AC）。

A. 温度：5～40℃　　　　　　　　B. 温度：10～50℃

C. 相对湿度：不大于 85%　　　　　D. 相对湿度：不大于 65%

3. 按 GB/T 31425—2015 规定，库仑测硫仪出厂检验包含的内容有（ACD）。

A. 恒温带　　　　　　　　　　　B. 异径燃烧管

C. 库仑积分器稳定性　　　　　　D. 送样程序控制器

4. 按 GB/T 31391—2015 规定，测定煤的碳、氢、氮、硫、灰分及水分的试验方法中参考标准包括（ABCE）。

A. GB/T 214　　　　　　　　　　B. GB/T 25214

C. GB/T 30733　　　　　　　　　D. DL/T 568

E. GB/T 19227　　　　　　　　　F. DL/T 1030

5. 需要使用钢瓶装氧气的检测方法有（ABD）。

A. 红外光谱法检测煤中全硫

B. 自动氧弹热量计法检测煤的发热量

C. 库仑滴定法检测煤中全硫

D. 高温燃烧—红外、热导联合测定法检测煤中碳、氢、氮

6. DL/T 568—2013 中，燃料元素快速分析仪需要的填充试剂有（ABCD）。

A. 燃烧催化剂　　B. 氮催化剂　　C. 铜丝　　　　D. 高氯酸镁

E. 碘化钾

7. 开氏法测定煤中氮所使用的混合催化剂中包括（ACE）。

A. 无水硫酸钠　　　　　　　　　B. 铬酸铅

C. 硒粉　　　　　　　　　　　　D. 高锰酸银热解产物

E. 硫酸汞

8. 在试验中，使用三氧化钨做催化剂的有（ABCE）。

A. 三节炉法测定煤中碳氢

B. 库仑滴定法测定煤中全硫

C. 高温燃烧中和法测定煤中全硫

D. 红外光谱法测定煤中全硫

E. 库仑滴定法测定灰渣中硫

F. 高温燃烧—红外、热导联合测定法测定煤中碳氢氮

9. 三节炉法测定煤中碳氢含量时，燃烧管中需要用到的填充试剂有（BD）。

A. 无水高氯酸镁或无水氯化钙　　　B. 氧化铜

C．粒状二氧化锰　　　　　　　　　D．铬酸铅

E．高锰酸银热解产物

10．下列方法属于在氧化气氛下快速加热的方法有（ADE）。

A．库仑滴定法测全硫　　　　　　　B．水分测定中的方法 B

C．挥发分测定　　　　　　　　　　D．快速灰化法方法 B

E．高温燃烧—红外、热导联合测定法

11．GB/T 476—2008 二节炉法测定煤中碳、氢时，可供选用的水分吸收剂是（AD）。

A．无水氯化钙　　　　　　　　　　B．变色硅胶

C．浓硫酸　　　　　　　　　　　　D．无水高氯酸镁

12．艾士卡法测定全硫时，得到较好的硫酸钡晶体沉淀的方法是（ACDEG）。

A．微酸性溶液　　B．强酸性溶液　　C．搅拌　　　　　D．加热

E．慢加沉淀剂　　F．快加沉淀剂　　G．陈化

13．GB/T 31425—2015 规定，对库仑测硫仪有（ACD）情况时，应进行型式检验。

A．正式生产后，如结构、材料、工艺有较大改变，可能影响性能时

B．停产 1 年以上，再恢复生产时

C．批量生产时，每 2 年进行 1 次

D．出厂检验结果与上次型式检验有较大差异时

14．DL/T 567.7—2007 规定煤灰、飞灰及渣中硫的测定方法有（ABCE）。

A．艾士卡法　　　　　　　　　　　B．库仑滴定法

C．硫酸钡质量法　　　　　　　　　D．红外光谱法

E．高温燃烧中和法　　　　　　　　F．高温管式炉燃烧—红外吸收法

15．DL/T 567.7—2007 规定的灰及渣中硫检测方法中，（ABCDE）方法的检测结果以硫的质量分数表示。

A．艾士卡法　　　　　　　　　　　B．库仑滴定法

C．硫酸钡质量法　　　　　　　　　D．高温燃烧中和法

E．高温管式炉燃烧—红外吸收法

16．GB/T 476—2008 规定的三节炉法测定煤中碳和氢时，U 形管中的试剂更换原则是（ABD）。

A．吸水 U 形管中的氯化钙开始溶化并阻碍气体畅通

B．第二个吸收二氧化碳的 U 形管一次试验后的质量增加达 50mg 时，应更换第一个 U 形管中的二氧化碳吸收剂

C．二氧化锰一般使用 100 次左右应更换

D．U 形管更换试剂后，应以 120mL/min 的流量通入氧气至质量恒定后方能使用

17．GB/T 19227—2008 煤中氮的测定，同时适用于半微量开氏法和半微量蒸汽法的煤

种有（BC）。

    A．褐煤   B．烟煤   C．无烟煤   D．水煤浆

18．GB/T 30733—2014 规定，可使用的拟合校准曲线的方法有（ABCD）。

    A．线性拟合   B．二次曲线拟合

    C．乘方曲线拟合   D．三次曲线拟合

（四）填空题

1．GB/T 214—2007 规定，库仑滴定法测硫时，电解液由溴化钾、碘化钾和冰乙酸组成。

2．GB/T 214—2007 规定，库仑滴定法测硫时的高温分解温度为 1150℃，催化剂是三氧化钨。

3．GB/T 214—2007 规定，对库仑测硫仪各部件和接口进行气密性检查，开动抽气和供气泵，将抽气量调节到 1000mL/min，然后关闭电解池与燃烧管间的活塞，若抽气量能降到 300mL/min 以下，证明气密性良好。

4．GB/T 214—2007 规定，艾士卡试剂是 1 份质量的无水碳酸钠和 2 份质量的氧化镁混合而成。

5．GB/T 214—2007 规定，艾士卡法测全硫，用甲基橙指示滤液呈弱酸性；用硝酸银溶液检验沉淀洗至无氯离子。

6．GB/T 213—2008 规定，全硫代替弹筒硫的条件是当 $Q_{b,ad}$>14.60MJ/kg 或当 $S_{t,ad}$<4.00%时。

7．GB/T 214—2007 规定，艾士卡法测定煤中全硫，是将煤中的可燃硫及不可燃硫均转化成可溶于水的硫酸盐，而后在一定酸度下，用氯化钡溶液沉淀，从而测出煤中的全硫含量。

8．GB/T 476—2008 规定，煤中碳氢测定方法中，三节炉法中第一节炉炉温应控制在（850±10）℃，第二节炉炉温应控制在（800±10）℃，第三节炉炉温应控制在（600±10）℃。

9．GB/T 214—2007 规定，测定煤中碳和氢时，煤样中硫和氯对碳测定的干扰在三节炉中用铬酸铅和银丝卷消除，在二节炉中用高锰酸银热解产物消除。

10．GB/T 214—2007 和 GB/T 476—2008 规定，测定煤中全硫的高温燃烧中和法试验装置中，吸收瓶中加入的吸收液是 3%过氧化氢溶液，测定碳氢的二节炉法试验装置中，吸收二氧化碳的试剂是碱石棉或碱石灰。

11．根据 DL/T 567.7—2007 规定，某煤样 $S_{t,ad}$ 为 2.00%，灰中含硫量为 1.00%，灰分为 25%，则此煤样可燃硫为 1.75%，不可燃硫为 0.25%。

12．GB/T 483—2007 规定，煤中全硫是硫铁矿硫、有机硫及硫酸盐硫的总和。

13．GB/T 214—2007 和 GB/T 476—2008 规定，为了保证煤样燃烧完全，碳、氢测定时所用氧化剂是<u>氧气</u>；库仑滴定法测硫中，则所用为<u>空气</u>。

14．GB/T 483—2007 规定，煤中可燃硫是指<u>硫铁矿硫和有机硫</u>。

15．GB/T 483—2007 规定，煤中无机硫是指<u>硫铁矿硫和硫酸盐硫</u>。

16．DL/T 567.7—2007 规定，煤灰中硫含量与煤的灰分的乘积就是煤中<u>不可燃硫</u>的含量。

17．GB/T 476—2008 规定，测定碳、氢的方法有<u>三节炉法</u>或<u>二节炉法</u>和<u>电量-重量法</u>。

18．GB/T 476—2008 规定，测定碳、氢时，二氧化碳吸收剂常用<u>碱石棉</u>，水分吸收剂常用<u>无水高氯酸镁</u>。

19．GB/T 476—2008 规定，采用二节炉法测定碳、氢，第一节炉温应控制在<u>（850±10）</u>℃，第二节炉温应控制在<u>（500±10）</u>℃。

20．GB/T 214—2007 规定，标准规定测定煤中全硫可以采用 <u>3</u> 种方法，作为仲裁分析的为<u>艾士卡法</u>。

21．GB/T 214—2007 规定，标准规定测定煤中全硫可以采用库仑滴定法、<u>艾士卡法</u>及<u>高温燃烧中和法</u>。

22．GB/T 214—2007 规定，采用艾士卡法测定煤中全硫时，煤中的各种硫均在灼烧后转为可溶于水的<u>硫酸钠及硫酸镁</u>。

23．GB/T 214—2007 规定，硫酸钡换算为硫的系数，是指<u>硫占硫酸钡的质量百分率</u>。

24．GB/T 476—2008 规定，三节炉燃烧管中填装针状氧化铜是为了<u>氧化煤样未完全燃烧所产生的一氧化碳</u>，填装铬酸铅（粒状）是为了<u>去除煤中硫</u>。

25．GB/T 476—2008 规定，三节炉燃烧管中填装银丝卷是为了<u>消除煤中氯对碳测定的干扰</u>，填装铜丝卷是为了<u>还原氮氧化物为氮气</u>。

26．GB/T 31425—2015 要求库仑测硫仪在工作温度 1150℃时，管式高温炉外壳温度不大于<u>70</u>℃，并有高温警示标志。

27．GB/T 31425—2015 要求电磁泵空气抽气流量不低于 <u>1000mL/min</u>，供气流量不低于 <u>1500mL/min</u>。

28．GB/T 31425—2015 要求库仑测硫仪管式高温炉升温速度为 <u>1h</u> 内炉膛温度应能从室温升至 1150℃。

29．GB/T 31425—2015 要求库仑测硫仪在相对湿度不大于 <u>85%</u> 条件下应能正常运行。

30．GB/T 31391—2015 规定，差减氧是用 100 减去煤的<u>碳、氢、氮、硫、灰分及水分</u>得出，以质量分数表示。

31．用艾士卡法测定全硫时，对称样量的规定是：全硫含量小于 5%时，称样量为<u>（1.00±0.01）</u>g；全硫含量为 5%～10%时，称样量为 <u>0.5g</u>；全硫含量大于 10%时，称样量为 <u>0.25g</u>。

32．艾士卡法测全硫，过滤灰渣采用<u>中速定性</u>滤纸；过滤硫酸钡沉淀采用<u>无灰定量</u>滤纸。

33．库仑滴定法测全硫，在测定前先测 1～2 个废样的目的是<u>中和电解液中非电解产生</u>的碘。

34．GB/T 30733—2014 规定，在做煤中碳、氢含量的测定前，要对测定装置做<u>气密性</u>检查，并要做<u>空白</u>试验。

35．半微量开氏法采用混合催化剂和硫酸，将煤中氮转化为<u>硫酸氢铵</u>；半微量蒸汽法采用氧化铝做催化剂和疏松剂，用水蒸气将煤中氮转化成<u>氨</u>。

36．使用硅碳管时为了延长其使用寿命，试验结束后，应待炉温降至 <u>900</u>℃后再切断电源。

37．$c\left(\dfrac{1}{2}H_2SO_4\right)$ 表示溶质的基本单元为 $\left(\dfrac{1}{2}H_2SO_4\right)$，其与 NaOH 反应时的摩尔比为 <u>1:1</u>。

38．用艾士卡法或高温燃烧中和法测定煤中全硫时需进行空白试验的目的是<u>消除化学试剂和试验用水纯度误差</u>。

39．三节炉测定碳氢方法中，在吸水 U 形管和吸收二氧化碳 U 形管之间应布置<u>除氮 U 形管</u>。

40．三节炉测定碳氢方法中第二节炉和第三节炉的控制温度分别是<u>（800±10）</u>℃和<u>（600±10）</u>℃。

41．半微量开氏法测氮中混合碱液的组分是<u>氢氧化钠和硫化钠</u>。

42．DL/T 568—2013 规定了<u>高温燃烧—红外、热导联合测定法和高温燃烧—吸附解析—热导法</u>测量燃料中碳、氢和氮元素的方法原理和测定的基本要求。

43．按 GB/T 214—2007 规定，库仑测硫仪的管式高温炉的要求是：能加热到<u>1200</u>℃以上，并有至少 <u>70mm</u> 长的（1150±10）℃高温恒温带，带有铂铑-铂热电偶测温及控温装置，炉内装有耐温 1300℃以上的异径燃烧管。

44．按 GB/T 214—2007 规定，艾士卡法测定煤中全硫时，将装有艾氏剂与煤样的坩埚移入通风良好的马弗炉中，在 <u>1～2h</u> 内从室温逐渐加热到 <u>800～850</u>℃，并在该温度下保持 <u>1～2h</u>。

45．按 GB/T 214—2007 规定，高温燃烧中和法测定煤中全硫时，所使用的混合指示剂是将 0.125g <u>甲基红</u>溶于 100mL 乙醇中，另将 0.083g <u>亚甲基蓝</u>溶于 100mL 乙醇中，分别贮存于棕色瓶中，使用前按等体积混合。

46．按 GB/T 32425—2015 规定，空气供应及净化装置主要由电磁泵、净化管等组成，其中电子泵空气抽气流量不低于 <u>1000</u>mL/min，供气流量不低于 <u>1500</u>mL/min。

47．按 GB/T 32425—2015 规定，采用同一煤样进行库仑测硫仪精密度检验时，应进行 10 次重复测定，重复测定值的方差与由 GB/T 214—2007 规定的重复性限计算的方差应无显著性差异。

48. DL/T 567.7—2007 规定，高温管式炉燃烧—红外吸收法测定灰及渣中硫，测定结果以三氧化硫的百分含量报出。

49. DL/T 567.7—2007 规定，高温管式炉燃烧—红外吸收法测定灰及渣中硫时，对于三氧化硫含量小于 2% 的样品称取试样量为 (300±0.1)mg，对于三氧化硫大于 2% 的样品，称取的试样量为 (140±0.1)mg。

50. 按 DL/T 567.7—2007 规定，煤中全硫包括可燃硫和不可燃硫。

51. 按 GB/T 476—2008 规定，三节炉燃烧管中的填充物（氧化铜、铬酸铅和银丝卷）经 70～100 次测定后应检查或更换。

52. 按 GB/T 476—2008 规定，三节炉法测定煤中碳和氢的吸收系统的末端连接的空 U 形管作用是防止硫酸倒吸。

53. 按 GB/T 476—2008 规定，电量-重量法测定煤中碳和氢的净化系统中，3 个气体干燥管内按氧气流入方向依次充填变色硅胶、碱石棉、无水高氯酸镁。

54. 按 GB/T 19227—2008 规定，硫酸钠标准溶液的标定，需 2 人标定，每人各做 4 次重复标定，8 次重复标定结果的极差不大于 0.00060mol/L，以其算术平均值作为硫酸标准溶液的浓度，保留 4 位有效数字。

55. 按 GB/T 30733—2014 规定，采用线性拟合方法标定时，校准点数不得少于 6。

56. 按 GB/T 30733—2014 规定，煤中碳、氢、氮测定重复性限分别为 0.50%、0.08%、0.15%；按 DL/T 568—2013 规定，固体矿物质燃料测定结果重复性限分别为 0.45%、0.10%、0.05%。

57. 按 DL/T 568—2013 规定，碳氢氮元素分析仪器主要由燃烧单元、气体过滤单元、混合储气及定量抽取单元、氮氧化物还原单元、检测单元和信号采集及处理单元组成。

58. 按 DL/T 568—2013 规定，气体过滤单元的作用是用于去除气体中的固体颗粒、二氧化碳和水。

59. 按 DL/T 568—2013 规定，固定矿物质燃料称样量为 0.0500～0.2000g，生物质燃料称样量为 0.0500～0.1000g。

60. 依据 DL/T 568—2013，补充完善碳氢氮元素分析仪（高温燃烧—红外、热导联合测定法）组成示意图中的空缺部分。

（1）混合储气和定量抽取单元；

（2）N_2 热导检测池；

（3）H_2O 红外检测池；

（4）CO_2 红外检测池；

（5）氮氧化物还原单元。

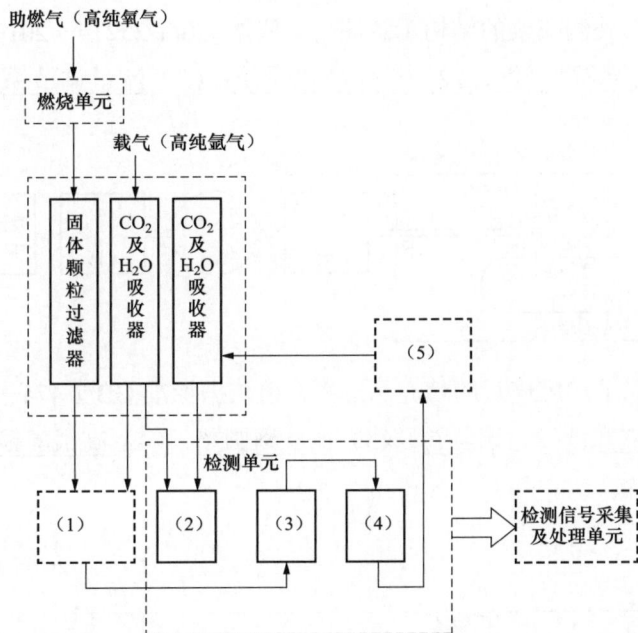

61. 请补充完善碳氢氮元素分析仪（高温燃烧—吸附解析—热导测定法）组成示意图中的空缺部分。

（1）<u>干燥管</u>；

（2）<u>干燥管</u>；

（3）<u>还原管</u>；

（4）<u>H_2O吸附柱</u>；

（5）<u>CO_2吸附柱</u>；

（6）<u>N_2 / CO_2 / H_2O热导检测池</u>。

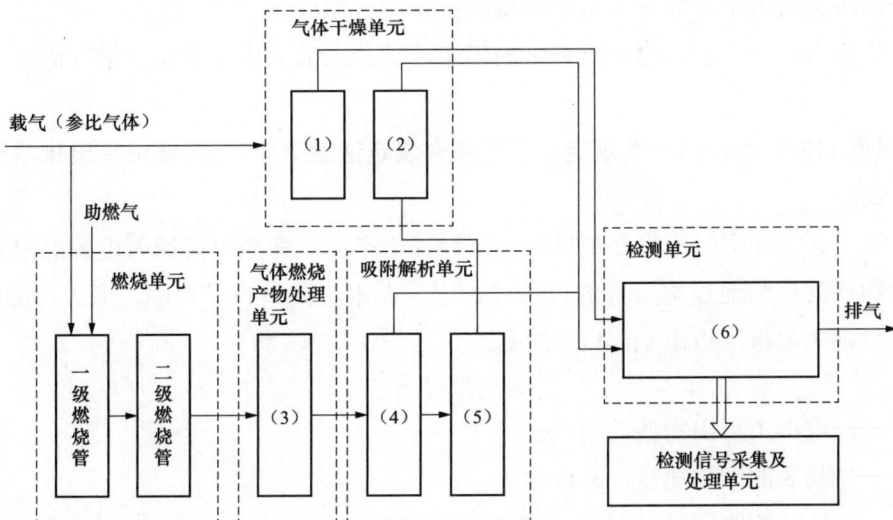

62．下图是某红外测硫仪的结构示意图，请依据 GB/T 25214—2010，补充其中的空缺部分：（1）管式高温炉燃烧管；（2）气体净化系统；（3）流量调节系统；（4）红外检测系统。

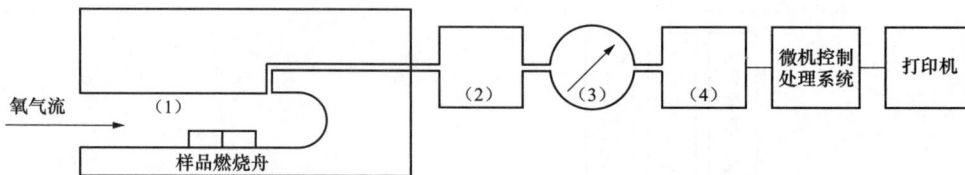

氧气流　　（1）　　样品燃烧舟　　（2）　　（3）　　（4）　　微机控制处理系统　　打印机

63．下图为某二节炉燃烧管的填充示意图，请依据标准 GB/T 474—2008，补充其中的空缺部分：（1）橡皮塞；（2）铜丝卷；（3）铜丝网圆垫；（4）高锰酸银热解产物；（5）铜丝网圆垫。

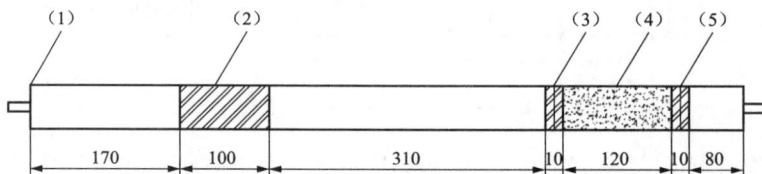

（1）　　（2）　　（3）　　（4）　　（5）
170　　100　　310　　10　　120　　10　　80

（五）问答题

1. 根据 GB/T 214—2007 规定，试述库仑滴定法测定煤中全硫存在误差的原因是什么，怎样消除这些误差？

答：库仑滴定法测定煤中全硫与艾士卡法相比结果有偏低现象，其原因主要为：可燃硫的燃烧产物中存在少量的 SO_3，硫酸盐中的硫酸根离子不可能被完全分解成 SO_2，电解过程中电流效率不可能是 100%，以及电位指示电极和电解电极的极化等。如果直接根据库仑积分仪测得的电量计算含硫量，所得的结果就会偏低。

为了克服由于上述原因给结果带来的误差，试验之前应用标准煤样进行标定。

2. 根据 GB/T 214—2007 规定，简述库仑滴定法测硫原理。（要求写出化学反应式、电极反应式）

答：库仑滴定法测硫原理是根据库仑定律提出来的。即当电流通入电解液中时，在电极上析出物质的量与通过电解液的电量成正比。在电解液电解过程中，通入 96500C（即 1F）电量。则在电极上析出 1mol 的物质。

$$m=M_m \times I \times t/F$$

式中　m ——电极上析出物质的量，g；

　　　M_m ——物质的摩尔质量，g/mol；

　　　F ——法拉第常数，96500C/mol；

I ——通入电解液的电流，A；

t ——通入电流的时间，s。

煤样在 1150℃ 高温和催化剂存在的条件下，在净化过的空气流中燃烧，煤中各种形态硫将被氧化成二氧化硫和少量三氧化硫。被空气带入电解池内与水反应生成亚硫酸及少量硫酸。硫氧化产物进入电解池后，电解碘化钾和溴化钾生成碘和溴。

阳极：$2I^- - 2e \Leftrightarrow I_2$　　　　$2Br^- - 2e \Leftrightarrow Br_2$

碘和溴与亚硫酸的反应是：

$I_2 + H_2SO_3 + H_2O \rightarrow H_2SO_4 + 2H^+ + 2I^-$　　　　　　　$Br_2 + H_2SO_3 + H_2O \rightarrow H_2SO_4 + 2H^+ + 2Br^-$

此时，电解池内的动态平衡被破坏，指示电极对的电位改变，引起电解电流增加，不断电解出碘和溴，直至溶液内不再有二氧化硫进入，电极电位又恢复到滴定前的水平。电解生成的碘和溴所消耗的电量（mC）由库仑积分仪显示，然后根据电解定律计算出煤中全硫的百分含量。

3．根据 GB/T 214—2007 规定，哪种方法测定全硫最准确可靠？为什么？

答：艾士卡法测定全硫最准确。因为艾士卡试剂为碱性物质，在高温下易与燃料在燃烧时形成的酸性氧化物完全反应而生成易溶于水的可溶性硫酸盐，难以加热分解的硫酸钙等也能与艾士卡试剂发生置换反应转化为可溶性硫酸盐。可见，艾士卡试剂能有效地将煤中各种形态的硫全部转化为极易浸出的可溶性硫酸盐。用硫酸钡重量法测定可溶性硫酸盐又是定量分析中极为可靠的经典方法。因此，只要试验条件控制得当，用艾士卡测定全硫的数据无疑是最准确可靠的。

4．某火电厂 2×600MW 锅炉机组采用石灰石-石膏湿法脱硫工艺，设计和校核煤种全硫含量分别为 0.8%、1.5%，而实际供应某煤矿的原煤经测定全硫含量为 6%，煤中石英含量也高达 6%，挥发分 V_{daf} 为 35%，低位发热量 $Q_{net,ar}$ 为 19MJ/kg。该原煤的工业分析组成、碳氢含量、低位发热量、可磨性、灰熔融性和灰比电阻等指标与设计或校核煤种相当。问电厂如长期使用该矿的原煤作为发电燃料有何严重后果？

答：该矿原煤属于高黄铁矿硫强磨损性煤，长期用作发电燃料有下列严重不良后果：

（1）加速输煤金属管道和磨煤机部件以及锅炉各受热面如过热器、省煤器、空气预热器的磨损。煤中黄铁矿硫和石英含量之和约为 10%，据估计冲刷磨损指数高达 3，具有较强的磨损性。经高温燃烧后烟气灰粒中也会有少部分黄铁矿硫和高含量石英。

（2）加重锅炉高、低温受热面的腐蚀及低温受热面的堵灰，降低锅炉效率。煤的折算硫分为 1.1%/kcal，可以肯定低温受热面的堵灰和腐蚀将很严重。

（3）促进煤氧化自燃。该矿原煤属于变质程度浅的高挥发分烟煤，黄铁矿含量高，在煤场堆放时，会加速氧化自燃。煤粉储存时，阴燃倾向增大。

（4）降低脱硫效率，增大二氧化硫排放，造成大气污染。该矿原煤全硫含量远大于设计煤值或校核煤值，二氧化硫在脱硫装置中与烟气中的石灰石是定量反应的，脱硫设备没有太大的余量，超出部分无法处理。

5. 根据 GB/T 214—2007 规定，试述采用艾士卡法测定全硫的主要优缺点。

答：（1）艾士卡测硫结果准确，其准确程度位于各种测硫方法之首，故多用于仲裁、校核等一些重要试验场合。

（2）该法测定不用专门的仪器设备，一般煤质实验室均具备测试条件。

（3）该法采用经典的化学分析方法，程序复杂，操作繁琐，要求检测人员具有较高的测试操作技能。

（4）该法测试周期很长，试验效率低，如一批测定多个煤样，测试效率将会大大提高，故该法较适合批量测定。

（5）由于测定原理与方法的限制，该法很难实现操作的自动化。

6. 根据 GB/T 476—2008 规定，碳、氢采用三节炉法测定，燃烧管中所装试剂有哪些？各有什么用途？

答：三节炉中间一节长炉所对应的燃烧管中装入线状氧化铜，以使煤中未完全燃烧产生的 CO 与 CuO 作用，生成 CO_2。

第三节炉（最短一节炉）对应的燃烧管中装入粒状铬酸铅及银丝卷。铬酸铅用以去除煤中硫燃烧生成的硫氧化物，而银丝卷的作用则是去除煤中少量的氯。

此外，在燃烧管中还装有多个铜丝卷段。一方面，对氧气流具有分散作用，使煤样与氧气能更好地接触；另一方面，铜丝卷能起到隔离管内试剂并将氮氧化物气体还原为氮气的作用。

7. 根据 GB/T 476—2008 规定，试述三节炉法测定碳、氢含量的基本原理，并写出碳、氢测定结果的计算式。

答：将一定量的煤样在氧气流中燃烧，生成的水及二氧化碳分别用吸水剂及二氧化碳吸收剂吸收，由吸收剂的增重计算出煤中碳、氢含量。

煤中碳含量和氢含量的计算式如下：

$$C_{ad} = \frac{0.2729 \times m_1}{m} \times 100$$

$$H_{ad} = \frac{0.1119(m_2 - m_3)}{m} \times 100 - 0.1119 M_{ad}$$

式中　m ——分析煤样质量，g；

　　　m_1 ——二氧化碳吸收剂的增重，g；

m_2——吸水剂的增重，g；

m_3——空白试验值，g；

0.2729——将CO_2折算成C的因数；

0.1119——将H_2O折算成H的因数。

8. 根据 GB/T 19227—2008 规定，简述半微量开氏法测定煤中氮的基本原理。

答：煤样在浓硫酸及催化剂作用下加热分解，煤中有机物被氧化成二氧化碳和水，绝大部分氮转化为氨。氨与硫酸作用形成硫酸氢铵。在过量氢氧化钠的作用下，氨被蒸出并吸收在硼酸溶液中，最后用硫酸标准溶液滴定，根据硫酸的消耗量，计算出煤中含氮量。

9. 根据 GB/T 214—2007 规定，采用库仑滴定法测定煤中硫时，对电解池、电解液有何要求？

答：电解池电极应保持干净，电极可先用酒精或丙酮清洗，然后再用水洗净。测定时电解池要完全密封，防止电解液倒吸。

电解液按标准要求配制，新配制的电解液呈淡黄色，pH 为 1~2；经多次测定，电解液酸度增加，当 pH<1 或呈现深黄色时，就应及时更换。

电解液酸度增加，致使生成非电解质的 I_2 和 Br_2，从而影响测定结果。与此相关，当电解液放置于空气中，由于碘的析出，会使电解液颜色变深，故每天要在正式测定煤样前先测定废样，直至显示值不为 0，使电解液中 I_2 转化成 I^-，以免影响测定结果的准确性。

10. 根据 GB/T 214—2007 规定，库仑滴定法测硫时，电解池内烧结玻璃熔板内有黑色沉积物，它对测定结果有何影响？如何清洗？

答：烧结玻璃熔板及玻璃管道内有黑色沉积物时，应及时清洗，否则会堵塞气路，减少空气流量，使结果偏低。

清洗方法如下：

（1）有机玻璃制电解池：取下电解池（不必将盖打开），在电解池内先放入少量水并以不漫过熔板为宜。将电解池倾斜放置，用滴管往熔板的支管中注入新配制的溶液（5g 重铬酸钾加入 10mL 水中，加热溶解，冷却后缓缓加入 100mL 浓硫酸），待洗液流尽后，再加入洗液 2~3 次，即可除去熔板及其支管中的黑色沉积物。从电解液的加液漏斗中注入自来水，使其充满并自然溢出，用洗耳球从熔板支管中抽水，直至不残留洗液，熔板应"洁白如初"。

（2）玻璃制电解池：将玻璃磨口盖打开，取出搅拌子，将池体的下口密封。向池体内倒入洗液使浸没玻璃熔板，用洗耳球向熔板支管加负压，将洗液吸入支管后静置一段时间，再用自来水反复冲洗池、熔板和支管，即可洗净。

11. 根据 GB/T 214—2007 和 GB/T 25214—2010 规定，试述四种煤中全硫测定方法的原理。

答：（1）艾士卡法原理：将煤样与艾士卡试剂混合灼烧，煤中硫生成硫酸盐，然后使硫酸根离子生成硫酸钡沉淀，根据硫酸钡的质量计算煤中全硫的含量。

（2）库仑滴定法原理：煤样在催化剂作用下，于空气流中燃烧分解，煤中硫生成硫氧化物，其中二氧化硫被碘化钾溶液吸收，以电解碘化钾溶液所产生的碘进行滴定，根据所消耗的电量计算煤中全硫的含量。

（3）高温燃烧中和法原理：煤样在催化剂作用下于氧气流中燃烧，煤中硫生成硫氧化物，被过氧化氢溶液吸收形成硫酸，用氢氧化钠溶液滴定，根据消耗的氢氧化钠标准溶液量计算煤中全硫含量。

（4）红外光谱法原理：煤样在 1300℃ 高温下，于氧气流中燃烧分解，气流中的颗粒和水蒸气分别被玻璃棉和高氯酸盐吸附后通过红外检测池，其中的二氧化硫由红外检测系统测定，煤样中全硫的含量根据预先的标定由微型计算机计算。

12. 库仑测硫仪日常维护与保养项目主要有哪些？

答：（1）根据情况及时更换净化管内硅胶和氢氧化钠，更换燃烧管内硅酸铝棉，更换电解液。

（2）及时清洗电解池，清洗玻璃熔板（气体分散器），清洗电解电极和指示电极。

13. 按 GB/T 214—2007 要求，日常工作中如何校准库仑测硫仪？

答：（1）标定仪器生成校正系数。

多点标定法：用硫含量能覆盖被测样品硫含量范围的至少 3 个有证煤标准物质进行标定，将煤标准物质的硫测定值和空气干燥基标准值进行回归处理，生成校正系数。

单点标定法：用与被测样品硫含量相近的标准物质进行标定。将煤标准物质的硫测定值和空气干燥基标准值进行比较，生成校正系数。

（2）标定有效性核验：另外选取 1～2 个煤标准物质或者其他控制样品，用被标定的测硫仪按照标准规定步骤测定其全硫含量。若测定值与标准值（控制值）之差在标准值（控制值）的不确定度范围（控制限）内，说明标定有效，否则应查明原因，重新标定。

（3）标定稳定性检查：仪器工作期间应使用煤标准物质或者其他控制样品定期（建议每 10～15 次测定后）对测硫仪的稳定性进行核查，如果煤标准物质或者其他控制样品的测定值超出标准值的不确定度范围（控制限），应按上述步骤重新标定仪器。

14. 库仑测硫法中，为什么当电解液的 pH<1 时就要更换电解液？

答：多次测定样品后，电解液中有较多的硫酸生成，使得电解液的 pH 值小于 1，这样可使非电解的碘生成，使测试结果偏低。因此，当电解液的pH<1时就要更换。

15. 画出库仑测硫仪基本结构图，并在图中标出部件名称。

答：装置基本结构图及部件标识如下：

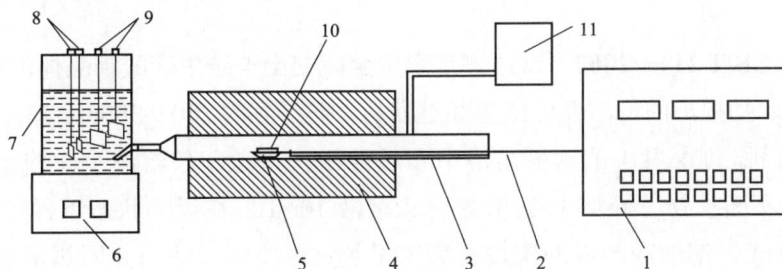

库仑测硫仪基本结构图

1—控制仪；2—推棒；3—异径燃烧管；4—管式高温炉；5—石英托盘；6—电磁搅拌器；

7—电解池；8—指示电极；9—电解电极；10—燃烧舟；11—空气供应及净化装置

16. 简述 GB/T 31425—2015 对库仑测硫仪管式高温炉恒温带的要求及检验方法。

答：标准规定（1150±10）℃恒温带长度不应小于70mm。

检验方法如下：将炉温升至设定工作温度后，稳定15min，将一标准测温热电偶的测量端从进样口处插入，至距离控温热电偶热端约60mm，记录插入深度；停留5~10min，每隔10s读取一次毫伏计上的电势值，共读4次，取其平均值为该位置上的电势值；将热电偶向前推进10mm，重复上述操作，直至将测量端推到距离控温热电偶热端另一方向约60mm处，把热电偶慢慢往回拉出，拉出距离和间隔时间及读数等操作同推进测量。取推进和拉出共2次值的平均值，绘制炉膛位置与温度的关系图，找出温度在（1150±10）℃区间，其长度不应小于70mm。

17. 依据 GB/T 214—2007，简述艾士卡法测定煤中全硫的化学反应方程式。

答：（1）煤的氧化（煤于空气流加热条件下）：

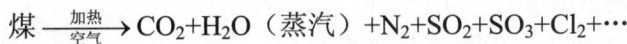

$$煤 \xrightarrow[\text{空气}]{\text{加热}} CO_2 + H_2O（蒸汽）+ N_2 + SO_2 + SO_3 + Cl_2 + \cdots$$

（2）硫氧化物的固定作用：

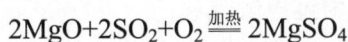

$$2Na_2CO_3 + 2SO_2 + O_2（空气）\xrightarrow{\text{加热}} 2Na_2SO_4 + 2CO_2$$

$$2MgO + 2SO_2 + O_2 \xrightarrow{\text{加热}} 2MgSO_4$$

$$Na_2CO_3 + SO_3 \xrightarrow{\text{加热}} Na_2SO_4 + CO_2$$

$$MgO + SO_3 \xrightarrow{\text{加热}} MgSO_4$$

（3）硫酸盐的置换：

$$CaSO_4+Na_2CO_3 \xrightarrow{\text{加热}} CaCO_3+Na_2SO_4$$

（4）硫酸盐的沉淀：

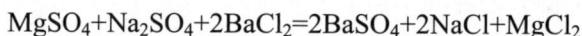

$$MgSO_4+Na_2SO_4+2BaCl_2=2BaSO_4+2NaCl+MgCl_2$$

18. 依据 GB/T 214—2007，试述测定煤中全硫艾士卡法中硫酸钡晶体的形成条件。

答：用热水抽提出的可溶性硫酸盐经过滤后，向得到的 250～300mL 滤液中滴入 2～3 滴甲基橙指示剂，加入 1:1 的盐酸溶液中和后再加入 2mL，使溶液呈微酸性，将溶液加热到沸腾，在不断搅拌下滴加 100g/L 氯化钡溶液 10mL，在近沸状态下保持 2h，溶液最后体积约 200mL。溶液冷却或静置过夜后用无灰定量滤纸过滤，并用热水洗至无氯离子为止。

19. 依据 GB/T 214—2007，库仑滴定法测硫时，如遇结果精密度不好，应从哪些方面进行分析，并如何解决？

答：（1）煤样粒度太粗或样品不均匀，重新制样。

（2）电解液失效，更换电解液。

（3）载气系统堵塞或漏气，检查气密性解决漏气或堵塞问题。

（4）电极沾污，清洗电极。

（5）搅拌电动机有故障，转速不稳，更换电动机。

20. 依据 GB/T 214—2007，简述库仑滴定法测定全硫的电解液的配制方法、各成分的作用和在什么情况下需要更换电解液。

答：（1）称取碘化钾、溴化钾各 5.0g，溶于 250～300mL 水中并在溶液中加入冰乙酸 10mL。

（2）电解液各组分作用：

1）冰乙酸调节溶液的 pH 值为 1～2；

2）KI 电解生成碘用于滴定煤中全硫燃烧生成的二氧化硫；

3）KBr 用来抑制溶液中水电解。

（3）需要更换电解液的情况：

1）测定完高硫样品，会产生过电解现象；

2）电解液颜色很深时；

3）电解液放置时间很长时；

4）电解液的 pH 值小于 1 时。

21．依据 GB/T 214—2007，简述测硫时为什么用空气作载气，流速低于 1000mL/min 时有什么影响，为什么使用干燥的空气作载气。

答： 从 SO_2 和 SO_3 的可逆平衡来考虑，必须保持较低的氧气分压，才能提高二氧化硫的生成率，这就是选用空气而不是氧气进行库仑测硫的原因。

试验证明，空气流速低于 1000mL/min 时，有些煤样在 5min 内燃烧不完全，而且气流速度低，对电解池内溶液的搅拌、电生碘和溴的迅速扩散亦不利。因此，空气流速不能低于 1000mL/min。

用未经干燥的空气作载气会使 SO_2（或 SO_3）在进入电解池前就形成 H_2SO_3，吸附在管路中，使测定结果偏低。因此，空气流必须预先干燥。

22．煤中碳和氢测定的标准方法有哪些？至少给出其中 2 个标准方法概要。
答：

GB/T 476—2008《煤中碳和氢的测定方法》		GB/T 30733—2014《煤中碳氢氮的测定　仪器法》		DL/T 568—2013《燃料元素的快速分析方法》	
碳	氢	碳	氢	碳	氢
三节炉和二节炉法				高温燃烧—红外、热导联合测定法	
煤样在氧气流中燃烧，生成的二氧化碳用吸收剂吸收，由吸收剂的增量计算煤中碳的含量	煤样在氧气流中燃烧，生成的水用吸水剂吸收，由吸水剂的增量计算煤中氢的含量	煤样在高温和氧气流中燃烧生成 CO_2、H_2O 和氮氧化物混合物。由特定处理系统滤除对测定有干扰的影响因素，煤中碳含量以 CO_2 的形式由特定检测系统定量测定	煤样在高温和氧气流中燃烧生成 CO_2、H_2O 和氮氧化物混合物。由特定处理系统滤除对测定有干扰的影响因素，煤中氢含量以 H_2O 的形式由特定检测系统定量测定	煤高温燃烧产生的二氧化碳经过红外检测池，由检测池吸收特定波长的红外线，通过吸光度来计算二氧化碳的含量，从而计算出煤中碳的含量	煤高温燃烧产生的水分经过红外检测池，由检测池吸收特定波长的红外线，通过吸光度来计算水分含量，从而计算出氢的含量
电量—重量法				高温燃烧—吸附解析—热导测定法	
煤样在氧气流中燃烧，生成的二氧化碳用二氧化碳吸收剂吸收，由吸收剂的增量来计算碳的含量	煤样在氧气流中燃烧，生成的水与五氧化二磷反应生成偏磷酸，电解偏磷酸，根据电解消耗的电量计算氢含量			煤样在高温下燃烧，燃烧产物中除 CO_2、H_2O 和氮氧化物的其余产物经化学反应去除，最后 CO_2 通过吸附柱后进入热导池被检测	煤样在高温下燃烧，燃烧产物中除 CO_2、H_2O 和氮氧化物的其余产物经化学反应去除，最后 H_2O 通过吸附柱后进入热导池被检测

23．弹筒硫的含义是什么？为什么弹筒硫测定结果不能作为煤中全硫含量？
答： 弹筒硫的含义：弹筒硫是指氧弹法测定的煤中含硫量。一定质量的试样在充有过量氧的氧弹内完全燃烧，迅速发生分解氧化反应，生成的三氧化硫被氧弹内水吸收，用热水冲洗后，洗液中硫的质量占煤样质量的质量分数作为煤的弹筒硫含量。

弹筒硫测定结果不能作为煤中全硫含量的原因如下：

从理论上分析，在氧弹中煤中硫不可能 100%全部转化为硫酸。试样瞬间燃烧后各形态的硫不能完全转化为三氧化硫，弹筒内总释热量影响转化率，形成的三氧化硫也不能全部被水吸收，另外燃烧形成的灰渣有固硫作用。即使是采用准确的测定方法如氢氧化钡滴定法，弹筒硫的含量也会低于全硫，且重复性差。

依据 GB/T 213—2008，采用弹筒洗液中硫的测定方法推荐采用氢氧化钠滴定法只能近似得到弹筒硫的含量，有些情况下还可能是一个负数，准确度低。

24．简述法拉第电解定律。写出库仑滴定法测定煤中全硫含量和电量—重量法测定煤中氢含量时电解池中发生的主要化学反应方程式与电极反应方程式。

答：（1）通电于电解质溶液后，由电解产生的物质量与通过电解池电量成正比，且与其他因素无关。

在电极上析出 1mol 基本单元任何物质，都需要 96485C 电量，近似为 96500C 电量。

（2）库仑滴定法测硫：

$$I_2+SO_2+2H_2O=H_2SO_4+2HI$$

阳极： $$2I^--2e=I_2$$

阴极： $$2H^++2e=H_2\uparrow$$

（3）电量法测氢：

$$H_2O+P_2O_5=2HPO_3$$

阳极： $$2PO_3^--2e=P_2O_5+1/2O_2$$

阴极： $$2H^++2e=H_2\uparrow$$

25．GB/T 214—2007 中对库仑滴定法标定检查有何要求？

答：仪器测定期间应使用煤标准物质或其他控制样品定期（建议每 10～15 次测定后）对测硫仪的稳定性和标定的有效性进行核查，如果煤标准物质或者其他控制样品的测定值超出标准物质的不确定度范围（控制限），应重新标定仪器，并重新测定自上次检查以来的样品。

26．GB/T 214—2007 中高温燃烧中和法所使用的硫酸标准溶液如何标定，给出标定步骤、计算公式。

答：于锥形瓶中称取 0.05g 碳酸钠纯度标准物质（称准至 0.0002g），加入 50～60mL 蒸馏水使之溶解，然后加入 2～3 滴甲基橙，用硫酸标准溶液滴定到由黄色变为橙色。煮沸，赶出二氧化碳，冷却后，继续滴定到橙色。硫酸浓度按以下公式计算：

$$c=\frac{m}{0.053V}$$

式中　c ——硫酸标准溶液浓度，mol/L；

m ——碳酸钠纯度标准物质的质量，g；

V ——硫酸标准溶液的用量，mL；

0.053——碳酸钠的摩尔质量，g/mmol。

27. 按 GB/T 476—2008 要求，采用三节炉或二节炉测定煤中碳和氢时，如何进行整个系统的气密性检查和可靠性检验？

答：测定仪整个系统的气密性检查：将仪器连接好，将所有 U 形管磨口塞旋开，与仪器相连，接通氧气；调节氧气流量约为 120mL/min。然后关闭靠近气泡计处 U 形管磨口塞，此时若氧气流量降至 20 mL/min 以下，表明整个系统气密；否则，应逐个检查 U 形管的各个磨口塞，查出漏气处，予以解决。检查气密性时间不宜过长，以免 U 形管磨口塞因系统内压力过大而弹开。

测定仪可靠性检验：为了检查测定仪是否可靠，可称取 0.2g 标准煤样，称准至 0.0002g，进行碳氢测定。如果实测的碳氢值与标准值的差值不超过标准煤样规定的不确定度，表明测定仪可用。否则须查明原因并纠正后才能进行正式测定。

28. 按 GB/T 31391—2015 要求，列出煤中收到基氧含量（包含全水分中的氧）的计算公式及各符号意义。

答：方法 1：计算包含全水分中氢的收到基氢含量：

$$H_{m,ar} = H_{ad} \times \frac{100 - M_t}{100 - M_{ad}} + aM_t$$

式中　$H_{m,ar}$ ——包含全水分中氢的收到基氢含量（质量分数），%；

　　　M_t ——全水分（质量分数），%；

　　　A ——将水分折算成氢的换算因数，取 0.1119；

　　　M_{ad} ——空气干燥基水分（一般分析试验煤样水分）含量（质量分数），%；

　　　H_{ad} ——空气干燥基氢含量（质量分数），%。

计算包括全水分中氧的收到基氧含量：

$$O_{m,ar} = 100 - C_{ar} - H_{m,ar} - N_{ar} - S_{t,ar} - A_{ar}$$

式中　$O_{m,ar}$ ——包含全水分中氧的收到基氧含量（质量分数），%；

　　　C_{ar} ——收到基碳含量（质量分数），%；

　　　$H_{m,ar}$ ——包含全水分中氢的收到基氢含量（质量分数），%；

　　　N_{ar} ——收到基氮含量（质量分数），%；

　　　$S_{t,ar}$ ——收到基全硫含量（质量分数），%；

　　　A_{ar} ——收到基灰分产率（质量分数），%。

方法 2：计算氧含量（不包括全水分中的氧）：

$$O_{ad} = 100 - C_{ad} - H_{ad} - N_{ad} - S_{t,ad} - A_{ad} - M_{ad}$$

式中　O_{ad}——空气干燥基差减氧含量（质量分数），%；

　　　C_{ad}——空气干燥基碳含量（质量分数），%；

　　　H_{ad}——空气干燥基氢含量（质量分数），%；

　　　N_{ad}——空气干燥基氮含量（质量分数），%；

　　　$S_{t,ad}$——空气干燥基全硫含量（质量分数），%；

　　　A_{ad}——空气干燥基灰分产率（质量分数），%；

　　　M_{ad}——空气干燥基水分（一般分析试验煤样水分）含量（质量分数），%。

计算包括全水分中氧的收到基氧含量：

$$O_{m,ar} = O_{ad} + bM_{ad}$$

式中　$O_{m,ar}$——包含全水分中氧的收到基氧含量（质量分数），%；

　　　O_{ad}——空气干燥基差减氧含量（质量分数），%；

　　　b——将水折算成氧的换算因数，取 0.8881。

29. 某单位采用单点标定法对库仑定硫仪进行标定。标定用标样的认证值为全硫（$S_{t,d}$）=1.52%，水分 M_{ad}=1.80%。标定试验三次结果如下：

项　　目	第一次	第二次	第三次
称样量（mg）	52.2	50.3	53.5
仪器显示电量（mC）	4393	4166	4550
对应的全硫含量 $S_{t,ad}$（%）			

请根据库仑滴定法的原理：

（1）将上述每一次测定的相应的硫含量质量分数计算结果填入表格中。

（2）本次标定试验的校正系数。

（3）某一试样的称样量为 48.0mg，仪器显示电解电量为 4880mC，该次试验试样的全硫（$S_{t,ad}$）是多少？

答：

（1）依据法拉第电解定律可知，每消耗 96500mC 的电量电极上发生反应的硫为 16mg。据此可算出每一次试验中对应的全硫含量

$S_{t,ad}$（%）=（电量×16×100）/（96500×样重）如下表所示。

项　　目	第一次	第二次	第三次
称样量（mg）	52.2	50.3	53.5
仪器显示电量（mC）	4393	4166	4550
对应的全硫含量 $S_{t,ad}$（%）	1.40	1.37	1.41

（2）标样全硫含量 $S_{t,ad}$=1.52×(100−1.80)/100=1.49（%）。

校正系数：1.49/(1.40+1.37+1.41)/3=1.07。

（3）试验试样的全硫 $S_{t,ad}$%=[(4880/96500)×16×100/48.0]×1.07=1.80%。

30. 某实验室用一台旧定硫仪测定煤中全硫，共测定 6 次，S_1=**0.055**；再用一台性能较好的新定硫仪测定 4 次，S_2=**0.022**；新仪器的精密度是否显著优于旧仪器的精密度？已知 F 检验临界值 $F_{0.05,5,3}$=**9.01**，$F_{0.05,3,5}$=**5.41**。

答：已知 n_1=6，S_1=0.055；n_2=4，S_2=0.022

$$S_1^2=0.055^2=0.0030$$

$$S_2^2=0.022^2=0.00048$$

$$F=S_1^2/S_2^2=0.0030/0.00048=6.25<F_{0.05,5,3}=9.01$$

故两种仪器的精密度之间不存在显著性差异，即不能得出新仪器精密度显著优于旧仪器精密度的结论。

（六）计算题

1. 某煤样测定结果如下：M_{ad}=0.56%，A_{ad}=37.67%，V_{ad}=6.74%，C_{ad}=57.08%，H_{ad}=2.32%，N_{ad}=0.85%，$S_{t,ad}$=1.62%（忽略黄铁矿中铁对灰分的影响）。

请根据以上数据分析：

（1）空气干燥基固定碳 FC_{ad}、氧 O_{ad} 是多少？

（2）经校核计算发现以上数据可能有问题，灰分测定为快速灰化法，补测得到煤中黄铁矿硫 $S_{p,ad}$=1.40%。请问什么数据有问题，如何解释？

解：（1） $\qquad$ FC_{ad}=100−(M_{ad}+A_{ad}+V_{ad})=55.03（%）

O_{ad}=100−(M_{ad}+A_{ad}+C_{ad}+H_{ad}+N_{ad}+$S_{t,ad}$)= −0.10（%）

（2）灰分需要进行校正，黄铁矿（FeS_2）中硫的氧化物与氧化钙反应形成了硫酸钙，灰分中实际增加了 SO_3 的质量，这部分的质量百分含量为

1.40%×80(SO_3 分子量)/32(S 的分子量)=3.50%

实际灰分=37.67−3.50=34.17（%）

实际 O_{ad}=100−(M_{ad}+A_{ad}+C_{ad}+H_{ad}+N_{ad}+$S_{t,ad}$)=3.40（%）

2. 用三节炉测定煤的碳氢含量时，已知 M_{ad} 为 1.78%，样重为 0.2033g，吸水 U 形管增量为 0.0713g，空白值为 0.0034g；第一个二氧化碳吸收管增量为 0.4256g，第二个二氧化碳吸收管增量为 0.1023g，$(CO_2)_{ad}$ 为 5.86%。计算有机碳 $C_{o,ad}$ 和 H_{ad}。

解：

$$C_{o,ad} = \frac{0.2729m_1}{m} \times 100 - 0.2729(CO_2)_{ad}$$

$$= \frac{0.2729 \times (0.4256 + 0.1023)}{0.2033} \times 100 - 0.2729 \times 5.86 = 69.26 \ (\%)$$

$$H_{ad} = \frac{0.1119(m_2 - m_3)}{m} \times 100 - 0.1119M_{ad}$$

$$= \frac{0.1119 \times (0.0713 - 0.0034)}{0.2033} \times 100 - 0.1119 \times 1.78 = 3.54 \ (\%)$$

3．用库仑滴定法来测定煤的含硫量，具体步骤如下：

（1）将管式高温炉升温并控制在 1140～1160K。

（2）开动供气泵和抽气泵并将抽气流量调节到 1500mL/min。在抽气下，将电解液加入电解池内，开动搅拌器。

（3）在瓷舟中称取粒度小于 0.2mm 的空气干燥煤样 0.045～0.055g（准确至 0.0002g），并在煤样上撒一薄层三氧化钨。将瓷舟放在送样的石英托盘上，开启送样程序控制器，煤样即自动送进炉内，库仑滴定随即开始，试验结束后，库仑积分器显示出硫的毫克数或质量分数。

所得试验数据：称取该煤样量为 0.0530g，消耗电量 3.1966C，已知库仑滴定法测煤中全硫结果比艾士卡法测定结果相对偏低 6%，硫和三氧化硫的摩尔质量分别为 32.06g/mol 和 80.06g/mol，F=96500C，已知其煤样灰分含量为 32.00%，灰中三氧化硫含量为 0.50%。

问题：

（1）标出上述实验步骤中错误的地方并改正。

（2）写出库仑滴定法主要的反应方程式。

（3）假设所得数据是在正确的方法下测定的，根据其数值，试求该煤样全硫含量和可燃硫占全硫的比率。

解：（1）1140～1160K 改为 1140～1160℃；抽气量 1500mL/min 改为 1000mL/min；在步骤（3）前加一步骤：在瓷舟中放入少量含高硫量的煤样，进行终点电位调整试验。

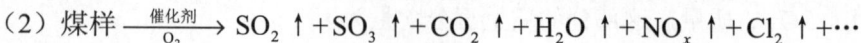

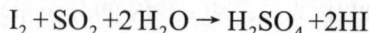

（2）煤样 $\xrightarrow[\text{O}_2]{\text{催化剂}}$ $SO_2 \uparrow + SO_3 \uparrow + CO_2 \uparrow + H_2O \uparrow + NO_x \uparrow + Cl_2 \uparrow + \cdots$

$$I_2 + SO_2 + 2H_2O \rightarrow H_2SO_4 + 2HI$$

（3）已知消耗电量 Q 为 3.1966C，m（S）=16×1000×1.06×Q/96500=0.56（mg）

$$S_t = 0.56/53.0 \times 100 = 1.06 \ (\%)$$

$$S_{Ic} = 32.00 \times (0.50/100) \times (32.06/80.06) = 0.064 \ (\%)$$

$$S_{Ic} / S_t = 0.064/1.06 \times 100 = 6.04 \ (\%)$$

$$S_c / S_t = 100 - S_{ic} / S_t = 93.96 \ (\%)$$

所以全硫量为 1.06%，可燃硫占全硫的比率是 93.96%。

4. 某实验室采用多点标定法对库仑测硫仪进行标定。6个标样各进行标定试验三次，仪器三次不超差的平均结果见下表：

项　　目	1 号标样	2 号标样	3 号标样	4 号标样	5 号标样	6 号标样
平均称样量（mg）	52.0	50.0	48.0	49.8	53.0	51.2
仪器显示平均电量（mC）	4393	1569	6486	9700	14110	5030
仪器对应显示的平均全硫含量（未校正）$S_{t,ad}$（%）	1.40	0.50	2.24	3.23	4.21	1.63
全硫标准值 $S_{t,ad}$（%）	1.50	0.54	2.37	3.39	4.47	1.70

（1）依据法拉第电解定律，写出仪器显示的全硫含量 $S_{t,ad}$ 与对应的电解电量 Q、试样量 m 之间的数学关系式。

（2）利用带有统计功能的计算器，根据上述标样测定结果建立一元线性校正方程。

（3）利用相关系数检验法对上述线性校准方程进行回归显著性检验。已知显著性水平 $\alpha=0.05$，自由度 $f=4$ 时线性相关系数临界值为 $r_{0.05,4}=0.811$。

解：（1）依据法拉第电解定律可知，每消耗 96500mC 的电量电极上发生反应的硫为 16mg。据此可按下式计算出每一次试验中仪器显示全硫含量 $S_{t,ad}$（未校准）与对应的电量 Q、试样量 m 的数学关系式为：

$$S_{t,ad}(\%)=(Q\times16\times100)/(96500\times m)=0.01658\times Q/m$$

（2）令仪器显示的全硫含量（未校准）为 x（%），相应的全硫实际值为 y（%），则有线性校准方程为 $y=a+bx$，利用计算器有：$y=0.0029+1.0562x$。

（3）利用计算器有：$r=0.9999>r_{0.05,4}$，所以仪器显示的全硫含量（未校准）与全硫实际值线性相关显著。计算过程如下：

$$l_{xx}=\sum_1^6 X_i^2-\frac{1}{6}\left(\sum_1^6 X_i\right)^2=38.0415-1/6\times174.5041=8.9575$$

$$l_{yy}=\sum_1^6 Y_i^2-\frac{1}{6}\left(\sum_1^6 Y_i\right)^2=42.5215-1/6\times195.1609=9.99468$$

$$l_{xy}=\sum_1^6 X_iY_i-\frac{1}{6}\left(\sum_1^6 X_i\right)\times\left(\sum_1^6 Y_i\right)=40.2182-1/6\times13.21\times13.97=9.4609$$

$$b=l_{xy}/l_{xx}=1.0562$$

$$a=\bar{y}-b\bar{x}=2.3283-1.0562\times2.2017=0.0029$$

$$r=l_{xy}/\sqrt{l_{xx}l_{yy}}=0.9999$$

三、发热量

（一）判断题

判断下列描述是否正确，正确的在括号内打"√"，错误的在括号内打"×"。

1. 同一煤样中空气干燥基高位发热量较空气干燥基弹筒发热量高。 （×）

2. 煤的弹筒发热量要高于煤在空气中、工业锅炉中实际燃烧产生的热量。 （√）

3. GB/T 213—2008 规定，用苯甲酸反标发热量，弹筒发热量减去硫酸校正热，即为苯甲酸的标准热值，与标准值比较在±50J 内才算合格。 （×）

4. 从弹筒发热量扣除硝酸形成热、硫酸校正热即得高位发热量。 （√）

5. 苯甲酸在氧弹中燃烧，形成硝酸的氮元素来源于苯甲酸。 （×）

6. 绝热式热量计的特点之一是要求外筒水温尽量保持恒定。 （×）

7. 高位、低位发热量是根据煤样中 C、H、N、S 等元素的燃烧产物及其形态的不同区分的。 （√）

8. GB/T 213—2008 规定，绝热式量热仪在测定煤的发热量试验结果计算时，因热量损失极小，不需要对内筒实测温升值进行冷却校正。 （√）

9. GB/T 213—2008 规定，恒温式热量计因外筒恒温，故冷却校正值可采用一固定值。 （×）

10. GB/T 213—2008 规定，测定煤的发热量时室温应尽量保持恒定，每次测定室温变化不应超过 1℃，通常室温以不超出 15～30℃范围为宜。 （√）

11. GB/T 213—2008 规定，测发热量时，可以使用纯度大于 99.5% 的电解氧。 （×）

12. 煤的发热量高低主要决定于其有机组分中碳、氢两元素含量的多少，一般此两元素含量大则发热量就高。 （√）

13. GB/T 213—2008 规定，熔断式和非熔断式的点火热是相同的。 （×）

14. GB/T 213—2008 规定，每次发热量测定中点火丝产生的热量总是固定的。 （×）

15. 测定苯甲酸热值时，弹筒发热量应换算成高位发热量，即测定值应减去硫酸生成热。 （×）

16. 热量计进行热容量标定试验结果计算时，不需要考虑硝酸生成热。 （×）

17. GB/T 213—2008 规定，热容量标定的有效期为 3 个月，但需要时应重新标定热容量。 （√）

18. 用一元线性回归方法确定热量计常数 K 和 A 时，至少需要进行 2 次重试验。 （×）

19. 热量计的热容量与水当量是一回事，只是表述不同而已。 （×）

20. 标准煤样可以代替苯甲酸进行热容量的标定。 （×）

21. 标准煤的发热量以收到基低位发热量表示，应为 29.27MJ/kg，凡释放收到基低位

发热量达 29.27MJ/kg 的任何燃料，都相于 1kg 标准煤。 （√）

22．冷却校准值的单位为 J/℃。 （×）

23．恒温式量热仪测热时内筒温升的冷却校正值是恒定的。 （×）

24．从弹筒发热量扣除硝酸形成热、硫酸校正热即得高位发热量。 （√）

25．恒温式量热仪外筒在整个试验过程中，外筒水温变化应控制在 ±0.1K 之内。绝热式量热仪在样品点燃后能迅速提供足够的热量以维持外筒水温与内筒水温相差在 ±0.01K 之内。 （×）

26．从理论上分析，如果用反复充氧放气的方法完全排尽氧弹内的氮气后，用苯甲酸标定热容量时，硝酸形成热接近于零。 （√）

27．GB/T 213—2008 规定，发热量的测定结果以焦耳每克（J/g）表示。 （×）

28．GB/T 213—2008 规定，恒温式热量计终点温度是主期内第一个下降温度。但若终点时不能观察到温度下降（内筒温度低于或略高于外筒温度时），可以随后连续 5min 内温度读数增量（以 1min 间隔）的平均变化不超过 0.001K/min 时的温度为终点温度。 （√）

29．DL/T 567.6—2016 精确测定灰渣可燃物时，需要测定煤中的水分和灰分，并进行碳酸盐二氧化碳的校正。 （√）

30．GB/T 213—2008 规定，氧弹耐压试验压力应为 20.0MPa 不漏气。 （√）

31．GB/T 213—2008 规定，测定发热量时，往氧弹中缓缓充入氧气，直到压力到 2.6～2.8MPa。 （×）

32．GB/T 213—2008 规定，同一化验室发热量测定的重复性限为 120J/g。 （√）

33．GB/T 213—2008 规定，当煤样的热量为 16.70＜$Q_{gr,d}$≤25.10MJ/kg 时，硝酸形成热校正系数 α=0.0012。 （×）

34．热容量标定时氧弹中未加入 10mL 蒸馏水，则测定样品时无需加入 10mL 蒸馏水。 （×）

35．使用恒温式量热仪，发热量测定到达主期终点时，内筒水温略高于外筒水温。 （√）

36．内筒温升测量值比实际值偏低，将导致标定的热容量偏低。 （×）

37．GB/T 213—2008 规定，在测热过程中，内外筒温度差保持恒定的热量计称为恒温式热量计。 （×）

38．煤中全水分由 10.0%降至 9.0%，一般煤的收到基低位发热量可升高 50～100J。 （×）

39．GB/T 213—2008 规定，$Q_{gr,v,ar}$ 是指恒压收到基低位发热量的符号。 （×）

40．对于某一确定煤样来说，其 $Q_{gr,d}$＞$Q_{gr,ad}$＞$Q_{gr,ar}$。 （√）

41．煤燃烧产生的热量，称为煤的发热量。 （×）

42．单位质量的煤燃烧产生的热量，称为煤的发热量。 （×）

43．单位质量的煤完全燃烧产生的热量，称为煤的发热量。 （√）

44. GB/T 213—2008 规定，发热量的单位是 cal/g 或 kcal/kg。　　　　　（×）

45. GB/T 213—2008 规定，氧弹应定期进行水压试验。　　　　　　　　（√）

46. 量热温度计应能测准到 0.001℃，估读到 0.0001℃。　　　　　　　　（×）

47. 测定发热量时，氧弹充氧压力至少为 3.0MPa。　　　　　　　　　　（×）

48. 热量计热容量至少半年标定一次。　　　　　　　　　　　　　　　　（×）

49. 高位发热量与低位发热量基准的换算公式是相同的。　　　　　　　　（×）

50. 第二季度标定的热量计热容量与第一季度标定值相比，两者不应相差 0.15%。
　　　　　　　　　　　　　　　　　　　　　　　　　　　　　　　　（×）

51. GB/T 213—2008 规定，苯甲酸燃烧前应压饼，并用硅胶使其干燥。　（×）

52. 煤的收到基低位发热量是计算电厂标准煤耗的主要技术参数。　　　　（√）

53. 铂电阻温度计比贝克曼温度计具有更高的测温准确性。　　　　　　　（×）

54. 自动氧弹热量计的测定结果总是比传统的氧弹热量计的测定结果要好。（×）

55. 调节氧弹热量计内筒水温的目的是保证内筒水温能在试样点火后均匀上升。
　　　　　　　　　　　　　　　　　　　　　　　　　　　　　　　　（×）

56. GB/T 213—2008 规定，氧弹热量计中的搅拌器产生的搅拌热不应超过 200J。
　　　　　　　　　　　　　　　　　　　　　　　　　　　　　　　　（×）

57. GB/T 213—2008 规定，氧弹热量计中的搅拌器产生的搅拌热不应超过 120J。（√）

58. 某标准苯甲酸的标准值为 26460J/g，依据国际蒸汽表卡 IT，可换算为 6328cal/g。
　　　　　　　　　　　　　　　　　　　　　　　　　　　　　　　　（×）

59. GB/T 213—2008 规定，高、低位发热量是根据煤样燃烧条件和燃烧产物及其形态不同区分的。　　　　　　　　　　　　　　　　　　　　　　　　　（√）

60. 恒温式热量计的最大特点是要求测热时室温保持恒温。　　　　　　　（×）

61. 恒温式热量计的最大特点是要求外筒水温尽量保持恒定。　　　　　　（√）

62. 标准苯甲酸是一种碳、氢、氧组成的有机物。　　　　　　　　　　　（√）

63. 标准苯甲酸完全燃烧后，其灰分含量不足 5%。　　　　　　　　　　（×）

64. 传统的热量计内筒水温测定用的贝克曼温度计，可测准 1/100℃。　（√）

65. 传统的热量计内筒水温测定用的贝克曼温度计，可测准 1/1000℃。　（×）

66. 氧弹的容积通常为 200～300mL。　　　　　　　　　　　　　　　　（×）

67. 在恒温式热量计中，内筒水的体积是固定的。　　　　　　　　　　　（×）

68. GB/T 213—2008 规定，氧弹的耐压试验应为 10.0MPa。　　　　　　（×）

69. 氧弹的充氧压力最高不得超过 3.5MPa。　　　　　　　　　　　　　（×）

70. 氧弹的充氧压力最低不得低于 2.8MPa。　　　　　　　　　　　　　（√）

71. 热量测定时，煤样点火电压最大为 220V。　　　　　　　　　　　　（×）

72. 热量测定时，煤样点火电压最大为 24V。　　　　　　　　　　　　　（√）

73．绝热式热量计与恒温式热量计的主要区别在于氧弹结构的不同。　　　　（×）

74．恒温式热量计的冷却校正值是可以忽略不计的。　　　　　　　　　　（×）

75．发热量测定中使用的坩埚（燃烧皿）最好采用铂制品加工。　　　　　（√）

76．GB/T 213—2008 规定，热量测定中内筒水应称准至 1g。　　　　　（×）

77．GB/T 213—2008 规定，热量测定中内筒水应称准至 0.5g。　　　　（√）

78．GB/T 213—2008 规定，热容量标定结果用相对标准偏差表示。　　（×）

79．GB/T 213—2008 规定，热容量标定结果，其相对标准偏差必须小于 0.15%才是合格。　　　　　　　　　　　　　　　　　　　　　　　　　　　　（×）

80．GB/T 213—2008 规定，发热量测定结果，应以 J/g 报出。　　　　（×）

81．GB/T 213—2008 规定，发热量测定结果，可修约至 10J/g 报出。（√）

82．GB/T 213—2008 规定，$Q_{gr,v,ad}$ 是空气干燥基恒容高位发热量的符号。（√）

83．GB/T 213—2008 规定，在恒温式热量计中，外筒水量至少为内筒水量的 2 倍。

（×）

84．GB/T 213—2008 标准对终点温度的判断未作明确规定。　　　　　　（×）

85．GB/T 213—2008 规定，内筒水必须充分搅匀，才可以对试样进行点火。（√）

86．GB/T 213—2008 规定，当氧弹放入内筒水中，立即点火，并不影响发热量测定结果。　　　　　　　　　　　　　　　　　　　　　　　　　　　　　　（×）

87．高位发热量与低位发热量之差，就是水的汽化潜热。　　　　　　　　（√）

88．热量计配用的搅拌器，其搅拌热是有限定的。　　　　　　　　　　　（√）

89．GB/T 213—2008 规定，氧弹洗液来测定弹筒硫，当全硫值低于 4.00%时，或发热量大于 14.60MJ/kg 时，也可用全硫值（按 GB/T 214—2007 测定）来替代。　（√）

90．GB/T 213—2008 规定，苯甲酸必须压饼燃烧。　　　　　　　　　　（√）

91．GB/T 213—2008 规定，苯甲酸在使用前，可放在硅胶干燥器中干燥 3 天后使用。

（×）

92．GB/T 213—2008 规定，苯甲酸在使用前，可在 80℃下干燥 3～4h。（×）

93．GB/T 213—2008 规定，发热量重复精密度为 150J/g。　　　　　　（×）

94．GB/T 213—2008 规定，发热量的再现性临界差为 300J/g。　　　　（√）

95．GB/T 213—2008 规定，绝热式热量计的冷却校正值可视为 0。　　（√）

96．GB/T 213—2008 规定，发热量核测过程中禁止使用电解氧。　　　　（√）

97．如内筒水用容量法计量，必须考虑温度的影响而加以校正。　　　　　（√）

98．除了更换氧弹、热量计，更换其他部件热容量不必重新标定。　　　　（×）

99．GB/T 213—2008 规定，环境温度每相差 5℃，热容量就得重新标定。（×）

100．GB/T 213—2008 规定，热容量的单位是 J/℃。　　　　　　　　　（×）

101．每次发热量的测定中，点火丝产生的热量总是固定的。　　　　　　（×）

102．根据 GB/T 213—2008 对发热量测定的试验条件要求，热容量标定值的有效期为 3 个月，室温控制在 15～30℃ 范围内都有效。　　　　　　　　　　　　　　（×）

103．煤中的挥发分越高，发热量就越高，燃烧稳定性越好。　　　　　　　（×）

104．对同一台热量计，在量热体系各部件及内筒水质量不变时，热容量随着内筒水温升高而增大。　　　　　　　　　　　　　　　　　　　　　　　　　　　（×）

105．热容量标定的有效期为 3 个月，只要保证热容量标定在有效期内，就能保证发热量的准确检测。　　　　　　　　　　　　　　　　　　　　　　　　　　　（×）

106．DL/T 661—1999 规定，氧弹进行水压试验时，操作人员应在耐压防护罩的保护下进行水压试验，水压试验机与氧弹试验台不能合用同一试验台。　　　　　　（√）

107．DL/T 661—1999 规定，氧弹气密性试验在水压试验合格后进行。　　（√）

108．DL/T 661—1999 规定，永久变形量是在气密性试验前后各测量位置测定值的变化量。　　　　　　　　　　　　　　　　　　　　　　　　　　　　　　　（×）

109．DL/T 661—1999 规定，杯体中部直径是氧弹杯体总高度的 1/2 位置，所测量的杯体内径。　　　　　　　　　　　　　　　　　　　　　　　　　　　　　　（×）

110．DL/T 661—1999 规定，氧弹连接环与杯体配合螺纹之间的松紧程度分为径向松动度和轴向松动度。　　　　　　　　　　　　　　　　　　　　　　　　　　（√）

111．GB/T 31423—2015 规定，精密度的测定要求 5 次热容量标定值的相对标准差不超过 0.25%。　　　　　　　　　　　　　　　　　　　　　　　　　　　　（×）

112．GB/T 31423—2015 规定，如热量计量热系统没有显著改变，重新标定的热容量值与前一次的热容量值相差不大于 0.20%。　　　　　　　　　　　　　　　（×）

113．20.00mL、0.1mol/L 硫酸溶液滴定到化学计量点，需消耗 0.1mol/L 氢氧化钠溶液 20.00mL。　　　　　　　　　　　　　　　　　　　　　　　　　　　（×）

114．绝热式热量计的初期和末期是为了确定开始点火的温度和终点温度；恒温式热量计的初期和末期是为了确定热量计的热交换特性，以便冷却校正。　　　（√）

115．绝热式热量计的热量损失可以忽略不计，无需冷却校正；恒温式热量计在试验过程中内筒和外筒始终发生热交换，因此需要冷却校正。　　　　　　　　　（√）

116．发热量测定的重复性限和再现性临界差都是 $\Delta Q_{gr,d}$=120J/g。　　（×）

117．高位发热量与低位发热量的差是水的汽化热。　　　　　　　　　　　（√）

118．GB/T 213—2008 规定，氧弹充氧用的压力表和各连接部分禁止与油脂接触或使用润滑油。如不慎沾污，应依次用苯和酒精清洗，并待风干后再用。　　　（√）

119．恒温式热量计的热容量 E、冷却常数 k 及综合常数 A 可通过同一试验进行确定。
　　　　　　　　　　　　　　　　　　　　　　　　　　　　　　　　　（√）

120．恒温式热量计的热容量 E、冷却常数 k 及综合常数 A 不可通过同一试验进行确定。
　　　　　　　　　　　　　　　　　　　　　　　　　　　　　　　　　（×）

121．同一煤样同一基准，恒容高位发热量大于恒压高位发热量。 （×）

122．同一煤样同一基准，恒容低位发热量大于恒压低位发热量。 （√）

123．有时按 GB/T 213—2008 中氢氧化钡法测出的弹筒硫会是负数。 （×）

124．标定热量计热容量时，若苯甲酸不进行干燥预处理，会使热容量标定结果偏低。
（×）

125．以标准苯甲酸作为待测样品进行发热量测定时，其测定结果（弹筒发热量）应扣除硝酸形成热后作为标准苯甲酸的实测热值。 （√）

126．测定热量时，若需测定弹筒硫，收集氧弹洗液时需要回收氧弹废气。 （×）

127．电厂普遍采用的恒温式热量计，不需调整内桶水温，冷却校正公式可以用罗-李公式或瑞-方公式。 （×）

128．硫酸校正热是指氧弹内反应形成的水合硫酸与气态三氧化硫的形成热之差。
（×）

129．恒温式热量计外筒温度应尽量接近室温，相差不得超过 2K。 （×）

130．苯甲酸中不含氮元素，其弹筒发热量测定过程中不会产生硝酸。 （×）

131．热容量标定合格后 3 个月内，只要室温变化不超过 5℃ 都有效。 （×）

132．酸洗石棉使用前须在 800℃ 下灼烧 30min。 （√）

133．标定热容量与测定发热量时的内筒温度差超过 5K 时，应重新标定热容量。
（√）

134．用瑞-方公式冷却校正的结果可靠性优于国标公式。 （√）

135．标准苯甲酸在标定热量计热容量时要压成饼状使用的目的是便于称量和防止受潮。 （×）

136．由煤的弹筒发热量计算高位发热量时，当煤的全硫低于 4% 或发热量大于 14.60MJ/kg 时，可用全硫代替弹筒硫。 （√）

137．根据 GB/T 213—2008 要求，如果热量计量热系统没有显著改变，重新标定的热容量值与前一次的热容量值相差不应大于 0.15%，否则应检查试验程序，解决问题后再重新进行标定。 （×）

138．煤在氧弹中燃烧与在锅炉内燃烧条件不完全相同，但燃烧所得的热量是一样的。
（×）

139．煤的发热量与其燃烧物的终点温度有关，终点温度越高则发热量越高。 （×）

140．对于恒温式热量计，在末期量热体系温度下降的情况下，只要内筒温度下降速度达到恒定，取哪一个温度读数作为终点温度都会得到同样的测定结果。 （√）

141．任何物质（包括煤）的燃烧热，当点火温度相同时，随燃烧产物的最终温度而改变，温度越高，燃烧热越低。 （√）

142．恒容高位发热量是指单位质量的试样在充有过量氧气的氧弹内燃烧，其燃烧后

的物质组成为氧气、氮气、二氧化碳、硫酸、液态水以及固态灰时放出的热量。　　（×）

143．低位发热量燃烧产物中的水是在 1 个标准大气压力条件下的气态水。　　（√）

144．热量计的外筒为金属制成的双壁容器，内壁形状依外壁形状而定，内外壁间应有 10～12mm 的间距。　　（×）

145．量热温度计在它测量的每个温度变化范围内应该是线性或线性化的。　　（√）

146．内筒水量应在所有试验中保持相同，相差不超过 0.1g。　　（×）

147．在实际工作中，点火丝的燃烧热不是一定值，因此每次试验都需要量取未烧完点火丝的长度。　　（√）

148．热量计在点火终点，若内筒温度低于或略高于外筒温度，可能出现无法观察到温度下降的情况，此时试验应作废。　　（×）

149．使用绝热式热量计时，调节内筒水温使其尽量接近室温，相差不超过 5K。　　（√）

150．使用玻璃水银温度计进行温度计刻度校正时，应同时对点火温度和终点温度进行校正。　　（√）

151．测定弹筒硫时，应把洗液煮沸 2～3min，以甲基橙为指示剂，用氢氧化钠标准溶液进行标定。　　（×）

152．GB/T 31423—2015 规定，如热量计量热系统没有显著改变，重新标定的热容量与前一次的热容量值相差不大于 0.25%。　　（√）

153．GB/T 31423—2015 规定，仪器热容量为常数时，至少在 18000～35000J 燃烧热值范围内或根据需要确定范围，热容量与温升之间应没有线性相关性。　　（√）

154．依据 DL/T 661—1999，径向松动度是指沿氧弹杯体中心轴方向的连接环与杯体之间螺纹的最大间隙。　　（×）

155．依据 DL/T 661—1999，径向松动度是指沿氧弹杯体直径方向的连接环与杯体之间螺纹的最大间隙。　　（√）

156．DL/T 661—1999 规定，氧弹安全性能测试有效期为 3 个月，超过此期限应重新测试合格。　　（×）

157．DL/T 661—1999 规定，当氧弹使用次数达到 500 次、经过修理或更换了部件后，应立即进行安全性能测试。　　（√）

158．DL/T 661—1999 规定，杯体中部永久变形量依据 $PD_m = D_2 - D_0$ 进行计算。　　（√）

159．DL/T 661—1999 规定，进行气密性试验时。氧弹内充入氧气压力应为 4.0～4.2MPa，若 10min 内没有气泡泄漏测氧弹气密性合格。　　（　）

160．DL/T 661—1999 规定，进行水压试验时，氧弹应加水压至 19.8～20.2MPa，维持压力在 10min 内应无泄漏。　　（×）

161．DL/T 661—1999 规定，螺纹径向松动度应小于 0.36mm，轴向松动度应小于 0.62mm。　　（×）

162. DL/T 661—1999 规定，杯体底部中心点位置应是使用千分表测得的杯体外底部圆心的轴向位置。 （√）

163. 煤在氧弹中燃烧与在锅炉内燃烧条件虽不完全相同，但燃烧产物是一样的。 （×）

164. 凡在物质燃烧过程中为维持一定容积，无膨胀反抗外压做功，这时释放出的热量为恒压发热量。 （×）

165. 当煤中全硫低于 4% 时，可用全硫代替弹筒硫计算高位发热量。 （√）

（二）单选题

下面每题只有一个正确答案，将正确答案填在括号内。

1. 测定标准苯甲酸的发热量时，忘了在氧弹中加入 10mL 水，则测定值（A）。

　　A. 偏大　　　　　　B. 偏小　　　　　　C. 不影响　　　　　D. 不确定

2. GB/T 213—2008 规定，不正确的苯甲酸干燥处理方法为（C）。

　　A. 在盛有浓硫酸的干燥器中干燥 3 天

　　B. 在 60～70℃烘箱中干燥 3～4h

　　C. 在 150℃烘箱中干燥 1h

　　D. 盛入燃烧皿后在 121～126℃的烘箱中放置 1h

3. GB/T 213—2008 规定，测定煤中发热量时，当氧气瓶中氧气压力降到（C）MPa 以下时，应更换新的氧气瓶。

　　A. 5.0　　　　　　B. 4.5　　　　　　C. 4.0　　　　　　D. 3.0

4. GB/T 213—2008 规定，单位质量的煤在工业锅炉中完全燃烧所产生的发热量是（C）。

　　A. 高位发热量　　　　　　　　　　B. 弹筒发热量

　　C. 恒压低位发热量　　　　　　　　D. 恒容低位发热量

5. 用标准热值为 26474J/g 的 1g 苯甲酸对热量计进行反标，以下弹筒发热量测定结果最不接近苯甲酸定值的是（A）。

　　A. 26464J/g　　　　B. 26494J/g　　　　C. 26532J/g　　　　D. 26560J/g

6. GB/T 213—2008 规定，绝热式热量计冷却校正值（A）。

　　A. 可以忽略不计　　　　　　　　　B. 使用瑞-方公式计算

　　C. 在温升中加上一个校正值　　　　D. 为一固定值

7. GB/T 213—2008 规定，静态式外筒盛满水后其热容量应不小于热量计热容量的 5 倍，以下（A）的水量可以保证满足外筒恒温的要求。

　　A. 12.5L　　　　　B. 10L　　　　　　C. 6L　　　　　　D. 3L

8. GB/T 213—2008 规定，标定热容量所用标准苯甲酸，应预先在（D）温度下干燥 3～4h。

　　A. 30～40℃　　　　B. 40～50℃　　　　C. 50～60℃　　　　D. 60～70℃

9. GB/T 213—2008 规定，计算入炉煤标准煤耗，所用的发热量是（C）。

    A. $Q_{gr,d}$ B. $Q_{gr,ar}$ C. $Q_{net,ar}$ D. $Q_{b,ad}$

10. GB/T 213—2008 规定，发热量测定的再现性临界差为（C）。

    A. $\Delta Q_{gr,ad}=120J/g$ B. $\Delta Q_{b,ad}=120J/g$

    C. $\Delta Q_{gr,d}=300J/g$ D. $\Delta Q_{gr,ad}=300J/g$

11. GB/T 213—2008 规定，发热量测定的重复性限为120J/g，是以（B）作为基准的。

    A. 收到基   B. 空气干燥基   C. 干燥基   D. 测定值

12. 测发热量时，1g煤样在氧弹中完全燃烧的主期时间一般为（A）。

    A. 8～10min   B. <5min   C. 5～8min   D. >15min

13. 某化验员先后4次对某一煤样进行重复测定发热量，$Q_{gr,ad}$测定结果依次为24870、25015、25035、24950J/g，则该煤样重复测定结果为（C）J/g。

    A. 24965   B. 24910   C. 25000   D. 25020

14. 煤样在高压充氧的弹筒中燃烧与在空气、工业锅炉中燃烧相比，下列说法错误的是（C）。

    A. 弹筒发热量要高于煤在空气中实际燃烧产生的热量

    B. 煤在弹筒中燃烧生成氮氧化合物，而在空气中燃烧时一般呈气态氮

    C. 氮氧化合物溶于水形成硝酸，这一化学反应是吸热反应

    D. 煤中可燃硫在空气中燃烧生成 SO_2 气体，而在弹筒中部分可燃硫却氧化成 SO_3

15. 以热容量 E 值为 Y，温升值 Δt 为 X 绘制温升与热容量的关系图，经相关系数计算，得出 E 值与 Δt 有明显的相关性，且一元线性回归法得到 $E=a+b\Delta t$ 中 b 为负值，下列说法错误的是：（B）。

    A. 温升越大，热容量 E 值越小

    B. 仪器热容量设定不变，发热量越高的煤样，测得的结果偏小

    C. 仪器热容量设定不变，发热量越低的煤样，测得的结果偏小

    D. 应选择不同发热量范围的标煤进行反标

16. GB/T 213—2008 规定，氧弹应定期进行（A）MPa 水压试验，每次水压试验后，氧弹的使用时间一般不应超过（A）年。

    A. 20，2   B. 10，2   C. 20，1   D. 10，1

17. GB/T 213—2008 规定，煤的发热量实验室温度应尽量保持恒定，每次测定室温变化不应超过（B）K，通常室温以不超出（B）℃范围为宜。

    A. 0.5，15～30   B. 1，15～30

    C. 1，20～30   D. 0.5，20～30

18. GB/T 213—2008 规定，恒温式热量计温度应尽量保持恒定指的是（B）。

    A. 内筒水温   B. 外筒水温

C．氧弹　　　　　　　　　　　　　　D．实际消耗的点火丝长度

19．标准苯甲酸纯度高，容易燃烧，在进行热容量标定前需要压饼，是为了（C）。

　　A．便于称量　　　　　　　　　　　B．防止污染

　　C．保证燃烧完全　　　　　　　　　D．容易称准

20．用1g苯甲酸反标对热量计进行反标，对所测得的发热量应减去硝酸校正热约为（B）。

　　A．30J/g　　　　B．40J/g　　　　C．50J/g　　　　D．80J/g

21．空气干燥煤样的恒容低位发热量减去恒压低位发热量的差值（A）。

　　A．大于0　　　　B．小于0　　　　C．等于0　　　　D．不确定

22．热容量在以下何种情况下不需要重新标定：（A）。

　　A．更换标准煤样时　　　　　　　　B．更换连接环时

　　C．更换量热温度计时　　　　　　　D．更换氧弹时

23．热量计的热容量越高，则测定煤的发热量就（C）。

　　A．越高　　　　B．越低　　　　C．不变　　　　D．不确定

24．量热仪中螺旋桨式的搅拌器，在内外筒温度和室温一致时连续搅拌10min所产生的热量不应超过（C）。

　　A．80J　　　　B．100J　　　　C．120J　　　　D．150J

25．GB/T 213—2008规定，测定标准苯甲酸的发热量时，要从测定值中（A）。

　　A．减去硝酸形成热　　　　　　　　B．加上硝酸形成热

　　C．减去硫酸校正热　　　　　　　　D．减去硝酸和硫酸校正热

26．GB/T 213—2008规定，用于内筒温度测量的量热温度计至少应有（C）K的分辨率。

　　A．0.1　　　　B．0.01　　　　C．0.001　　　　D．0.0001

27．恒温式量热计测定煤的发热量时，要求调节内筒水温，应是（B）。

　　A．内筒水温略高于外筒水温　　　　B．内筒水温略低于外筒水温

　　C．内筒水温等于外筒水温　　　　　D．内筒水温等于室温

28．进行标准苯甲酸测试时，反复充氧放气，完全排尽氧弹内的空气后，硝酸校正热约为（A）。

　　A．0J　　　　B．40J　　　　C．50J　　　　D．80J

29．GB/T 213—2008规定，以下关于氧弹的描述错误的是（A）。

　　A．氧弹应由耐热、耐腐蚀的镍铬或镍铬钼合金钢制成

　　B．不受燃烧过程中出现的高温或腐蚀影响而产生热效应

　　C．能承受燃烧过程中的瞬时高压

　　D．氧弹容积为250～350mL，弹头上应装有供充氧气和排气的阀门及点火电源的接线电极

30. 计算发电厂标准煤耗时，所用发热量是（C）。

    A. $Q_{gr,ad}$　　　　B. $Q_{gr,d}$　　　　C. $Q_{net,ar}$　　　　D. $Q_{net,ad}$

31. 商品煤质验收中，发热量的评判指标是（B）。

    A. $Q_{gr,ad}$　　　　B. $Q_{gr,d}$　　　　C. $Q_{net,ar}$　　　　D. $Q_{net,ad}$

32. 收到基恒压低位发热量的符号是（D）。

    A. $Q_{net,p,ad}$　　B. $Q_{net,v,d}$　　C. $Q_{net,v,ar}$　　D. $Q_{net,p,ar}$

33. 恒温式热量计是指（C）。

    A. 热量测定过程中，环境温度保持恒定

    B. 热量测定过程中，内筒水温升速度应保持恒定

    C. 热量测定过程中，外筒水温保持恒定

    D. 热量测定过程中，氧弹温度保持恒定

34. 对氧弹进行水压试验，其试验压力为（B）MPa。

    A. 10　　　　B. 20　　　　C. 30　　　　D. 15

35. 标准煤的发热量 $Q_{net,ar}$ 为（B）MJ/kg。

    A. 27.29　　　　B. 29.27　　　　C. 20.91　　　　D. 25.09

36. 热容量标定合格的标准是（D）。

    A. 5 次标定极差小于 40J/℃　　　　B. 5 次标定极差小于 120J/℃

    C. 5 次标定相对标准差小于 0.10%　　D. 5 次标定相对标准差小于 0.20%

37. GB/T 213—2008 规定，热容量应（C）标定一次。

    A. 一年　　　　B. 半年　　　　C. 3 个月　　　　D. 1 个月

38. GB/T 213—2008 规定，热容量每 3 个月标定一次，连续 2 次标定的热容量变化应不应超过（D）。

    A. 0.10%　　　　B. 0.15%　　　　C. 0.20%　　　　D. 0.25%

39. 苯甲酸在压饼燃烧之前可以放在干燥器中干燥一段时间，此时所用的干燥剂为（C）。

    A. 硅胶　　　　　　　　B. 无水氯化钙

    C. 浓硫酸　　　　　　　D. 五氧化二磷

40. GB/T 213—2008 规定，在测定煤的发热量时，所用的燃烧皿（俗称坩埚）最理想的是（B）坩埚。

    A. 不锈钢　　　　B. 铂　　　　C. 耐高温瓷　　　　D. 石英

41. 对挥发分较高、燃烧时易飞溅的煤，为了保证试样既能完全燃烧又不飞溅，可以（A）。

    A. 将煤样压饼燃烧　　　　B. 在坩埚底部铺一层酸洗石棉

    C. 改用铂英坩埚　　　　　D. 适当增加样品量

42. 氧弹的容积一般是（B）。

    A．200mL   B．300mL

    C．400mL   D．450mL

43. 标准煤的发热量是 29.27MJ/kg，它是指（C）。

    A．$Q_{gr,ad}$ B．$Q_{gr,d}$ C．$Q_{net,ar}$ D．$Q_{net,ad}$

44. GB/T 213—2008 规定，氧弹的充氧压力最低为（A）。

    A．2.8MPa   B．2.5MPa   C．3.0MPa   D．3.2MPa

45. GB/T 213—2008 规定，热量测定中，点火电压最高是（C）。

    A．220V   B．110V   C．24V   D．12V

46. GB/T 213—2008 规定，恒温式热量计冷却校正值（D）。

    A．等于零   B．可以忽略不计

    C．可用以固定值   D．按标准规定计算

47. 热容量标定，不合格的是（A）。

    A．相对标准差为 0.22%   B．相对标准偏差为 0.16%

    C．相对标准差为 0.12%   D．相对标准偏差为 0.10%

48. 反标苯甲酸来检验热量测定准确度，如平均值与标准值相差 50J/g 以上，则为不合格，这是指（C）。

    A．2 次重复测定   B．8 次重复测定

    C．5 次重复测定   D．单次测定

49. 恒温式热量计的冷却校正计算所依据的是（A）。

    A．牛顿冷却定律   B．经验公式

    C．生产厂自定的公式   D．瑞-方公式

50. 新型热量计，内筒水直接取自外筒。测定热量后，内筒水又返回外筒，可循环使用，这样随试样测定次数增加，外筒水温会（A）。

    A．不断上升   B．基本恒定   C．略有下降   D．不确定

51. 对下述（C），测定热量时宜压饼。

    A．挥发分太小的煤样   B．含硫量太大的煤样

    C．挥发分太大的煤样   D．含硫量太小的煤样

52. GB/T 213—2008 规定，标定热容量所用标准苯甲酸应预先在浓硫酸干燥器中干燥（B）。

    A．1d   B．3d   C．12h   D．5d

53. GB/T 213—2008 规定，弹筒硫在（D）情况下，一定能用全硫替代。

    A．全硫含量小于 1%   B．全硫含量小于 2%

    C．全硫含量小于 3%   D．全硫含量小于 4%

54. 氧气钢瓶中压力不足（B）时，就要更换钢瓶，用于氧弹充氧。

    A. 3.0MPa　　　　　B. 4.0MPa　　　　　C. 5.0MPa　　　　　D. 6.0MPa

55. 由热量计直接测出的发热量是（C）。

    A. $Q_{gr,ar}$　　　　　B. $Q_{net,ad}$　　　　　C. $Q_{b,ad}$　　　　　D. $Q_{b,d}$

56. 当测定发热量试验时的贝克曼温度计露出柱和标准露出柱温度相差（C）℃及以上时需要进行平均分度值校正。

    A. 1　　　　　B. 2　　　　　C. 3　　　　　D. 4

57. DL/T 661—1999 规定，进行氧弹水压试验用的外径千分尺，精度要到（B）mm。

    A. 0.1　　　　　B. 0.01　　　　　C. 0.02　　　　　D. 0.001

58. DL/T 661—1999 规定，进行氧弹气密性试验中，（D）内没有气泡泄漏，则氧弹气密性试验合格。

    A. 1min　　　　　B. 2min　　　　　C. 5min　　　　　D. 10min

59. DL/T 661—1999 规定，氧弹加水压应在（C）MPa。

    A. 19.0～20.0　　　　　　　　　　B. 19.8～20.0

    C. 20.0～20.2　　　　　　　　　　D. 20.0～21.0

60. DL/T 661—1999 规定，下列不属于此试验使用的仪器设备的是（B）。

    A. 外径千分尺　　　　　　　　　　B. 内径千分尺

    C. 减压阀　　　　　　　　　　　　D. 水平仪

61. DL/T 661—1999 规定，进行氧弹气密性试验充氧压力应在（B）MPa。

    A. 3.8～4.2　　　　　　　　　　　B. 4.0～4.2

    C. 20.0～20.2　　　　　　　　　　D. 20.0～21.0

62. 恒容高位发热量燃烧产物中没有（D）。

    A. N_2　　　　　B. 固态灰　　　　　C. NO_x 和 SO_2　　　　　D. 水蒸气

63. 恒温式量热仪内筒水量在所有试验中相差不超过（B）。

    A. 0.1g　　　　　B. 0.5g　　　　　C. 1.0g　　　　　D. 1.5g

64. 目前国内外公认的最准确的冷却校正公式为（C）公式。

    A. 奔特　　　　　B. 煤研　　　　　C. 瑞-方　　　　　D. 罗-李

65. 在燃煤发热量的测定中，外筒温度应尽量接近室温，相差不得超过（B）K。

    A. 1　　　　　B. 1.5　　　　　C. 0.5　　　　　D. 2

66. 在热容量标定中，计算硝酸生成热的硝酸校正系数应为（C）。

    A. 0.0010　　　　　B. 0.0012　　　　　C. 0.0015　　　　　D. 0.0016

67. GB/T 213—2008 规定每次试验内筒水量与热容量标定时相差不应超过（D）g。

    A. 0.2　　　　　B. 1　　　　　C. 2　　　　　D. 0.5

    E. 0.1

68. DL/T 661—1999 规定，氧弹应定期进行水压试验，水压试验压力为（C）。

    A. $2.0_{0.0}^{+0.2}$ MPa
            B. $2.8_{0.0}^{+0.2}$ MPa

    C. $20.0_{0.0}^{+0.2}$ MPa
           D. $25.0_{0.0}^{+0.2}$ MPa

    E. $30.0_{0.0}^{+0.2}$ MPa

69. 根据现行 GB/T 213—2008，自动热量计的热容量不需重新测试的是（C）。

    A. 更换了测温传感器
            B. 更换了氧弹头

    C. 更换了氧弹的 O 形橡胶垫
      D. 热量计经过较大的搬动

70. 测定标准苯甲酸的发热量时，要扣除（D）形成热。

    A. 碳酸
        B. 盐酸
        C. 硫酸
        D. 硝酸

71. 煤的发热量测定过程中，达到压力后的持续充氧时间不得少于（A）s。

    A. 15
        B. 20
        C. 25
        D. 30

72. 绝热式量热仪的自动控温装置的灵敏度应能使点火前和终点后内筒温度保持稳定，5min 内温度变化平均不超过（C）。

    A. 0.0010K/min
            B. 0.0020K/min

    C. 0.0005K/min
            D. 0.0015K/min

73. GB/T 213—2008 规定，氢氧化钠标准溶液应使用（B）进行标定。

    A. 草酸
            B. 邻苯二甲酸氢钾

    C. 苯甲酸
            D. 酚酞

74. 测定发热量使用的燃烧皿应具备的特点不包括（C）。

    A. 能承受高温高压
          B. 不受腐蚀

    C. 铂制品等金属制品
        D. 不产生热效应

75. 热量计通电点火后，外筒温度和内筒温度应分别读到（A）K。

    A. 0.05，0.001
    B. 0.05，0.05
    C. 0.01，0.001
    D. 0.01，0.05

76. 使用贝克曼温度计时，当露出柱温度与标准露出柱温度相差（C）以上时，需计算平均分度值。

    A. 1℃
        B. 2℃
        C. 3℃
        D. 5℃

77. 在非熔断式点火法中，计算点火热不需要知道的参数是（B）。

    A. 棉线的燃烧热
          B. 棉线的长度

    C. 电能热
             D. 棉线的单位热值

78. 依据 GB/T 213—2008，测定弹筒硫时，硝酸形成热规定为（C）。

    A. 40J/mmol
    B. 50J/mmol
    C. 60J/mmol
    D. 80J/mmol

79. 下列苯甲酸使用前的预处理方式中，不正确的是（B）。

    A. 在盛有浓硫酸的干燥器中干燥 3 天
    B. 在 105～110℃烘箱中放置 1h

    C. 在 60～70℃烘箱中干燥 3～4h
    D. 在酒精灯上小火熔融

80．GB/T 31423—2015 规定，测定有证煤标准物质发热量测定的准确度时，至少测定（A）有证煤标准物质。

  A．3 个   B．4 个   C．5 个   D．6 个

81．以下各物质中，不属于弹筒发热量、高位发热量、低位发热量共同燃烧产物的是（B）。

  A．二氧化碳   B．液态水

  C．氮气   D．固态灰

82．实验室测定的弹筒发热量中，硫元素主要以（D）形式存在。

  A．二氧化硫   B．三氧化硫   C．亚硫酸   D．硫酸

83．关于发热量测定的实验室，以下描述不正确的是（B）。

  A．应为单独房间，不应在同一房间内同时进行其他试验项目

  B．每次测定室温变化小于 ±1℃，室温以在 15～30℃ 范围为宜

  C．室内应无强烈空气对流，不应有强烈的热源、冷源和风扇

  D．实验室最好朝北，以避免阳光照射，否则热量计应放在不受阳光直射的地方

84．GB/T 213—2008 规定，酸洗石棉绒使用前应在（A）下灼烧（A）。

  A．800℃，30min   B．800℃，20min

  C．500℃，30min   D．500℃，20min

85．热量计的组成部件中，不属于量热系统的是（D）。

  A．氧弹   B．内筒   C．搅拌器   D．计算机

86．确定热容量的有效工作范围时，使用苯甲酸至少进行（C）标定试验。

  A．6 次   B．7 次   C．8 次   D．9 次

87．进行热容量和仪器常数标定试验时，对于恒温式热量计，应在开始搅拌（B）后准确读取一次内筒温度，经（B）后再读取一次内筒温度。

  A．1min，5min   B．5min，10min

  C．1min，10min   D．2min，10min

88．进行热容量标定试验时，公式 $q_n = Q \times m \times 0.0015$ 中，系数 0.0015 表示（C）。

  A．硫酸校正热   B．水的汽化热

  C．硝酸形成热   D．硫酸形成热

89．GB/T 213—2008 规定。对于缺乏确切的物理定义或偏离经典方法的高度自动化的热量计应该（C）。

  A．与传统热量计的热容量标定程序和频率相同

  B．不超过 3 个月标定 1 次热容量，特殊情况下立即重新标定

  C．增加热容量标定频率，必要时每天进行标定

  D．立即停止使用，或其结果不能作为生产、经营、贸易结算依据

90．通过空干基高位发热量计算收到基恒压低位发热量时，公式中系数 212 表示（A）。

A．对应于空气干燥煤样（或水煤浆干燥试样）中每 1%氢的气化热校正值

B．对应于空气干燥煤样（或水煤浆干燥试样）中每 1%氧的气化热校正值

C．对应于空气干燥煤样（或水煤浆干燥试样）中每 1%氮的气化热校正值

D．对应收到基煤样或水煤浆中每 1%水分的气化热校正值

（三）多选题

下面每题至少有一个正确答案，将正确答案填在括号内。

1．DL/T 661—1999 规定，氧弹安全性能技术要求试验有效期为 1 年，下列（BCD）情况下，需要立即进行氧弹安全性能测试。

A．氧弹使用次数达到 300 次 　　B．氧弹使用次数达到 500 次

C．氧弹经过修理 　　D．氧弹更换了部件

2．DL/T 661—1999 规定，永久变形量需要测量的有（AB）。

A．杯体中部直径永久变形量 　　B．杯体底部中心点位置永久变形量

C．杯体上部直径永久变形量 　　D．杯体上部中心点位置永久变形量

3．氧弹量热法测定发热量得到的结果是分析试样中的（AD）。

A．恒容高位发热量 　　B．恒压低位发热量

C．恒容低位发热量 　　D．弹筒发热量

4．GB/T 213—2008 规定，发热量测定结果以（BD）表示。

A．N•m/g 　　B．MJ/kg 　　C．cal/g 　　D．J/g

5．在热量计中属于量热系统、在燃烧过程中参与吸收热量的是（ABCD）。

A．氧弹 　　B．内筒 　　C．搅拌器 　　D．外筒

6．无水热量计的量热系统组成不包括（ABD）。

A．内筒 　　B．搅拌器 　　C．氧弹 　　D．外筒

7．依据 GB/T 213—2008，以下有关苯甲酸的描述正确的是（BD）。

A．热量计精密度要求 5 次苯甲酸重复测定结果的相对标准差不大于 0.25%

B．苯甲酸可在燃烧皿中熔融后使用，熔融可在 121～126℃烘箱中放置 1h

C．苯甲酸燃烧时自身会形成硝酸形成热，因此需要进行校正

D．确定热容量有效工作范围时，使用苯甲酸至少进行 8 次热容量标定试验

（四）填空题

1．GB/T 213—2008 规定，测定发热量时向氧弹中充氧的压力不得超过 3.2MPa，达到压力后的持续充氧时间不得小于 15s。

2．GB/T 213—2008 规定，由弹筒发热量计算高位发热量时，当煤的全硫含量低于

4.00%或发热量大于 14.60MJ/kg 时，可用全硫代替弹筒硫。

3．三次重复测定煤的高位发热量，测定值的极差为 144J/g；四次测定值的极差为 156J/g。

4．GB/T 213—2008 规定，新氧弹应经 20.0MPa 的水压试验，每次水压试验后，使用时间一般不超过 2 年。

5．标准苯甲酸为有机化合物，是由碳、氢、氧三元素组成，其分子式为 C_6H_5COOH。

6．GB/T 213—2008 规定，测热室室温在 15～30℃范围内为宜，每次测定室温变化不超过 1℃。

7．GB/T 213—2008 规定，一般情况下，热容量标定的有效期为 3 个月，本次标定与上一次标定热容量结果相差不应大于 0.25%。

8．GB/T 213—2008 规定，由弹筒发热量扣除硝酸形成热和硫酸校正热后，即得高位发热量。

9．GB/T 213—2008 规定，恒容低位发热量是由恒容高位发热量减去水的汽化热，一般低于恒压低位发热量。

10．GB/T 213—2008 规定，酸洗石棉绒在使用前应在 800℃下灼烧 30min。

11．GB/T 213—2008 规定，热量计精密度和准确度的要求是：五次重复测定标准苯甲酸的相对偏差不大于 0.20%，或者其平均值与标准热值之差不超过 50J/g。

12．GB/T 213—2008 规定，自动控温的恒温式外筒，整个试验过程中外筒水温变化应控制在±0.1K 之内；静态式外筒盛满水后其热容量不应小于热量计热容量的 5 倍。

13．GB/T 213—2008 规定，自动控温的绝热式热量计，内、外筒水温相差应在 0.1K 之内；一次试验的温升过程中，内外筒间热交换量不超过 20J。

14．GB/T 213—2008 规定，当煤样的发热量 Q_b>25.10MJ/kg 时，硝酸形成热的校正系数 α 为 0.0016；当使用苯甲酸时，该系数为 0.0015。

15．对于恒温式热量计，初期和末期的作用是确定量热计的热交换特性，以便在燃烧反应主期内对热量计内筒与外筒间的热交换进行正确的校正。

16．煤中产生发热量的主要元素是碳及氢。

17．GB/T 213—2008 规定，空气干燥基恒容高位发热量的符号是 $Q_{gr,v,ad}$，收到基恒压低位发热量的符号是 $Q_{net,p,ar}$。

18．GB/T 213—2008 规定，量热温度计的要求是：至少应有 0.001K 的分辨率，以便能以 0.002K 或更好的分辨率测定 2～3K 的温升；它代表的绝对温度应能达到近 0.1K。量热温度计在它测量的每个温度变化范围内应是线性的或线性化的。它们均应经过计量部门的检定，证明已达到上述要求。

19．数字显示温度计可代替传统的玻璃水银温度计，其应能提供符合要求的分辨率，这些温度计的短期重复性不应超过 0.001K，6 个月内的长期漂移不应超过 0.05K，线性温度传感器在发热量测定中引起的偏倚比非线性温度传感器的小。

20．GB/T 213—2008 规定，测热所用氧气纯度至少应为 99.5%，不含可燃物质，不允许用电解氧。氧气瓶的压力至少足以使氧弹充氧至 3.0MPa。

21．当煤炭发热量 Q_b＞25.10MJ/kg 时，硝酸形成热的校正系数 α 为 0.0016；当 16.70MJ/kg＜Q_b≤25.10MJ/kg 时；该系数 α 为 0.0012；当 Q_b≤16.70MJ/kg 时，该系数为 0.0010。

22．GB/T 213—2008 规定，低位发热量与高位发热量的差是水的汽化热，空气干燥基高位发热量与干燥基高位发热量的差是空气干燥基水分的汽化热。

23．GB/T 213—2008 规定，由热量计实测的发热量为弹筒发热量，用符号 Q_b 表示。

24．对易飞溅的煤样在测热时，可压饼处理；对不易燃烧完全的煤样在测热时，可在坩埚下方铺垫一层酸洗石棉。

25．单位质量的煤完全燃烧所产生的热量，称为煤的发热量。

26．GB/T 213—2008 规定，对于绝热式热量计来说，冷却校正值 c 为 0。

27．发热量的单位是 J/g 或 MJ/kg，它与20℃下卡的关系是 1cal=4.1816J。

28．量热基准物质苯甲酸的热值应准确至 1J/g。

29．恒温式热量计的主要特点是在测热时外筒水温基本保持恒定。同时，该热量计结构简单、价格较低，这也是其主要优点。

30．测定煤的发热量时，氧弹的充氧压力最低不要低于 2.8MPa，如压力过低会造成试样燃烧不完全。

31．GB/T 213—2008 规定，测定煤的发热量时，氧弹的充氧压力最高不要超过 3.2MPa。

32．GB/T 213—2008 规定，恒温式热量计的冷却校正值是按经典的牛顿冷却定律推算出来的，其最为准确的计算公式是瑞-方公式。

33．GB/T 213—2008 规定，对恒温式热量计来说，外筒水量一般是内筒水量的 5～6 倍，倍数越大，则测热过程中外筒水温越稳定（变化越小）。

34．GB/T 213—2008 规定，对高挥发分煤样测定发热量时，为防止试样爆燃，可采取包擦镜纸或压饼并切成数小块方法处理。

35．对高灰分、低发热量煤样测热时，为保证试样燃烧完全，可采取坩埚底铺一层酸洗石棉或掺入一定数量的高发热量标准煤样方法处理。

36．重复测定煤样的 $Q_{gr,ad}$，第一次测定值为 24570J/g，第二次测定值为 24580J/g，试验报告所报出的结果为 24580J/g 或 24.58MJ/kg。

37．热容量标定应重复 5 次，取合格的平均值，如不合格，标准规定还可以补测 1 次；如仍不合格，则应检查原因，舍弃全部结果重新标定。

38．自动热量计配用的铂电阻温度计，是根据电阻随温度的变化的关系来测温的。

39．GB/T 213—2008 规定，热量计配用的搅拌器，既要充分搅匀内筒水，又要不致产生过大的搅拌热。

40．GB/T 213—2008 规定，热量测定用的燃烧皿最常用的是镍铬钢燃烧皿，而最能保证煤样燃烧完全的是铂燃烧皿。

41．GB/T 213—2008 规定，热量计量热系统升高 1K 吸收到的热量，称为热容量，它的单位是 J／K 。

42．GB/T 213—2008 规定，氧弹由不锈钢（优质）精加工而成，它能耐受压力为 20.0MPa 的水压试验。

43．GB/T 213—2008 规定，高位发热量减去煤中水和煤中氢燃烧生成的水的汽化潜热，就得到低位发热量。

44．铂电阻温度计应能测准到 0.01℃，估读到 0.001℃，就可满足煤发热量的测定要求。

45．每季标定热量计热容量时，应重复标定 5 次，其标定结果达到相对标准差小于或等于 0.20%为合格。

46．发热量测定的重复性要求用 $Q_{gr,ad}$ 表示，再现性要求用 $Q_{gr,d}$ 表示。

47．发热量测定的重复性 $Q_{gr,ad}$ 为 120J／g ，再现性 $Q_{gr,d}$ 为 300J／g 。

48．GB/T 213—2008 规定，商品煤质验收时应用 $Q_{gr,d}$ 发热量，标准煤耗计算时应用 $Q_{net,ar}$ 发热量。

49．弹筒硫测定用的氢氧化钠标准溶液通常使用邻苯二甲酸氢钾进行标定。

50．DL/T 661—1999 规定，进行氧弹耐压试验用水，使用蒸馏水或去离子水。

51．DL/T 661—1999 规定，氧弹安全性能测试有效期为 1 年。

52．DL/T 661—1999 规定，杯体底部中心点位置是以千分表测得的杯体外底部圆心的轴向位置。

53．DL/T 661—1999 规定，氧气减压阀的分压力表量程为 0～6MPa，精度不低于 2.5 级。

54．DL/T 661—1999 规定，水压试验中氧弹加水压力为 20.0～20.2MPa。

55．GB/T 213—2008 规定，燃烧皿的材质和规格要求，应以能保证试样燃烧完全而本身不受腐蚀和产生热效应为原则。

56．测定内筒的温升可用贝克曼温度计，其有两个水银泡，即主泡和储存泡，为使读数准确，可使用测温放大镜。

57．GB/T 213—2008 规定，热容量标定一般应进行 5 次重复试验，计算试验结果的平均值和相对标准差。

58．GB/T 213—2008 规定，自动控温的恒温式热量计外筒在整个试验过程中，外筒水温变化应控制在±0.1K 之内；静态式外筒，盛满水后其热容量不应小于热量计热容量的 5 倍。

59．GB/T 213—2008 规定，测定煤的发热量的实验室内应无强烈空气对流，因此不应有强烈的热源、冷源和风扇等，试验过程中应避免开启门窗。室温应保持相对稳定，每次测定室温变化不应超过1℃。

60．根据 GB/T 213—2008，采用恒温式热量计测定样品时，若终点时不能观察到温度下降，可以随后连续5min 内温度读数增量以 1min 间隔的平均变化不超过 0.001K/min 时的温度为终点温度。

61．GB/T 213—2008 规定，测定煤样弹筒发热量时，煤样燃烧后的物质组成为氧气、氮气、二氧化碳、硝酸、硫酸、液态水以及固态灰。

62．GB/T 213—2008 规定，测定擦镜纸的燃烧热时，应抽取3～4 张纸，团紧，称准质量，放入燃烧皿中，然后按常规方法测定发热量。取三次结果的平均值作为擦镜纸热值。

63．内筒一般由紫铜、黄铜或不锈钢制成，内筒装水通常为 2000～3000mL，以能浸没氧弹（进、出气阀和电极除外）为准。

64．内筒外面应高度抛光，以减少与外筒间的热辐射作用。

65．热量计中的搅拌器应为螺旋桨式或其他形式，转速以 400～600r/min 为宜，并应保持恒定。

66．常用的玻璃水银温度计有两种：一种是固定测温范围的精密温度计；一种是可变测温范围的贝克曼温度计。

67．贝克曼温度计在使用过程中需要进行两种校正，分别为孔径校正和平均分度值校正。

68．发热量的测定由两个独立的试验组成，即热容量标定和试样的燃烧试验。为了消除未受控制的热交换引起的系统误差，要求两种试验的条件尽量相近。

69．安装点火丝时，应注意对于易飞溅和易燃的煤，点火丝应与试样保持微小的距离。

70．开动搅拌器，5min 后开始计时，读取内容温度后立即通电点火。

71．读取温度计的温度时，视线、放大镜中线和水银柱顶端应位于同一水平上，以避免视差对读数的影响。

72．热量计点火后20s 内不要把身体的任何部位伸到热量计上方，如在30s 内温度急剧上升，则表明点火成功。

73．当使用国标公式（罗-李公式）计算冷却校正值时，点火后 1′40″时读取一次内筒温度，接近终点时，开始按1min 间隔读取内筒温度。

74．若需要测定弹筒硫，应用蒸馏水充分冲洗氧弹内各部分、放气阀、燃烧皿内外和燃烧残渣，把全部洗液收集在一个烧杯中。

75．使用绝热式热量计时，若内筒温度过低，易引起水蒸气凝结在内筒外壁；温度过高，易造成内筒水的过多蒸发。

76．确定热容量的有效工作范围时，用苯甲酸至少进行8 次热容量标定试验，苯甲酸片的质量一般为 0.7～1.3g，或根据被测样品可能涉及的热值范围（温升）确定苯甲酸片的质量。

77．依据 GB/T 31423—2015，进行热容量标定的准确度与稳定性试验时，热容量标定分 4 组进行，分别在不同的日期内完成。

78．GB/T 31423—2015 规定，煤标准物质若至少 3 个样品的发热量测定值与认定值之差都符合要求，该热量计对煤标准物质发热量测定的准确度满足要求。

79．DL/T 661—1999 规定，氧弹连接环与杯体配合螺纹之间的松紧程度称为螺纹松动度。

80．DL/T 661—1999 规定，杯体中部直径是于氧弹杯体总高度的 1/2 位置，所测量的杯体外径。

81．弹性变形量是与水压试验前比较，加水压至 20MPa 时，各测量位置测定值的变化量，包括杯体中部直径的弹性变形量和杯体底部中心点位置的弹性变形量。

82．永久变形量是与水压试验前比较，卸压后各测量位置测定值的变化量。

83．依据 DL/T 661—1999，氧弹连接环外表面不应有明显电镀层损伤及腐蚀现象；弹盖、杯体内外表面不应有明显划痕、毛刺及腐蚀现象。

84．恒温式热量计的内筒外壁抛光，内外筒之间有空隙，前者主要是为了防止热辐射引起的热损失，后者主要是为了防止热传导引起的热交换。

85．自动热量计在每次试验中应以打印或其他方式记录并给出详细的信息，如观测温升、冷却校正值（恒温式）、有效热容量、样品质量和样品编号、点火热和其他附加热等，以使操作人员可以对由此进行的所有计算都能进行人工验证。

（五）问答题

1．GB/T 213—2008 规定，为了消除未受控制的热交换引起的系统误差，热容量标定与试样测定的试验条件应尽量接近。简述这些相近的试验条件的内容及上述两种试验条件相近的判断标准。

答：（1）相近的试验条件是指热量计量热体系没有显著改变，内容如下：

1）相同的内筒水温度计（包括感温元件、测量电路）和相同的温度计的浸没深度。

2）相等的内筒水量、相同的氧弹（小部件如电极柱、螺母等可更换）和外桶。

3）相同的点火方式。

4）热容量标定与试样发热量测定时内筒水温度相差不超过 5K。

5）热量计不得经过较大搬动（只针对一些全自动热量计）。

（2）两种试验条件相近的判断标准：在操作和试验程序无问题的条件下，5 次热容量标定值的相对标准偏差不应超过 0.20%且两次热容量标定值相差不应大于 0.25%。

2．简述自动氧弹热量计搬动后要重新标定热容量的原因。

答：自动氧弹热量计内筒水量是通过水位计控制水的容积来定量的。搬动后，仪器水平发生了变化，内筒水容积很可能也会发生变化。内筒水量的变化必然引起热容量的显著变化。

3．根据 GB/T 213—2008 规定，简述使用自动氧弹热量计测定煤的发热量时在人工操作环节应注意的事项。

答：（1）盛放样品：对于特殊样品应采用特殊处理方法，对于易飞溅的试样可用擦镜纸包裹或用压饼机压饼；对于难以燃烧完全的试样应在燃烧皿底铺上酸洗石棉绒，或提高充氧压力至 3.2MPa。

（2）绑点火丝：保证点火丝与试样接触或接近，勿使之与燃烧皿接触。

（3）氧弹中应加入 10mL 蒸馏水。

（4）小心拧紧弹盖，以避免燃烧皿和点火丝位置改变。

（5）充氧时，充氧时间不得少于 15s，压力不得超过 3.2MPa。

（6）确保内筒水将氧弹盖淹没在水面下 10～20mm。

（7）确保氧弹中无气泡漏出。

（8）试验后取出氧弹，放气后打开氧弹观察试样是否燃烧完全。

4．对于自动热量计量热法导致发热量测定结果不准确的原因有哪些？

答：热容量标定结果不准确，如使用非量热基准苯甲酸，苯甲酸燃烧不完全等；热容量变化后未按要求重新标定；煤样燃烧不完全；氧弹漏气；搅拌器变形摩擦或搅拌速度不均匀；内筒每次水量不一致；热量计性能不稳定或测温计不准确。

5．根据 GB/T 213—2008 规定，煤的发热量测定方法中对热量计的精密度和准确度是如何规定的？

答：测试精密度：5 次苯甲酸测试结果的相对标准差不大于 0.2%。

准确度：标准煤样测试结果与标准值之差都在不确定度范围内，或用苯甲酸作为标准进行 5 次发热量测定，其平均值与标准热值之差不超过 50J/g。

6．GB/T 213—2008 规定标定热容量一般应进行 5 次重复测定，取符合要求 5 次重复测定平均值作为仪器热容量。请指出进行 5 次重复测定的理由。

答：（1）随机误差具有抵偿性，5 次重复测定值平均值随机误差比单次或两次小得多。

（2）多次测定值平均值标准偏差（S_x）与单次测定标准差 S 次间有如下关系：

$$S_x = S / \sqrt{n}$$

其中 n 为测定次数。从上式可以看出测定次数越多，平均值标准差就越小。

（3）当重复次数超过 5 次后，平均值标准差变化不大，即对减少随机误差没有显著作用，因此为了减少工作量，重复测定 5 次即可。

7. 使用标准苯甲酸进行热量计标定有何优点？使用前应如何处理？

答：优点：

（1）易制成高纯度。

（2）常温下吸湿性能小。

（3）常温下挥发性能低。

（4）热值接近煤炭。

（5）晶体有稳定结构。

预处理：

（1）浓硫酸干燥：预先研细并在盛有浓硫酸的干燥器中干燥 3 天。

（2）烘箱中干燥：60～70℃烘箱中干燥 3～4h，冷却后压片待用。

（3）熔融干燥：在 121～126℃的烘箱中放置 1h，或在酒精灯的小火焰上加热，放入干燥器中冷却后使用。

8. 简述对标定热容量所用苯甲酸有哪些要求。

答：（1）标定热容量的苯甲酸必须是量热标准物质，标有精确热值到 1J，不符合这一要求的苯甲酸不能使用。

（2）标定热容量的苯甲酸最好使用片剂，如购买的是粉状，则应预先干燥和压饼，并应将试饼表面刮净。

9. 恒温式热量计法为什么必须进行冷却校正？

答：恒温式热量计法，在点燃燃料后至达到稳定状态时内筒温度的变化并不完全都是由燃料燃烧放出的热引起的，其中有一部分是由内外筒温度差所导致的热交换引起的。例如，点火后的初期，一般都是内筒温度低于外筒，热从外筒传给内筒，引起内筒温度的上升。但很快，内筒温度就高于外筒温度，热从内筒传给外筒，引起内筒温度下降。因此，在根据点火后的内筒温度的升高来计算燃料的发热量时，必须对由这一热交换引起的内筒温度变化进行校正，才能获得准确的发热量结果。

10. 根据 GB/T 213—2008 规定，热量计法测定发热量时为什么要预先标定好热量计的热容量？

答：热量计测热法中要求在发热量之前要预先标定好热量计的热容量，这是热量计测热本身所决定的。热量计测试热法的原理是将一定质量试样置于在量热体系中的一个充有氧气的氧弹中燃烧，根据量热体系的温升来确定其燃料的发热量，而量热体系的温升程度是与组成量热体系的各种物质密切相关的。这些物质的吸热多少不仅与物质的材料、质量有关，而且也与这些物质所处的温度有关。因此，不同热量计有不同的热容量，甚至同一热量计在相同环境温度下也有不同的热容量。热容量是热量计的一个重要参数，也是决定测定发热量结果的准确性的关键。因此，在测热之前要标好热量，才能根据量热体系温升计算出发热量结果。

11. 根据 GB/T 213—2008 规定，测定发热量的实验室应具备哪些条件？

答：（1）实验室应设在朝北的单独房间，不得在同一房间内进行其他试验项目。

（2）实验室内温度应尽量保持恒定。每次测热室温变化不应超过 1℃。夏冬季室温变化以不超过 15～35℃为宜。若达不到要求时，应安装空调设备。

（3）实验室内应无强烈的空气对流和任何发热的热源。

12. 从燃烧产物上说明弹筒发热量、高位发热量及低位发热量之间的区别。

答：（1）弹筒发热量。煤中碳燃烧生成二氧化碳；煤中氢燃烧生成水汽，在氧弹中又凝结成水；煤中硫燃烧生成二氧化硫，进一步氧化成三氧化硫，并溶于水形成硫酸；煤中氮部分生成氮氧化物，溶于水形成硝酸。以上各项反应均为放热反应。煤中水在氧弹中先吸热成水汽，后又放出相同的热量凝结成水，故不产生热效应。燃烧产物中还包括氧弹中剩余的氧气、氮气及产生的灰渣等。

（2）高位发热量。煤中碳、氢燃烧同弹筒发热量；煤中硫燃烧只形成二氧化硫；煤中水及燃烧产物中其他物质均同弹筒发热量。因此，弹筒发热量减去硫酸与二氧化硫生成热之差及硝酸生成热，就是高位发热量。

（3）低位发热量。低位发热量是指单位质量的煤在锅炉中完全燃烧产生的热量。煤中碳燃烧生成二氧化碳；煤中氢燃烧产生水汽，随锅炉烟气排出炉外；煤中水在锅炉中形成水汽，也随烟气排出炉外；煤中硫及氮燃烧均同高位发热量。低位发热量与高位发热量的区别就在于煤在锅炉中燃烧时，煤中氢燃烧生成的水及煤中原有的水形成水汽随烟气排出，这部分热量无法得到利用，故将高位发热量减去水的汽化热，就是低位发热量。

13. 根据 GB/T 213—2008 规定，说明恒温式热量计的主要部件及其技术要求是什么？

答：氧弹热量计的主要部件为氧弹、量热温度计、内（外）筒、搅拌器、点火器等。

（1）氧弹为热量计的核心部件，对氧弹的技术要求为：氧弹不受燃烧过程中出现的高温和腐蚀性产物的影响而产生热效应，能承受充氧压力和燃烧过程中产生的瞬时高压，且在试验过程中能完全保持气密。

（2）量热温度计是能测准 0.01℃和估读到 0.001℃的精密温度计，可用贝克曼温度计或铂电阻温度计。

（3）内筒多用黄铜或不锈钢加工制成，其形状与外筒相匹配，外筒水量约为内筒水量的 5～6 倍，外筒底部有绝缘支架，以便能放置内筒；内外筒必须严密、坚固，不能有漏水现象。

（4）搅拌器的功能是为了保持内筒水温均匀。要求搅拌器速度不宜太快，也不宜太慢，搅拌速度宜控制在能使试样由点火到终点时间不超过 10min，所产生的搅拌热不超过 120J 或内筒温升不超过 0.01℃。

（5）点火器通常采用 12～24V 的电源，可用 220V 交流电源经变压器供给；线路中可串联一个可调电阻及一个电流计（或指示灯）即可。

（6）氧气压力表及充氧器。热量测定中通常配双表头氧气压力表，右侧表头指示氧气钢瓶压力，量程为 0～25MPa；左侧表头指示氧弹内充氧压力，量程为 0～6MPa。充氧器并非必备部件，充氧器指示的压力即氧弹内的充氧压力，其示值应与双表头左侧表头一致。

14. 根据 GB/T 213—2008 规定，对测热用的热量温度计有什么技术要求？

答： 量热温度计是氧弹热量计的重要部件，由热量计的测热原理可知，只有测准内筒水的温升，才能测准发热量。

量热温度计应是能测准至 0.01℃，估读到 0.001℃的精密温度计。

传统热量计使用可调的贝克曼水银温度计，它应每年送往国家计量机关检定，提供平均分度值及毛细管孔径修正值两项修正值，检定合格者方可使用。

对自动热量计来说，则普遍使用铂电阻温度计。其测温精度应不低于贝克曼温度计。在使用中铂电阻温度计不进行计量检定，是其不足。

15. 根据 GB/T 213—2008 规定，为了保证煤样燃烧完全，可以采取哪些措施？

答： 不易燃烧完全的煤样，多为挥发分含量较低、灰分含量较高的低热值煤。

（1）为保证燃烧完全，首先要选用合适的燃烧皿，燃烧皿最好使用铂制品，但常用的为不锈钢制品。要求燃烧皿壁要薄，总重 4～5g 为宜。燃烧皿内部呈现一定弧度，不要有死角。不宜使用非金属制燃烧皿。

（2）将煤样用玛瑙研钵适当研细，这将有助于燃烧完全。

（3）氧弹充氧压力及充氧时间可取标准规定的上限，但不得超过上限值。

（4）在燃烧皿底部铺一层酸洗石棉，往往是保证这类煤样燃烧完全的有效措施。

（5）如上述措施尚不能保证煤样燃烧完全，可在煤样中掺入已知高热值的标准煤样，混匀后测出该混煤的热值，从而计算出所测煤样的发热量。

16. 写出冷却校正的国标计算公式，并说明公式中各符号的含义。

答：冷却校正的国标计算应首先根据点火时和终点时的内外筒温差 (t_0-t_j) 和 (t_n-t_j) 从 $v-(t-t_j)$ 关系曲线中查出相应的 v_0 和 v_n，或者根据预先标定出的公式计算 v_0 及 v_n。

$$v_0 = k(t_0-t_j)+A$$
$$v_n = k(t_n-t_j)+A$$

式中　v_0——在点火时内外筒温差影响下造成的内筒降温速度，K/min 或 ℃/min；

　　　v_n——在终点时内外筒温差影响下造成的内筒降温速度，K/min 或 ℃/min；

　　　k——热量计的冷却常数，min^{-1}；

　　　A——热量计的综合常数，K/min 或 ℃/min；

　　t_0-t_j——点火时内外筒温差，K 或 ℃；

　　t_n-t_j——终点时内外筒温差，K 或 ℃。

然后按下式计算冷却校正值

$$C = (n-a)v_n + av_0$$

式中　C——冷却校正值，K 或 ℃；

　　　n——由点火到终点的时间，min；

　　　a——当 $\dfrac{\Delta}{\Delta_{1'40''}} \leqslant 1.20$ 时，$a = \dfrac{\Delta}{\Delta_{1'40''}} - 0.10$；当 $\dfrac{\Delta}{\Delta_{1'40''}} > 1.20$ 时，$a = \dfrac{\Delta}{\Delta_{1'40''}}$。

其中 Δ 为主期内总温升（$\Delta = t_n-t_0$），$\dfrac{\Delta}{\Delta_{1'40''}}$ 为点火后 1'40″ 的温升（$\Delta_{1'40''} = t_{1'40''}-t_0$）。

17. GB/T 213—2008 对测热用的燃烧皿有哪些要求？

答：铂制品最理想，一般可用镍铬钢制品。规格可采用高 17～18mm，底部直径 19～20mm、上部直径 25～26mm、厚 0.5mm。其他合金钢和石英制的燃烧皿也可以使用，但以能保证试样完全燃烧而本身不受腐蚀和产生热效应为原则。

18. 对不同热容量的恒温式热量计，在调节内筒水温时应注意什么？请举例说明。

答：如两台不同热容量的热量计，A 热量计热容量为 14000J/K 左右，B 热量计容量为 10000J/K 左右，在标定热容量时，对 A 热量计来说，调节内筒水温宜比外筒低 0.9K 或 1.0K。这是因为苯甲酸热值为 26500J/g 左右，故 1g 苯甲酸可使内筒水温升高 26500/14000=1.9（K）。例如，外筒水温为 21.2℃，内筒水温可调节为 20.3℃，这样点火前，内筒水温为 20.3℃，外筒水温为 21.2℃；终点时，内筒水温为（20.3+1.9）℃，外筒水温为（21.2+0.1）℃。点火前内筒水温低于外筒水温 0.9K，内筒水温可缓慢上升，而终点时内筒水温则高于外筒水温 0.9～1.0K，因此末期温度得以下降，终点温度明显。

相同的道理，对 B 热量计来说，1g 苯甲酸可使内筒水温升高 26500/10000=2.65（K）左右，此时调节内筒水温宜比外筒水温低 1.3K 左右。这样可使点火前内筒水温缓慢上升，而到终点时，内筒温度得以下降，终点温度明显。

19．用某一台热量计测定发热量高低相差较大的煤样时，在调节内筒水温时应注意什么？请举例说明。

答：对某一台热量计来说，热容量已经确定，如测定的煤样热量相当悬殊，则热量高者，内外筒水温调节的温差要大一些；而热量低者，则温差要小一些。

例如测定煤的发热量，量热仪的热容量为10000J/K，煤的发热量为27000J/g，则煤样完全燃烧可使内筒水温升高2.7K左右，这样可调节内筒水温比外筒水温低1.3K左右。点火前，内筒水温为23.1℃，外筒水温为24.4℃；终点时，内筒水温为25.8℃，外筒水温为24.5℃。这样点火前，内筒水温比外筒水温低1.3K，故内筒水温缓慢上升，而终点时，内筒水温反比外筒水温高1.3 K，故末期温度会缓慢降低，且终点温度明显。

20．写出冷却校正的瑞-方公式，并说明式中各符号的含义。

答：瑞-方公式表示为

$$C = nv_0 + \frac{v_n - v_0}{t_n - t_0}\left(\frac{t_0 + t_n}{2} + \sum_{i=1}^{n-1} t_i - nt_0\right)$$

式中　t_i——内筒第 i min 时的内筒温度，K；

　　　t_n——末期平均温度，K；

　　　t_0——初期平均温度，K；

　　　n——由点火到终点的时间，min；

　　　v_0——在点火时内外筒温差影响下造成的内筒降温速度，K/min；

　　　v_n——在终点时内外筒温差影响下造成的内筒降温速度，K/min；

　　　C——冷却校正值，K。

21．某全自动恒温式热量计放置在一实验室的木制桌面上，移动前后的两组热容量标定值为：第一组9711、9715、9741、9733、9725J/K；第二组9870、9875、9914、9910、9906、9905J/K。经检查操作正确，仪器工作正常。试对这种现象进行分析，指出产生原因并提出改进措施。

答：该全自动恒温式热量计内筒水的计量方式是通过水位计计量容积，移动前后，仪器水平发生变化，必然引起内筒水量变化，从而引起仪器热容量改变。第一组热容量平均值为9725J/K，相对标准差为0.13%，精密度合格。第二组热容量先标定5次热容量平均值为9895J/K，相对标准差为2.2%，精密度不合格；这可能是木制桌面在仪器刚搬动后水平不稳定所致；加做一次后，去掉最小值后热容量平均值为9902J/K，相对标准差为0.16%，精密度合格。另外，木制桌面的变形可能还在继续，因此该热容量值还会变化。仪器在木制桌面搬动后热容量发生显著改变且不稳定，必然影响煤发热量测定准确性。

改进措施：仪器应放在水泥台面上，搬动后应立即标定热容量。

22．请指出使用氧弹热量计测定煤的发热量时在安全方面的注意事项。

答： 在安全方面的注意事项包括氧气瓶（含压力表减压阀）和氧弹。

（1）氧气瓶（含减压阀）方面：

1）氧气瓶在实验室搬运要使用专用小推车，使用时直立固定好；氧气瓶表面应是规定的蓝色。

2）氧气瓶不能与可燃气混放，并远离明火至少 10m。

3）压力表应安装有减压阀和保险阀，它们均不得漏气。压力表每两年应经计量部门检定一次，以保证指示正确和操作安全。

4）压力表（减压阀）各连接部分如氧气瓶、导气管禁止与油脂接触或使用润滑油。如不慎沾污，必须依次用苯和酒精清洗，并待风干后再用。

（2）氧弹方面：

1）新氧弹和新换部件（弹筒、弹头、连接环）的氧弹应经 20MPa 水压试验合格后方能使用。

2）日常使用时，应经常注意观察与氧弹强度有关的结构，如弹筒与连接环的螺纹、进出气阀和电极与弹头的连接处等，如发现显著磨损和松动应及时修理，经水压试验合格后方能使用。

3）氧弹还应定期进行水压试验，每次水压试验后，氧弹使用时间一般不应超过两年。

4）禁止氧弹部件交换使用。

5）禁止氧弹涂抹油脂。

6）试样点燃后 20s 内，禁止实验人员把身体任何部位伸到热量计的上方。

23．在使用新型热量计前，如何确定其热容量的有效工作范围？

答： 用苯甲酸至少进行 8 次热容量标定试验，苯甲酸片的质量一般为 0.7～1.3g，或根据被测样品可能涉及的热值（温升）范围确定苯甲酸片的质量。在两个端点处，至少分别做 2 次重复测定。然后，以温升 Δt（即 t_n-t_0）为横坐标，以热容量 E 为纵坐标，绘制温升与热容量值的关系图。

如果从图中观察到的热容量值在整个范围内没有明显的系统性变化，该热量计的热容量可视为常数。

如果观察到的热容量值与温升有明显的相关性，用一元线性回归的方法求得 E 和 Δt 的关系式 $E=a+b\Delta t$，并计算线性回归方程的估计方差和相对标准差，其相对标准差不得超过 0.20%。除了燃烧不完全的试验结果必须舍弃，所有的结果都应包括在计算中。如果精密度满足要求，在测定试样的发热量时，就可根据实际的温升 Δt，用上述关系式求出正确的热容量值；如果精密度不能满足要求，应查找原因，解决问题后，重新进行标定。

24. 煤的发热量对发电厂生产及经营管理的重要作用有哪些？

答：（1）煤的发热量是锅炉热平衡、能量平衡计算的参数，也是估算锅炉理论燃烧温度和锅炉运行时配煤掺烧、燃烧调整、负荷调节的重要依据。

（2）煤的发热量是电厂主要经济指标——发电（供电）标准煤耗的计算依据。

（3）燃料价格和经济效益。

25. GB/T 31423—2015 规定氧弹热量计的验收环境条件是什么？

答：（1）放置热量计的实验室应为单独房间，不应在同一房间内同时进行其他试验。

（2）室温应保持相对稳定，每次测定室温变化不超过 1℃，室温在 15～30℃为宜。

（3）热量计应放在无热源辐射和空气对流的地方，试验过程中应避免开启门窗。

（4）实验室宜朝北，以避免阳光照射，否则热量计应放在不受阳光直射的地方。

26. 依据 GB/T 213—2008，在哪些情况下必须重新标定热容量？

答：（1）更改量热温度计。

（2）更换热量计大部件如氧弹头、连接环（由厂家供给的或自制的相同规格的小部件如氧弹的密封圈、电极柱、螺母等不在此列）。

（3）标定热容量和测定发热量时的内筒温度相差超过 5K。

（4）热量计经过较大的搬动之后。

27. 依据 GB/T 213—2008，简述发热量测定时如遇点火失败应如何进行原因分析？

答：首先应观察点火丝和煤样是否燃烧，然后根据现象查找可能存在的问题。

（1）点火丝未烧断。这主要是由于点火线路不通或短路，可用万用表测量点火电极间是否导通，氧弹内绝缘柱是否完好，有无短路现象。

（2）点火丝烧断，试样未燃烧。可能由于试验时未充氧或试样热值太低难以引燃。

（3）点火丝烧断，试样已燃烧。应检查设备自身是否存在故障。

28. 依据 GB/T 213—2008，简述发热量测定对氧弹的基本要求是什么？使用过程中要注意哪些安全问题？

答：基本要求：

（1）材质：耐热、耐腐蚀的镍铬或镍铬钼合金钢。

（2）性能：不受燃烧过程中出现的高温和腐蚀性产物的影响而产生热效应；能承受充

氧压力和燃烧过程中产生的瞬时高压；试验过程中能保持完全气密。

（3）容积：250～350mL。

（4）组成：弹头上有供充氧阀、排气阀、点火电源接线电极。

使用过程中要注意的安全问题：

（1）应进行 20.0MPa 的水压试验（新氧弹、新换大部件，周期不超过 2 年）。

（2）完整单元使用原则。

（3）经常注意观察与氧弹强度有关的结构。

29. 依据 GB/T 213—2008，简述测定煤的发热量时，采取哪些措施保证煤样燃烧完全。

答：对于不易燃烧完全的煤样，可采取如下措施：①在燃烧皿底部垫一层石棉绒并压实；②用已知质量和热值的擦镜纸包裹好煤样后放入燃烧皿；③掺烧一定质量的标准苯甲酸；④提高充氧压力至 3.2MPa；⑤采用石英燃烧皿。

对于燃烧时容易飞溅的煤样，可采取如下措施：①用已知质量和热值的擦镜纸包裹好煤样后放入燃烧皿；②将煤样进行压饼后切成粒度 2～4mm 的小块使用；③称量后的样品，轻振燃烧皿使煤样敦实，接点火丝时保持与样品的微小距离。

30. 依据 GB/T 213—2008，简述测定发热量使用的氧弹需具备哪些性能。

答：测定发热量使用的氧弹需要具备以下性能：

（1）不受燃烧过程中出现的高温和腐蚀性产物的影响而产生热效应。

（2）能承受充氧压力和燃烧过程中产生的瞬时高压。

（3）试验过程中能保持完全气密。

31. 依据 GB/T 213—2008，简述苯甲酸使用前怎么处理。

答：苯甲酸使用前应先研细再干燥，干燥的方法有：

（1）放在装有硫酸的干燥器内干燥 3 天，或在 60～70℃的干燥箱中放置 3～4h 冷却后压片。

（2）可在 121～126℃的烘箱中放置 1h，或在酒精灯的小火焰上进行，放入干燥器中冷却后使用。熔体表面出现的针状结晶，应用小刷刷掉。

32. 依据 GB/T 213—2008，简述氧弹漏气如何解决。

答：（1）将垫圈调整合适，选择大小厚度合适的垫圈。

（2）更换密封圈。

（3）如针形阀漏气，可用细砂纸将针形阀锥面与阀门座仔细对磨，还可以更换新的针形阀。

33．某化验员进行煤的发热量测定时，量热仪提示点火失败，化验员将氧弹取出打开后发现点火丝烧断但试样未燃烧，于是将电极柱用砂纸打磨重新绑上点火丝充氧后继续进行试验。分析该化验员的操作，并提出解决办法。

答：该化验员的操作是错误的。

首先应根据点火失败的现象分析可能存在的原因，试验现象是点火丝烧断但试样未燃烧，点火丝烧断说明点火电路是没问题的。

用砂纸打磨电极柱是为了解决由于电极柱的氧化形成氧化层使点火线路不通的问题，这步操作是不能解决本次点火失败的根本原因的；另外，化验员直接重新绑点火丝充氧进行测定，未重新称样，这步操作是错误的，因为点火丝的烧断虽未引燃煤样但可能会使煤样有质量损失。针对此现象，可能存在的问题是由于试验时未充氧或点火丝未接触试样或试样热值太低难以引燃引起的，应对操作及氧弹和煤样进行检查；如果是未充氧或点火丝未接触煤样，应重新称样充氧后检测；如参考灰分等指标确定是煤样热值太低引起点火失败，应添加助燃物进行测定。

34．请按下表中的示例，指出测定煤的发热量时由于操作不当对结果准确度的影响及预防或纠正措施。（应指出至少四种操作不当的情况）

序号	操　　作	对结果影响	预防或纠正措施
例	称量后样品溅出未复称	使弹筒热值降低	复称或重新称样
1			
2			
3			
4			

答：

序号	操　　作	对结果影响	预防或纠正措施
例	称量后样品溅出未复称	使弹筒热值降低	复称或重新称样
1	充氧压力严重偏低	可能使样品燃烧不完全，使弹筒热值降低	使充氧压力恢复到 2.8～3.0MPa
2	氧弹漏气未被发现	使弹筒热值降低	每次试验进行漏气检查，更换密封圈（垫）消除漏气
3	样品燃烧时喷溅	使弹筒热值降低	压饼后切成 2～4mm 小块或用已知热值擦镜纸包裹
4	样品燃烧后坩埚中有炭黑	使弹筒热值降低	称量前坩埚加石棉垫或用已知热值擦镜纸包裹，或提高充氧压力
5	点火丝埋入煤样中太深	样品燃烧时喷溅，使弹筒热值降低	调整点火丝与煤样的距离或按序号3
6	试样太粗	样品不完全燃烧，使弹筒热值降低	进一步研磨，使其达到 0.2mm 以下

35. 请简述 GB/T 31423—2015 中热容量标定的准确度与稳定性试验方法。

答：热容量标定分 4 组进行，分别在不同的日期内完成。通常前 3 组每组间隔 5 天，最后一组与第一组间隔至少 1 个月。每组标定可在 1 天或 2 天内完成。按 GB/T 213—2008 的相关规定和仪器操作说明书进行试验。每组热容量标定出现异常值，只可补做 1 次；无明确原因时不允许舍弃任何数据。

在第 3 组热容量标定完成后，按 GB/T 213—2008 规定的相关程序进行 5 次苯甲酸标准物质的发热量重复测定（最好使用标定中未使用的另一种苯甲酸）；也可同时进行一个煤标准物质的发热量测定。

36. 什么是恒容发热量和恒压发热量？

答：物质在燃烧过程中保持一定容积，无膨胀反抗外压做功时释放出的热量为恒容发热量。相反，物质在燃烧过程中，为保持一定压力，需反抗外压向外膨胀做功，这时所释出的热量称为恒压发热量。实验室测定燃料发热量系在充有氧气的氧弹内燃烧的，其体积没有发生变化，因此测得的发热量属于恒容发热量；而在工业锅炉中，燃料只在相对稳定的大气压下燃烧，主要由于全部水（含氢燃烧时生成的水）汽化变成气态后增大体积排出炉外，向外做功达到一定压力，故其发热量属于恒压发热量。煤中碳燃烧时生成 CO_2 消耗相同体积的 O_2 故不增加体积。恒压发热量比恒容发热量高，对于一般煤炭高 $8 \sim 15J/g$，对于含氢多的液体燃料高 $30 \sim 50J/g$。

37. 在测热中对不易完全燃烧和易飞溅的煤样应采取何种措施？

答：对不易完全燃烧的低热值煤和高变质的无烟煤可采取下列措施：

（1）采用浅金属燃烧皿，其底和壁要薄，质量最好不超过 $6 \sim 7g$。

（2）在燃烧皿底部垫一层经 800℃灼烧过的石棉绒，并压实。

（3）把试样磨细到粒度小于 0.1mm。

（4）减少试样量，适当提高氧气压力到 3.2MPa。

（5）用已知质量与热值的擦镜纸包裹好煤样，并用手压紧。

对易飞溅的变质程度浅的年轻煤可采用下列做法：

（1）用已知质量和热值的擦镜纸包紧试样。

（2）压成片后，切成 $2 \sim 4mm$ 的小块使用。

（3）氧弹中不加 10mL 蒸馏水，但计算热值时应将热容量减去 42J/℃。

38. 请简述氧弹需进行不低于 20.0MPa 水压试验的原因。

答：根据规定氧弹每两年须进行一次不小于 20.0MPa 的水压试验，其理由如下：

（1）燃料试样在充氧压力的氧弹内会剧烈燃烧，并迅速产生热量。实验证明，点火初期的瞬间温度（接近试样表面）可达到 1600℃，并迅速扩散到氧弹整体，使温度增高，导致弹体内的压力急剧升高。试验证明，对 1g 苯甲酸在最初燃烧的数秒内，压力可增高到充氧时压力的两倍，甚至更高些。试样量越多，则压力增加越大。

（2）对于长期经常使用的氧弹，其弹体和连接环的螺纹，往往因腐蚀或磨损而大大增加了松动度，从而降低了抗耐压性能。对新氧弹或更换部件（弹体、弹盖或连接环）的氧弹应经 20.0MPa 的水压试验，证明合格后方可使用。

39．为什么燃煤发热量规定了三种表示方式？

答：（1）对同品种燃煤尽管其有机物质和矿物质变化不大，但由于燃烧条件不同，尤其燃烧后产物处于何种状态对发热量影响很大。因此，实测发热量须明确规定燃烧条件才能得出科学而准确的发热量定义。

（2）实验室测定发热量的条件不同于工业锅炉运行工况，这就要把实验室测得的发热量根据锅炉燃烧条件给予修正，以适于锅炉热力计算等。因此，燃煤发热量通常有弹筒发热量、高位发热量和低位发热量三种表示方式。

40．测定热值时，导致煤样燃烧不完全的原因是什么？

答：（1）充氧压力不足或氧弹漏气。

（2）煤质太差，挥发分太低。

（3）充氧速度过快或燃烧皿位置不正，使试样溅出。

（4）点火丝埋入煤粉较深。

（5）试样含水量过大或煤粉太粗。

41．依据 DL/T 661—1999，请简述热量计氧弹的水压试验过程。

答：（1）前期准备：试验前应去掉氧弹进气阀中自密封装置。

（2）杯体中部直径的测量：首先调节不锈钢平台水平，然后将氧弹放置在三腿支座上，调节外径千分尺托盘高度，使外径千分尺能位于氧弹杯体中部测量，并固定该处准确位置，然后依照托盘上的均匀分布的刻度，用外径千分尺在圆周上均匀取 8 处，测量杯体外径 D_{01}、D_{02}、…、D_{08}，取其平均值来作为氧弹杯体初始外径 D_0（mm）。

（3）试验过程：氧弹中盛满蒸馏水，盖上弹盖，拧上连接环，连接氧弹与水压试验机，注意使氧弹及连接管内的空气全部排出，然后把氧弹放置于氧弹三腿支架上，安装千分表，使其触点与氧弹底部中心接触，并调好零点，记下初始刻度 p_0；扳动加压杆使压力缓缓上升，待压力稳定在 20MPa 后，保持 10min，期间观察记录千分表此时刻度 p_1，并迅速用外径千分尺测量杯体中部外径 D_1，方法同上述步骤（2），记下数值。然后缓慢卸压，待压力降至常压后，读取千分表刻度 p_2，用外径千分尺测量杯体中部外径 D_2，方法同上述步骤（2），并记下数值。旋转连接环，感觉连接环与杯体间螺丝扣是否咬合变形，观察氧弹有无明显变形。并填写原始记录。水压过程中有水泄漏，应检查原因，排除故障后重新进行水压试验。

（4）气密性试验：气密性试验在水压试验合格后进行。经过水压试验后，氧弹的密封垫圈可能变形失效，因此在水压试验后应予以更换。氧弹内充入氧气压力为（4.0+0.2）MPa，置于盛有水的筒中，使氧弹全部没入水中。清除氧弹表面吸附的气泡，开始计时，若10min内没有气泡泄漏则氧弹气密性试验合格。否则应查明原因重新检验。

42. 某单位将已检定合格的全自动恒温式热量计放置在实验室的木制桌面上，刚放置不久，五次热容量标定值为 9711、9715、9741、9733、9725J/K，内筒水温约为 24℃；5天后重新标定热容量为 9770、9814、9810、9806、9805J/K，内筒温度约为 25℃。经检查热容量标定操作正确，仪器工作正常，每次标定热容量的过程中室温变化小于 1℃，仪器量热系统各部件未改变。问仪器热容量是否符合国标要求？如不符合，请指出产生的原因和改进措施。（提示：该全自动恒温式热量计内筒采用水位计计量容积）

答：第一次进行热容量标定时，五次标定的结果平均值 $E_1=9725J/K$，五次标定结果的标准差 $S_1=12.41J/K$，相对标准差$=S_1/E_1×100\%=0.13\%<0.20\%$，故第一次标定热容量 $E=9725J/K$。

第二次进行热容量标定时，五次标定的结果平均值 $E_2=9801J/K$，五次标定结果的标准差 $S_2=17.69J/K$，相对标准差$=S_2/E_2×100\%=0.18\%<0.20\%$，故第二次标定热容量 $E=9801J/K$。

两次热容量标定的相对偏差$=(9801-9725)/9725×100\%=0.78\%>0.25\%$，故仪器热容量不符合两次热容量标定的相对偏差不应大于0.25%的要求。

原因：量热仪本身质量较大，压在木制桌面上，会导致桌面变形不平，而该量热仪内筒水量采用水位计测量容积，会使得进入内筒的水量出现偏差，从而影响标定结果。

改进措施：量热仪放置在大理石桌台上或将内筒水计量方式由水位计计量容积改为称量质量。

（六）计算题

1. 用氢氧化钡滴定法测弹筒洗液中硫含量实验：

已知 $c[1/2Ba(OH)_2]=0.1010mol/L$，$c[1/2Na_2CO_3]=0.1008mol/L$，$c[HCl]=0.1006mol/L$。

称取 1.0005g 试样测定弹筒发热量结束后，用蒸馏水充分冲洗氧弹内各部分、放气阀，燃烧皿内外和燃烧残渣。①把全部洗液（共约 100mL）收集在一个烧杯中。煮沸收集到的洗液 3～4min。②稍冷，以酚酞为指示剂，趁热用氢氧化钡标准溶液滴定洗液至红色，记下所用的氢氧化钡溶液的体积 $V_1=15.80mL$。③准确加入 20.00mL 碳酸钠标准溶液，摇匀后放置片刻。过滤、洗涤三角瓶和沉淀。④以甲基橙-溴甲酚绿为指示剂，用盐酸标准溶液滴定滤液由绿色变为浅紫红色（忽略酚酞颜色的变化），记下所用的盐酸溶液的体积

V_2=9.96mL。

（1）请写出上述①～④中发生的化学反应的方程式。

（2）计算弹筒洗液中硫酸和硝酸物质的量 $n_{(1/2H_2SO_4+HNO_3)}$，以及硝酸物质的量 $n_{(HNO_3)}$。

（3）计算试样中弹筒硫的质量分数。

解：（1）①～④中发生的化学反应的方程式如下：

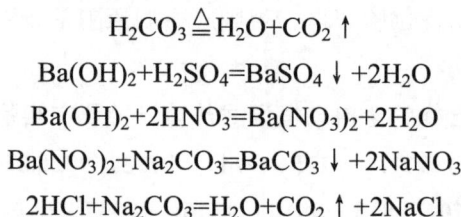

$$H_2CO_3 \triangleq H_2O+CO_2\uparrow$$
$$Ba(OH)_2+H_2SO_4=BaSO_4\downarrow+2H_2O$$
$$Ba(OH)_2+2HNO_3=Ba(NO_3)_2+2H_2O$$
$$Ba(NO_3)_2+Na_2CO_3=BaCO_3\downarrow+2NaNO_3$$
$$2HCl+Na_2CO_3=H_2O+CO_2\uparrow+2NaCl$$

（2）弹筒洗液中硫酸与硝酸物质的量 $n_{(1/2H_2SO_4+HNO_3)}$=0.1010×15.80=1.596（mmol）

硝酸物质的量 $n_{(HNO_3)}$=20.00×0.1008−9.96×0.1006=2.016−1.002=1.014（mmol）

（3）试样中弹筒硫的质量分数=(1.596−1.014)×1.6/1.0005=0.93（%）

2．已知某煤样工业分析结果：M_{ad}=2.05%，A_{ad}=23.74%，V_{ad}=24.38%；全硫测定结果 $S_{t,d}$=1.05%；碳、氢、氮测定结果：C_{ad}=58.20%，H_{ad}=3.78%，N_{ad}=1.92%；发热量测定：$Q_{b,ad}$=25466J/g，全水分测定：M_t=8.4%；请计算：该煤样空气干燥基固定碳含量 FC_{ad}；该煤样恒容收到基低位发热量 $Q_{net,v,ar}$；该煤样恒压收到基低位发热量 $Q_{net,p,ar}$。

解：（1）　　　　　　　　FC_{ad}=100−$(M_{ad}+A_{ad}+V_{ad})$=49.83（%）

（2）　　　　　　　　$Q_{b,ad}$=25466J/g＞25.10MJ/kg　α=0.0016

$$S_{t,ad}=S_{t,d}(100−M_{ad})/100=1.05×(100−2.05)/100=1.03（%）$$

$$Q_{gr,ad}=Q_{b,ad}−(94.1S_{t,ad}+\alpha Q_{b,ad})=25328（J/g）$$

$$Q_{net,v,ar}=(Q_{gr,ad}−206H_{ad})(100−M_t)/(100−M_{ad})−23M_t=22.76（MJ/kg）$$

（3）　　　　O_{ad}=100−$(M_{ad}+A_{ad}+C_{ad}+H_{ad}+N_{ad}+S_{t,ad})$=9.28（%）

$$Q_{net,p,ar}=[Q_{gr,ad}−212H_{ad}−0.8(O_{ad}+N_{ad})](100−M_t)/(100−M_{ad})−24.4M_t=22.72（MJ/kg）$$

3．某实验室采用 GB/T 213—2008 中"恒温式量热法"测定煤的发热量，其中量热温度计采用已校准的精密数字式温度计，测定温差时不必进行读数修正和平均分度值修正。试验记录如下：①煤样质量：1.0051g；②仪器热容量：10053J/K；③仪器冷却常数：0.0023min^{-1}；④仪器综合常数：−0.0002K/min；⑤点火时内筒温度 22.474℃，外筒温度 24.05℃；点火后 1′40″（1min40s）时内筒温度 25.04℃，点火后 7min 内筒温度 25.401℃，点火后 8min 时内筒温度 25.399℃（终点）；⑥点火热 59J；⑦煤中全硫（$S_{t,ad}$）4.11%。试计算：

（1）本次试验中的冷却校正值 C。

（2）煤样弹筒发热量 $Q_{b,ad}$（J/g）。

（3）高位发热量 $Q_{gr,ad}$（J/g）。

（4）如已知煤的全水分（M_t）为 8.0%，一般分析试样水分（M_{ad}）为 1.50%，干燥基氢 H_d 为 3.10%，试计算干燥基低位发热量 $Q_{net,d}$（J/g）和收到基低位发热量 $Q_{net,ar}$（MJ/kg）。（要求按国家标准修约规则修约到 10J/g 整数倍）

解：

（1）
$$v=0.0023\times(t-t_j)-0.0002$$
$$v_0=0.0023\times(22.474-24.05)-0.0002=-0.0038（K/min）$$
$$v_n=0.0023\times(25.399-24.05)-0.0002=0.0029（K/min）$$
$$t_n-t_0=25.399-22.474=2.925（K）$$
$$t_{1'40''}-t_0=25.04-22.474=2.566（K）$$
$$\alpha=2.952/2.566-0.10=1.04$$
$$C=(8-1.04)\times0.0029+1.04\times(-0.0038)=0.0162（K）$$

（2）
$$Q_{b,ad}=[10053\times(2.925+0.0162)-59]/1.0051=29359（J/g）$$

（3）
$$\alpha=0.0016\ \ 用\ S_{t,ad}\ 代替\ S_{b,ad}$$
$$Q_{gr,ad}=29359-4.11\times94.1-0.0016\times29359=28925（J/g）$$

（4）
$$Q_{net,d}=28925\times100/(100-1.50)-206\times3.10=28726（J/g）$$
$$H_{ad}=(100-1.50)/100\times3.10=3.05（\%）$$
$$Q_{net,ar}=(28925-206\times3.05)\times(100-8.00)/(100-1.50)-23\times8.00$$
$$=26245（J/g）=26.24（MJ/kg）$$

4. 用一台热容量为 14636J/K 的热量计测定某煤种，其热值在 25090J/g 左右，室温为 23.1℃，问在试样燃烧前外筒温度 t_j、内筒温度 t_0 调节多大范围较适合？

解： 根据调节原则，外筒温度调节范围为：
$$t_j=(23.1\pm1.5)℃=21.6\sim24.6℃$$

设 t_j=23.1℃，试样燃烧结束后，终点时内筒温升 Δt_n 的计算如下：
$$\Delta t_n=25090/14636=1.7（K/g）$$

则
$$t_n=t_0+\Delta t_n=t_0+1.7$$

终点时 $t_n-t_j=1\sim1.5℃$，故 $t_j+(1\sim1.5℃)=t_n$
$$t_j+(1\sim1.5℃)=t_0+1.7$$
$$t_0=23.1℃-1.7℃+(1\sim1.5)℃=21.4℃+(1\sim1.5)℃=(22.4\sim22.9)℃$$

即外筒温度为 23.1℃时，试样燃烧前调节内筒温度在 22.4～22.9℃。

5. 测定发热量时，已知煤的热容量为 10425J/g，称取空气干燥基煤样量为 1.0014g，内筒水的温升为 2.433℃，冷却校正值为 0.0127℃，点火热为 50J，并已知 $S_{b,ad}$ 为 2.05%，M_t 为 9.3%，M_{ad} 为 1.57%，H_d 为 3.46%，计算该煤样的弹筒发热量 $Q_{b,ad}$ 为多少？并求 $Q_{gr,d}$ 及 $Q_{net,ar}$ 各为多少？

解：（1）$Q_{b,ad}=[10425×(2.433+0.0127)−50]/1.0014=25411$（J/g）$=25.41$MJ/kg

（2）$Q_{b,ad}>25.10$MJ/kg，故硝酸形成热校正系数 α 取 0.0016

$$Q_{gr,ad}=Q_{b,ad}(1−\alpha)−94.1S_{b,ad}$$
$$=25411×0.9984−94.1×2.05=25177（J/g）$$

则

$$Q_{gr,d}=Q_{gr,ad}×100/(100−M_{ad})=25579（J/g）$$

又

$$H_{ad}=H_d(100−M_{ad})/100=3.46×(100−1.57)/100=3.41（\%）$$

$$Q_{net,ar}=(Q_{gr,ad}−206H_{ad})(100−M_t)/(100−M_{ad})−23M_t$$
$$=(25177−206×3.41)×(100−9.3)/(100−1.57)−23×9.3=22339（J/g）$$

6. 假定某热量计间隔 3 个月的 2 组热容量标定值（J/K）如下：

9 月：10028，10059，10070，10045，10052；

12 月：10076，10088，10107，10110，10106。

（1）请用 GB/T 213—2008 判断上述两组标定是否符合要求？

（2）从上述两组标定结果分析该热量计是否有问题？

解：（1）9 月标定的热容量的平均值 X 为：

$$X=(10028+10059+10070+10045+10052)/5=10051（J/K）$$

$$s=\sqrt{\frac{\Sigma X_i^2−\frac{1}{n}(\Sigma X_i)^2}{n−1}}=15.7（J/K）$$

相对标准差 $s/X×100=15.7×100/10051=0.16（\%）<0.20\%$，精密度符合要求；

12 月标定的热容量的平均值 X 为：

$$X=(10076+10088+10107+10110+10106)/5=10097（J/K）$$

$$s=\sqrt{\frac{\Sigma X_i^2−\frac{1}{n}(\Sigma X_i)^2}{n−1}}=14.8（J/K）$$

相对标准差 $s/X×100=14.8×100/10097=0.15\%<0.20\%$，精密度符合要求。

（2）9 月和 12 月两次热容量之差为 $100×（10097−10051）/10051=0.46（\%）>0.25\%$。

如量热系统没有显著改变，则该热量计有问题；如量热系统有显著改变，则热容量差值可能是由于量热系统的改变带来的。

7. 对一新购的量热仪进行热容量有效工作范围的确定，所得结果见下表，请判断热容量与温升是否存在线性关系？（$r_{0.05,6}=0.707$，$r_{0.05,8}=0.632$）

序号	苯甲酸质量（g）	温升 Δt（K）	热容量 E（J/K）	序号	苯甲酸质量（g）	温升 Δt（K）	热容量 E（J/K）
1	0.6998	1.856	10078	5	1.0617	2.796	10039
2	0.7044	1.903	10074	6	1.1835	3.120	10032
3	0.8223	2.224	10065	7	1.2987	3.417	10018
4	0.9407	2.509	10053	8	1.3024	3.405	10020

使用该量热仪测定一煤样的发热量，称取煤样质量为 0.9238g，温升为 2.356K，冷却校正值 $C=-0.133$K，点火方式为棉线点火，点火电压为 12V，电流为 2A，通电时间为 2s，棉线热值为 13900J/g，一根棉线质量长度为 7cm，每米棉线重 0.0570g，求该煤样的弹筒发热量。

解：（1）判断该量热仪热容量与温升是否存在线性关系。

设 $E=a+b\Delta t$，以 E 为 y，以 Δt 为 x，则

$$\overline{E}=10047\text{J}/\text{K}，\quad \overline{\Delta t}=2.654\text{K}$$

$$l_{xx}=\sum_{i=1}^{8}(\Delta t_i-\overline{\Delta t})^2$$
$$=(-0.798)^2+(-0.751)^2+(-0.430)^2+(-0.145)^2+0.142^2+0.466^2+0.763^2+0.751^2$$
$$=2.790$$

$$l_{yy}=\sum_{i=1}^{8}(E_i-\overline{E})^2$$
$$=31^2+27^2+18^2+6^2+(-8)^2+(-15)^2+(-29)^2+(-27)^2$$
$$=3909$$

$$l_{xy}=\sum_{i=1}^{8}(E_i-\overline{E})(\Delta t_i-\overline{\Delta t})=-104.155$$

$$b=\frac{l_{xy}}{l_{xx}}=\frac{-104.155}{2.790}=-37.33$$

由此得出 $\quad a=\overline{E}-b\overline{\Delta t}=10047+37.33\times2.654=10146$

相关系数 $\quad r=\frac{l_{xy}}{\sqrt{l_{xx}l_{yy}}}=\frac{-104.155}{\sqrt{2.790\times3909}}=-0.997$

已知 $r_{0.05,6}=0.707$，相关系数 $|r|>r_{0.05,6}$，所以 E 与 Δt 线性相关显著。

相关方程为： $\quad E=10146-37.33\Delta t$

估计方差： $\quad s_{余}^2=\frac{l_{yy}-bl_{xy}}{n-2}=\frac{3909-(-37.33)\times(-104.155)}{8-2}=3.48$

相对标准差： $\frac{s_{余}^2}{E}\times100=\frac{\sqrt{3.48}}{10047}\times100=0.02\%<0.20\%$，精密度符合要求。

（2）点火热 $\quad q_0=12\times2\times2+13900\times0.0570\times0.07=103$（J）

$\Delta t=2.356$K 时， $\quad E=10146-37.33\Delta t=10058$（J/K）

$$Q_{b,ad}=[E(\Delta t+C)-q_0]/m=\{10058\times[2.356+(-0.133)]-103\}/0.9238=24092（J/g）$$

8. 某实验室采用瑞-方公式测定发热量，其中量热温度计采用精密数字式温度计，已校准，温差不必进行读数修正和平均分度值修正。以下为某一次试验记录：煤样质量1.0100g，仪器热容量10053J/K，每分钟读温结果：初期为20.848、20.849、20.850、20.851、20.852、20.853；主期为21.06、21.84、22.32、22.516、22.579、22.608、22.621、22.623、22.622；末期为22.620、22.618、22.616、22.614、22.612；点火热60J。试计算：①冷却校正值C；②煤样弹筒发热量$Q_{b,ad}$。

解： 由题意，知

$$\overline{V_0}=-0.001℃/min$$
$$\overline{V_n}=0.002℃/min$$
$$n=9min$$
$$t_0=20.853℃$$
$$t_n=22.622℃$$
$$\overline{t_0}=20.8505℃$$
$$\overline{t_n}=22.616℃$$
$$\sum_1^{n-1}t=178.167℃$$

$$C=9\times(-0.001)+\frac{0.002-(-0.001)}{22.616-20.8505}\times\left(178.167+\frac{20.853+22.622}{2}-9\times20.8505\right)$$

$$=-0.009+\frac{0.003}{1.7655}\times(178.167+21.7375-187.6545)=0.0118（℃）$$

$$Q_{b,ad}=[10053\times(22.622-20.853+0.0118)-60]/1.0100=17666（J/g）$$

9. 某化验员测定煤炭发热量时，称取煤样1.0025g，按国家标准方法进行试验，为了实测弹筒硫，操作如下：煮沸收集的弹筒洗液4min，稍冷，以酚酞为指示剂，趁热用氢氧化钡标准溶液滴定洗液至红色，消耗22.50mL氢氧化钡。准确加入20mL碳酸钠标准溶液，摇匀后放置片刻，过滤、洗涤三角瓶和沉淀；以甲基橙-溴甲酚绿为指示剂，用盐酸标准溶液滴定滤液由绿色变为浅紫红色，耗用盐酸溶液11.50mL。已知氢氧化钡标准溶液浓度为0.18mol/L，碳酸钠标准溶液浓度为0.22mol/L，盐酸标准溶液浓度为0.15mol/L。试计算弹筒硫。

解：

$$S_{b,ad}=\frac{V_1\times c_1+V_2\times c_2-20.0\times c_3}{1.0025}\times1.6$$

$$=\frac{22.5\times0.18\times2+11.5\times0.15-20.0\times0.22\times2}{1.0025}\times1.6=1.64（\%）$$

四、其他检测

（一）判断题

判断下列描述是否正确，正确的在括号内打"√"，错误的在括号内打"×"。

1. 煤的可磨性是反映煤在机械力作用下被磨碎的难易程度的一种物理性质，也是衡量制粉电耗的一个煤质指标。 （√）

2. 目前常用的煤的可磨性指数测定方法主要有两种：一种是哈德格罗夫法，该方法适用于各类别煤；另一种是 VTI 法，该方法适用于硬煤及烟煤和无烟煤。 （×）

3. 哈氏可磨性指数只有数值大小，没有计量单位。 （√）

4. 煤粉细度测定时，在振筛机上的筛分总时间为 15min。 （√）

5. 煤粉细度越细，煤粉越易燃尽。 （√）

6. 煤灰熔融性测定中的弱还原性气氛，可采用封碳法及通气法加以实施，在此气氛下测得的熔融性特征温度为最低。 （√）

7. 煤灰熔融性测定中，其中最具特征的温度是软化温度。 （√）

8. 煤灰熔融性软化温度的符号为 ST。 （√）

9. 煤灰熔融温度高低的排列次序为 ST＜DT＜HT＜FT。 （×）

10. 煤灰熔融温度高低的排列次序为 DT＜HT＜ST＜FT。 （×）

11. 煤的可磨指数随着煤化程度的增加而降低。 （×）

12. 制备哈氏可磨性指数样品时，为减少过度破碎，需要一次性将煤样破碎到 3mm 后筛分出所需粒级样品用于测定。 （×）

13. 哈氏可磨性指数测定方法仅适用于烟煤和无烟煤。 （√）

14. 煤的磨损指数越大，表明该煤越容易被破碎。 （×）

15. 为了准确测定煤的灰熔融特征温度，应根据煤灰的酸碱性来选择不同的灰锥托板。 （√）

16. DL/T 567.6—2016 规定，方法 A 可适用于锅炉机组性能考核试验时的飞灰和炉渣样品中的可燃物含量的测定。 （√）

17. DL/T 567.6—2016 规定，按方法 A 测定飞灰（炉渣）试样水分时，初始干燥时间为 1h。 （√）

18. DL/T 567.6—2016 规定，按方法 A 测定飞灰（炉渣）试样灼烧减量时，测定结果的重复性限为 0.20%，测定结果的再现性临界差为 0.30%。 （×）

19. DL/T 567.6—2016 规定，按方法 B 一步测定法测定飞灰（炉渣）试样灼烧减量时，加热炉空气每小时换气不少于 60 次，氧气每小时换气不少于 24 次。 （√）

20. DL/T 567.6—2016 规定，用于锅炉运行监督时，飞灰（炉渣）试样中可燃物含量

CM_{ad} 为试样灼烧减量 L_{ad} 与试样水分含量 M_{ad} 的差值。 （√）

21．DL/T 1712—2017 中将煤自燃倾向分为强自燃倾向、中等自燃倾向和弱自燃倾向三级。 （√）

22．煤的自燃是指煤在空气中没有外来火源的情况下，靠自热或外热发生燃烧的现象。 （√）

23．DL/T 1712—2017 中质量流量计响应时间不大于 3s，能准确控制流量在（50±0.5）mL/min。 （×）

24．煤的自燃倾向指的是一定条件下煤自燃的难易程度。 （√）

25．DL/T 1712—2017 中煤样的标称最大粒度为 3mm。 （×）

26．DL/T 1857—2018 要求煤中氯含量（以质量分数计，%）以两次重复测定结果的平均值，修约到小数点后三位报出。 （√）

27．DL/T 1857—2018 要求离子电极测定溶液中氯离子浓度时，整个过程溶液温度变化不超过 2℃。 （√）

28．DL/T 1857—2018 测定煤中氯含量，若电极的实测斜率 S 超出 $0.9S_0$～$1.1S_0$（S_0 为电极的理论斜率）时，应更换电极重新测定。 （√）

29．DL/T 1857—2018 中测定氯离子浓度时，磁力搅拌器的搅拌速率应设为 500r/min。 （×）

30．DL/T 1857—2018 中规定氧弹燃烧完成，取出氧弹放气时，要匀速放气，放气时间不少于 5min。 （×）

31．采用 GB/T 218—2016 的方法测定煤中碳酸盐二氧化碳，可以使用未经煮沸的蒸馏水进行空白试验。 （×）

32．测定煤中碳酸盐二氧化碳含量时，如果样品测定时未使用润湿剂，则空白试验也不必使用润湿剂。 （√）

33．测定煤中碳酸盐二氧化碳含量时，所使用的无水碳酸钠相当于标准物质的作用。 （√）

34．测定煤中碳酸盐二氧化碳含量时，润湿剂使用的是浓度为 90% 的乙醇。 （×）

35．煤中碳酸盐二氧化碳含量可以使用正压供空气法，也可使用负压供空气法，但负压法比正压法更方便和易操作。 （×）

36．GB/T 31427—2015 规定，控温仪测温范围为 0～1500℃，分辨率为 2℃。 （×）

37．GB/T 31427—2015 规定，观测记录仪能回放带有实时温度显示的试验过程。 （√）

38．GB/T 31427—2015 规定，炉内气氛可控制为弱还原性气氛或氧化性气氛。 （√）

39．GB/T 31427—2015 规定，外壳温度在高温炉工作温度下，不大于 80℃。 （×）

40．GB/T 31427—2015 规定，控温仪的测温误差测定，高温炉按升温程序升温，需分别在 700、800、900、1000、1100、1200、1300、1400、1500℃时，用另外一组标准铂铑-铂热电偶高温计测定高温炉炉膛中与仪器热电偶尽量接近的位置的温度，控温仪的显示温度值与实测温度值的测温误差不大于 5℃。　　　　　　　　　　　　　　　　　（√）

41．GB/T 2565—2014 规定，煤的可磨性指数测定适用于褐煤、烟煤和无烟煤。

　　　　　　　　　　　　　　　　　　　　　　　　　　　　　　　　　　　（×）

42．GB/T 2565—2014 规定，测定煤的可磨性指数时，煤样用振筛机分批过由 1.25mm 和 0.63mm 组成的套筛，每批约 200g。采用逐级破碎的方法，不断调节破碎机间隙，使其只能破碎较小的颗粒。经不断破碎、筛分，直至上述煤样全部通过 0.63mm 筛子。　（×）

43．GB/T 2565—2014 规定，测定煤的可磨性指数时，过筛后称量 0.63～1.25mm 的煤样质量，计算这个粒度范围的煤样质量占破碎前煤样的总质量的百分数（出样率），若出样率小于 45%，则该煤样作废，直至出样率不小于 45%方可继续试验。　　　（×）

44．GB/T 2565—2014 规定，当更换操作人员及仪器设备（包括试验筛）更新或修理，或对测定结果有疑问时，应用煤的哈氏可磨性指数标准物质进行校准。　　　（√）

45．GB/T 2565—2014 规定，0.071mm 筛上煤样质量和 0.071mm 筛下煤样质量之和与研磨前煤样质量相差不得大于 0.5g，否则测定结果作废，应重做试验。　　　（√）

46．DL/T 567.6—2016 规定"飞灰和炉渣可燃物测定方法"中 A 法为灼烧减量法，B 法需要在 A 法测定结果基础上扣除水分和碳酸盐二氧化碳含量。　　　　　　（×）

47．哈氏可磨性指数测定用煤样的制备应使用逐级破碎法。　　　　　　　　（√）

48．煤灰熔融性特征温度与测定时炉内气氛有关，同一样品弱还原性条件下测定值要高于氧化性气氛下的测定值。　　　　　　　　　　　　　　　　　　　　　（×）

49．煤灰融熔性特征温度与煤灰组成有关，还与测定时试样所处的气氛条件有关。

　　　　　　　　　　　　　　　　　　　　　　　　　　　　　　　　　　　（√）

50．通常煤灰中碱性组分含量越高，煤的灰熔融温度越低。　　　　　　　（√）

51．煤灰熔融性特征温度与试验气氛有关，与煤灰成分无关。　　　　　　（×）

52．煤灰在弱还原性气氛条件下的熔融温度高于强还原性气氛下的熔融温度。（×）

53．飞灰和炉渣中硫的测定可采用硫酸钡质量法。　　　　　　　　　　　（×）

54．GB/T 2565—2014 规定，用于煤的哈氏可磨性指数测定的破碎机可以是锤式破碎机或对辊破碎机。　　　　　　　　　　　　　　　　　　　　　　　　　　（×）

55．由于煤中水分对煤的哈氏可磨性指数影响较大，故测定煤的哈氏可磨性指数前，应将煤样在 105～110℃烘干。　　　　　　　　　　　　　　　　　　　　（×）

56．GB/T 219—2008 规定，灰锥尖端或棱开始变圆或弯曲时的温度，称为软化温度。

　　　　　　　　　　　　　　　　　　　　　　　　　　　　　　　　　　　（×）

57．GB/T 219—2008 规定，灰锥的四个熔融特征温度应计算重复测定值的平均值并修约至 5℃报出。　　　　　　　　　　　　　　　　　　　　　　　　　　　　（×）

58．GB/T 218—2016 规定，测定煤中二氧化碳，吸收硫化氢 U 形管中，前 1/3 装无水氯化钙，后 2/3 装粒状无水硫酸铜浮石。 （×）

59．GB/T 218—2016 规定，测定煤中二氧化碳时，正压供气装置和负压供气装置的吸收系统中，各 U 形管顺序和填充物质相同。 （√）

60．GB/T 218—2016 规定，进行空白实验时，不加煤样，只向平底烧瓶中加入 100mL 经煮沸并冷却至室温的蒸馏水；若测定样品试验中用到润湿剂则做空白时也要加相同量的润湿剂。 （√）

61．DL/T 1431—2015 规定，用于测定煤中碳酸盐二氧化碳的库仑滴定池中，pH 电极置于阳极槽溶液中，两支铂电极置于阴极槽中。 （×）

62．DL/T 567.6—2016 规定，采用方法 A 测定飞灰和炉渣中可燃物含量时，水分测定应按 GB/T 212—2008 中的方法 A 称取飞灰（炉渣）试样进行水分测定，初始干燥时间应为 1h。 （×）

63．DL/T 567.6—2016 规定，采用方法 A 测定飞灰和炉渣中可燃物含量，灼烧减量测定进行检查性灼烧时，至连续两次灼烧后的质量变化不超过 0.0010g 为止，以检查性灼烧前后两次称量中质量小的一次为计算依据。 （×）

64．DL/T 567.6—2016 规定，用于测定飞灰和炉渣可燃物的方法 A 和方法 B，水分测定精密度相同，而灼烧减量测定的精密度不同。 （×）

65．GB/T 29164—2012 规定，严格意义上讲，测量准确度评价包括精密度评价和正确度评价两部分，只有精密度和正确度都符合要求时，准确度才符合要求。 （√）

66．GB/T 29164—2012 规定，煤炭标准物质在试验方法确认的主要作用是比较在每一实验条件或测量程序下所得结果的准确度（精密度和正确度），从而选择能获得准确结果的、最适宜的试验条件或测量程序。 （×）

67．DL/T 1037—2016 规定，煤灰成分分析方法按照试样称量的多少分为常量法和半微量法。 （√）

68．DL/T 1037—2016 规定，煤灰成分分析方法中原子吸收分光光度法适用于煤（焦炭）灰中的钾、钠、铁、钙、镁、锰、铝、钛、硅、硫、磷的快速测定。 （×）

69．DL/T 1037—2016 规定，煤灰成分分析时，对于存放的灰样，在熔（溶）样前，应在（815±10）℃的高温炉中重新灼烧 1h，直至恒重。称样前应充分混合。 （√）

70．DL/T 1037—2016 规定，原子发射光谱法测定煤灰成分时，标准储备溶液的配制应使用纯度为 99.999% 以上的纯金属或盐，也可用市售的有证标准溶液代替或配制。 （√）

71．DL/T 1037—2016 规定，原子发射光谱法测定煤灰成分时，Na 元素分析波长为 588.995nm。 （√）

72．根据里廷格磨碎定律，磨碎所消耗的能量与被磨碎颗粒增加的表面积成正比，与可磨性指数成反比。 （√）

73．DL/T 567.3—2016 规定，当炉渣样品制备到粒度不大于 3mm 时，炉渣最小留样量 0.5kg。　　　　　　　　　　　　　　　　　　　　　　　　　　（×）

74．角锥法测定煤灰熔融性时，灰锥开始变圆时的温度叫作半球温度。　（×）

75．GB/T 2565—2014 规定，哈氏可磨性指数测定法适用于无烟煤、烟煤和褐煤。（×）

76．煤灰熔融温度高低的排列次序为 DT＜HT＜ST＜FT。　　　　　　（×）

77．DL/T 567.7—2007 规定，煤灰的制备方法中，按 GB/T 212—2008 煤中灰分测定方法进行灰化，冷却后，需用玛瑙研钵将煤灰研细到 0.1mm，然后再进行灼烧直至质量变化不超过 0.1%。　　　　　　　　　　　　　　　　　　　　　　　（√）

78．DL/T 567.5—2015 规定，煤粉细度测定时，须在振筛机上连续筛分 15min。（×）

（二）单选题

下面每题只有一个正确答案，将正确答案填在括号内。

1．煤粉细度是以大于（C）μm 和大于（C）μm 粒径的煤粉所占总煤粉量比例的大小来确定的。

　　A．71，90　　　　　　　　　　　B．90，125

　　C．90，200　　　　　　　　　　D．200，315

2．哈氏可磨性指数测定方法适用于（D）。

　　A．无烟煤及褐煤　　　　　　　　B．烟煤及褐煤

　　C．所有煤种　　　　　　　　　　D．无烟煤及烟煤

3．测定飞灰可燃物的加热最高温度是（D）℃。

　　A．850±10　　　　　　　　　　B．900±10

　　C．800±10　　　　　　　　　　D．815±10

4．DL/T 567.6—2016 规定，按方法 A 测定飞灰（炉渣）试样水分时，测定结果的重复性限为（B）%。

　　A．0.10　　　　B．0.15　　　　C．0.20　　　　D．0.25

5．DL/T 567.6—2016 规定，按方法 A 测定飞灰试样灼烧减量时，样品质量为 1.0050g，灼烧后样品质量为 0.9940g，则该飞灰灼烧减量为（A）%。

　　A．1.09　　　　B．98.91　　　　C．1.11　　　　D．98.89

6．DL/T 567.6—2016 规定，按方法 A 测定飞灰（炉渣）试样灼烧减量时，测定结果的重复性限为（C）%。

　　A．0.10　　　　B．0.15　　　　C．0.20　　　　D．0.25

7．DL/T 567.6—2016 规定，按方法 B 分步测定法测定飞灰（炉渣）试样水分时，加热炉空气每小时换气不少于（B）次。

　　A．15　　　　B．30　　　　C．60　　　　D．90

8. 按照 DL/T 1712—2017 规定，测定煤样升温速率 V_{70} 为 0.6℃/h，则重复性限为（B）℃/h。

    A. 0.05　　　　　　B. 0.10　　　　　　C. 0.15　　　　　　D. 0.20

9. 按照 DL/T 1712—2017 规定，下列（C）不是氧化反应器的组成部分。

    A. 盛样罐体　　　　　　　　　　B. 多孔隔板

    C. 铂电阻温度计　　　　　　　　D. 顶盖、底盖

10. DL/T 1712—2017 规定，铂电阻温度计的要求为（B）。

    A. A 级　　　　　　　　　　　　B. AA 级

    C. AAA 级　　　　　　　　　　 D. AAAA 级

11. DL/T 1712—2017 规定，氮气瓶和空气瓶减压阀量程为（A）MPa。

    A. 0～25　　　　　　　　　　　 B. 0～20

    C. 0～15　　　　　　　　　　　 D. 0～10

12. DL/T 1857—2018 测定煤中氯含量，氧弹燃烧后将吸收液转移至 250mL 烧杯中，用少量水多次清洗氧弹内壁、电极和燃烧皿，并移入烧杯中，控制溶液的总体积小于（A）mL。

    A. 80　　　　　　B. 90　　　　　　C. 100　　　　　　D. 150

13. DL/T 1857—2018 测定煤中氯含量，氧弹燃烧过程氧弹中加入的吸收液为（B）。

    A. 蒸馏水　　　　　　　　　　　B. Na_2CO_3 溶液

    C. $NaHCO_3$ 溶液　　　　　　　D. $(NH_4)_2CO_3$ 溶液

14. 下面对 DL/T 1857—2018 氧弹燃烧离子选择电极法测定煤中氯含量使用的试剂纯度要求表述不正确的是（B）。

    A. 氧气：99.5%　　　　　　　　B. 氯化银：优级纯

    C. 邻苯二甲酸氢钾：优级纯　　　D. 硝酸钠：分析纯

15. DL/T 1857—2018 测定煤中氯含量，对空白试验的要求为每天进行（A）个空白试验，取其平均值作为空白值。

    A. 2　　　　　　B. 3　　　　　　C. 4　　　　　　D. 6

16. 煤中碳酸盐二氧化碳含量试验装置使用容量 10mL 的气泡计，内装有（B）。

    A. 盐酸　　　　B. 浓硫酸　　　　C. 稀硫酸　　　　D. 润湿剂

17. GB/T 218—2016 规定，若遇到难润湿的煤样，可加入 5mL（D）作为润湿剂，然后再加蒸馏水。

    A. 75%乙醇　　　B. 80%乙醇　　　C. 90%乙醇　　　D. 95%乙醇

18. 对煤中碳酸盐二氧化碳含量试验装置进行系统准确性检测，称取无水碳酸钠 0.2g 作为样品，按样品测定步骤进行实验。（C）%无水碳酸钠二氧化碳测定值即可认为系统的准确性符合要求。

    A. 38.25　　　　B. 39.05　　　　C. 41.45　　　　D. 43.35

19．煤中碳酸盐二氧化碳含量试验装置吸收系统中，装填无水氯化钙的 U 形管的作用是（A）。

    A．吸水　　　　　　　　　　　　　B．吸收硫化氢

    C．吸收二氧化碳　　　　　　　　　D．吸收三氧化硫

20．煤中碳酸盐二氧化碳含量试验装置吸收系统中，装填无水硫酸铜浮石的 U 形管的作用是（B）。

    A．吸水　　　　B．吸收硫化氢　　　C．吸收二氧化碳　　　D．吸收盐酸

21．GB/T 31427—2015 规定，控温仪测温误差不大于（A）℃。

    A．5　　　　　　B．6　　　　　　C．8　　　　　　D．10

22．GB/T 31427—2015 规定，高温炉在测定煤灰熔融性时，900℃以下的升温速率为（D）℃/min。

    A．4～6　　　　B．5～10　　　　C．10～15　　　D．15～20

23．GB/T 31427—2015 规定，高温炉在测定煤灰熔融性时，900℃以上的升温速率为（A）℃/min。

    A．4～6　　　　B．5～10　　　　C．10～15　　　D．15～20

24．GB/T 31427—2015 规定，外壳温度在高温炉工作温度下，不大于（A）℃。

    A．70　　　　　B．80　　　　　C．90　　　　　D．100

25．GB/T 31427—2015 规定，煤灰熔融性测定仪独立供电部分的电源接线端与机壳间的绝缘电阻不小于（D）MΩ。

    A．10　　　　　B．15　　　　　C．18　　　　　D．20

26．GB/T 2565—2014 规定，哈氏可磨性指数测定仪主动轴和研钵旋转速度为（B）r/min。

    A．10±1　　　　B．20±1　　　　C．30±1　　　D．40±1

27．GB/T 2565—2014 规定，每（C）至少用煤的哈氏可磨性指数标准物质进行一次哈氏仪的校准。

    A．三个月　　　　B．半年　　　　C．一年　　　　D．两年

28．制备哈氏可磨性指数煤样时，过筛后 0.63～1.25mm 的煤样质量占破碎前煤样的总质量的百分数（出样率）小于（B）%时，则该煤样作废。

    A．30　　　　　B．45　　　　　C．60　　　　　D．75

29．采用哈德格罗夫法测定煤的可磨性指数的一次试验结果如下：试样质量 50.00g，0.071mm 筛上的煤样质量 42.97g，0.071mm 筛下的煤样质量 6.76g，校准曲线的一元线性回归方程为 $y=6.9128x+15.256$，则该次试验测定的煤样哈氏可磨性指数为（B）。

    A．62　　　　　B．64　　　　　C．68　　　　　D．72

30．采用哈德格罗夫法测定煤的可磨性指数的一次试验结果如下：试样质量 50.00g，0.071mm 筛上的煤样质量 43.68g，0.071mm 筛下的煤样质量 5.26g，校准曲线的一元线性

回归方程为 $y=6.7834x+15.378$，则该次试验测定的煤样哈氏可磨性指数为（D）。

  A．51   B．58

  C．75   D．以上答案均不对

31．GB/T 2565—2014 规定，使用制备好的煤样进行哈氏可磨测定时使用的筛子孔径为（D）mm。

  A．1.75   B．1.25   C．0.63   D．0.071

32．GB/T 218—2016 中，煤中碳酸盐二氧化碳测定方法采用（C）与碳酸盐反应析出二氧化碳。

  A．硫酸   B．磷酸   C．盐酸   D．硝酸

33．测定煤灰熔融性的仪器，要有足够长的高温带，其各部位温差应小于（D）℃。

  A．2   B．3   C．4   D．5

34．GB/T 219—2008 规定，使用通气法产生弱还原气氛时，流经灰锥的气体线速度不低于（B）mm/min。

  A．300   B．400   C．500   D．600

35．DL/T 1431—2015 规定，盐酸分解-库仑滴定法测定煤中碳酸盐二氧化碳前，用 pH 试纸检测空气洗气瓶内氢氧化钾溶液，当 pH 小于（C）时，应予以更换。

  A．10   B．11   C．12   D．13

36．GB/T 29164—2012 规定，利用煤炭标准物质标定或校准仪器，采用多点标定时，呈线性关系的特性量值，至少选取高、中、低 3 个水平的标准物质；呈非线性关系的特性量值，至少取（C）个水平的标准物质。

  A．3   B．4   C．5   D．7

37．DL/T 1037—2016 规定，氧化铝与二氧化钛联合测定法（EDTA-苦杏仁酸法），滴定终点判断时，如果加入的 EDTA 标准过量较多或 PAN 溶液较少，或加入的 EDTA 标准过量较少或 PAN 溶液较多，则终点溶液颜色分别为（B）。

  A．亮黄色、蓝色或蓝紫色   B．蓝色或蓝紫色、红色

  C．蓝色或蓝紫色、黑色   D．亮黄色、黑色

38．DL/T 1037—2016 规定，X 射线荧光光谱法测定煤灰成分时，以四硼酸锂和偏硼酸锂的混合熔剂作为熔剂，（B）作为助溶剂和脱模剂，将灰样在高温下熔融，制成玻璃熔片。

  A．碘化锂   B．溴化锂   C．氢氧化钠   D．硼酸锂

39．GB/T 1574—2007 规定，三氧化二铁和二氧化钛的连续测定（钛铁试剂分光光度法），在 pH=4.7～4.9 条件下，三价铁离子与钛铁试剂生成紫色络合物，用分光光度法测定三氧化二铁。然后加入适量的抗坏血酸，使溶液的紫色消失，四价钛离子与钛铁试剂生成（B），用分光光度法测定二氧化钛。

A．红色络合物　　　　　　　　　　B．黄色络合物

C．蓝色络合物　　　　　　　　　　D．绿色络合物

（三）多选题

下面每题至少有一个正确答案，将正确答案填在括号内。

1．DL/T 567.6—2016 规定，灼烧减量所减少的物质主要有（ABCD）。

A．游离水　　　　　　　　　　　　B．化合水

C．有机物燃烧生成的二氧化碳　　　D．矿物质分解产生的二氧化碳

2．DL/T 1712—2017 标准的测试系统由（ABCE）组成。

A．气瓶、气体预热器　　　　　　　B．氧化反应器、铂电阻温度计

C．恒温箱、数据采集器　　　　　　D．气相色谱仪

E．计算机

3．按照 GB/T 7562—2018，下列（ABE）属于发电煤粉锅炉用煤产品类别。

A．发电煤粉锅炉用无烟煤　　　　　B．发电煤粉锅炉用低挥发分烟煤

C．发电煤粉锅炉用中挥发分烟煤　　D．发电煤粉锅炉用高挥发分烟煤

E．发电煤粉锅炉用褐煤

4．DL/T 1857—2018 测定煤中氯含量需要用到的试剂有（ABCD）。

A．硝酸钠溶液　　　　　　　　　　B．邻苯二甲酸氢钾

C．碳酸钠溶液　　　　　　　　　　D．氯标准溶液

5．下面对 DL/T 1857—2018 测定煤中氯含量时使用的设备及材料表述正确的是（ACD）。

A．电极：氯离子选择电极及其配套的硫酸亚汞参比电极，电极接口要与离子计匹配；电极应经计量部门检定合格

B．容量瓶：A 级无色玻璃容量瓶，100、1000mL

C．离子计：带毫伏测量读数功能，感量 0.1mV；配套温度传感器，测量精度为 0.1℃；离子计和配套温度传感器应经计量部门检定合格

D．点火装置：参见 GB/T 213—2008 中规定的规格要求

6．以下属于煤中碳酸盐二氧化碳含量测定反应系统的装置有（ABD）。

A．万用电炉　　　　B．平底烧瓶　　　　C．分液漏斗　　　　D．冷凝器

7．按照 GB/T 31427—2015 要求，煤灰熔融性测定仪的工作环境应满足（ABCD）条件。

A．温度：5～40℃　　　　　　　　B．相对湿度：不大于85%

C．电源：AC（220±22）V　　　　D．电源：（50±1）Hz

8．按照 GB/T 31427—2015 要求，煤灰熔融性测定仪的高温炉应满足（ABCD）。

A．能加热到 1500℃以上

B．有足够覆盖灰锥托盘的恒温区（各部位温差小于 5℃）

C．900℃以下，升温速率能够控制在 15～20℃/min

D．900℃以上，升温速率能够控制在 4～6℃/min

9．GB/T 2565—2014 规定，制备用于测定哈氏可磨的煤样时使用的筛子孔径为（BC）。

A．1.75mm   B．1.25mm   C．0.63mm   D．0.071mm

10．采用哈德格罗夫法测定煤的可磨性指数时，使用 0.071mm 筛子振筛间隔时间为（BC）。

A．1min   B．5min   C．10min   D．20min

11．下列必须作废的试验是（ABD）。

A．用快速法测定某煤样灰分时，煤样着火发生爆燃

B．艾士卡法测定某煤样全硫时，灼烧物洗液中有未燃尽的煤粒

C．测定某煤样弹筒发热量后，观察到点火丝未完全燃烧

D．测定某煤样挥发分时，观察到坩埚口出现火花

12．对于某些灰熔融特征温度高的煤灰，在升温过程中会出现锥尖弯后变直，之后弯曲的现象，针对这种现象，以下说法正确的是（BD）。

A．第一次弯曲是由灰锥局部融化造成的

B．第一次弯曲是由灰分失去结晶水造成的

C．第一次弯曲时的温度应记为 DT

D．第二次弯曲时的温度应记为 DT

13．GB/T 2565—2014 规定，煤的哈氏可磨性指数测定方法适用于（AB）。

A．烟煤   B．无烟煤   C．褐煤   D．石灰石

E．煤泥

14．测定煤的哈氏可磨性指数的试验筛有（ABC）。

A．0.63mm   B．1.25mm   C．0.071mm   D．0.2mm

E．6mm

15．可能需要使用碳酸盐二氧化碳校正的指标有（ABCE）。

A．煤的挥发分   B．灰（渣）可燃物

C．煤中碳   D．煤中氢

E．煤中氧

16．测定煤灰熔融性特征温度时通气法规定的弱还原性气氛的组成是（BD）。

A．体积分数为（40±10）%氢气和（60±10）%二氧化碳混合气体

B．体积分数为（50±10）%氢气和（50±10）%二氧化碳混合气体

C．体积分数为（40±10）%一氧化碳和（60±10）%二氧化碳混合气体

D．体积分数为（60±5）%一氧化碳和（40±5）%二氧化碳混合气体

17．GB/T 218—2016 规定，下列情况需要进行煤中碳酸盐二氧化碳测定装置系统准确性检查的有（ABC）。

    A．当所有试验系统首次投入使用时   B．测定装置系统有变化时

    C．更换试剂时   D．进行重复测定时

18．按 DL/T 1037—2016 规定，煤灰成分分析法中，属于半微量法的有（ABC）。

    A．分光光度法   B．原子吸收分光光度法

    C．原子发射光谱法   D．X 射线荧光光谱法

19．按 DL/T 1037—2016 规定，煤灰成分分析法中，属于常量法的有（BCD）。

    A．分光光度法   B．重量分析法

    C．容量（滴定）分析法   D．X 射线荧光光谱法

20．按 DL/T 1037—2016 规定，煤灰成分分析法中，四硼酸锂碱熔法适用于（AC）方法。

    A．原子吸收分光光度法   B．容量（滴定）分析法

    C．原子发射光谱法   D．X 射线荧光光谱法

21．按 GB/T 1574—2007 规定，属于半微量分析法的有（AB）。

    A．二氧化硅的测定（硅钼蓝分光光度法）

    B．三氧化二铁和二氧化钛的连续测定（钛铁试剂分光光度法）

    C．二氧化钛的测定（过氧化氢分光光度法）

    D．二氧化硅的测定（动物胶凝聚质量法）

22．按 GB/T 1574—2007 规定，测定煤灰中三氧化硫的方法的有（ABD）。

    A．硫酸钡质量法   B．燃烧中和法

    C．红外光谱法   D．库仑滴定法

23．下列试验项目，需要用到马弗炉的项目有（BCE）。

    A．煤中碳酸盐二氧化碳   B．挥发分

    C．艾士卡法测定煤中全硫   D．三节炉法测定煤中碳氢

    E．煤灰熔融性

（四）填空题

1．煤粉细度是分别用筛网孔径为 200μm 和 90μm 的筛上物上残留的煤量占全部试样质量的百分数来表示的。

2．哈氏可磨性指数测定操作中，50g 原试样不可避免地会有损失，但其损失量不得超过 0.5g。

3．发电煤粉锅炉用无烟煤按发热量指标分为 4 个等级。

4．煤灰熔融温度的高低，主要取决于煤灰成分，同时与气氛条件有关。

5．煤灰的熔融性通常应在弱还原性气氛或氧化性气氛中测定。

6．影响煤粉细度的因素有煤的类别、挥发分、磨煤机的类型及有无分离装置。

7．制作灰锥托板的材料有3种，分别是氧化镁、三氧化二铝和高岭土。

8．国标规定的灰熔融性判断温度有4个，分别是变形温度 DT、软化温度 ST、半球温度 HT 和流动温度 FT。

9．DL/T 567.6—2016 规定，按方法 B 测定飞灰（炉渣）试样灼烧减量时，测定结果的重复性限为 0.20%，再现性临界差为 0.40%。

10．DL/T 567.6—2016 规定，可燃物含量为灼烧减量扣除水分含量和碳酸盐二氧化碳含量。

11．DL/T 567.6—2016 规定，按方法 B 分步法测定飞灰（炉渣）试样水分和灼烧减量时，保留 1 个或多个空坩埚进行空白试验的目的是确定和校正浮力效应值。

12．DL/T 567.6—2016 规定，按方法 A 测定飞灰（炉渣）试样灼烧减量时，应将灰皿送入炉温不超过 100℃的马弗炉恒温区，关闭炉门并使炉门留有 15mm 左右缝隙，在不少于 30min 的时间内将炉温缓慢升温至 500℃，并在此温度下保持 30min；继续升温到（815±10）℃，并在此温度下灼烧 1h。

13．DL/T 1712—2017 中煤炭自燃倾向特性划分为强自燃倾向、中等自燃倾向和弱自燃倾向三级。

14．DL/T 1712—2017 中煤炭中等自燃倾向的判定标准是：$0.40℃/h \leqslant V_{70} \leqslant 1.00℃/h$。

15．DL/T 1712—2017 中煤样升温速率 $V_{70} > 1.00℃/h$；测试结果的重复性为 0.20℃/h。

16．DL/T 1712—2017 中氧化反应器主要由盛样罐体、顶盖、底盖、多孔隔板组成。

17．DL/T 1712—2017 中高纯空气由高纯氧气和高纯氮气混配，总纯度为 99.998%（体积分数）。

18．DL/T 1857—2018 测定煤中氯含量试验中，应使氯离子电极膜表面浸入溶液液面下 2～3cm 处。

19．DL/T 1857—2018 测定溶液中氯离子浓度时加入的 pH 缓冲剂是邻苯二甲酸氢钾。

20．DL/T 1857—2018 规定，氧弹燃烧离子选择电极法测定煤中氯含量，要求进行电极测定的实验室室温应保持相对稳定，每天室温波动不超过 4℃。

21．DL/T 1857—2018 规定，氧弹燃烧离子选择电极法测定煤中氯含量，进行电极试验时，发现电位值在 3min 内变化仍大于 0.1mV，且持续单方向漂移时，则说明检测溶液中存在干扰离子。

22．DL/T 1857—2018 的测定原理为已知质量的煤样在氧弹中燃烧分解，生成的含氯酸性气体被碳酸钠或 Na_2CO_3 溶液吸收后转化为氯离子形态，用氯离子选择电极测定溶液中氯的浓度，经计算得到煤中氯的含量。

23．DL/T 1857—2018 规定，氧弹燃烧离子选择电极法测定煤中氯含量，试验用水，除特别说明外应符合 GB/T 6682—2008 要求的<u>二级水</u>规格。

24．煤样经盐酸处理后，煤中碳酸盐分解并析出的二氧化碳气体用装有<u>碱石棉</u>或碱石灰的吸收器吸收，根据吸收器质量的增量，计算出煤中碳酸盐二氧化碳含量。

25．当无水碳酸钠二氧化碳试验测定值与理论值相差不超过理论值的<u>1%</u>时，即可认为系统的准确性符合要求。

26．测定煤中碳酸盐二氧化碳含量的正压供气试验装置，吸收二氧化碳的 U 形管前 2/3 装入<u>碱石棉或碱石灰</u>，后 1/3 装入<u>无水氯化钙</u>。

27．测定煤中碳酸盐二氧化碳含量的正压供气试验装置，吸收硫化氢的 U 形管前 2/3 装入<u>粒状无水硫酸铜浮石</u>，后 1/3 装入<u>无水氯化钙</u>。

28．正压供气装置测定煤中碳酸盐二氧化碳含量，其吸收系统每支 U 形管质量变化不超过 <u>0.0010g</u> 时，可认为质量恒定。

29．GB/T 31427—2015 规定，煤灰熔融性测定仪的高温炉能加热到 <u>1500</u>℃以上。

30．GB/T 31427—2015 规定，煤灰熔融性测定仪的高温炉恒温区内温差小于 <u>5</u>℃。

31．GB/T 31427—2015 规定，煤灰熔融性测定仪的高温炉，在 900℃以下，升温速率能够控制在 <u>15~20</u>℃/min。

32．GB/T 31427—2015 规定，煤灰熔融性测定仪的高温炉，在 900℃以上，升温速率能够控制在 <u>4~6</u>℃/min。

33．GB/T 31427—2015 规定，外壳温度在高温炉工作温度下，不大于 <u>70</u>℃。

34．测定褐煤的可磨性指数可用 <u>VTI</u> 法。

35．GB/T 2565—2014 规定测定煤的可磨性指数时，由煤的哈氏可磨性指数标准物质绘制的标准图上查得或者从<u>一元线性</u>回归方程中计算出煤的哈氏可磨性指数。

36．样品制备过程中影响煤的可磨性指数测定结果可靠性的两个重要的因素是<u>煤样的粒度范围</u>和<u>煤中水分含量</u>。

37．若哈氏仪运转正常，其应能在运转 <u>（60±0.25）</u> r 时自动停止。

38．哈氏可磨性指数的重复性限为 <u>2</u>，再现性临界差为 <u>4</u>。

39．制备用于测定哈氏可磨性指数的煤样时，应采用<u>逐级破碎</u>的方法。

40．煤灰熔融温度的高低，不仅取决于<u>煤灰的化学组成</u>，同时还与测定时样品所处的<u>气氛环境</u>有关。

41．常用的灰锥托板材料有<u>氧化镁</u>和<u>氧化铝</u>，前者适用于<u>碱性</u>煤灰，后者适用于<u>酸性</u>煤灰。

42．GB/T 219—2008 规定，煤灰熔融性测定中的弱还原性气氛，可采用<u>封碳法</u>或<u>通气法</u>加以实施。

43．飞灰样品可以在<u>集灰斗出口</u>采样和<u>烟道</u>采样。

44．电力行业标准规定采集炉渣样品，应每值每炉采样量约为总渣量比例为<u>万分之五</u>，但不得小于<u>10kg</u>。

45．依据 DL/T 567.6—2016，飞灰和炉渣可燃物测定方法 A 适用于<u>锅炉机组性能考核</u>及<u>热力计算</u>等精密测量。

46．中间仓储式制粉系统通常使用<u>活动式</u>煤粉取样管、<u>自由沉降式</u>煤粉取样管，在煤粉下落过程中实施间隔取样。

47．测定煤的可磨性指数目的是评价<u>煤研磨成粉的难易程度</u>。

48．GB/T 2565—2014 规定，煤的哈氏可磨性指数标准物质：国家一级有证标准物质（GBW 12005、GBW 12006、GBW 12007、GBW 12008），其哈氏可磨性指数（HGI）分别约为<u>40</u>、<u>60</u>、<u>80</u>、<u>100</u>。

49．GB/T 219—2008 规定，煤灰熔融性测定时，升温速度为：900℃以下，<u>15～20℃/min</u>；900℃以上，<u>（5±1）℃</u>。

50．GB/T 31427—2015 规定，煤灰熔融性测定仪的控温仪测温误差测定时，高温炉按升温程序升温，分别在 700、800、900、<u>1000</u>、1100、1200、1300、<u>1400</u>℃和 1500℃时，用另一组标准铂铑-铂热电偶高温计测定高温炉炉膛中与仪器热电偶尽量接近的位置的温度，控温仪显示的温度值与实测温度值之差不应大于<u>5℃</u>。

51．DL/T 567.5—2015 规定，用于煤粉细度测定的振筛机，垂直振击次数宜为<u>149</u>次/min，水平回转次数宜为<u>220</u>次/min。

52．DL/T 567.5—2015 规定，测定煤粉细度时，筛分完全的判断指标是筛下煤粉质量变化不超过<u>0.1g</u>。

53．GB/T 218—2016 规定，测定煤中碳酸盐二氧化碳时，吸收二氧化碳 U 形管，前 2/3 装<u>碱石棉或碱石灰</u>，后 1/3 装<u>无水氯化钙</u>，用以吸收二氧化碳及其与碱石棉或碱石灰反应生成的水分。

54．DL/T 1431—2015 规定，测定煤中碳酸盐二氧化碳气密性检查方法是，调节空气流量计流量为<u>500 mL/min</u>，再关闭空气冷凝管进气阀门，观察空气流量计，若气体流量降至<u>100mL/min</u> 以下，即表明系统不漏气。

55．DL/T 1431—2015 规定，采用盐酸分解-库仑滴定法测定煤中碳酸盐二氧化碳前，应吹扫整个气路不少于<u>2min</u>，直至观察 pH 值变化不超过 0.02（在 9.7～10.0 范围之间某一值稳定）。

56．按 DL/T 567.6—2016 规定，燃煤锅炉排出的飞灰和炉渣中未完全燃烧的物质，主要包括<u>碳</u>、<u>硫</u>等化合物。

57．按 DL/T 567.6—2016 规定，采用方法 B 测量飞灰和炉渣可燃物，灼烧减量测定进行检查性灼烧时，恒重判断依据是连续 10min 样品质量变化不超过<u>0.0005g</u>，或质量明显增加时为止。质量明显增加时，采用质量增加<u>前一次</u>的质量为计算依据。

58．按 GB/T 29164—2012 规定，煤炭标准物质在仪器性能评价中评价测量精密度的方法有<u>单个标准物质多次重复测定法和多个标准物质 2 次重复测定法</u>。

59．按 DL/T 1037—2016 规定，煤灰成分分析法中，灰样应置于玛瑙研钵中研细，使之全部通过孔径 <u>71μm</u> 试验筛。

60．按 DL/T 1037—2016 规定，煤灰成分分析法中，样品熔融和溶解方法有：<u>氢氟酸-高氯酸酸溶法</u>、<u>氢氟酸-硫酸酸溶法</u>、<u>四硼酸锂碱熔法</u>、<u>氢氧化钠碱熔法</u>。

61．按 DL/T 1037—2016 规定，氟硅酸钾容量法测定煤灰中硅的原理是：硅酸盐在强酸溶液中有过量的氟离子和钾离子存在时，能与氟离子作用形成氟硅酸离子，再与钾离子作用生成氟硅酸钾沉淀，改沉淀在热水中水解并产生<u>氢氟酸</u>。用<u>氢氧化钠标准溶液</u>滴定，求得样品中二氧化硅的含量。

62．按 DL/T 1037—2016 规定，乙二胺四乙酸（EDTA）容量法测定煤灰中氧化铁时，试液以磺基水杨酸钠为指示剂，在不断搅拌下，趁热用 EDTA 标准溶液滴定至呈<u>亮黄色</u>。

63．DL/T 1037—2016 规定，原子发射光谱法测定煤灰成分时，溶解炉的要求是：带有控温装置，能升温至 1200℃，并在<u>（1000±20）</u>℃保持恒定，炉膛应具有相应的恒温区。

64．DL/T 1037—2016 规定，X 射线荧光光谱法测定煤灰成分时，混合熔剂是按四硼酸锂:偏硼酸锂=<u>67:33</u> 比例混合而成。

65．按 GB/T 1574—2007 规定，二氧化硅的测定（硅钼蓝分光光度法）中，以<u>抗坏血酸</u>还原硅钼黄为硅钼蓝，用分光光度法测定二氧化硅含量。

66．按 GB/T 1574—2007 规定，三氧化二铁和二氧化钛的连续测定（钛铁试剂分光光度法）中，pH=4.7 的缓冲溶液为<u>乙酸钠</u>和<u>乙酸（醋酸）</u>的混合溶液。

67．按 GB/T 1574—2007 规定，二氧化钛的单独测定时，在 0.5～1.0mol/L 的酸度下，以抗坏血酸消除铁的干扰，四价钛离子与<u>二安替比林甲烷</u>生成黄色络合物，用分光光度法测定二氧化钛的含量。

68．按 GB/T 1574—2007 规定，EDTA 络合滴定法测定煤灰中氧化镁含量时，以<u>三乙醇胺和酒石酸钾钠</u>掩蔽铁、铝、钛、锰等，以 <u>EGTA</u> 掩蔽钙。

69．按 GB/T 1574—2007 规定，原子吸收法测定煤灰中钾、钠、铁、钙、镁、锰的测定时，加入释放剂镧或锶的目的是<u>消除铝、钛等对钙、镁的干扰</u>。

（五）问答题

1．根据 DL/T 567.5—2015 规定，简述测定煤粉细度时应注意的问题。

答：（1）测定煤粉细度的样品必须达到空气干燥状态。

（2）称样前要充分混合，并按九点法取样或用二分器法缩分取样。

（3）要选用经计量检定部门检定合格的试验筛应校准合格，否则不应使用。

（4）筛子使用前应先检查筛底有无损伤，筛网是否松弛变形，内侧底、壁之间有无过大缝隙。如存在这些缺陷则不能使用。

（5）要按照规定操作要求，振筛一定时间后轻刷筛底一次，以防煤粉梗杜筛网，导致测定结果偏高。

（6）筛分必须完全。检查方法是，当煤粉细度测定已达到规定的筛分时间后再筛分2min，若筛下的煤粉质量不超过 0.1g，则认为筛分完全。

（7）要选用具有垂直振击和水平运动的机械振筛机，单纯往复式振筛机效率差，不宜采用。

（8）刷筛底时，要用软毛刷轻刷筛底，不要损伤筛网，也不要损失煤粉。

2．依据 GB/T 219—2008，简述灰熔融性的四个特征温度定义。

答：（1）变形温度 DT，灰锥尖端或棱开始变圆或弯曲时的温度。

（2）软化温度 ST，灰锥弯曲至锥尖触及托板或灰锥变成球形时的温度。

（3）半球温度 HT，灰锥形变至近似半球形，即高约等于底长的一半时的温度。

（4）流动温度 FT，灰锥熔化展开成高度在 1.5mm 以下的薄层时的温度。

3．测定煤灰熔融性的意义是什么？

答：（1）可提供设计锅炉时选择炉膛出口烟温和锅炉安全运行的依据。

（2）预测燃煤的结渣。

（3）为不同燃烧方式选择燃煤。

（4）判断煤灰的渣型。

4．煤灰熔融性对锅炉运行的影响有哪些？

答：煤灰熔融性温度是评价煤结渣特性的主要指标。

（1）预测锅炉结渣难易：软化温度大于 1350℃，难结渣。软化区间温度（DT–ST）大于 200℃为长渣，结渣速度慢；（DT–ST）小于 100℃为短渣，结渣速度快，威胁锅炉安全运行。

（2）大容量锅炉的炉膛中心温度多在 1500℃以上。从防止固态排渣大容量锅炉结渣的角度，要求煤的煤灰熔融性温度越高越好。

5．试述飞灰（炉渣）可燃物含量计算公式及式中符号含义。

答：
$$CM_{ad}=L_{ad}-M_{ad}-[CO_2]_{car}$$

式中　CM_{ad}——飞灰（炉渣）的空气干燥基可燃物含量；

　　　L_{ad}——飞灰（炉渣）试样的灼烧减量；

M_{ad} ——飞灰（炉渣）中水分含量；

$[CO_2]_{car}$ ——飞灰（炉渣）中碳酸盐二氧化碳含量。

6. 根据 DL/T 1712—2017 规定，简述测定煤炭自燃倾向特性的方法提要。

答：将标称最大粒度为 6mm 的煤样装入煤自燃倾向特性测定装置的氧化反应器中，在隔绝空气条件下预热煤样至 69.0℃，通入空气使其氧化升温，测试煤样自 69.0℃升至 71.0℃的升温速率，以此表征该煤样的自燃倾向特性。

7. 简述氧弹燃烧离子选择电极法测定煤中氯含量，进行电极试验时，如何判断溶液中是否存在干扰离子。若存在干扰离子，影响正常读取电位值时，应如何处理？处理过程中的注意事项有哪些？

答：（1）在读取电位值时，若在第 3min 内电位值变化仍大于 0.1mV，且持续单方向漂移，则说明溶液中存在干扰离子。

（2）处理方法如下：本次试验作废，重新按照标准要求制备待测溶液，然后在避光条件下快速称量氯化银 50mg，称准至 0.2mg，加入到容量瓶内溶液中。将容量瓶放置在超声波清洗器的水槽内超声 2h，此时干扰离子已被消除。取出容量瓶，放置于温度为室温的恒温水浴内，计时 10min，取出容量瓶，再次读取电位值。

（3）处理过程中注意事项：①为避免氯化银分解影响检测结果，本步骤必须在避光条件下完成，可采用容量瓶外完全包裹铝箔纸的方式达到避光效果。转移过程中尽量避光，缩短曝光时间。②容量瓶在超声清洗器内放置时，应注意容量瓶不侧倒。

8. 采用 GB/T 218—2016 的方法测定煤中碳酸盐二氧化碳，如何防止空气进入平底烧瓶？加热反应系统时要注意哪些操作？

答：为防止空气进入平底烧瓶中，应在漏斗中尚存少量盐酸时，便关闭漏斗活塞。万用电炉加热反应系统时，要注意平底烧瓶中的溶液即将沸腾时，要立即降低温度，以免溶液向外喷溅。溶液沸腾后，继续保持微沸 30min。

9. 根据 GB/T 31427—2015 规定，简述煤灰熔融性测定仪高温炉的要求。

答：能加热到 1500℃以上；有足够覆盖灰锥托盘的恒温区（各部位温差小于 5℃）；900℃以下，升温速率能够控制在 15~20℃/min；900℃以上，升温速率能够控制在 4~6℃/min；炉内气氛可控制为弱还原性气氛或氧化性气氛；若为封碳法，生产厂家宜使用同一品种和规格的炉膛管，并提供封碳控制炉内弱还原性气氛的参考方法；有观察口，能在试验过程中清晰观察试样形态变化。

10．请简述准确测定煤的哈氏可磨指数要点有哪些。

答：煤可磨性测定规范性强，对试样粒度范围和制样的产率都有严格的要求，为了制备出合乎规定的煤样，必须注意以下事项：

（1）制备煤样要按照制样要求逐级破碎，当破碎到粒度为 6mm 时，用二分器缩分出 1kg 放在空气中干燥到与空气湿度达到平衡后，再进行下一步制样。制样时，要采取筛分—破碎—筛分重复的步骤，逐渐减小粒度，即先从样品中筛出大于 1.25mm 的煤样，调节好破碎机的研磨面间隙，使其仅能破碎最大的颗粒，破碎后进行筛分，再调小研磨面间隙，进行破碎，如此反复进行，直至煤样全部通过孔径为 1.25mm 的筛，最后用 0.63mm 孔径的筛子筛去细粉，留取 0.63～1.25mm 粒级的煤样，经混匀后供测定用。

（2）在破碎过筛过程中，要充分筛净。但时间不能过长，防止合格粒度被振碎。

（3）对任何煤样，其制样率不得低于 45%，否则要重新取样制备。所谓制样率是指制备好的粒级煤样占总制备煤样量的百分数。

（4）在制样中，从始至终要用二分器进行缩分，以确保煤样制备质量。

11．请简述准确测定煤的哈氏可磨指数方法原理。

答：一定粒度范围和质量的煤样，经哈氏可磨性指数测定仪研磨后在规定的条件下筛分，称量筛上煤样的质量，由研磨前的煤样量减去筛上煤样质量得到筛下煤样的质量，由煤的哈氏可磨性指数标准物质绘制的校准图上查得或者从一元线性回归方程中计算出的煤的哈氏可磨性指数。

12．GB/T 219—2008 规定，如何进行煤灰熔融性测定仪高温计和热电偶的校准？

答：用下列方法之一进行高温计和热电偶的校准：

（1）用标准热电偶校准高温计和热电偶。

（2）在日常测定条件下，定期观测金（金丝直径不小于 0.5mm，或金片厚度 0.5～1.0mm，纯度 99.99%，熔点 1064℃）的熔点，如可能，和钯（钯丝直径不小于 0.5mm，或钯片厚度 0.5～1.0mm，纯度 99.9%，熔点 1554℃）的熔点。如果观测到的金和钯的熔点与给出的熔点差值超过 10℃，则重新进行调节或校准。

13．GB/T 219—2008 规定，采用标准物质测定法检查弱还原性气氛的方法是什么？

答：用煤灰熔融性标准物质制成灰锥并测定其熔融特征温度（ST、HT 和 FT）。如其实际测定值与弱还原性气氛下的标准值相差不超过 40℃，则证明炉内气氛为弱还原性；如超过 40℃，则根据它们与弱还原性或氧化性气氛下的参比值的接近程度以及刚玉舟中碳物质的氧化情况来判断炉内气氛，并加以调整。

14. GB/T 218—2016 规定，测定煤中碳酸盐二氧化碳时，如何进行正压供气测定和负压供气测定的气密性检查？

答：正压供气测定：将仪器各部分连接好，将吸收系统各 U 形管活塞旋至开启状态，接通空气（或氮气），调节气体流量为（50±5）mL/min，关闭靠近气泡计处 U 形管活塞，观察气体流量计，若气体流量降到底部，即表明系统不漏气；若发现有漏气现象，应依次检查各个活塞，直到系统不漏气方可进行下步实验。

负压供气测定：将仪器各部件连接好，夹好弹簧夹，关闭漏斗上的活塞，打开各 U 形管和二通活塞，开启水力泵抽气，经 1～2min 后，如气泡计每分钟不超过 2 个气泡，则气密性良好。若有漏气现象，从关闭靠近气泡计的 U 形管活塞开始逐一进行检查，直到气密性符合要求。

15. 简述 DL/T 1431—2015 中采用盐酸分解-库仑滴定法测定煤（飞灰、渣）中碳酸盐二氧化碳的方法原理。

答：一定质量的煤（飞灰、渣）样在加热的盐酸溶液作用下，其中的碳酸盐（如碳酸钙、碳酸镁及碳酸亚铁等）分解，产生气态二氧化碳，同时伴随有酸性气体杂质产生（如硫化氢、卤化氢等），在载气（去除二氧化碳的空气）的携带下，通过洗气瓶滤除其中的酸性气体杂质后进入库仑电解池，与高氯酸钡溶液反应，pH 值降低，通过电解恢复 pH 值，根据电解消耗的电量计算样品中碳酸盐二氧化碳的含量。

16. GB/T 29164—2012 对煤炭标准物质的适用有什么要求？

答：（1）严格按照标准物质证书给出的要求使用标准物质。为此，使用前应认真阅读标准物质证书，充分了解标准值及其不确定度的确切含义，充分了解标准物质的定值、均匀性检验、稳定性和有效期等相关信息。

（2）称取标准物质前应充分混匀样品，防止样品的粒度离析对测量结果的影响。

（3）标准物质应始终置于密闭的容器中，保存在阴凉干燥处。称完样品后应立即盖紧容器盖，避免标准物质氧化和水分的显著变化。

17. 简述 DL/T 1037—2016 煤灰成分分析方法汇总，四硼酸锂碱熔法处理样品的适用范围和处理步骤。

答：四硼酸锂碱熔法适用于原子吸收分光光度法（空气-乙炔火焰法及一氧化二氮-乙炔火焰法）及原子发射光谱法。称取灰样（0.1±0.01）g，精确至 0.0002g，于铂金坩埚中，将 0.5g 四硼酸锂的一部分加入并用铂丝混合均匀，再把剩余的另一部分盖到混合物上，然后将铂金坩埚放在硅质或其他难熔物质制作的托盘上，放入预先升温至 1000℃马弗炉中，并保持 20min，直至熔融物清澈透明。期间使用镶有铂金的坩埚钳轻摇坩埚内熔融物使之完全熔解。取出后冷却至室温。仔细擦拭铂金坩埚底部及外侧以防止污染；然后将其放入 250mL 烧杯中，放入外包聚四氟乙烯的磁转子于铂金坩埚，加入 50mL（5+95）硝酸溶液于坩埚中，放在加热搅拌器上，保持近沸约 30min 并持续搅拌。从加热搅拌器上取下后冷却至室温。将溶液移入 100mL 塑料容量瓶中，用少量水清洗铂金坩埚和烧杯并移入塑料容量瓶中，用水定容，供分析用。

18．简述 DL/T 1037—2016 中钙标准储备溶液（1000mg/L）和钛标准储备溶液（1000mg/L）的配制方法。

答： 钙标准储备溶液（1000mg/L）：称取在 105～110℃干燥 2h 的碳酸钙（光谱纯）0.2497g 于 100mL 烧杯中，加入 2mL 水，滴加（1:1）盐酸至完全溶解，再加 10mL，盖上表面皿加热煮沸除去二氧化碳，用水冲洗表面皿及杯壁，冷至室温，移入 100mL 容量瓶中，加水稀释至刻度，摇匀，转入塑料瓶中。

钛标准储备溶液（1000mg/L）：称取在二氧化钛（光谱纯）0.1668g 与 2～5g 硫酸铵，混匀后放入 150mL 烧杯中，加入 50～70mL 硫酸，盖上表面皿，加热并用玻璃棒不断搅拌，冒白烟直至溶解完全，溶液变清亮为止，用水冲洗表面皿及杯壁，冷至室温，转入 100mL 容量瓶中，加水稀释至刻度，摇匀，转入塑料瓶中。

19．简述 GB/T 1574—2007 煤灰成分分析半微量分析法中三氧化二铝的测定方法原理。

答： 三氧化二铝测定采用氟盐取代 EDTA 络合滴定法，于弱酸性溶液中，加入过量 EDTA 溶液，使之与铁、铝、钛等离子络合，在 pH=5.9 的条件下，以二甲酚橙为指示剂，用锌盐回滴剩余的 EDTA 溶液，然后加入氟盐置换出与铝、钛络合的 EDTA，用乙酸锌标准溶液滴定，扣除钛的量，得到铝的量。

20．硅碳管有什么特性？

答： 硅碳管是石英、石墨和水玻璃混合压制成型后通电加热到 1200℃以上烧制成的。它是一种高温发热元件，其电阻值随温度的变化而变化，是一种非线性电阻，从室温到 850℃，电阻由大变小；850℃以后到 1350℃，电阻又由小变大。硅碳管的最高使用温度为 1350℃；可在 1500℃下短时间使用，但会缩短使用寿命。硫、氯、氮等在高温下对硅碳管有侵蚀作用或导致其分解。此外，在高温下碱性氢氧化物、氧化物、硼化物及某些硅酸盐易与碳化硅发生化学反应而使硅碳管损坏。因此，在使用硅碳管时必须装有内套管，一般可用气密性刚玉管，以使被加热物体所产生的气体或熔融物不至于与硅碳管直接接触，从而达到保护硅碳管的目的。

21. 使用硅碳管时应注意哪些事项？

答： 市售硅碳管有两端引线的单螺纹管和一端引线的双螺纹管两种。在使用双螺纹管时，要注意两条引线的接线夹子不要接触，以防止短路。同时，电极夹子也不宜拧得过紧，以免硅碳管断裂。同时必须使其紧密接触，防止存在空隙，否则在升温过程中易产生火花，烧坏夹子。

在使用硅碳管高温炉时，应注意升温速度，同时也应注意试验结束后炉子的降温速度，炉子升至1500℃时不要马上切断电源，应逐步降低电压、电流，待炉温降至900℃后再切断电源。

22. 请绘制煤灰熔融性测定时，灰锥熔融特征示意图，并标注各特征温度。

答：

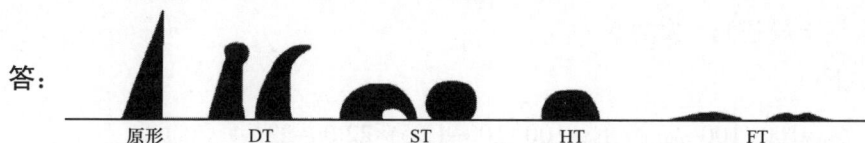

原形　　　DT　　　　ST　　　　HT　　　　FT

DT为变形温度；ST为软化温度；HT为半球温度；FT为流动温度。

（六）计算题

1. 按GB/T 212—2008中空气干燥法测定某煤样的空气干燥水分原始记录如下：称量瓶质量15.6002g，称量瓶加煤样总质量为16.6822g，在鼓风烘箱内于105～110℃加热规定时间后称量瓶加煤样总质量为16.6500g，第一次检查性干燥后称量瓶加煤样总质量为16.6471g，经第二次检查性干燥后称量瓶加煤样总质量为16.6464g。根据以上条件计算该煤样的空气干燥水分。

另外，该煤样挥发分测定原始记录如下：坩埚质量19.8011g，坩埚加煤样总质量为20.8020g，在规定条件加热裂解后坩埚加煤样总质量为20.5725g。

（1）试计算该煤样空气干燥基挥发分 V_{ad}。

（2）已测定该煤样空气干燥基灰分 A_{ad} 为19.86%，碳酸盐二氧化碳 $(CO_2)_{ad}$ 含量为2.20%。试计算该煤样干燥无灰基挥发分 V_{daf} 及干燥无灰基固定碳 FC_{daf}。

解：（1）　　　　　　Δm_1=16.6500−16.6471=0.0029（g）＞0.001g

　　　　　　　　　　Δm_2=16.6471−16.6464=0.0007（g）＜0.001g

以第二次检查性干燥后称量瓶和煤样总质量为准计算该煤样的空气干燥水分。

　　　　　　M_{ad}=(16.6822−16.6464)/(16.6822−15.6002)×100=3.31（%）

（2）　　　　V_{ad}=(20.8020−20.5725)/(20.8020−19.8011)×100−3.31

　　　　　　　=19.62（%）

2%＜ $(CO_2)_{ad}$ ＜12%，则干燥基灰分为：

$$V_{daf}=[V_{ad}-(CO_2)_{ad}]/(100-M_{ad}-A_{ad})\times100$$
$$=(19.62-2.20)/(100-3.31-19.86)\times100$$
$$=22.67（\%）$$
$$FC_{daf}=100-V_{daf}=100-22.67=77.33（\%）$$

2. 已知煤中氢含量与工业分析和发热量存在着如下相关关系：

$$H_{daf}=0.00117A_d+0.57\times(V_{daf})^{1/2}+0.1362Q_{gr,daf}-2.806$$

某煤样测定结果如下：$M_{ad}=1.05\%$，$A_{ad}=22.60\%$，$V_{ad}=9.30\%$，$Q_{gr,ad}=26.32MJ/kg$，$M_t=6.8\%$。

（1）试计算其空气干燥基氢含量 H_{ad}。

（2）计算收到基低位发热量 $Q_{net,ar}$。

（3）计算空气干燥基低位发热量 $Q_{net,ad}$。

解：计算如下：

$$A_d=100/(100-M_{ad})\times A_{ad}=100/(100-1.05)\times22.60=22.84（\%）$$

$$V_{daf}=100/(100-M_{ad}-A_{ad})\times V_{ad}=100/(100-1.05-22.60)\times9.30=12.18（\%）$$

$$Q_{gr,daf}=100/(100-M_{ad}-A_{ad})\times Q_{gr,ad}=100/(100-1.05-22.60)\times26.32=34.47（MJ/kg）$$

$$H_{daf}=0.00117\times22.84+0.57\times12.18^{1/2}+0.1362\times34.47-2.806=3.90（\%）$$

（1）空气干燥基氢含量：

$$H_{ad}=(100-M_{ad}-A_{ad})/100\times H_{daf}=2.98（\%）$$

（2）收到基低位发热量：

$$Q_{net,ar}=(Q_{gr,ad}-206H_{ad})\times(100-M_t)/(100-M_{ad})-23M_t=24.06（MJ/kg）$$

（3）空气干燥基低位发热量 $Q_{net,ad}=Q_{gr,ad}-206H_{ad}-23M_{ad}=25.68（MJ/kg）$

3. 测定挥发分结果如下：样品量 1.0098g，减重 0.3800g，用坩埚中焦渣样品测定的焦渣中的 CO_2 含量为 10.00%。已知 $M_{ad}=4.00\%$，$A_{ad}=23.50\%$，煤中碳酸盐二氧化碳$(CO_2)_{ad}$ 为 16.00%，请计算 V_{daf}。

解：
$$V_{ad}=0.3800/1.0098\times100-4.00=33.63（\%）$$

焦渣中二氧化碳对煤样量的质量分数$(CO_2)_{ad,cin}=10.00\times(1.0098-0.38)/1.0098=6.24（\%）$

$$V_{daf}=\{V_{ad}-[(CO_2)_{ad}-(CO_2)_{ad,cin}]\}/(100-M_{ad}-A_{ad})=32.92（\%）$$

4. 已知如下条件，求该煤炭样品的低位发热量。

$M_{ad}=2.00\%$，$A_d=35.00\%$，$S_{t,ar}=3.00\%$，$Q_{b,ad}=24290J/g$，$M_t=10.0\%$，$C_d=52.00\%$，$N_{ad}=2.00\%$，$O_{ad}=2.00\%$。

解：
$$H_{ad}=100-C_{ad}-N_{ad}-O_{ad}-S_{t,ad}-A_{ad}-M_{ad}$$

$$C_{ad} = C_d \times (100 - M_{ad})/100 = 52.00 \times (100 - 2.00)/100 = 50.96 \text{（\%）}$$

$$A_{ad} = A_d \times (100 - M_{ad})/100 = 35.00 \times (100 - 2.00)/100 = 34.30 \text{（\%）}$$

$$S_{t,ad} = S_{t,ar} \times (100 - M_{ad})/(100 - M_t) = 3.00 \times (100 - 2.00)/(100 - 10.0) = 3.27 \text{（\%）}$$

$$H_{ad} = 100 - 50.96 - 2.00 - 2.00 - 3.27 - 34.3 - 2.00 = 5.47 \text{（\%）}$$

$$Q_{gr,ad} = Q_{b,ad} \times (1 - 0.0012) - 94.1 \times S_{t,ad} = 23953 \text{（J/g）}$$

$$Q_{net,ar} = (Q_{gr,ad} - 206 \times H_{ad})(100 - M_t)/(100 - M_{ad}) - 23 M_t = 20.73 \text{（MJ/kg）}$$

5．煤中碳酸盐二氧化碳含量采用 GB/T 218—2008 的方法，U 形管试验前后质量差为 0.7025g，空白试验时 U 形管质量变化为 0.0005g，称取空气干燥煤样 5.0154g。已知 $M_{ad}=$ 4.00%，$A_{ad}=$33.50%，测定挥发分时样品量为 1.0068g，坩埚减重 0.2814g，测定坩埚中焦渣样品的二氧化碳含量为 8.00%。请计算：

（1）煤中碳酸盐二氧化碳含量。

（2）干燥无灰基挥发分的质量分数。

解：（1）　　　　　　$(CO_2)_{ad} = (0.7025 - 0.0005)/5.0154 = 14.00 \text{（\%）}$

（2）　　　　　　$V_{ad} = 0.2814/1.0068 - 4.00 = 23.95 \text{（\%）}$

$$(CO_2)_{ad,cin} = (1.0068 - 0.2814) \times 8.00/1.0068 = 5.76 \text{（\%）}$$

$$\begin{aligned}
V_{daf} &= \frac{V_{ad} - [(CO_2)_{ad} - (CO_2)_{ad,cin}]}{100 - (M_{ad} + A_{ad})} \times 100 \\
&= \frac{23.95 - (14.00 - 5.76)}{100 - (4.00 + 33.50)} \times 100 \\
&= 25.14 \text{（\%）}
\end{aligned}$$

6．某实验室用两台热量计测定同一煤样的高位发热量各 8 次，其测定结果如下：

第一台测定结果为：25010、25060、25090、25080、25070、25030、25060、25100J/g。

第二台测定结果为：25070、25110、25040、25040、25060、25000、24980、24900J/g。

问这两台仪器测定结果在 95% 的置信概率精密度是否具有一致性？是否有显著性不同？查表知 Grubbs 临界值 $T_{0.05,8}=$2.03；F 分布临界值 $F_{0.025,7,7}=$4.99；$F_{0.05,7,7}=$3.79；t 分布临界值 $t_{0.05,14}=$2.14。

解：对数据进行处理：　　　　　$\overline{X_1} = 25062$　　$s_1 = 30.12$

$$T_1 = (25062 - 25010)/30.12 = 1.73$$

因为 $T_1 < T_{0.05,8}$，所以第一组数据无可疑值。

$$\overline{X_2} = 25025 \qquad s_2 = 64.59$$

$$T_2 = (25025 - 24900)/64.59 = 1.94$$

因为 $T_2 < T_{0.05,8}$，所以第二组数据无可疑值。

$$F = s_2^2 / s_1^2 = 4.60$$

因为无需确定究竟哪个方差大，所以用双边检测。因 $F < F_{0.025,7,7} = 4.99$，所以两台仪器测定结果在 95%的置信概率精密度具有一致性。

两组数据的平均标准差 $s = \sqrt{\dfrac{(n_1 - 1)s_1^2 + (n_2 - 1)s_2^2}{n_1 + n_2 - 2}} = 50.39$

$$t = \frac{|\overline{X}_2 - \overline{X}_1|}{\overline{s}} \sqrt{\frac{n_1 \times n_2}{n_1 + n_2}} = 1.47 \quad t < t_{0.05,14} = 2.14$$

所以，两台仪器测定结果没有显著性不同。

7. 某电厂化验员为了检验某型号的全自动恒温式热量计性能，进行了如下试验，结果见下表。

时间	室温 （℃）	热容量 E 重复测定值 （J/K）		标样重复测定值 $Q_{gr,ad}$（J/g）	
				1 号	2 号
3 月 20 日	19	10267	10279	18489	26700
		10288	10304	18583	26830
		10294			26750
4 月 21 日	21	10278	10236	18373	26604
		10232	10222	18402	26700
		10243			

两次测定仪器量热体系没有任何改变，仪器放在水泥台面上没有任何搬动。已知 1、2 号标样的标准值及扩展不确定度分别为（18.81±0.15）MJ/kg、（27.39±0.15）MJ/kg。两次 1、2 号标样的空气干燥水分相同，分别为 2.20%、2.83%。请通过计算回答该仪器性能是否符合 GB/T 213—2008 和 GB/T 31423—2015 要求？

解：（1）第一次热容量相对标准差=14/10286×100=0.14%＜0.20%，符合要求。

1 号标样重复性 18583–18489=94（J/g）＜120J/g，符合要求。

　　重复测定平均值=18536×100/(100–2.20)=18953（J/g）=18.95（MJ/kg）

误差=18.95–18.81=0.14（MJ/kg），符合要求。

2 号标样重复性 26830–26700=130（J/g）＜120×1.2=144（J/g），符合要求。

　　重复测定平均值=26760×100/(100–2.83)=27539（J/g）=27.54（MJ/kg）

误差=27.54–27.39=0.15（MJ/kg），符合要求。

第一次检验仪器性能符合国家标准要求。

（2）第二次热容量相对标准差=21/10242×100=0.20%=0.20%，符合要求。

1 号标样重复性 18402–18373=29（J/g）＜120J/g，符合要求。

　　重复测定平均值=18388×100/(100–2.20)=18802（J/g）=18.80（MJ/kg）

误差=18.80–18.81=–0.01（MJ/kg），符合要求。

2 号标样重复性 26700–26604=96（J/g）＜120J/g，符合要求。

重复测定平均值=26652×100/(100–2.83)=27428（J/g）=27.43（MJ/kg）

误差=27.43–27.39=0.04（MJ/kg），符合要求。

第二次检验仪器性能符合国家标准要求。

（3）但两次热容量差值=10286–10242=44（J/g），44/[(10286+10242)/2]×100=0.43%＞0.25%，不符合要求。

综上所述，该仪器短期稳定性较好，但长期稳定性差，说明仪器测温测水位系统不稳定，仪器性能不符合国标要求。在故障未排除前，该仪器如要使用，应缩短热容量标定周期。

8．按 GB/T 212—2008 进行工业分析。

（1）空气干燥法测定某煤样的空气干燥水分原始记录如下：称量瓶质量为 14.6002g，称量瓶加煤样总质量为 15.6822g，在鼓风烘箱内于 105～110℃加热规定时间后称量瓶加煤样总质量为 15.6500g，第一次检查性干燥后称量瓶加煤样总质量为 15.6473g，经第二次检查性干燥后称量瓶加煤样总质量为 15.6461g，经第三次检查性干燥后称量瓶加煤样总质量为 15.6467g。根据以上条件计算该煤样的空气干燥水分。

（2）该煤样挥发分测定原始记录如下：坩埚质量为 19.7011g，坩埚加煤样总质量为 20.7010g，在规定条件加热裂解后坩埚加煤样总质量为 20.4730g。试计算该煤样空气干燥基挥发分 V_{ad}。

（3）该煤样灰分测定原始记录如下：灰皿质量为 24.7001g，灰皿加煤样总质量为 25.7010g，在规定条件灰化后灰皿加煤样总质量为 24.9100g。第一次检查性干燥后称量瓶加煤样总质量为 24.9088g，经第二次检查性干燥后称量瓶加煤样总质量为 24.9094g，试计算该煤样空气干燥基灰分 A_{ad}。

（4）已测定该煤样碳酸盐二氧化碳(CO_2)$_{ad}$ 含量为 2.90%。试计算该煤样干燥无灰基挥发分 V_{daf} 及干燥无灰基固定碳 FC_{daf}。

解：（1）　　M_{ad}=(15.6822–15.6461)/(15.6822–14.6002)×100=3.34（%）

（2）　　V_{ad}=(20.7010–20.4730)/(20.7010–19.7011)×100–3.34=19.47（%）

（3）　　A_{ad}=(24.9094–24.7001)/(25.7010–24.7001)×100=20.91（%）

（4）　　　V_{daf}=[V_{ad}–(CO_2)$_{ad}$]/(100–M_{ad}–A_{ad})×100=21.87（%）

FC_{daf}=100–V_{daf}=100–21.87=78.13（%）

9．已知有下列测热记录（每分钟记录一次温度），请应用国家标准公式计算冷却校正值。

初期	主期	末期	初期	主期	末期
0.646	0.90	2.849	0.654	2.79	2.839
0.647	2.11（1'40"）	2.847	0.656	2.82	2.838
0.648	2.20	2.846	0.657	2.851	2.837
0.649	2.33	2.844	0.658	2.85	2.835
0.65	2.58	2.842	0.660（点火）		2.833
0.652	2.71	2.84			

解：由主期温度记录可知：

主期时间 $n=10\text{min}$

$$V_0 =(0.646-0.660)/10=-0.0014\text{（K/min）}$$

$$V_n =(2.849-2.833)/10=0.0016\text{（K/min）}$$

主期总温升 $\Delta=2.850-0.660=2.190\text{（K）}$

主期 1'40" 温升 $\Delta_{1'40"}=2.11-0.660=1.45\text{（K）}$

$$\alpha=\Delta/\Delta_{1'40"}=2.19/1.45=1.51$$

因此 $C=(n-\alpha)V_n +\alpha V_0 =(10-1.51)\times0.0016-1.51\times0.0014\approx0.0012\text{（K）}$。

10. 某电厂采集到一个炉渣试样，制备后按 DL/T 567.6—2016 中方法 B 对其可燃物含量进行测定，称取样品质量 1.0150g，水分测定干燥后样品失去质量为 0.0050g（经浮力效应校正），经干燥、灼烧后样品质量为 0.9810g（经浮力效应校正），经测定该样品碳酸盐二氧化碳含量为 0.05%，则其炉渣中可燃物含量是多少？

解：

$$M_{ad}=0.0050\div1.0150\times100=0.49\text{（%）}$$

$$L_{ad}=(1.0150-0.9810)\div1.0150\times100=3.35\text{（%）}$$

$$CM_{ad}=L_{ad}-M_{ad}-(CO_2)_{car}=3.35-0.49-0.05=2.81\text{（%）}$$

11. 根据 DL/T 1712—2017 规定，测试开始时间为上午 9:00，下午 1:00 煤样从室温升至设定 69℃，此时通入空气，下午 2:30 煤样氧化升温至 71℃，请判断该煤样的自燃倾向特性分级 V_{70}？

解：根据公式

$$V_{70}=\frac{3600(T_2-T_1)}{t_2-t_1}=\frac{2}{1.5}=1.33\text{（℃/h）}$$

查表得该煤样为强自燃倾向。

强自燃倾向	$V_{70}>1.00℃/h$
中等自燃倾向	$0.40℃/h\leqslant V_{70}\leqslant1.00℃/h$
弱自燃倾向	$V_{70}\leqslant0.40℃/h$

12. 某煤样测定结果如下：弹筒发热量 $Q_{b,ad}$=18.00MJ/kg，空气干燥基氢含量 H_{ad}=3.50%，空气干燥基全硫 $S_{t,ad}$=3.50%，全水分 M_t=10.0%，空气干燥基水分 M_{ad}=1.50%，①请计算出该煤样的收到基低位发热量 $Q_{net,ar}$；②化验员在计算该煤样的收到基低位发热量时将 H_{ad} 误计为 2.50%，试计算其影响值（写出计算过程，结果修约到报告值）。

解：（1）$Q_{gr,ad}=Q_{b,ad}-(94.1S_{b,ad}+\alpha Q_{b,ad})$

$=18.00\times1000-(94.1\times3.50+0.0012\times18.00\times1000)=17.649$（MJ/kg）

$Q_{net,ar}=(Q_{gr,ad}-206\times H_{ad})\times(100-M_t)/(100-M_{ad})-23\times M_t$

$=(17649-206\times3.50)\times(100-10)/(100-1.5)-23\times10=15.24$（MJ/kg）

（2）$Q_{net,ar}=(Q_{gr,ad}-206\times H_{ad})\times(100-M_t)/(100-M_{ad})-23\times M_t$

$=(17649-206\times2.50)\times(100-10)/(100-1.5)-23\times10=15.43$（MJ/kg）

即 $Q_{net,ar}$ 计算偏大，两者差值为：15.43-15.24=0.19（MJ/kg）

13. 煤中 $S_{t,ad}$=1.08%，A_{ad}=23.32%，煤灰中 SO_3 为 1.50%，求煤中可燃硫 $S_{c,ad}$ 含量。
解：煤灰中 S 的含量：1.50×32/80=0.60（%）。

煤中不可燃 S 的含量：$S_{ic,ad}$=0.60×23.32/100=0.14（%）。

则煤中可燃硫的含量为：$S_{c,ad}=S_{t,ad}-S_{ic,ad}$=1.08-0.14=0.94（%）。

14. 已知一煤样质量为 0.9990g，在（900±10）℃条件下加热 7min，最后得到焦渣 0.8299g，此煤样 M_{ad}=0.58%，A_d=10.46%，求 V_{daf} 的值。

解：V_{ad}=(0.9990-0.8299)/0.9990×100-0.58=16.35（%）

$A_{ad}=A_d\times(100-M_{ad})/100$=10.46×(100-0.58)/100=10.40（%）

$V_{daf}=V_{ad}\times100/(100-M_{ad}-A_{ad})$=16.35×100/(100-0.58-10.40)=18.37（%）

15. 用标准物质评价仪器设备：已知某标准煤样空气干燥基水分 M_{ad}=2.24%，空气干燥基灰分 A_{ad}=26.88%，干燥基挥发分认定值 V_d 为 19.95%，用户使用的参考不确定度即认定值与实验室进行 2 次重复测定平均值的合成扩展不确定度 U_c 为 0.41%。按 GB/T 212—2008，用一新买的马弗炉重复测定挥发分 14 次，结果如下（V_{ad}，%）：19.45，19.34，19.66，19.33，19.43，19.65，19.24，19.23，19.41，19.51，19.33，19.67，19.53，19.47（重复试验结果已经离群值检验）。另测得焦渣样品中二氧化碳（CO_2）质量分数为 3.25%，空气干燥基煤样中二氧化碳（CO_2）的质量分数为 5.32%。

（1）请按照 GB/T 29164—2012 对该设备进行精密度评价。

（2）请按照 GB/T 29164—2012 对该设备进行准确度评价。

（3）计算空气干燥基挥发分 V_{ad} 中二氧化碳（CO_2）占 V_{ad} 的质量分数。

注：干燥基和空气干燥基的 $S_{r,GB}$ 视为相同（$F_{0.95,13}$=2.58，$t_{0.95,13}$=2.16）。

解：（1）精密度检验：

14 次重复试验结果平均值及标准差如下：$\overline{V_{ad}}=19.45\%$，$s_{rep}=0.15$。

国标规定的重复性标准差：$s_{r,GB}=\dfrac{0.30}{2.83}=0.11$

$$F=\frac{s_{rep}^2}{s_{r,GB}^2}=1.86<F_{0.95,13}=2.58$$

所以设备精密度与国标规定的方法精密度无显著性差异。

（2）准确度检验：

认定值扩展不确定度 $U_{CRM}=2\sqrt{\dfrac{U_c^2}{4}-\dfrac{s_{r,GB}^2}{2}}=2\times\sqrt{\dfrac{0.41^2}{4}-\dfrac{0.11^2}{2}}=0.38$

实测干燥基挥发分 V_d=19.45×100/（100−2.24）=19.90（%）

$$t_c=\frac{|\overline{X_d}-V_d|}{\sqrt{\dfrac{s_{r,GB}^2}{n}+\dfrac{U_{CRM}^2}{4}}}=\frac{|19.90-19.95|}{\sqrt{\dfrac{0.11^2}{14}+\dfrac{0.38^2}{4}}}=0.260\leqslant 2.000$$

真实偏倚 95%置信范围：$-0.05\pm2.16\times0.15/\sqrt{14}=-0.05\pm0.09$ 即−0.14～0.04，未超出认定值的变动范围。所以准确度满足要求。

（3）焦渣中二氧化碳（CO_2）占空气干燥基试样质量分数为

(100−19.45−2.24)×3.25/100=2.55（%）

空气干燥基挥发分 V_{ad} 中二氧化碳（CO_2）的质量分数为

(5.32−2.55)/19.45×100=14.24（%）

16．某化验员进行工业分析的结果如下：

（1）空气干燥法测定空气干燥基水分过程如下：称量瓶质量为 13.6002g，称取煤样后质量为 14.6822g，按规定方法加热干燥后，称量瓶和煤样总质量为 14.6500g，第一次检查性干燥后质量为 14.6474g，第二次检查性干燥后质量为 14.6462g，第三次检查性干燥后质量为 14.6466g。试计算 M_{ad}。

（2）测定挥发分过程如下：坩埚质量为 18.7011g，称取煤样后质量为 19.7014g，按规定方法加热后质量为 19.4735g。试计算 V_{ad}。

（3）测定灰分过程如下：灰皿质量为 23.7002g，称取煤样后质量为 24.7012g，按规定方法灼烧后质量为 24.1297g。第一次检查性灼烧后质量为 24.1282g，第二次检查性灼烧后质量为 24.1289g，试计算 A_{ad}。

（4）经测定，挥发分焦渣中碳酸盐二氧化碳（CO_2）$_{ad}$ 含量为 4.66%，煤样中碳酸盐二氧化碳（CO_2）$_{ad}$ 含量为 13.85%。试计算 V_{daf}。

解：（1）　M_{ad}=(14.6822−14.6462)/(14.6822−13.6002)×100=3.33（%）

（2） $V_{ad}=(19.7014-19.4735)/(19.7014-18.7011)\times100-3.33=19.45$（%）

（3） $A_{ad}=(24.1289-23.7002)/(24.7012-23.7002)\times100=42.83$（%）

（4）煤中 $(CO_2)_{ad,cin}=4.66\times(19.4735-18.7011)/(19.7014-18.7011)=3.60$（%）

$V_{daf}=\{V_{ad}-[(CO_2)_{ad}-(CO_2)_{ad,cin}]\}/(100-M_{ad}-A_{ad})\times100$

$=[19.45-(13.85-3.60)]/(100-3.33-42.83)\times100=17.09$（%）

第四章　实验室质量保证

（一）判断题

判断下列描述是否正确，正确的在括号内打"√"，错误的在括号内打"×"。

1. CNAS-CL01-A002：2020 规定，实验室管理层中至少应包括一名在申请认可或已获认可的化学检测领域内具有足够知识和经验的人员，负责实验室技术活动，该人员应具有化学专业或与所从事检测范围密切相关专业的专科及以上学历和五年以上化学检测的工作经历。　　（×）

2. CNAS-CL01-A002：2020 规定，从事化学检测的人员应至少具有化学或相关专业专科以上的学历，如果学历或专业不满足要求，应具有至少 3 年的化学检测工作经历并能就所从事的检测工作阐明原理。　　（×）

3. CNAS-CL01-A002：2020 规定，对检测结果有影响的实验室关键检测设备应为自有设备，自有设备指购买或长期租赁（租期 2 年以上）且具有完全的使用权和支配权的设备。　　（√）

4. CNAS-CL01-A002：2020 规定，实验室应在 6 个月内保存过期样品的处理和处置记录。　　（×）

5. CNAS-CL01-A002：2020 规定，任何对标准方法的修改，包括超出适用的浓度范围或基体范围、采用分析性能更佳的替代技术等都应进行确认。　　（√）

6. CNAS-CL01-G001：2018 规定，实验室应明确对实验室活动全面负责的人员，该人员只能是一个人，其技术能力应覆盖实验室所从事的检测或校准活动的全部技术领域。　　（×）

7. CNAS-CL01-G001：2018 规定，除非法律法规或 CNAS 对特定领域的应用要求有其他规定，从事实验室活动的人员可以在其他同类型实验室从事同类的实验室活动。　　（×）

8. 因校准或维修等原因又返回实验室的设备，在返回后实验室也应对其进行验证。　　（√）

9. CNAS-CL01-G001：2018 规定，对于标准方法，实验室应定期跟踪标准的制定、修订情况，及时采用最新版本标准。　　（√）

10. CNAS-CL01-G001：2018 规定，实验室收到 CNAS 转交的投诉，应在 3 个月内向

CNAS 反馈投诉处理结果。（×）

11．CNAS-CL01-G001：2018 规定，实验室的每台设备都需要校准。（×）

12．CNAS-CL01-G001：2018 规定，对于实验室自身没有能力而需从外部获得的实验室活动，CNAS 可将其纳入该实验室认可范围。（×）

13．CNAS-CL01-G002：2021 规定，计量溯源性可保证其测量不确定度满足给定的目的，但不能保证测量结果不发生错误。（×）

14．CNAS-CL01-G002：2021 规定，"参考物质"包括具有量的物质，不包括具有标称特性的物质。（×）

15．CNAS-CL01-G002：2021 规定，参考物质的说明书应当包括该物质的追溯性，指明其来源和加工过程。（√）

16．CNAS-CL01-G002：2021 规定，"有证参考物质"的特定量值要求附有测量不确定度的计量溯源性。（√）

17．CNAS-CL01-G003：2021 规定，合格评定机构应评定和应用测量不确定度，并建立维护测量不确定度有效性的机制。（√）

18．CNAS-CL01-G003：2021 规定，实验室需具备正确评定、报告和应用检测或校准结果的测量不确定度能力的相关软件。（×）

19．CNAS-CL01-G003：2021 规定，评定测量不确定度时，应采用适当的分析方法考虑所有显著贡献，包括来自抽样的贡献。（√）

20．检测实验室在采用新的检测方法时，应按照新方法重新评估测量不确定度。（√）

21．检测实验室对于不同的检测项目和检测对象，可以采用不同的评估方法来评估其不确定度。（√）

22．能力验证为实验室间比对的一种方式。（×）

23．合格评定机构应结合自身需求参加能力验证，并按要求向 CNAS 报告其参加能力验证的信息。（√）

24．一项能力验证计划只能包含对能力验证物品的一种特定类型的检测、校准或检验。（×）

25．对 CNAS 能力验证领域和频次表中未列入的领域（子领域），存在可获得的能力验证，鼓励获准认可合格评定机构积极参加。（√）

26．根据 GB/T 31429—2015 规定，实验室应建立质量控制程序，用以保证测试程序能提供准确数据。（√）

27．根据 GB/T 31429—2015 规定，实验室新进员工亦可任命为监督员。（×）

28．根据 GB/T 31429—2015 规定，实验室应使用有证标准物质（参考标准）用于设备的校核。（√）

29．根据 GB/T 31429—2015 规定，用有证标准物质进行仪器设备的期间核查或校核

时，若标准物质测试结果与其证书参考值出现显著性差异，实验室应查找原因。 （✓）

30．根据 GB/T 31429—2015 规定，实验室采用控制图进行质量控制时，有 1 个或 1 个以上的数据高于上限或低于下限时，表明测试系统出现偏差。 （✓）

31．测量不确定度是根据所用到的信息，表征赋予被测量值分散性的非负参数。（✓）

32．依据 CNAS-CL01：2018，实验室宜将从事实验室活动所必需的设施及环境条件的要求形成文件。 （✕）

33．依据 CNAS-CL01：2018，对需要校准的设备，实验室必要时制定校准方案，宜进行复核和必要的调整，以保持对校准状态的可信度。 （✕）

34．依据 CNAS-CL01：2018，实验室应通过形成文件的不间断的校准链将测量结果与适当的参考对象相关联，建立并保持测量结果的计量溯源性，每次校准均会引入测量不确定度。 （✓）

35．依据 CNAS-CL01：2018，实验室应确保使用最新有效版本的方法，除非不合适或不可能做到。必要时，应补充方法使用的细则以确保应用的一致性。 （✓）

36．依据 CNAS-CL01：2018，开展检测的实验室应评定测量不确定度。当由于检测方法的原因难以严格评定测量不确定度时，实验室应基于对理论原理的理解或使用该方法的实践经验进行评估。 （✓）

37．依据 CNAS-CL01：2018，所有发出的报告应作为技术记录予以保存。 （✓）

38．实验室应防止误用作废文件，无论出于任何目的而保留的作废文件，应有适当标识。 （✓）

39．CNAS-EL-08：2018 明确要求，实验室因为没有测定煤中氢元素的碳氢仪器设备或未申请测氢能力，在计算低位发热量时使用经验氢值，使用经验氢值得出的低位发热量不予以限制认可。 （✕）

40．CNAS-EL-08：2018 明确要求，申请机械采制样精密度、偏倚试验，破碎缩分联合制样设备性能试验等项目时，实验室将此类项目的检测对象表述为"煤"。 （✕）

41．CNAS-RL01：2019 规定，当获准认可实验室需要在监督评审或复评审的同时扩大认可范围时，应至少在现场评审前 3 个月提出扩大认可范围的申请。 （✕）

42．CNAS-RL01：2019 规定，当实验室的环境发生变化时，如搬迁，实验室除按规定通报 CNAS 秘书处外，还应立即停止使用认可标识/联合标识，并制定相应的验证计划，保留相关记录，待 CNAS 确认后，方可继续（恢复）在相应领域内使用认可标识/联合标识。 （✓）

43．CNAS-RL01：2019 规定，获准认可实验室在暂停期间不得在相关项目上发出带有认可标识/联合标识的报告或证书，也不得以任何明示或隐含的方式向外界表示被暂停认可的范围仍然有效。 （✓）

44．CNAS-RL02：2018 规定，如果合格评定机构选择依据 ISO/IEC17043 获准认可的

PTP 在其认可范围外运作的能力验证计划、行业主管部门或行业协会组织的实验室间比对或其他机构组织的实验室间比对来满足能力验证的领域和频次要求时，合格评定机构应填写"能力验证活动适宜性核查表"以对所选能力验证活动的适宜性进行评价。　　　　（√）

45. CNAS-RL01：2019 规定，实验室有权对与认可有关的决定提出申诉，有权对 CNAS 工作人员、评审组成员的工作提出投诉。　　　　（√）

46. DL/T 520—2007 规定，天平室室温在 15～30℃范围内、湿度为 85%以下为宜且应尽可能保持稳定，避免强烈空气对流，以减少对称量结果的影响。　　　　（√）

（二）单选题

下面每题只有一个正确答案，将正确答案填在括号内。

1. CNAS-CL01-A002：2020 规定，实验室的（C）应具有（C），并符合 CNAS-CL01-G001 中 6.2.2 条要求，其工作经历，应是相应领域化学检测工作经历。

　　A. 技术负责人，煤炭检测或相关专业

　　B. 技术负责人，化学或相关专业

　　C. 授权签字人，化学或相关专业

　　D. 授权签字人，煤炭检测或相关专业

2. CNAS-CL01-A002：2020 规定，（B）应掌握化学分析测量不确定度评定的方法，并能就所负责的检测项目进行测量不确定度评定。

　　A. 技术负责人　　　　　　　　　　B. 关键技术人员

　　C. 设备管理员　　　　　　　　　　D. 质量监督员

3. CNAS-CL01-A002：2020 规定，从事化学检测的人员应至少具有化学或相关专业专科及以上的学历，如果学历或专业不满足要求，应具有至少（C）年的化学检测工作经历并能就所从事的检测工作阐明原理。

　　A. 3　　　　　　　B. 4　　　　　　　C. 5　　　　　　　D. 10

4. 下列不属于内部质量控制方法的是（D）。

　　A. 空白分析　　　　B. 重复检测　　　　C. 加标回收　　　　D. 能力验证

5. CNAS-CL01-G001：2018 规定，除特殊情况外，所有技术记录，包括检测或校准的原始记录，应至少保存（D）年。

　　A. 1　　　　　　　B. 3　　　　　　　C. 5　　　　　　　D. 6

6. CNAS-CL01-G002：2021 规定，计量溯源性要求建立（A）等级序列。

　　A. 校准　　　　　　B. 核查　　　　　　C. 检定　　　　　　D. 性能试验

7. 如果两台测量标准比较是用于核查其中一台测量标准，必要时对其量值进行修正并给出测量不确定度，那么这种比较可视为（B）。

　　A. 核查　　　　　　B. 校准　　　　　　C. 检定　　　　　　D. 性能试验

8. CNAS-CL01-G002：2021 规定，合格评定机构应对所获得的校准证书进行确认。确认不包含（D）。

    A．溯源证书的完整性和规范性

    B．溯源结果与预期使用要求的符合性判定

    C．适用时，根据溯源结果对设备进行调整或导入校准因子或在设备使用中进行修正

    D．提供校准服务人员是否具有相应资质

9. CNAS-CL01-G002：2021 规定，"检定证书"通常包含溯源性信息，如果未包含测量结果的不确定度信息，合格评定机构应（A）。

    A．索取或评定其不确定度

    B．向 CNAS 说明情况

    C．在出具的报告中注明仪器设备检定未给出不确定度信息

    D．忽略不确定度信息

10. 监督评审中发现不符合时，被评审方在明确整改要求后应实施纠正，需要时拟订并实施纠正措施，纠正/纠正措施完成期限一般为（B）个月，对于严重不符合，应在（B）个月内完成。

    A．1，2   B．2，1   C．2，3   D．3，2

11. 能力验证活动，不包括（B）。

    A．各类能力验证计划

    B．实验室自行开展的比对

    C．测量审核

    D．由能力验证提供者组织的其他类型的实验室间比对

12. CNAS-CL01-RL02：2018 规定，煤及相关产品的参加能力验证活动的最低频次要求是（A）。

    A．煤常规分析 1 次/1 年；煤灰特性分析 1 次/2 年

    B．煤常规分析 1 次/2 年；煤灰特性分析 1 次/2 年

    C．煤常规分析 1 次/1 年；煤灰特性分析 1 次/1 年

    D．煤常规分析 1 次/2 年；煤灰特性分析 1 次/1 年

13. GB/T 33303 煤质分析不确定度分析中标准不确定度 B 类评定过程，矩形（均匀）分布和三角分布的置信因子 k 分别为（D）。

    A．$\sqrt{3}$ 和 $\sqrt{2}$ B．$\sqrt{2}$ 和 $\sqrt{3}$ C．$\sqrt{6}$ 和 $\sqrt{2}$ D．$\sqrt{3}$ 和 $\sqrt{6}$

（三）多选题

下面每题至少有一个正确答案，将正确答案填在括号内。

1. CNAS-CL01-A002：2020 规定，实验室应关注检测方法中提供的（ABC），选择的

检测方法应确保在限量点附近给出可靠的结果。

  A．限制说明   B．浓度范围

  C．样品基体   D．方法原理

 2．CNAS-CL01-G001：2018 规定，实验室关键技术人员包括（ABCD）。

  A．进行检测或校准结果复核人员

  B．检测或校准方法验证或确认的人员

  C．签发证书或报告的人员

  D．授权签字人

 3．CNAS-CL01-G001：2018 规定，实验室应根据自身需求，对需要控制的产品和服务进行识别，并采取有效的控制措施。通常情况下，实验室至少采购以下（ABC）类型的产品和服务。

  A．易耗品   B．设备及维护

  C．选择校准服务、标准物质和参考标准 D．分包服务

 4．CNAS-CL01-G002：2021 规定，参考物质的说明书应当包括该物质的追溯性，指明其（AB）。

  A．来源   B．加工过程   C．机构须通过认可 D．分包情况

 5．CNAS-CL01-G002：2021 规定，CNAS 承认提供校准或检定的服务包括（ABCD）。

  A．中国计量科学研究院提供的校准服务

  B．获得澳大利亚认可委员会 NATA 所认可的校准实验室提供的校准服务

  C．中国的法定计量机构依据相关法律法规对属于强制检定管理的计量器具实施的检定

  D．获得国防计量主管部门国防计量技术机构行政许可的机构

 6．CNAS-CL01-G002：2021 规定，当技术上不可能计量溯源到 SI 单位时，合格评定机构应通过下列（AB）方式证明可溯源至适当的参考标准。

  A．具备能力的标准物质/标准样品生产者提供的有证标准物质的标准值

  B．描述清晰的、满足预期用途并通过适当比对予以保证的参考测量程序、规定方法或协议标准的结果。比对的证据应经过认可机构的评审

  C．实验室自身制备的内部质量控制样品

  D．实验室能力验证结果

 7．CNAS-RL02：2018 适用于申请 CNAS 认可或已获准 CNAS 认可的合格评定机构，包括（ABCD）。

  A．检测和校准实验室   B．医学领域实验室

  C．标准物质/标准样品生产者 D．相关检验机构

 8．参加能力验证工作计划应至少满足规定的参加能力验证的最低要求，同时应考虑

的因素包括（不限于）（ABCD）。

  A．认可范围所覆盖的领域，以及能力验证是否可获得

  B．人员的培训、知识和经验

  C．内部质量控制情况

  D．检测、校准和检验的数量、种类，结果的用途，以及检测、校准和检验技术的稳定性

9．根据 GB/T 31429—2015，实验室的组织方式应确保其（AB）。

  A．在任何时间都保持独立和诚信

  B．管理层和员工不受任何来自内外部对工作质量有不良影响的压力和影响

  C．质量负责人和技术负责人必须为不同的 2 人

  D．质量监督员必须具有 5 年以上工作经验

10．依据 GB/T 33303—2016，测量不确定度 A 类评定时可用的方法是（ABC）。

  A．贝塞尔公式法   B．极差法

  C．预评估重复性法   D．合成法

11．CNAS-CL01：2018 要求实验室对人员管理应有（ABCDEF）活动的程序，并保存相关记录。

  A．确定能力要求   B．人员选择

  C．人员培训   D．人员监督

  E．人员授权   F．人员能力监控

12．依据 CNAS-CL01：2018，实验室应确保影响实验室活动的外部提供的产品和服务的适宜性，这些产品和服务包括（ABCDE）。

  A．校准服务   B．检测服务

  C．能力验证服务   D．设施和设备维护服务

  E．抽样服务   F．政府监督

13．依据 CNAS-CL01：2018，下列属于实验室监控的是（ABCDEF）。

  A．使用标准物质或质量控制物质   B．测量和检测设备的功能核查

  C．使用相同或不同方法重复检测   D．留存样品的重复检测

  E．实验室内比对   F．盲样测试

14．依据 CNAS 认可规则，下列（ABCD）情形均属于扩大认可范围。

  A．增加检测方法、依据标准、检测对象、项目/参数

  B．增加检测地点

  C．扩大检测的测量范围

  D．取消限制范围

  E．增加授权签字人

15. GB/T 29164—2012 规定，使用煤炭标准物质对测量仪器进行性能评价的方法有（AC）。

    A. 单个标准物质多次重复测定法   B. 单个标准物质 2 次重复测定法

    C. 多个标准物质 2 次重复测定法   D. 多个标准物质多次重复测定法

16. GB/T 29164—2012 规定，煤炭标准物质的用途有（ABCD）。

    A. 仪器的标定或校准   B. 仪器设备性能评价

    C. 试验方法研究和确认   D. 测试质量监控

（四）填空题

1. CNAS-CL01-A002：2020 规定，实验室应定期评价被授权人员的持续能力。

2. CNAS-CL01-A002：2020 规定，实验室对标准溶液的配制应有逐级稀释记录。

3. CNAS-CL01-A002：2020 规定，从事痕量分析的实验室应配备专用的器皿，以避免可能的交叉污染。

4. CNAS-CL01-A002：2020 规定，如果在对标准方法的验证过程中发现方法中对影响检测结果的环节未能详述，实验室应将详细操作步骤编制成作业指导书，作为方法的补充。

5. CNAS-CL01-A002：2020 规定，当设备、环境变化可能影响检测结果时，应对检测方法特性重新进行确认。

6. CNAS-CL01-G001：2018 规定，已检测或校准过的样品处理程序应保障客户的信息安全，确保客户的所有权和专利权。

7. CNAS-CL01-G001：2018 规定，可能影响实验室活动的用于支持实验室运作的产品和服务主要包括能力验证、审核和评审服务。

8. CNAS-CL01-G001：2018 规定，实验室应根据设备的稳定性和使用情况来确定是否需要进行期间核查。

9. CNAS-CL01-G001：2018 规定，实验室的设施应为自有设施，并拥有设施的全部使用权和支配权。

10. 对于标准方法，应定期跟踪标准的制定修订情况，及时采用最新版本标准。

11. 实验室应对发生的不符合工作的原因进行分析，对于不是偶发的、个案的问题，不应仅仅纠正发生的问题，还应按要求启动纠正措施。

12. CNAS-CL01-G002：2021 规定，计量溯源性要求建立校准等级序列。

13. CNAS-CL01-G002：2021 规定，参考物质的说明书应当包括该物质的追溯性，指明其来源和加工过程。

14. CNAS-CL01-G002：2021 规定，合格评定机构应对作为计量溯源性证据进行确认。

15. CNAS-CL01-G002：2021 规定，合格评定机构应对需校准的设备制定校准方案，校准方案应包括校准的参数、范围、测量不确定度要求和校准周期等内容，以便送校时提出具体有针对性的溯源要求。

16. 检测实验室在采用新的检测方法时，应按照新方法重新评估测量不确定度。

17. CNAS 将能力验证与现场评审作为其对合格评定机构能力进行评价的两种主要方式。

18. 测量审核是能力验证计划的一种，有时也称为"一对一"的能力验证计划。

19. 合格评定机构应分析自身的能力验证需求，制定参加能力验证的工作计划并实施，同时根据人员、方法、场所和设备等变动情况，定期审查和调整参加能力验证的工作计划。

20. 在没有适当能力验证的领域，合格评定机构应当通过强化其他质量保证手段来确保能力，这些措施也应当作为合格评定机构相关质量控制计划或参加能力验证工作计划的组成部分。

21. 合格评定机构参加能力验证的结果虽为不满意，但仍符合认可项目依据的标准或规范所规定的判定要求，或当合格评定机构参加能力验证结果为可疑或有问题时，合格评定机构应对相应项目进行风险评估，必要时采取预防或纠正措施。

22. 根据 GB/T 31429—2015 规定，质量管理体系强调记录和质量控制程序的使用，这些记录和程序可证明日常采样和测试活动及报出的数据达到了足够的准确度。

23. 根据 GB/T 31429—2015 规定，实验室应设置监督员，负责对检测活动的各环节进行监督。

24. 根据 GB/T 31429—2015 规定，仪器设备第一次投入使用前或维修后应对其执行校准/检定，并对校准/检定结果进行评估，以确认仪器设备能够满足检测要求。

25. 当煤炭标准物质使用较长时间后，需对标准物质进行期间核查。可用已经证实合格的仪器测定待核查的标准物质，如发热量、挥发分和碳的测定值在标准物质证书给出的不确定度范围内，说明该标准物质有效。

26. GB/T 31429—2015 规定，对于委托样品，每一个样品都应有其样品接受单，内容包括实验室收到样品的日期、样品重量和样品状态描述等内容。

27. GB/T 31429—2015 规定，实验室应利用有证标准物质和已校准的测量工具对仪器设备进行期间核查。

28. GB/T 33303—2016 明确指出，煤质分析中测量不确定度评定过程中，当某不确定度影响因素的相应试验方法，明确指出该因素的测量重复性限 r，则该因素的标准不确定度计算公式是 $r/2.83$。

29. CNAS-CL01：2018 要求，当相关规范、方法或程序对环境条件有要求时，或环境条件影响结果的有效性时，实验室应监测、控制和记录环境条件。

30. CNAS-CL01：2018 要求，设备投入使用或重新投入使用前，实验室应验证其符合规定要求。

31. 依据 CNAS-CL01：2018，如果国际、区域或国家标准，或其他公认的规范文本包含了实施实验室活动充分且简明的信息，并便于实验室操作人员使用时，则不需再进行补充或改写为内部程序。对方法中的<u>可选择步骤</u>，可能有必要制定补充文件或细则。

32．CNAS-CL01：2018 要求，实验室确保技术记录的修改可以追溯到<u>前一个版本</u>或<u>原始观察结果</u>。应保存原始的及修改后的数据和文档，包括修改的日期、标识修改的内容和负责修改的人员。

33．实验室应对记录的标识、存储、保护、备份、归档、检索、保存期和处置实施所需的控制。实验室记录保存期限应符合<u>合同义务</u>。记录的调阅应符合（保密）承诺，记录应易于获得。

34．实验室没有全硫/弹筒硫或氢的检测能力时，实验室在计算<u>高位发热量或低位发热量</u>时，应说明全硫/弹筒硫或氢等外来数据的来源。

35．对于现场评审中发现的不符合，被评审实验室应及时实施纠正，需要时采取纠正措施，纠正/纠正措施通常应在 <u>2</u> 个月内完成。

36．DL/T 520—2007 规定，制样时应将采集到的煤样于 <u>6h</u> 时间内制备出分析用煤样、存查煤样，并将分析用煤样及时交给化验室对于（全水分）煤样，应尽快制备并立刻化验。

37．GB/T 29164—2012 指出，标准煤样的发热量和碳含量一般随煤样的氧化变质逐渐<u>降低</u>，但一年内的变化率不会超过<u>标准值的不确定度</u>。

38．DL/T 520—2007 规定，对于可燃气体或有毒气体，钢瓶应远离试验区，单独存放，并有相应的<u>气体泄漏监测器</u>。

39．CNAS-CL01-G003：2021 规定，扩展不确定度的数值不应超过<u>两位</u>有效数字。

40．由于实验室管理体系不能有效运行而不予认可的实验室，自作出认可决定之日起，实验室管理体系须有效运行 <u>6</u> 个月后，才能再次提交认可申请。

41．对于非独立法人实验室，需提供法人或法定代表人对实验室最高管理者的授权书，授权书中应载明<u>最高管理者的姓名</u>、<u>授权的事项</u>、<u>权限及期限</u>。

（五）问答题

1．CNAS-CL01-A002：2020 对报告结果有哪些要求？

答：（1）当检出结果低于方法检出限或定量限，应在检测报告中提供方法检出限和定量限的数值。

（2）如果报告的结果是用数字表示的数值，应按照标准方法的规定进行表述，当方法没有相关规定时，应依照有效数值修约的规定表述。

（3）当需要解释检测结果时，或客户有要求时，或检测方法要求时，实验室应报告质量控制结果。当质量控制结果不完全满足检测方法要求且无法重新测试时，应在报告中以适当方式进行标注和说明。

（4）必要时，报告中应注明与后续检测相关的抽样（含取样、采样）信息。

2．CNAS-CL01-G001：2018 要求，实验室制定内部质量监控方案时应考虑哪些因素？

答：（1）检测或校准业务量。

（2）检测或校准结果的用途。

（3）检测或校准方法本身的稳定性与复杂性。

（4）对技术人员经验的依赖程度。

（5）参加外部比对（包含能力验证）的频次与结果。

（6）人员的能力和经验、人员数量及变动情况。

（7）新采用的方法或变更的方法等。

3．根据 CNAS-CL01-G002：2021 规定，合格评定机构应对作为计量溯源性证据进行确认，确认内容应包括哪些方面？

答：（1）溯源证书的完整性和规范性。

（2）溯源结果与预期使用要求的符合性判定。

（3）适用时，根据溯源结果对设备进行调整或导入校准因子或在设备使用中进行修正。

（4）确认是否需对所开展的项目重新进行测量不确定度评定。

4．根据 CNAS-CL01-G002：2021 规定，技术上不可能计量溯源到 SI 单位时，合格评定机构应通过哪些方式证明可溯源至适当的参考标准？

答：技术上不能计量溯源到 SI 单位时，需明确定义被测量。建立计量溯源性需提供被测特性、结果与适当参考对象比对的证据。比对建立在测量程序经过充分确认和（或）验证、测量设备经过适当校准、测量条件（例如：环境条件）充分受控、可以提供可靠结果的基础上。

5．根据 CNAS-CL01-G003：2021 规定，哪些情况下应在检测报告中报告测量结果的不确定度？

答：（1）当测量不确定度与检测结果的有效性或应用有关时。

（2）当检测方法/标准有要求时。

（3）当客户要求时。

（4）当测量不确定度影响到与规范限量的符合时。

6．简述合格评定机构在参加能力验证中结果为不满意且已不能符合认可项目依据的标准或规范所规定的判定要求时应采取的措施。

答：（1）自行暂停在相应项目的证书/报告中使用 CNAS 认可标识，并按照合格评定机构体系文件的规定采取相应的纠正措施，验证措施的有效性。纠正措施有效性的验证方式包括再次参加能力验证活动（能力验证活动应当符合条款的要求）或通过 CNAS 评审组的现场评价。

（2）在验证纠正措施有效后，合格评定机构自行恢复使用认可标识。合格评定机构的纠正措施和验证活动（可行时）应在 180 天（自能力验证最终报告发布之日起计）内完成。合格评定机构应保存上述记录以备评审组检查。

7．简述合格评定机构优先选择按照 ISO/IEC 17043 运作的能力验证计划的顺序。

答：（1）CNAS 认可的能力验证提供者（PTP）以及已签署 PTP 相互承认协议（MRA）的认可机构认可的 PTP 在其认可范围内运作的能力验证计划。

（2）未签署 PTP MRA 的认可机构依据 ISO/IEC 17043 认可的 PTP 在其认可范围内运作的能力验证计划。

（3）国际认可合作组织运作的能力验证计划，如亚太实验室认可合作组织（APLAC）等开展的能力验证计划。

（4）国际权威组织实施的实验室间比对，如国际计量委员会（CIPM）、亚太计量规划组织（APMP）、世界反兴奋剂联盟（WADA）等开展的国际、区域实验室间比对。

（5）依据 ISO/IEC 17043 获准认可的 PTP 在其认可范围外运作的能力验证计划。

（6）行业主管部门或行业协会组织的实验室间比对。

（7）其他机构组织的实验室间比对。

8．根据 GB/T 31429—2015，简述质量保证控制程序的重要构成元素有哪些。

答：（1）样品识别和数据控制：有程序文件规定样品的采取、接收、识别、制备和保存方法，采样和检验数据以受控方式存储。

（2）设备校准：有程序文件规定仪器设备的检定、校准或校核，采用标准物质、监控样品或计量设备校准、对仪器设备进行校核，确保其提供准确结果。

（3）测试方法：任何技术操作如果采样、制样、设备校准或测试都需要参照最新的被认可的标准文件来执行。

（4）测试质量控制：提供给客户的数据都需要经过质量控制程序的检验，应记录并定期核查质量控制程序的所有检验结果。

（5）数据审查、控制和报告：程序文件规定数据的传递、审查和报告，确保每一次测试的结果都能客观、准确、清晰地反映被测样品的品质。

9．根据 GB/T 31429—2015，简述实验室采用控制图进行质量控制时，当测定值超出控制限时的处理方法。

答：（1）确保采用合适的监控样品进行检验。

（2）确保所有实验数据的完整无误，如果可能，可与原始记录单或计算机上的数据进行核对。

（3）检查实验条件是否正常，如仪器温度是否正确、实验气氛是否合适、试验时间是否满足方法要求等。

（4）复查所有实验记录。

（5）确保所有计算准确无误。

（6）若控制样品和试验样品同批进行检验，应将该批所有样品重新进行整批检测。

（7）若控制样品检测发生在样品检测间隔，则应重新检测控制样品。如果只有一个临界值，且重新测定结果没有问题，则替换控制图中的错误值，并接受所有测定结果。如果控制样品重新测定值仍超出控制限，应对设备或程序进行排查，并舍弃自上一控制样品测定以来的所有检验结果。

（8）如果上述检查很难发现原因，试验人员应假设系统失控，并应全程跟踪测试过程，通过一系列的检查点来确定误差发生的位置。

10．CNAS-CL01：2018 中要求实验室应记录管理评审的输入有哪些信息？

答：包括以下信息：

（1）与实验室相关的内外部因素的变化。

（2）目标实现。

（3）政策和程序的适宜性。

（4）以往管理评审所采取措施的情况。

（5）近期内部审核的结果。

（6）纠正措施。

（7）由外部机构进行的评审。

（8）工作量和工作类型的变化或实验室活动范围的变化。

（9）客户和员工的反馈。

（10）投诉。

（11）实施改进的有效性。

（12）资源的充分性。

（13）风险识别的结果。

（14）保证结果有效性的输出。

（15）其他相关因素，如监控活动和培训。

11．CNAS-EL-08：2018 对检测标准有哪些具体规定？

答：（1）检测标准应按国内标准、国际标准和国外标准、非标准方法和实验室制定的方法顺序填写。原则上，中文和英文的能力范围应分别采用中文和英文填写，其他语种的标准应翻译成中文和英文后填写。

（2）检测标准/方法通常应包括标准/方法的名称、编号、年代号或版本号。

（3）每项检测项目/参数依据的标准/方法中均应包含具体的检测方法。

（4）当标准中仅规定限值要求及检测引用的方法标准时，实验室应将引用的方法标准单独申请认可。

（5）名词定义、质量规范等非检测方法标准不应申请认可，如 GB/T 5751—2009、GB/T 18666—2014。

（6）仅包含对设备的要求但无具体检测方法的标准不应作为设备的检测依据申请，如 DL/T 747—2010。

（7）如实验室仅从事采制样，不从事相关的检测活动，不应以采样、制样等标准或方法申请认可。

（8）申请机械采制样（包括破碎缩分联合制样设备性能试验）的精密度、偏倚试验项目时，需要同时申请精密度、偏倚检测所涉及的采样、制样和化验能力，不可单独申请。煤炭机械化采制样精密度、偏倚涉及的采样、制样和化验相关项目/参数若在检测对象"煤"中已列出，在检测对象"煤炭机械化采制样系统"或"破碎缩分联合制样设备"中可以不再显示。

12. 简述实验室认可中监督评审的目的。

答：为了证实获准认可实验室在认可有效期内持续地符合认可要求，并保证在认可规则和认可准则或技术能力变化后，能够及时采取措施以符合变化的要求。

13. 获准认可实验室发生哪些变化，应在 20 个工作日内通知 CNAS 秘书处？

答：实验室发生下列变化时，应在 20 个工作日内通知 CNAS 秘书处：

（1）获准认可实验室的名称、地址、法律地位和主要政策发生变化。

（2）获准认可实验室的组织机构、高级管理和技术人员、授权签字人发生变更。

（3）认可范围内的检测/校准/鉴定依据的标准/方法、重要试验设备、环境、检测/校准/鉴定工作范围及有关项目发生改变。

（4）其他可能影响其认可范围内业务活动和体系运行的变更。

14. CNAS 要求授权签字人必须具备哪些资格条件？

答：（1）有必要的专业知识和相应的工作经历，熟悉授权签字范围内有关检测/校准/鉴定标准、方法及程序，能对检测/校准/鉴定结果作出正确的评价，了解测量结果的不确定度，了解设备维护保养和校准的规定并掌握校准状态。

（2）熟悉认可规则和政策要求、认可条件，特别是获准认可实验室义务，以及带认可标识/联合标识检测/校准/鉴定报告或证书的使用规定。

（3）在对检测/校准/鉴定结果的正确性负责的岗位上任职，并有相应的管理职权。

15. 当已获认可的实验室出现哪些情况时，CNAS 会做出暂停认可的决定。

答：（1）被告诫的实验室在规定期限内未对其存在的问题，采取有效纠正或纠正措施，或告诫后在一个认可证书有效期内同类问题重复发生。

（2）超范围使用认可标识/联合标识或错误声明认可状态，造成一定恶劣影响。

（3）不能按期接受定期监督或复评审。

（4）不按时缴纳费用。

（5）监督评审或复评审现场评审过程中发现少量已获认可的技术能力不能维持或不能在规定的期限内完成纠正措施。

（6）实验室的技术能力，如：人员、设施、环境（如搬迁）、检测/校准/鉴定依据的方法、计量标准（数量较少）等发生变化，未按 CNAS-RL01:2019 第 9.1.1 条的规定通报 CNAS 秘书处，或未经 CNAS 确认继续使用认可标识/联合标识。

（7）现场评审发现实验室的管理能力和/或技术能力不能满足认可要求。

（8）当认可规则、认可要求和认可准则发生变化，获准认可实验室不能按时完成转换。

（9）未履行认可合同。

（10）获准认可实验室存在其他违反认可规定，但严重程度尚未达到撤销认可资格的情况。

第二篇

操作技能篇

第五章 采 样

采样操作基本要求：

（1）掌握相关国家标准和行业标准，如 GB/T 475—2008、GB/T 19494.1—2004、DL/T 569—2007 及 DL/T 747—2010（采样部分）等。

（2）掌握采样的基本概念、名词术语，掌握基本采样方案，了解专用采样方案的内容，掌握采样四大要素（子样数、子样质量、子样点布置和采样工具选择）的计算和选取，掌握三种采样布点方式（随机、系统、分层随机），了解采样精密度要求和影响因素，了解采样偏倚的要求和影响因素，了解采样设备和工具的基本结构、功能和技术要求。

（3）熟练实施三种布点方式下的人工采样操作，正确应用采样四大要素；熟练设置采样机参数并收集采样机样品，样品标签明确。

一、人工采样

1. 考试项目

煤炭人工采样操作。

2. 考试要求

依据 GB/T 475—2008，对某模拟火车车厢装载的煤炭进行人工采样，每个车厢共采集 4 个子样。从安全操作、选取采样工具、确定子样数目、每个子样质量、子样的位置、子样质量的均匀性、挖坑深度、样品标签、人工采样操作记录完整性及人工采样操作时间等方面进行考核。

3. 考核评分表

煤炭人工采样操作考核评分表

序号	考核阶段/项目	分值	考核内容		考核分值/次（项目）	考核次数	考核分数	实际扣分	扣分记录	相关指标记录
1	准备工作：时间 2min，不计入总时间		检查工器具							
2	安全与劳保	10	（1）	不佩戴安全帽或佩戴不合格的安全帽	2					
			（2）	未正确佩戴安全帽	2					
			（3）	未戴口罩或不正确佩戴防尘口罩	2					

续表

序号	考核阶段/项目	分值	考核内容		考核分值/次（项目）	考核次数	考核分数	实际扣分	扣分记录	相关指标记录
2	安全与劳保	10	（4）	未正确穿戴工作服	2					
			（5）	未穿现场提供的雨靴	2					
			（6）	在采样过程中走到车厢以外的地方或有其他安全违章	2					
3	采样操作									
3.1	采样工具选择	4	（1）	开口小于 3 倍标称最大粒度	3					
			（2）	容量不满足最小子样质量要求	2					
3.2	子样点布置	8	（1）	未按照随机法抽取采样点	4					
			（2）	子样编号与实际位置不对（每点）	1					
3.3	人工采样孔尺寸	8		采样洞孔上表面直径大于 400mm（每超过 50mm，不足按 50mm 计）	2					
3.4	子样在中间位置	8	（1）	中心点不超过 100mm 不扣分						
			（2）	超过 100mm 后（每超过 50mm，每点）	1					
			（3）	超过 200mm（每超过 50mm，每点）	2					
3.5	采样深度	8	（1）	>0.5m（每点）	1					
			（2）	<0.4m（每点）	2					
3.6	子样质量采集准确	12	（1）	子样质量在 m_a～$1.2m_a$ 不扣分						
			（2）	子样质量大于 $1.2m_a$ 扣分（每超过 0.2kg）	1					
			（3）	单个子样质量小于 m_a（每点）	3					
3.7	子样质量均匀性	12	（1）	子样质量变异系数小于 5% 不扣分						
			（2）	子样质量变异系数在 5%～10%	4					
			（3）	子样质量变异系数大于 10%	8					
3.8	采样过程	8	（1）	未一次采足（每样）	0.5					
			（2）	丢失样品（每样）	0.5					
			（3）	错采样品（每样）	0.5					
			（4）	未加桶盖（每样）	0.5					
3.9	清理现场	2		未清理现场	2					
4	采样记录	10	（1）	子样分布图未记录或记录错误	1					
			（2）	采样时间未记录或记录错误	1					
			（3）	样品编码未记录或记录错误	1					
			（4）	煤种未记录或记录错误	1					
			（5）	采样单元未记录或记录错误	1					
			（6）	标称最大粒度未记录或记录错误	1					
			（7）	样品质量未记录或记录错误	1					

续表

序号	考核阶段/项目	分值		考 核 内 容	考核分值/次（项目）	考核次数	考核分数	实际扣分	扣分记录	相关指标记录
4	采样记录	10	（8）	采样地点未记录或记录错误	1					
			（9）	子样布点方法未记录或记录错误	1					
			（10）	采样工具未记录或记录错误	1					
			（11）	采样人员未记录或记录错误	1					
			（12）	当日气象（阴、雨、晴）（缺一项扣全部分数）未记录或记录错误	1					
			（13）	现场环境温度未记录或记录错误	1					
			（14）	现场环境湿度未记录或记录错误	1					
			（15）	依据标准未记录或记录错误	1					
5	时间	10	（1）	15min 内完成操作，不扣分						
			（2）	比赛用时（计为整数）：＿＿min						
			1）	超时 5min 以内，不足 1min 按 1min 计（每 1min）	2					
			2）	超时 5min 以上，强行退场	10					

二、机械采样

1. 考试项目

煤炭机械采样操作。

2. 考试要求

依据 GB/T 19494.1—2004，评价煤炭机械采样操作的安全性、正确性、设备操作熟练程度及记录完整性等。被采样煤标称最大粒度视为 50mm。从准备操作汽车机械采制样装置对某汽车车厢静止煤进行采样开始，分别采取 1 个全深度自动随机样、1 个全深度的手动定点样，从准备过程和操作的安全性、子样位置、样品标签、操作记录完整性及操作时间等方面进行考核。

3. 考核评分表

煤炭机械采样操作考核评分表

序号	考核阶段/项目	分值		考 核 内 容	考核分值/次（项目）	考核次数	考核分数	实际扣分	扣分记录	相关指标记录
1	时间 2min，不计入总时间			检查采样用工器具；确认车厢内煤炭状态；工作人员提供采样记录纸和纸夹						
2	安全与劳保	10	（1）	不佩戴安全帽或佩戴不合格的安全帽	2					

序号	考核阶段/项目	分值	考核内容		考核分值/次（项目）	考核次数	考核分数	实际扣分	扣分记录	相关指标记录
2	安全与劳保	10	（2）	未正确佩戴安全帽	2					
			（3）	未戴口罩或不正确佩戴防尘口罩	2					
			（4）	未正确穿戴工作服	2					
			（5）	未穿现场提供的雨靴	2					
3	机采样的采集									
3.1	检查、清理采样机	20	（1）	未检查采样头	1					
			（2）	未检查落煤管（采样头到破碎机）	1					
			（3）	未检查输送带（采样头到破碎机）	1					
			（4）	未检查破碎机	1					
			（5）	未检查落煤管（破碎机到缩分器）	1					
			（6）	未检查输送带（破碎机到缩分器）	1					
			（7）	未检查缩分器	1					
			（8）	未检查落煤管（缩分器到集样器）	1					
			（9）	未检查样品收集容器	1					
			（10）	如有明显煤样或异物残留而未清理（每项）	1					
			（11）	未确认运煤车司机熄火下车	1					
			（12）	未按照程序通电	1					
			（13）	启动设备采集清洗煤样时，未按照采样设备的操作规程开启设备	2					
			（14）	采集清洗煤样时，未在控制面板选取半自动模式	1					
			（15）	操控采样头至车厢合适位置，采取全深度清扫样	1					
			（16）	设备尚未完成样品制备就关停设备	2					
			（17）	关停设备时，未按设备操作规程关停设备	2					
			（18）	未取出集样器清理	1					
			（19）	未将集样器清理干净	1					
			（20）	集样器未归回原位	1					
3.2	全自动随机采样	20	（1）	采集机采样时，未按照采样设备的操作规程开启设备	2					
			（2）	采集自动随机样时，未在控制面板选取全自动模式	2					
			（3）	采集自动随机样时，未在控制面板选取全深度模式（采用单采单卸的模式）	2					

序号	考核阶段/项目	分值	考核内容		考核分值/次（项目）	考核次数	考核分数	实际扣分	扣分记录	相关指标记录
3.2	全自动随机采样	20	(4)	设备尚未完成样品制备就关停设备	2					
			(5)	关停设备时，未按设备操作规程关停设备	2					
			(6)	未完整收集子样，有残留	2					
			(7)	集样器未归回原位	1					
			(8)	样品转移过程中有洒落	2					
			(9)	样品包装不严密	2					
			(10)	样品编号不唯一	1					
			(11)	异常情况记录分析（如卡、堵、漏等）	1					
			(12)	缩分后的子样质量未判断	2					
			(13)	缩分后的子样质量未分析	2					
3.3	半自动定点采样	30	(1)	采集半自动定点样时，未按照采样设备的操作规程开启设备	2					
			(2)	采集半自动定点样时，未在控制面板选取半自动模式（平面位置）	2					
			(3)	采集半自动定点样时，未在控制面板选取全深度自动模式（采用单采单卸的模式）	2					
			(4)	采集半自动定点样时，未操控采样头至车厢指定位置	2					
			(5)	采样点定位准确（圈内得分，触碰定位圈扣一半，圈外全扣）	2					
			(6)	采集半自动点样时，未全深度采样	2					
			(7)	设备尚未完成样品制备就关停设备	2					
			(8)	关停设备时，未按设备操作规程关停设备	2					
			(9)	未完整收集子样，有残留	2					
			(10)	集样器未归回原位	1					
			(11)	样品转移过程中有洒落	2					
			(12)	样品包装不严密	2					
			(13)	样品编号不唯一	2					
			(14)	异常情况记录分析（如卡、堵、漏等）	2					
			(15)	缩分后的子样质量未判断	3					
			(16)	缩分后的子样质量未分析	3					
3.4	恢复采样机原始状态	1	(1)	采样头未位于接料斗正上方	1					
			(2)	采样机未全系统断电	1					

序号	考核阶段/项目	分值	考 核 内 容		考核分值/次（项目）	考核次数	考核分数	实际扣分	扣分记录	相关指标记录
4	机采样原始记录信息	10	（1）	机械采制样装置的名称未记录或记录错误	1					
			（2）	型号未记录或记录错误	1					
			（3）	生产厂家未记录或记录错误	1					
			（4）	设备编号未记录或记录错误	1					
			（5）	缩分器设置的缩分比未记录或记录错误	1					
			（6）	批煤信息（矿点）未记录或记录错误	1					
			（7）	样品编号未记录或记录错误	1					
			（8）	采样时间未记录或记录错误	1					
			（9）	采样地点未记录或记录错误	1					
			（10）	标称最大粒度未记录或记录错误	1					
			（11）	当日气象条件（阴或雨或晴）（缺一项扣全部分数）未记录或记录错误	1					
			（12）	现场环境温度未记录或记录错误	1					
			（13）	现场环境湿度未记录或记录错误	1					
			（14）	依据标准未记录或记录错误	1					
			（15）	布点方式未记录或记录错误	1					
			（16）	子样数目未记录或记录错误	1					
			（17）	样品质量未记录或记录错误	1					
			（18）	采样人员参赛号未记录或记录错误或填写姓名	1					
5	时间	10	（1）	15min 内完成操作，不扣分						
			（2）	比赛用时（计为整数）：____min						
			1）	超时 5min 以内，不足 1min 按 1min 计（每 1min）	2					
			2）	超时 5min 以上，强行退场	10					

第六章 制 样

制样操作基本要求：

（1）掌握相关国家标准和行业标准，如 GB/T 474—2008、GB/T 19494.2—2004、GB/T 19494.3—2004、DL/T 1339—2014、DL/T 747—2010（制样部分）和 GB/T 211—2017 等。

（2）掌握制样的基本概念、名词术语，掌握制样方案内容，掌握制样过程和要求（破碎、缩分、筛分、掺混、干燥），掌握破碎机的种类、选择和使用，掌握缩分设备的种类、选择和使用，掌握筛分设备的种类、选择和使用，掌握四种人工缩分方法（堆锥四分法、棋盘法、条带法和九点法）的使用条件，掌握破碎缩分联合制样设备的种类、选择和使用，掌握全自动制样设备了解制样精密度要求和影响因素，了解制样偏倚的要求和影响因素，了解制样设备和工具的基本结构、功能和技术要求，掌握留样量和标称最大粒度的关系及计算，掌握煤样干燥条件，掌握多个起始粒度为 13mm 或 25mm 时的一般共用煤样、全水分煤样和分析煤样的制备、留存流程，正确填写样品标签。

（3）熟练正确实施一般共用煤样、全水分煤样和分析煤样的制备操作，不污染、不损失；熟练设置制样机参数并收集制样机样品，样品标签正确。

一、人工制样

1. 考试项目

煤炭人工制样操作。

2. 考试要求

依据 GB/T 474—2008，对待制的煤样标称最大粒度为 25mm、样品质量在 35～40kg 的煤样进行制备。制样应经过 13、6mm 和 3mm（圆孔筛）三个制样阶段，最终制备出 13mm 全水分煤样、3mm 存查煤样和用以制备一般分析试验煤样的实验室煤样（3mm）共三个样品。从安全操作、制样技能（如对颚式破碎机、锤式破碎机、对辊破碎机等破碎设备的使用，堆锥四分法、二分器法、九点法等缩分方法的操作过程、缩分精密度及相关煤样种类的制备，样品标签、制样操作记录完整性、样品质量及制样操作时间等）进行考核。

3. 考核评分表

煤样人工制样操作考核评分表

序号	考核阶段/项目	分值	考核内容		考核分值/次（项目）	考核次数	考核分数	实际扣分	扣分记录	相关指标记录
1	准备工作：时间2min，不计入总时间			检查工器具						
2	安全与劳保	5	（1）	未戴口罩或不正确佩戴防尘口罩	3					
			（2）	未穿工作服	1					
			（3）	未穿现场提供的雨靴	1					
3	制样过程									
3.1	样品称量和制样记录	1	（1）	未称量样品毛重	0.5					
			（2）	未称量皮重	0.5					
3.2	13mm制样阶段									
3.2.1	筛分与破碎	7	（1）	场地未清扫	0.5					
			（2）	未正确选择选取13mm方孔筛	0.5					
			（3）	13mm筛子使用前未清扫	0.5					
			（4）	13mm筛子清扫物未扫入废样收集桶	0.5					
			（5）	煤样过13mm筛子时有损失	0.5					
			（6）	未正确选取13mm破碎机	0.5					
			（7）	破碎前未启停13mm破碎机	0.5					
			（8）	未断电清理13mm破碎机进料斗、破碎腔体和接料斗残煤	2					
			（9）	喂料速度不均匀，有卡堵	2					
			（10）	如出现严重卡堵，未断电进行清理	0.5					
			（11）	未断电回收13mm破碎机进料斗、破碎腔体和接料斗煤样	0.5					
			（12）	存在个别大颗粒样品需手工破碎煤样时，用具使用前后未清洁	0.5					
			（13）	未达到95%以上样品通过13mm筛子，筛上物估算不正确	0.5					
			（14）	选手未告知裁判员筛上物估计量不大于总样量的5%	0.5					
			（15）	筛上物质量：_____kg；总样质量：_____kg						
			（16）	占总样比例：_____%						
			（17）	筛上物未倒入总样	0.5					
			（18）	13mm筛子未清扫	0.5					

续表

序号	考核阶段/项目	分值	考核内容		考核分值/次（项目）	考核次数	考核分数	实际扣分	扣分记录	相关指标记录
3.2.1	筛分与破碎	7	（19）	破碎缩分操作中设备及工器具使用后的清扫物未倒入总样	0.5					
			（20）	操作过程中出现导致样品损失的现象	0.5					
			（21）	操作过程中出现其他未明确的可能导致样品污染的现象	0.5					
3.2.2	堆锥四分法	8	（1）	操作前未清扫工用具	0.5					
			（2）	未贴底铲样	0.5					
			（3）	迁移过程中样品撒落	0.5					
			（4）	煤样未在锥顶中心给料落样（每锹煤样少于两次给料落样）	0.5					
			（5）	迁移过程中新老锥体有交叉或重叠部分	0.5					
			（6）	最终锥体形状不规则，明显偏斜	0.5					
			（7）	未造锥三次（每缺一次）	0.5					
			（8）	压锥不均匀	0.5					
			（9）	十字分样板选取不适当，高度小于煤堆厚度	0.5					
			（10）	十字分样板选取不适当，长度小于锥体直径	0.5					
			（11）	分样后称量两部分样品质量，两部分样品质量之差超过两部分样品之和的3%	6					
			（12）	分样后称量两部分样品质量，两部分样品质量之差超过两部分样品之和的1.5%且不大于3%	3					
			（13）	选手未告知裁判哪部分为留样或弃样	0.5					
			（14）	操作过程中出现导致样品损失的现象	0.5					
			（15）	操作过程中出现其他未明确的可能导致样品污染的现象	0.5					
3.2.3	全水分样的分取（九点取样法）	8	（1）	全水煤样从弃样中分取 时间：$t_1=$ _____						
			（2）	未贴底铲样	0.5					
			（3）	迁移过程样品有损失	0.5					
			（4）	煤样未给料落样在锥顶中心（每锹煤样少于两次给料落样）	0.5					
			（5）	锥体形状不规则	0.5					
			（6）	未造锥一次	0.5					
			（7）	压锥不均匀，未摊平	0.5					

序号	考核阶段/项目	分值	考核内容		考核分值/次（项目）	考核次数	考核分数	实际扣分	扣分记录	相关指标记录
3.2.3	全水分样的分取（九点取样法）	8	（8）	扁平体不规整，厚度大于39mm	0.5					
			（9）	九点位置不正确	0.5					
			（10）	每点取样不均匀完整，有撒落，有补样	0.5					
			（11）	第1个点的质量不在330～390g	0.5					
			（12）	第2个点的质量不在330～390g	0.5					
			（13）	第3个点的质量不在330～390g	0.5					
			（14）	第4个点的质量不在330～390g	0.5					
			（15）	第5个点的质量不在330～390g	0.5					
			（16）	第6个点的质量不在330～390g	0.5					
			（17）	第7个点的质量不在330～390g	0.5					
			（18）	第8个点的质量不在330～390g	0.5					
			（19）	第9个点的质量不在330～390g	0.5					
			（20）	样品未及时放入容器中密封	0.5					
			（21）	全水分制样时间超过5min ＝_____（每超过1min）	1					
			（22）	操作过程中出现导致样品损失的现象	0.5					
			（23）	操作过程中出现其他未明确的可能导致样品污染的现象	0.5					
3.3	6mm制样阶段									
3.3.1	筛分与破碎、留样	7	（1）	未正确选取6mm方孔筛	0.5					
			（2）	6mm筛子使用前未清扫	0.5					
			（3）	6mm筛子清扫物未扫入废样收集桶	0.5					
			（4）	煤样过6mm筛子有损失	0.5					
			（5）	未正确选取6mm破碎机	0.5					
			（6）	破碎前未启停6mm破碎机	0.5					
			（7）	未断电清理6mm破碎机进料斗、破碎腔体和接料斗残煤	0.5					
			（8）	喂料速度不均匀，有卡堵	0.5					
			（9）	如出现严重卡堵，未断电进行清理	0.5					
			（10）	未断电回收6mm破碎机进料斗、破碎腔体和接料斗煤样	0.5					
			（11）	存在个别大颗粒样品需手工破碎煤样时，用具使用前后未清洁	0.5					

序号	考核阶段/项目	分值	考核内容		考核分值/次（项目）	考核次数	考核分数	实际扣分	扣分记录	相关指标记录
3.3.1	筛分与破碎、留样	7	（12）	未达到95%以上样品通过6mm筛子，筛上物估算不正确	0.5					
			（13）	选手未告知裁判员筛上物估计量不大于总样量的5%	0.5					
			（14）	筛上物质量：_____kg；占总样比例：_____%						
			（15）	筛上物未倒入总样	0.5					
			（16）	6mm筛子未清扫	0.5					
			（17）	破碎缩分操作中设备及工器具使用后的清扫物未倒入总样	0.5					
			（18）	工器具使用前后未清扫	0.5					
			（19）	操作过程中出现导致样品损失的现象	0.5					
			（20）	操作过程中出现其他未明确的可能导致样品污染的现象	0.5					
3.3.2	二分器缩分	6	（1）	未正确选取6mm二分器	0.5					
			（2）	6mm二分器使用前未清扫，清扫物未倒入废样桶	0.5					
			（3）	喂料速度不均匀，有堵塞（共1分）	0.5					
			（4）	6mm二分器使用后未清扫，清扫物未倒入总样	0.5					
			（5）	工器具使用前后未清扫	0.5					
			（6）	第一次分样后称量两部分样品质量相差超过两侧样品质量之和的1.0%	0.5					
			（7）	留样量：$m_a=$_____kg；弃样量：$m_b=$_____kg						
			（8）	未交互取留样品（共1分）	0.5					
			（9）	留样量少于3.75kg	3					
			（10）	操作过程中出现导致样品损失的现象	0.5					
			（11）	操作过程中出现其他未明确的可能导致样品污染的现象	0.5					
3.4	3mm圆孔筛制样阶段				0.5					
3.4.1	筛分与破碎	7	（1）	未正确选取3mm圆孔筛	0.5					
			（2）	3mm筛子使用前未清扫	0.5					
			（3）	3mm筛子清扫物未扫入废样收集桶	0.5					
			（4）	煤样过3mm筛子有损失	0.5					

序号	考核阶段/项目	分值	考核内容		考核分值/次（项目）	考核次数	考核分数	实际扣分	扣分记录	相关指标记录
3.4.1	筛分与破碎	7	（5）	未正确选取 3mm 破碎机	0.5					
			（6）	破碎前未启停 3mm 破碎机	0.5					
			（7）	未断电清理 3mm 破碎机进料斗、破碎腔体和接料斗残煤	0.5					
			（8）	喂料速度不均匀，有卡堵	2					
			（9）	如出现严重卡堵，未断电进行清理	0.5					
			（10）	未断电回收 3mm 破碎机进料斗、破碎腔体和接料斗煤样	0.5					
			（11）	存在个别大颗粒样品需手工破碎煤样时，用具使用前后未清洁	0.5					
			（12）	样品未全部通过 3mm 圆孔筛	2					
			（13）	3mm 筛子未清扫	0.5					
			（14）	破碎缩分操作中设备及工器具使用后的清扫物未倒入总样	0.5					
			（15）	工器具使用前后未清扫	0.5					
			（16）	操作过程中出现导致样品损失的现象	0.5					
			（17）	操作过程中出现其他未明确的可能导致样品污染的现象	0.5					
3.4.2	二分器缩分	6	（1）	未正确选取 3mm 二分器	0.5					
			（2）	3mm 二分器使用前未清扫，清扫物未倒入废样桶	0.5					
			（3）	喂料速度不均匀，有堵塞	0.5					
			（4）	3mm 二分器使用后未清扫，清扫物未倒入总样	0.5					
			（5）	工器具使用前后未清扫	0.5					
			（6）	未交互取留样品	0.5					
			（7）	第一次分样后称量两部分样品质量相差超过两侧样品质量之和的 0.5%	3					
			（8）	留样量：m_a=_____kg；弃样量：m_b=_____kg						
			（9）	分析样未放入密封容器中	0.5					
			（10）	操作过程中出现导致样品损失的现象	0.5					
			（11）	操作过程中出现其他未明确的可能导致样品污染的现象	0.5					
3.5	样品标签				0.5					
3.5.1	全水分煤样标签	2	（1）	样品编码未记录或记录错误	0.5					
			（2）	煤种未记录或记录错误	0.5					

序号	考核阶段/项目	分值	考 核 内 容		考核分值/次（项目）	考核次数	考核分数	实际扣分	扣分记录	相关指标记录
3.5.1	全水分煤样标签	2	（3）	样品粒度未记录或记录错误	0.5					
			（4）	皮重未记录或记录错误	0.5					
			（5）	样重（估算重量）未记录或记录错误	0.5					
			（6）	制样人员未记录或记录错误	0.5					
			（7）	制样时间未记录或记录错误	0.5					
3.5.2	存查煤样标签	2	（1）	样品编码未记录或记录错误	0.5					
			（2）	煤种未记录或记录错误	0.5					
			（3）	样品粒度未记录或记录错误	0.5					
			（4）	皮重未记录或记录错误	0.5					
			（5）	样重（估算重量）未记录或记录错误	0.5					
			（6）	制样人员未记录或记录错误	0.5					
			（7）	制样时间未记录或记录错误	0.5					
3.5.3	用于制备一般分析试验煤样的3mm实验室煤样标签	2	（1）	样品编码未记录或记录错误	0.5					
			（2）	煤种未记录或记录错误	0.5					
			（3）	样品粒度未记录或记录错误	0.5					
			（4）	皮重未记录或记录错误	0.5					
			（5）	样重（估算重量）未记录或记录错误	0.5					
			（6）	制样人员未记录或记录错误	0.5					
			（7）	制样时间未记录或记录错误	0.5					
4	清理现场	2		未清理场地	0.5					
5	时间	10	（1）	60min内完成操作，不扣分						
			（2）	比赛用时（计为整数）：＿＿min						
			1）	超时5min以内，不足1min以1min计（每1min）	2					
			2）	超时5min，强行退场	10					
6	样品质量	8	（1）	13mm全水煤样质量在3000～3500g，不扣分						
			（2）	13mm全水煤样质量小于3kg	8					
			（3）	13mm全水煤样质量大于3.5kg（每100g）	1					
		8	（1）	3mm存查样700～800g，不扣分						
			（2）	3mm存查样质量小于700g	8					
			（3）	3mm存查样质量大于800g（每50g）	1					
		8	（1）	3mm一般试验样质量100～130g，不扣分						

续表

序号	考核阶段/项目	分值	考核内容		考核分值/次（项目）	考核次数	考核分数	实际扣分	扣分记录	相关指标记录
6	样品质量	8	（2）	3mm 一般试验样质量小于 100g	8					
			（3）	3mm 一般试验样质量大于 130g（每10g）	1					
7	样品损失量	3	（1）	损失量小于或等于 1%，不扣分						
			（2）	损失量大于 1%（每100g）	1					

二、机械制样

1. 考试项目

破碎缩分联合制样设备和全自动制样设备制样操作。

2. 考试要求

2.1　破碎缩分联合制样设备制样操作

依据 GB/T 19494.2—2004 对待制的煤样标称最大粒度为 25mm、样品质量在 100～150kg 的煤样进行制备。制样经过破碎缩分联合制样设备破碎、缩分阶段，最终制备出 6mm 全水分煤样、3mm 存查煤样和用以制备一般分析试验煤样的实验室煤样（3mm）共三个样品。依据 DL/T 1339—2014 和 GB/T 19494.3—2004 对破碎缩分联合制样设备的性能进行试验。从安全操作、制样技能和设备使用等主要环节进行考核。

2.2　全自动制样设备制样操作

依据 GB/T 19494.2—2004 对待制的煤样进行制备。制样经过全自动制样设备，经过自动破碎、缩分、干燥等阶段，最终制备出 6mm 全水分煤样、3mm 存查煤样、0.2mm 分析样和存查样。依据 DL/T 1339—2014 和 GB/T 19494.3—2004 对全自动制样设备的性能进行试验。从安全操作、制样技能和设备使用等主要环节进行考核。

3. 考核评分表

破碎缩分联合制样设备制样操作考核评分表

序号	考核阶段/项目	分值	考核内容		考核分值/次（项目）	考核次数	考核分数	实际扣分	扣分记录	相关指标记录
1	准备工作		检查工器具，时间 2min，不计入总时间							
2	安全与劳保	5	（1）	未戴口罩或不正确佩戴防尘口罩	3					
			（2）	未穿工作服	1					
			（3）	未穿现场提供的雨靴	1					
3	设备检查	5	（1）	未检查破碎缩分联合制样设备的性能试验报告，确定破碎缩分联合制样设备性能是否符合要求	1					

序号	考核阶段/项目	分值		考 核 内 容	考核分值/次（项目）	考核次数	考核分数	实际扣分	扣分记录	相关指标记录
3	设备检查	5	（2）	未断电清理进皮带破碎腔体、缩分器和接料斗残煤	2					
			（3）	未检查记录破碎机筛孔尺寸	0.5					
			（4）	未测量记录缩分器开口尺寸	0.5					
			（5）	未根据出料粒度调整缩分器开口尺寸	0.5					
			（6）	未启动和停止至少2次，对设备残余物进行清扫	0.5					
4	制样阶段									
4.1	样品称量和制样记录	1	（1）	未称量样品毛重	0.5					
			（2）	未称量皮重	0.5					
4.2	破碎筛分	7	（1）	未正确选择选取方孔筛	0.5					
			（2）	未断电回收进料斗、破碎腔体和接料斗煤样	0.5					
			（3）	未达到95%以上样品通过标准筛，筛上物估算不正确	0.5					
			（4）	选手未告知裁判员筛上物估计量不大于总样量的5%	0.5					
			（5）	留样1质量：_____kg；留样2质量：_____kg；弃样质量：_____kg						
			（6）	留样1筛上物质量：_____kg；留样2筛上物质量：_____kg；弃样筛上物质量：_____kg						
			（7）	占总样比例：_____%						
			（8）	操作过程中出现导致样品损失的现象	2					
			（9）	操作过程中出现其他未明确的可能导致样品污染的现象	0.5					
4.3	全水分样品制备	6	（1）	未正确选取6mm二分器	0.5					
			（2）	6mm二分器使用前未清扫，清扫物未倒入废样桶	0.5					
			（3）	喂料速度不均匀，有堵塞（共1分）	0.5					
			（4）	6mm二分器使用后未清扫，清扫物未倒入总样	0.5					
			（5）	工器具使用前后未清扫	0.5					
			（6）	第一次分样后称量两部分样品质量相差超过两侧样品质量之和的1.0%	0.5					
			（7）	留样量：m_a=_____kg；弃样量：m_b=_____kg						

序号	考核阶段/项目	分值	考 核 内 容		考核分值/次（项目）	考核次数	考核分数	实际扣分	扣分记录	相关指标记录
4.3	全水分样品制备	6	（8）	未交互取留样品（共1分）	0.5					
			（9）	留样量少于1.25kg	3					
			（10）	操作过程中出现导致样品损失的现象	0.5					
			（11）	操作过程中出现其他未明确的可能导致样品污染的现象	0.5					
4.4	用于制备一般分析试验煤样的3mm实验室煤样阶段									
4.4.1	筛分与破碎	7	（1）	未正确选取3mm圆孔筛	0.5					
			（2）	3mm筛子使用前未清扫	0.5					
			（3）	3mm筛子清扫物未扫入废样收集桶	0.5					
			（4）	煤样过3mm筛子有损失	0.5					
			（5）	未正确选取3mm破碎机	0.5					
			（6）	破碎前未启停3mm破碎机	0.5					
			（7）	未断电清理3mm破碎机进料斗、破碎腔体和接料斗残煤	0.5					
			（8）	喂料速度不均匀，有卡堵	2					
			（9）	如出现严重卡堵，未断电进行清理	0.5					
			（10）	未断电回收3mm破碎机进料斗、破碎腔体和接料斗煤样	0.5					
			（11）	存在个别大颗粒样品需手工破碎煤样时，用具使用前后未清洁	0.5					
			（12）	样品未全部通过3mm圆孔筛	2					
			（13）	3mm筛子未清扫	0.5					
			（14）	破碎缩分操作中设备及工器具使用后的清扫物未倒入总样	0.5					
			（15）	工器具使用前后未清扫	0.5					
			（16）	操作过程中出现导致样品损失的现象	0.5					
			（17）	操作过程中出现其他未明确的可能导致样品污染的现象	0.5					
4.4.2	二分器缩分	6	（1）	未正确选取3mm二分器	0.5					
			（2）	3mm二分器使用前未清扫，清扫物未倒入废样桶	0.5					
			（3）	喂料速度不均匀，有堵塞	0.5					

序号	考核阶段/项目	分值		考　核　内　容	考核分值/次（项目）	考核次数	考核分数	实际扣分	扣分记录	相关指标记录
4.4.2	二分器缩分	6	（4）	3mm 二分器使用后未清扫,清扫物未倒入总样	0.5					
			（5）	工器具使用前后未清扫	0.5					
			（6）	未交互取留样品	0.5					
			（7）	第一次分样后称量两部分样品质量相差超过两侧样品质量之和的 0.5%	3					
			（8）	留样量：m_a=_____kg；弃样量：m_b=_____kg						
			（9）	分析样未放入密封容器中	0.5					
			（10）	操作过程中出现导致样品损失的现象	0.5					
			（11）	操作过程中出现其他未明确的可能导致样品污染的现象	0.5					
4.5	样品标签									
4.5.1	全水分煤样标签	2	（1）	样品编码未记录或记录错误	0.5					
			（2）	煤种未记录或记录错误	0.5					
			（3）	样品粒度未记录或记录错误	0.5					
			（4）	皮重未记录或记录错误	0.5					
			（5）	样重（估算重量）未记录或记录错误	0.5					
			（6）	制样人员未记录或记录错误	0.5					
			（7）	制样时间未记录或记录错误	0.5					
4.5.2	存查煤样标签	2	（1）	样品编码未记录或记录错误	0.5					
			（2）	煤种未记录或记录错误	0.5					
			（3）	样品粒度未记录或记录错误	0.5					
			（4）	皮重未记录或记录错误	0.5					
			（5）	样重（估算重量）未记录或记录错误	0.5					
			（6）	制样人员未记录或记录错误	0.5					
			（7）	制样时间未记录或记录错误	0.5					
4.5.3	用于制备一般分析试验煤样的 3mm 实验室煤样标签	2	（1）	样品编码未记录或记录错误	0.5					
			（2）	煤种未记录或记录错误	0.5					
			（3）	样品粒度未记录或记录错误	0.5					
			（4）	皮重未记录或记录错误	0.5					
			（5）	样重（估算重量）未记录或记录错误	0.5					
			（6）	制样人员未记录或记录错误	0.5					
			（7）	制样时间未记录或记录错误	0.5					

序号	考核阶段/项目	分值	考核内容		考核分值/次（项目）	考核次数	考核分数	实际扣分	扣分记录	相关指标记录
5	清理现场	2		未清理场地	0.5					
6	时间	10	（1）	60min内完成操作，不扣分						
			（2）	比赛用时（计为整数）：____min						
			1）	超时5min以内，不足1min以1min计（每1min）	2					
			2）	超时5min，强行退场	10					
7	样品质量	8	（1）	6mm全水煤样质量在1250～1500g，不扣分						
			（2）	6mm全水煤样质量小于1.25kg	8					
			（3）	6mm全水煤样质量大于1.5kg（每100g）	1					
		8	（1）	3mm存查样700～800g，不扣分						
			（2）	3mm存查样质量小于700g	8					
			（3）	3mm存查样质量大于800g（每50g）	1					
		8	（1）	3mm一般试验样质量100～130g，不扣分						
			（2）	3mm一般试验样质量小于100g	8					
			（3）	3mm一般试验样质量大于130g（每10g）	1					
8	样品损失量	3	（1）	损失量小于或等于1%，不扣分						
			（2）	损失量大于1%（每100g）	1					
9	设备性能									
9.1	缩分倍率	3	（1）	留样1缩分倍率：_____；留样2缩分倍率：_____						
			（2）	未计算缩分倍率相对偏差	1					
9.2	样品损失率	3		未计算样品损失率	1					
9.3	全水分损失率试验	3		未模拟全水分损失率试验步骤	1					
9.4	精密度试验	3		未模拟精密度试验步骤	1					
9.5	偏倚试验	3		未模拟偏倚试验步骤	1					

全自动制样设备制样操作考核评分表

序号	考核阶段/项目	分值	考核内容	考核分值/次（项目）	考核次数	考核分数	实际扣分	扣分记录	相关指标记录
1	准备工作		检查工器具，时间2min，不计入总时间						

序号	考核阶段/项目	分值	考核内容		考核分值/次（项目）	考核次数	考核分数	实际扣分	扣分记录	相关指标记录
2	安全与劳保	5	（1）	未戴口罩或不正确佩戴防尘口罩	3					
			（2）	未穿工作服	1					
			（3）	未穿现场提供的雨靴	1					
3	设备检查	20	（1）	未检查全自动制样设备的性能试验报告，确定全自动制样设备性能是否符合要求	1					
			（2）	未告知裁判员全自动制样审核表无故障，可以开始制样程序	1					
			（3）	未运行清扫程序，或未确认全自动制样设备内无可见煤样或杂物	2					
			（4）	未检查样瓶是否就位	1					
			（5）	未口述全自动制样设备的结构和制样流程	2					
4	制样过程									
4.1	样品称量和制样记录	5	（1）	未检查煤样的密封状态	1					
			（2）	未称量样品毛重	0.5					
			（3）	未称量皮重	0.5					
4.2	制样阶段	45	（1）	制样完成后未告知裁判员制样过程无异常	1					
			（2）	未模拟制样过程异常处理步骤	1					
			（3）	未告知裁判员制样完成后设备内无可见煤样或杂物	1					
			（4）	未告知裁判员各样品密封完好	1					
			（5）	0.2mm 分析样质量：_____kg；0.2mm 存查样质量：_____kg；3mm 存查样质量：_____kg；全水样质量：_____kg；弃样质量：_____kg						
			（6）	0.2mm 筛上物质量：_____kg；3mm 筛上物质量：_____kg；6mm 筛上物质量：_____kg						
			（7）	0.2mm 煤样过筛率：_____%；3mm 煤样过筛率：_____%；6mm 煤样过筛率：_____%						
			（8）	未告知裁判员出料标称最大粒度是否符合铭牌出料粒度	2					
			（9）	未告知裁判员各缩分器开口尺寸是否与被缩分煤样出料粒度相匹配	1					
			（10）	未告知裁判员样重是否满足要求	0.5					
			（11）	未正确选取标准筛	0.5					

序号	考核阶段/项目	分值	考核内容		考核分值/次（项目）	考核次数	考核分数	实际扣分	扣分记录	相关指标记录
4.2	制样阶段	15	（12）	筛子使用前未清扫	0.5					
			（13）	筛子清扫物未扫入废样收集桶	0.5					
			（14）	煤样过筛有损失	0.5					
			（15）	操作过程中出现导致样品损失的现象	0.5					
			（16）	操作过程中出现其他未明确的可能导致样品污染的现象	0.5					
4.3	样品标签	2	（1）	未核对样品编码记录	0.5					
			（2）	未核对样品粒度记录	0.5					
			（3）	未核对样重记录	0.5					
			（4）	未核对制样人员和制样记录	0.5					
4.4	样品安全	1		未确认样品进入存样柜或传输至化验室	1					
5	性能考核									
5.1	缩分倍率	4		0.2mm 分析样缩分倍率：_____；0.2mm 存查样缩分倍率：_____；3mm 存查样缩分倍率：_____；全水分样缩分倍率：_____						
5.2	样品损失率	4		未计算样品损失率	1					
5.3	全水分损失率试验	4		未模拟全水分损失率试验步骤	1					
5.4	精密度试验	4		未模拟精密度试验步骤	1					
5.5	偏倚试验	4		未模拟偏倚试验步骤	1					
6	清理现场	2		未清理场地	0.5					

化验操作基本要求：

（1）掌握相关国家标准和行业标准，如 GB/T 211—2017、GB/T 212—2008、GB/T 213—2008、GB/T 214—2007、GB/T 25214—2010、GB/T 219—2008、GB/T 30732、GB/T 30733—2014、DL/T 568—2013 等。

（2）掌握分析基础知识（如重量分析、容量分析、电量分析等），各测定方法的原理（化学反应方程式）、天平的使用、仪器设备的准备、药剂的配制、操作条件的选择和确认、样品的处理、仪器设备的操作、结果的计算、基准换算、数据修约、重复测定次数、精密度（重复性、再现性）要求、仪器设备的安全操作、各项目之间的关系。

（3）要求操作熟练、结果准确，符合精密度要求。

一、挥发分

1. 考试项目

煤样挥发分测定操作。

2. 考试要求

依据 GB/T 212—2008，对均匀稳定的煤炭样品进行挥发分测定，评价操作过程正确性与熟练程度、测定结果精密度与正确度。从测定准备工作、样品称量与预处理、坩埚布置、坩埚架放置恒温区、准确把握加热时间、温度回升和样品冷却时间、焦渣特征、结果计算和报告及操作时间等方面进行考核。

3. 考核评分表

煤样挥发分测定操作考核评分表

序号	考核阶段/项目	分值	考 核 内 容		考核分值/次（项目）	考核次数	考核分数	实际扣分	扣分记录	相关指标记录
1	准备时间为2min，不计入总时间			检查工器具（不能替代试验过程中检查）。检查内容包括不限于设备安放位置和可靠性，坩埚、煤样勺、擦镜纸、手套等是否配备及存放位置						
2	试验过程									
2.1	天平使用	6	（1）	天平内有明显异物未正确处理	0.5					

序号	考核阶段/项目	分值	考 核 内 容		考核分值/次（项目）	考核次数	考核分数	实际扣分	扣分记录	相关指标记录
2.1	天平使用	6	（2）	未检查天平合格证，或使用无合格标识的天平	0.5					
			（3）	称量前未检查天平水平（若初次称量前选手检查发现不水平，应提请裁判负责调平，调平期间暂停计时）	1					
			（4）	使用前不自校	1					
			（5）	选手在测定过程中由自身原因导致天平不平	1					
			（6）	如选手在测定过程中由自身原因导致天平不平，选手不会调平天平或调平后不会自校，交由裁判员负责调平、校正	1					
			（7）	未正确读数（关闭天平门读数、数据稳定读数）	0.5					
			（8）	试验过程中天平移位，使用前未自校，或因其他原因导致天平不平	1					
2.2	样品称量与处理	11	（1）	裸手接触被称量器皿	1					
			（2）	称量前样品未搅拌或摇匀、未多点取样（至少取不同部位的三点）	1					
			（3）	未检查挥发分坩埚是否符合要求	1					
			（4）	使用不符合要求的坩埚	1					
			（5）	称样质量范围不在（1±0.01）g	1					
			（6）	称量时未正确放置样品瓶盖，称量完成后样品瓶未立即加盖	1					
			（7）	发生任何形式样品撒落	1					
			（8）	如选手称量过程中有样品撒落，未正确处理	1					
			（9）	煤样未摊平	1					
			（10）	多余样品称量完后未弃入废样容器中	1					
			（11）	从坩埚中取出样品	1					
			（12）	出现任何可能污染样品、标准物质的现象	1					
			（13）	对于特殊煤样未按照标准要求进行处理	1					
2.3	仪器操作及测试	26	（1）	未对仪器设备进行检查	1					
			（2）	实验前烟囱未关闭或关闭不严密	2					
			（3）	两次放入坩埚架上的坩埚数量不一致	1					
			（4）	送样前未检查开始温度在 920℃左右	1					
			（5）	盛有样品的坩埚未在恒温区	1					

序号	考核阶段/项目	分值	考　核　内　容		考核分值/次（项目）	考核次数	考核分数	实际扣分	扣分记录	相关指标记录
2.3	仪器操作及测试	26	（6）	送样和取样时不熟练（坩埚架或坩埚碰撞高温炉）	2					
			（7）	准确加热 7min，用秒表计时，仪器自带计时器须同时计时	1					
			（8）	计时不及时，不准确	1					
			（9）	炉温回升不正常，3min 内未恢复至（900±10）℃，选手未确认在整个试验过程中是否超出温度范围（900±10）℃	1					
			（10）	从高温炉中取出的坩埚及坩埚架未放置在隔热板上	1					
			（11）	第 1 次检测，坩埚在空气中冷却初始时间：＿＿min＿＿s						
			（12）	第 1 次检测，坩埚在空气中冷却结束时间：＿＿min＿＿s						
			（13）	第 1 次检测，坩埚在干燥器中冷却初始时间：＿＿min＿＿s						
			（14）	第 1 次检测，坩埚在干燥器中冷却结束时间：＿＿min＿＿s						
			（15）	裁判记录选手第 1 次检测坩埚冷却后称量总质量：＿＿g						
			（16）	第 2 次检测，坩埚在空气中冷却初始时间：＿＿min＿＿s						
			（17）	第 2 次检测，坩埚在空气中冷却结束时间：＿＿min＿＿s						
			（18）	第 2 次检测，坩埚在干燥器中冷却初始时间：＿＿min＿＿s						
			（19）	第 2 次检测，坩埚在干燥器中冷却结束时间：＿＿min＿＿s						
			（20）	裁判记录选手第 2 次检测坩埚冷却后称量总质量：＿＿g						
			（21）	室内干燥器外冷却 5min 左右	1					
			（22）	转入干燥器中冷却时间约 20min	1					
			（23）	试验结束后未确认样品是否被氧化或者存在爆燃	1					
			（24）	未在规定时间内完成两次重复测试并提供两次测试结果	10					
			（25）	判断焦渣特征操作不正确	3					
			（26）	试验过程中发生安全违章或安全事故（发生灼伤或烫伤、触电）	2					

序号	考核阶段/项目	分值	考核内容		考核分值/次（项目）	考核次数	考核分数	实际扣分	扣分记录	相关指标记录
3	清理现场	2	（1）	工器具未归位（未清理坩埚并放入灰分炉中进行灼烧）	1					
			（2）	场地未清理	1					
4	原始记录与结果计算	8	（1）	仪器名称未记录或记录错误	0.5					
			（2）	仪器编号未记录或记录错误	0.5					
			（3）	样品编号未记录或记录错误	0.5					
			（4）	依据标准号未记录或记录错误	0.5					
			（5）	具体方法未记录或记录错误（适用时）	0.5					
			（6）	仪器状态未记录或记录错误（使用前，包括标识状态、外观、检定有效期；使用后，检测过程是否有异常现象）	0.5					
			（7）	试验日期未记录或记录错误	0.5					
			（8）	试验人员参赛号未记录或记录错误或填写姓名	0.5					
			（9）	实验室温度未记录或记录错误	0.5					
			（10）	实验室湿度未记录或记录错误	0.5					
			（11）	试样质量未记录或记录错误	0.5					
			（12）	样品空气干燥基水分未记录或记录错误	0.5					
			（13）	计算公式未记录或记录错误	0.5					
			（14）	数据代入错误	0.5					
			（15）	计算结果不正确	5					
			（16）	重复性限不正确	0.5					
			（17）	不进行重复性限符合性计算	0.5					
			（18）	不进行重复性限符合性判断	0.5					
			（19）	最终结果未以干燥基挥发分报出	0.5					
			（20）	记录不清晰	0.5					
			（21）	改动不规范	0.5					
			（22）	最终试验结果数据修约不正确	2					
			（23）	焦渣特征判断结果未记录	2					
			（24）	试验过程中异常情况未处理及记录	2					
5	精密度	15	（1）	重复性限 T						
			（2）	M_{ad}						

329

序号	考核阶段/项目	分值	考核内容		考核分值/次（项目）	考核次数	考核分数	实际扣分	扣分记录	相关指标记录
5	精密度	15	（3）	$V_{ad,1}$						
			（4）	$V_{ad,2}$						
			（5）	差值						
			1）	差值≤0.5T，不扣分						
			2）	0.5T<差值≤T（每0.1T）	3					
			3）	差值>T	15					
			4）	检测结果均以两次平均值报出，除非经裁判认可并签字确认某单次检测结果属于明显异常现象，方可报单次检测结果，但本项不得分						
6	正确度	20	（1）	结果 V_d						
			（2）	标准值						
			（3）	标煤扩展不确定度 Δ						
			（4）	|平均值−标准值|≤0.5Δ，不扣分						
			（5）	0.5Δ<|平均值−标准值|≤1.5Δ（每增加0.1Δ）	2					
			（6）	|平均值标准值|>1.5Δ	20					
7	焦渣特征判断	2		未正确判断测定挥发分所得焦渣特征	2					
8	时间	10	（1）	50min内完成操作，不扣分						
			（2）	比赛用时（计算为整数）：____min						
			（3）	超时5min以内，不足1min以1min计（每1min）	2					
			（4）	超时5min以上，强行退场	10					

二、全硫

1. 考试项目

煤样全硫测定操作。

2. 考试要求

依据 GB/T 214—2007 库仑滴定法，对均匀稳定的煤炭样品进行全硫测定，评价操作过程正确性与熟练程度、测定结果精密度与正确度。从测定准备工作、样品称量、催化剂、电解液、空气流量控制、结果计算和报告、标定有效性核验、标定检查及操作时间等方面进行考核。

3. 考核评分表

煤样全硫测定操作考核评分表

序号	考核阶段/项目	分值	考 核 内 容		考核分值/次（项目）	考核次数	考核分数	实际扣分	扣分记录	相关指标记录
1	准备时间为2min，不计入总时间		检查工器具（不能替代试验过程中检查）。检查内容包括不限于定硫仪安放位置和可靠性，瓷舟、煤样勺、催化剂、手套等是否配备及存放位置							
2	试验过程									
2.1	天平使用	6	（1）	天平内有明显异物未正确处理	0.5					
			（2）	未检查天平合格证，或使用无合格标识的天平	0.5					
			（3）	称量前未检查天平水平（若初次称量前选手检查发现不水平，应提请裁判负责调平，调平期间暂停计时）	1					
			（4）	使用前不自校	1					
			（5）	选手在测定过程中由自身原因致天平不平	1					
			（6）	如选手在测定过程中由自身原因导致天平不平，选手不会调平天平或调平后不会自校，交由裁判员负责调平、校正	1					
			（7）	未正确读数（关闭天平门读数、数据稳定读数）	0.5					
			（8）	试验过程中天平移位，使用前未自校，或因其他原因导致天平不平	1					
2.2	样品称量与处理	12	（1）	裸手接触被称量器皿	1					
			（2）	称量前样品未搅拌或摇匀，未多点取样（至少不同部位的三点）	1					
			（3）	未使用洁净瓷舟	1					
			（4）	称样质量范围不在45～55mg	1					
			（5）	称量时样品盖未正确放置，称量完成后未立即加盖	1					
			（6）	发生任何形式样品撒落，包括瓷舟外沿	1					
			（7）	如有样品撒落，未正确处理	1					
			（8）	瓷舟内煤样未摊平	1					
			（9）	催化剂未均匀覆盖	1					
			（10）	三氧化钨药勺接触煤样或瓷舟	1					
			（11）	从磁舟内取出样品	1					
			（12）	多余样品称量完后未弃入废样容器中	1					
			（13）	出现任何可能污染样品、标准物质的现象	1					

序号	考核阶段/项目	分值	考核内容		考核分值/次（项目）	考核次数	考核分数	实际扣分	扣分记录	相关指标记录
2.3	仪器操作及测试	25	（1）	未检查干燥剂是否失效	2					
			（2）	未检查电解液是否失效	2					
			（3）	未加装电解液	2					
			（4）	测硫仪温度未检查	2					
			（5）	未进行气密性检查	5					
			（6）	未测废样（只能用裁判提供的废样）	2					
			（7）	测试样品前后，未使用标准煤样进行标定检查	2					
			（8）	未在规定时间内完成两次重复测试并提供两次测定结果	4					
			（9）	电解液未放空并回收	2					
			（10）	未正确清洗电解池体、电极、玻璃熔板	2					
3	清理现场	2	（1）	工器具未归位	1					
			（2）	试验台未清理	1					
4	原始记录与结果计算	10	（1）	仪器名称未记录或记录错误	0.5					
			（2）	仪器编号未记录或记录错误	0.5					
			（3）	样品编号未记录或记录错误	0.5					
			（4）	依据标准号未记录或记录错误	0.5					
			（5）	具体方法未记录或记录错误（适用时）	0.5					
			（6）	仪器状态未记录或记录错误（使用前，包括标识状态、外观、检定有效期；使用后，检测过程是否有异常现象）	0.5					
			（7）	试验日期未记录或记录错误	0.5					
			（8）	试验人员参赛号未记录或记录错误或填写姓名	0.5					
			（9）	实验室温度未记录或记录错误	0.5					
			（10）	实验室湿度未记录或记录错误	0.5					
			（11）	试样质量未记录或记录错误	0.5					
			（12）	样品空气干燥基水分未记录或记录错误	0.5					
			（13）	计算公式未记录或记录错误	0.5					
			（14）	数据代入错误	0.5					
			（15）	计算结果不正确	5					
			（16）	重复性限不正确	0.5					
			（17）	不进行重复性限符合性计算	0.5					

序号	考核阶段/项目	分值	考核内容		考核分值/次（项目）	考核次数	考核分数	实际扣分	扣分记录	相关指标记录
4	原始记录与结果计算	10	(18)	不进行重复性限符合性判断	0.5					
			(19)	最终结果未以干燥基全硫报出	0.5					
			(20)	记录不清晰	0.5					
			(21)	改动不规范	0.5					
			(22)	最终试验结果数据修约不正确	2					
			(23)	试验过程中异常情况未处理及记录	2					
5	精密度	15	(1)	重复性限 T						
			(2)	M_{ad}						
			(3)	$S_{t,ad,1}$						
			(4)	$S_{t,ad,2}$						
			(5)	差值						
			1)	差值≤0.5T，不扣分						
			2)	0.5T＜差值≤T（每0.01T）	3					
			3)	差值＞T	15					
			4)	检测结果均以两次平均值报出，除非经裁判认可并签字确认某单次检测结果属于明显异常现象，方可报单次检测结果，但此项不得分						
6	正确度	20	(1)	结果 $S_{t,d}$						
			(2)	标准值						
			(3)	标煤扩展不确定度 $\varDelta$						
			1)	|平均值–标准值|≤0.5$\varDelta$，不扣分						
			2)	0.5$\varDelta$＜|平均值标准值|≤1.5$\varDelta$（每增加0.1$\varDelta$）	2					
			3)	|平均值–标准值|＞1.5$\varDelta$	20					
7	时间	10	(1)	40min 内完成操作，不扣分						
			(2)	比赛用时（计算为整数）：＿＿＿min						
			1)	超时 5min 以内，不足 1min 以 1min 计（每 1min）	2					
			2)	超时 5min 以上，强行退场	10					

三、碳氢氮元素

1. 考试项目

煤样碳氢氮元素测定操作。

2. 考试要求

依据 DL/T 568—2013，对均匀稳定的煤炭样品进行碳氢氮元素测定，评价操作过程正确性与熟练程度、标定测定结果精密度与正确度。从测定准备工作、样品称量及预处理、仪器测量参数控制、判断样品完全燃烧、漂移校正、测定结果的修正、结果计算和报告及操作时间等方面进行考核。

测碳氢氮元素时，选手需根据待测样品各指标的含量，选择合适的标煤对测定结果进行漂移校正。

3. 考核评分表

煤样碳氢氮元素测定操作考核评分表

序号	考核阶段/项目	分值		考 核 内 容	考核分值/次（项目）	考核次数	考核分数	实际扣分	扣分记录	相关指标记录
1	准备时间为2min，不计入总时间			检查工器具（不能替代试验过程中检查）。检查内容包括不限于设备安放位置和可靠性、气体名称与压力、煤样勺、手套等是否配备及存放位置						
2	试验过程									
2.1	天平使用	6	（1）	天平内有明显异物未正确处理	0.5					
			（2）	未检查天平合格证，或使用无合格证标识的天平	0.5					
			（3）	称量前未检查天平水平（若初次称量前选手检查发现不水平，应提请裁判负责调平，调平期间暂停计时）	1					
			（4）	使用前不自校	1					
			（5）	选手在测定过程中由自身原因导致天平不平	1					
			（6）	如选手在测定过程中由自身原因导致天平不平，选手不会调平天平或调平后不会自校，交由裁判员负责调平、校正	1					
			（7）	未正确读数（关闭天平门读数、数据稳定读数）	0.5					
			（8）	试验过程中天平移位，使用前未自校，或因其他原因导致天平不平	1					
2.2	样品称量与处理	11	（1）	裸手接触被称量器皿	1					
			（2）	称量前样品未搅拌或摇匀，未多点取样（至少取不同部位的三点）	1					
			（3）	未检查锡箔纸状态：干燥、无破损、无污染、符合要求	1					
			（4）	称样质量范围不在仪器设备规定的质量范围内	1					
			（5）	称量时样品盖未正确放置，称量完成后煤样瓶未立即加盖	1					

序号	考核阶段/项目	分值		考核内容	考核分值/次（项目）	考核次数	考核分数	实际扣分	扣分记录	相关指标记录
2.2	样品称量与处理	11	（6）	发生任何形式样品撒落	1					
			（7）	如有样品撒落，未正确处理	1					
			（8）	锡箔纸封装时破损	2					
			（9）	将多余煤样从锡箔纸包取出	1					
			（10）	多余样品称量完后未弃入废样容器中	1					
			（11）	出现任何可能污染样品、标准物质的现象	1					
2.3	仪器操作及测试	21	（1）	未观察、记录动力气（N_2）减压阀压力是否在仪器要求范围内	1					
			（2）	未观察、记录助燃气（O_2）减压阀压力是否在仪器要求范围内	1					
			（3）	未检查燃烧管温度是否合格	1					
			（4）	未检查碳红外池电压是否稳定	1					
			（5）	未检查燃烧管内坩埚已测样品数量是否达到极限值	2					
			（6）	实测样品，发生卡样现象（每次）（选手包扎的样品形状规整，经技术人员确认后方可开始试验）	5					
			（7）	未选择一种标煤进行一次检测并进行漂移校正	3					
			（8）	未根据漂移校正值对测试结果进行重新计算	3					
			（9）	未在规定时间内完成两次重复测试并提供两次测定结果	4					
3	清理现场	2	（1）	工器具未归位	1					
			（2）	试验台未清理	1					
4	原始记录与结果计算	10	（1）	仪器名称未记录或记录错误	0.5					
			（2）	仪器编号未记录或记录错误	0.5					
			（3）	样品编号未记录或记录错误	0.5					
			（4）	依据标准号未记录或记录错误	0.5					
			（5）	具体方法未记录或记录错误（适用时）	0.5					
			（6）	仪器状态未记录或记录错误（使用前，包括标识状态、外观、检定有效期；使用后，检测过程是否有异常现象）	0.5					
			（7）	试验日期未记录或记录错误	0.5					
			（8）	试验人员参赛号未记录或记录错误或填写姓名	0.5					
			（9）	实验室温度未记录或记录错误	0.5					

续表

序号	考核阶段/项目	分值	考核内容		考核分值/次（项目）	考核次数	考核分数	实际扣分	扣分记录	相关指标记录
4	原始记录与结果计算	10	（10）	实验室湿度未记录或记录错误	0.5					
			（11）	试样质量未记录或记录错误	0.5					
			（12）	样品空气干燥基水分未记录或记录错误	0.5					
			（13）	计算公式未记录或记录错误	0.5					
			（14）	数据代入错误	0.5					
			（15）	计算结果不正确	5					
			（16）	重复性限不正确	0.5					
			（17）	不进行重复性限符合性计算	0.5					
			（18）	不进行重复性限符合性判断	0.5					
			（19）	最终结果未以干燥基碳报出	0.5					
			（20）	记录不清晰	0.5					
			（21）	改动不规范	0.5					
			（22）	最终试验结果数据修约不正确	2					
			（23）	试验过程中异常情况未处理及记录	2					
5	精密度	20	（1）	重复性限 T						
			（2）	M_{ad}						
			（3）	$C_{ad,1}$，$H_{ad,1}$，$N_{ad,1}$						
			（4）	$C_{ad,2}$，$H_{ad,2}$，$N_{ad,2}$						
			（5）	$C_{d,1}$，$H_{d,1}$，$N_{d,1}$						
			（6）	$C_{d,2}$，$H_{d,2}$，$N_{d,2}$						
			（7）	差值						
			1）	差值≤0.5T，不扣分						
			2）	0.5T<差值≤T（每0.1T）	4					
			3）	差值>T	20					
			4）	检测结果均以两次平均值报出，除非经裁判认可并签字确认某单次检测结果属于明显异常现象，方可报单次检测结果，但本项不得分						
6	正确度	20	（1）	结果 C_d，H_d，N_d						
			（2）	标准值						
			（3）	标煤扩展不确定度 Δ						
			1）	|平均值–标准值|≤0.5Δ，不扣分						
			2）	0.5Δ<|平均值标准值|≤1.5Δ（每增加0.1Δ）	2					

序号	考核阶段/项目	分值	考 核 内 容		考核分值/次（项目）	考核次数	考核分数	实际扣分	扣分记录	相关指标记录
6	正确度	20	3)	|平均值–标准值|＞1.5Δ	20					
7	时间	10	(1)	35min 内完成操作，不扣分						
			(2)	比赛用时（计为整数）：____min						
			1)	超时 5min 以内，不足 1min 以 1min 计（每 1min）	2					
			2)	超时 5min，强行退场	10					

四、发热量

1. 考试项目

煤样发热量测定操作。

2. 考试要求

依据 GB/T 213—2008 自动氧弹热量计法，对均匀稳定的煤炭样品进行发热量测定，评价操作过程正确性与熟练程度、测定结果精密度与正确度。从测定准备工作、样品称量及预处理、点火丝安装、充氧压力及时间控制、样品完全燃烧检查、结果计算和报告及操作时间等方面进行考核。

3. 考核评分表

煤样发热量测定操作考核评分表

序号	考核阶段/项目	分值	考 核 内 容		考核分值/次（项目）	考核次数	考核分数	实际扣分	扣分记录	相关指标记录
1	准备，不计入总时间			检查工器具（不能替代试验过程中检查）。检查内容包括不限于设备安放位置和可靠性，气体压力、煤样勺、坩埚、手套等是否配备及存放位置						
2	试验过程									
2.1	天平准备	6	(1)	天平内有明显异物未正确处理	0.5					
			(2)	天平使用前未检查合格证，或者使用无合格标识的天平						
			(3)	称量前未检查天平水平（若初次称量前选手检查发现不水平，应请裁判负责调平，调平期间暂停计时）	1					
			(4)	使用前不自校	1					
			(5)	选手在测定过程中由自身原因导致天平不平	1					

337

序号	考核阶段/项目	分值	考核内容		考核分值/次（项目）	考核次数	考核分数	实际扣分	扣分记录	相关指标记录
2.1	天平准备	6	（6）	如选手在测定过程中由自身原因导致天平不平，选手不会调平天平或调平后不会自校，交由裁判员负责调平、校正	1					
			（7）	未正确读数（关闭天平门读数、数据稳定读数）	0.5					
			（8）	试验过程中天平移位，使用前未自校，或因其他原因导致天平不平	1					
2.2	样品称量与处理	10	（1）	裸手接触被称量器皿	1					
			（2）	称量前样品未搅拌或摇匀、未多点取样（至少不同部位的三点）	1					
			（3）	未使用清洁的坩埚	1					
			（4）	称样质量范围不在（1±0.1）g	1					
			（5）	称量时未正确放置样品瓶盖，称量完成后样品瓶未立即加盖	1					
			（6）	发生任何形式样品撒落	1					
			（7）	如选手称量过程中有样品撒落，未正确处理	1					
			（8）	多余样品称量完后未弃入废样容器中	1					
			（9）	从坩埚中取出多余煤样						
			（10）	如发现样品燃烧异常，未进行样品处理（如压饼、垫酸洗石棉、包擦镜纸等）	1					
			（11）	出现任何可能污染样品、标准物质的现象	1					
2.3	仪器操作及测试	28	（1）	未对仪器设备进行检查	1					
			（2）	每次试验前后未检查及记录实验室温度	1					
			（3）	每次充氧前未检查及记录氧气压力（不少于 4.0MPa）	1					
			（4）	使用时未清洗氧弹及部件	1					
			（5）	使用时清洗氧弹及部件后未擦干	1					
			（6）	弹筒内加水不正确，未正确使用移液管	1					
			（7）	未记录水量体积（精确到 0.1mL）	1					
			（8）	未正确安装点火丝	1					
			（9）	氧弹充氧压力不满足要求，充氧压力范围 2.8～3.0MPa	1					
			（10）	氧弹充氧时间不正确（达到压力后的持续充氧时间不得少于 15s，根据氧气钢瓶压力适当延长时间）	1					
			（11）	放入热量计之前未进行氧弹漏气检查（氧弹全部浸没水中约 5s）	1					

序号	考核阶段/项目	分值	考核内容		考核分值/次（项目）	考核次数	考核分数	实际扣分	扣分记录	相关指标记录
2.3	仪器操作及测试	28	（12）	如确属漏气，未正确处理（漏气处理：选手自行排气并取出样品，将氧弹交裁判）	1					
			（13）	氧弹漏气检查取出后未擦干	1					
			（14）	氧弹转移过程中发生倾斜	1					
			（15）	发生点火失败	5					
			（16）	未缓慢放气	1					
			（17）	未向室外或水中排放废气	1					
			（18）	未正确量取试验前后点火丝并记录	2					
			（19）	未进行燃尽检查	1					
			（20）	未正确检查有无未燃尽颗粒，包括氧弹内水和坩埚内残渣（裁判需要验证，验证时间扣除）	1					
			（21）	试验后未进行氧弹及部件的清洗与擦干	1					
			（22）	未在规定时间内完成两次重复测试并提供两次测定结果	2					
3	清理现场	1	（1）	器具未归位	0.5					
			（2）	场地未清理	0.5					
4	原始记录与结果计算	10	（1）	仪器名称未记录或记录错误	0.5					
			（2）	仪器编号未记录或记录错误	0.5					
			（3）	样品编号未记录或记录错误	0.5					
			（4）	依据标准号未记录或记录错误	0.5					
			（5）	具体方法未记录或记录错误（适用时）	0.5					
			（6）	仪器状态未记录或记录错误（使用前，包括标识状态、外观、检定有效期；使用后，检测过程是否有异常现象）	0.5					
			（7）	试验日期未记录或记录错误	0.5					
			（8）	试验人员参赛号未记录或记录错误或填写姓名	0.5					
			（9）	试验前后温度未记录或记录错误	0.5					
			（10）	实验室湿度未记录或记录错误	0.5					
			（11）	试样质量未记录或记录错误	0.5					
			（12）	样品空气干燥基水分未记录或记录错误	0.5					
			（13）	全硫结果未记录或记录错误	0.5					
			（14）	计算公式未记录或记录错误	0.5					
			（15）	数据代入错误	0.5					
			（16）	重复性限不正确	0.5					

序号	考核阶段/项目	分值	考核内容		考核分值/次（项目）	考核次数	考核分数	实际扣分	扣分记录	相关指标记录
4	原始记录与结果计算	10	（17）	不进行重复性限符合性计算	0.5					
			（18）	不进行重复性限符合性判断	0.5					
			（19）	计算结果不正确	5					
			（20）	最终结果未以干燥基高位发热量报出	0.5					
			（21）	记录不清晰	0.5					
			（22）	改动不规范	0.5					
			（23）	最终试验结果数据修约不正确	2					
			（24）	试验过程中异常情况未处理及记录	2					
5	精密度	15	（1）	重复性限 T						
			（2）	$Q_{b,ad,1}$						
			（3）	$Q_{b,ad,2}$						
			（4）	α						
			（5）	$S_{t,ad}$						
			（6）	M_{ad}						
			（7）	$Q_{gr,ad,1}$						
			（8）	$Q_{gr,ad,2}$						
			（9）	差值						
			1）	差值≤0.5T，不扣分						
			2）	0.5T<差值≤T（每 0.1T）	1					
			3）	差值>T	15					
			4）	检测结果均以两次平均值报出，除非经裁判认可并签字确认某单次检测结果属于明显异常现象，方可报单次检测结果，但本项不得分						
6	正确度	20	（1）	结果 $Q_{gr,d}$						
			（2）	标准值						
			（3）	标煤扩展不确定度 Δ						
			1）	|平均值−标准值|≤0.5Δ，不扣分						
			2）	0.5Δ<|平均值−标准值|≤1.5Δ（每增加 0.1Δ）	1					
			3）	|平均值−标准值|>1.5Δ	20					
7	时间	10	（1）	50min 内完成操作，不扣分						
			（2）	比赛用时（计为整数）：____min						
			1）	超时 5min 以内，不足 1min 按 1min 计（每 1min）	2					
			2）	超时 5min 以上，强行退场	10					

附录 A 常用表汇总

表 A-1   "t" 分 布 表

t值

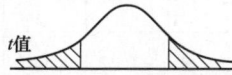

自由度	显著性水平					
	0.2	0.1	0.05	0.02	0.01	0.001
1	3.078	6.314	12.706	31.821	63.657	636.619
2	1.886	2.910	4.303	6.965	9.925	31.598
3	1.638	2.353	3.182	4.541	5.841	12.941
4	1.533	2.132	2.776	3.747	4.604	8.610
5	1.476	2.015	2.571	3.365	4.032	6.859
6	1.440	1.943	2.447	3.143	3.707	5.959
7	1.415	1.895	2.365	2.998	3.499	5.405
8	1.397	1.860	2.306	2.896	3.355	5.041
9	1.383	1.833	2.262	2.821	3.250	4.781
10	1.372	1.812	2.228	2.764	3.169	4.587
11	1.363	1.796	2.201	2.718	3.106	4.437
12	1.356	1.782	2.179	2.681	3.055	4.318
13	1.350	1.771	2.160	2.650	3.012	4.221
14	1.345	1.761	2.145	2.624	2.977	4.140
15	1.341	1.753	2.131	2.602	2.947	4.073
16	1.337	1.746	2.120	2.583	2.921	4.015
17	1.333	1.740	2.110	2.567	2.898	3.965
18	1.330	1.734	2.101	2.552	2.878	3.922
19	1.328	1.729	2.093	2.539	2.861	3.883
20	1.325	1.725	2.086	2.528	2.845	3.850
21	1.323	1.721	2.080	2.518	2.831	3.819
22	1.321	1.717	2.074	2.508	2.819	3.792
23	1.319	1.714	2.069	2.500	2.807	3.767
24	1.318	1.711	2.064	2.492	2.797	3.745
25	1.316	1.708	2.060	2.485	2.787	3.715
26	1.315	1.706	2.056	2.479	2.779	3.707
27	1.314	1.703	2.052	2.473	2.771	3.690
28	1.313	1.701	2.048	2.467	2.763	3.659
29	1.311	1.699	2.045	2.462	2.756	3.659
30	0.310	1.697	2.042	2.457	2.750	3.646
40	1.303	1.684	2.021	2.423	2.704	3.551
60	1.296	1.671	2.000	2.390	2.660	3.460
120	1.289	1.658	1.980	2.358	2.617	3.373
∞	1.282	1.645	1.960	2.326	2.576	3.291

"F"分布表

F 值

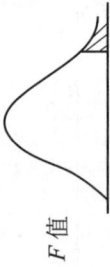

显著性水平（0.05：上行字；0.01：下行字）

表 A-2

第二自由度	第一自由度															
	1	2	3	4	5	6	7	8	9	10	12	16	24	40	100	∞
1	161	200	216	225	230	234	237	239	241	242	244	246	249	251	253	254
	405.2	499.9	540.3	562.5	576.4	585.9	592.8	598.1	602.2	605.6	610.6	616.9	623.4	628.6	633.4	636.6
2	18.51	19.00	19.16	19.25	19.30	19.33	19.36	19.37	19.38	19.39	19.41	19.43	19.45	19.47	19.49	19.50
	98.49	99.01	99.17	99.25	99.30	99.33	99.34	99.36	99.38	99.40	99.42	99.44	99.46	99.48	99.49	99.50
3	10.13	9.55	9.28	9.12	9.01	8.94	8.88	8.84	8.81	8.78	8.74	8.69	8.64	8.60	8.56	8.53
	34.12	30.81	29.46	28.71	28.24	27.91	27.67	27.49	27.34	27.23	27.05	26.83	26.60	26.41	26.23	26.12
4	7.71	6.64	6.59	6.39	6.26	6.16	6.09	6.04	6.00	5.96	5.91	5.84	5.77	5.71	5.66	5.63
	21.20	18.00	16.69	15.98	15.52	15.21	14.98	14.80	14.66	14.54	14.37	14.15	13.93	13.74	13.57	13.46
5	6.61	5.79	5.41	5.19	5.05	4.95	4.88	4.82	4.78	4.74	4.68	4.60	4.53	4.46	4.40	4.36
	16.26	13.27	12.06	11.39	10.97	10.67	10.45	10.27	10.15	10.05	9.89	9.68	9.47	9.29	9.13	9.02
6	5.99	5.04	4.76	4.53	4.39	4.28	4.21	4.15	4.10	4.06	4.00	3.92	3.84	3.77	3.71	3.67
	13.74	10.92	9.78	9.15	8.75	8.47	8.26	8.10	7.98	7.87	7.72	7.52	7.31	7.14	6.99	6.88
7	5.59	4.74	4.35	4.12	3.97	3.87	3.79	3.73	3.68	3.63	3.57	3.49	3.41	3.43	3.28	3.23
	12.25	9.55	8.45	7.85	7.46	7.19	7.00	6.84	6.71	6.62	6.47	6.27	6.07	5.90	5.75	5.65
8	5.32	4.46	4.07	3.84	3.69	3.58	3.50	3.44	3.39	3.34	3.28	3.20	3.12	3.05	2.98	2.93
	11.26	8.65	7.59	7.01	6.63	6.37	6.19	6.03	5.91	5.82	5.67	5.48	5.28	5.11	4.96	4.86
9	5.12	4.26	3.86	3.63	3.48	3.37	3.29	3.23	3.18	3.13	3.07	2.98	2.90	2.82	2.76	2.71
	10.56	8.02	6.99	6.42	6.06	5.80	5.62	5.47	5.35	5.26	5.11	4.92	4.73	4.56	4.41	4.31

续表

第二自由度	1	2	3	4	5	6	7	8	第一自由度 9	10	12	16	24	40	100	∞
10	4.96	4.10	3.71	3.48	3.33	3.22	3.14	3.07	3.02	2.97	2.91	2.82	2.74	2.67	2.59	2.54
	10.04	7.56	6.55	5.99	5.64	5.39	5.21	5.06	4.95	4.85	4.71	4.52	4.33	4.17	4.01	3.91
12	4.75	3.88	3.49	3.26	3.11	3.00	2.92	2.85	2.80	2.76	2.69	2.60	2.50	2.42	2.35	2.30
	9.33	6.93	5.95	5.41	5.05	4.82	4.65	4.50	4.39	4.30	4.16	3.98	3.78	3.61	3.46	3.36
14	4.60	3.74	3.34	3.11	2.96	2.85	2.77	2.70	2.65	2.60	2.53	2.44	2.35	2.27	2.19	2.13
	8.00	6.51	5.56	5.06	5.03	4.69	4.46	4.28	4.14	4.03	3.94	3.80	3.62	3.43	3.26	3.11
16	4.49	3.63	3.24	3.01	2.85	2.74	2.66	2.59	2.54	2.49	2.42	2.33	2.24	2.13	2.07	2.01
	8.53	6.23	5.29	4.77	4.44	4.20	4.03	3.89	3.78	3.69	3.55	3.37	3.18	3.01	2.86	2.75
18	4.41	3.55	3.16	2.93	2.77	2.66	2.58	2.51	2.46	2.41	2.34	2.25	2.15	2.07	1.98	1.92
	8.28	6.01	5.09	4.58	4.25	4.01	3.85	3.71	3.60	3.51	3.37	3.19	3.00	2.83	2.68	2.57
20	4.35	3.49	3.10	2.87	2.71	2.60	2.52	2.45	2.40	2.35	2.28	2.18	2.08	1.99	1.90	1.84
	8.10	5.85	4.94	4.43	4.10	3.87	3.71	3.56	3.45	3.37	3.23	3.05	2.86	2.69	2.53	2.42
25	4.24	3.38	2.99	2.76	2.60	2.49	2.41	2.34	2.28	2.24	2.16	2.06	1.96	1.87	1.77	1.71
	7.77	5.57	4.68	4.18	3.86	3.63	3.46	3.32	3.21	3.13	2.99	2.81	2.62	2.45	2.29	2.17
30	4.17	3.32	2.92	2.69	2.53	2.42	2.34	2.27	2.21	2.16	2.09	1.99	1.89	1.79	1.69	1.62
	7.56	5.39	4.51	4.02	3.70	3.47	3.30	3.17	3.06	2.98	2.84	2.66	2.47	2.29	2.13	2.01
40	4.08	3.23	2.84	2.61	2.45	2.34	2.25	2.18	2.12	2.07	2.00	1.90	1.79	1.69	1.59	1.51
	7.31	5.18	4.31	3.83	3.51	3.29	3.12	2.99	2.88	2.80	2.66	2.49	2.29	2.11	1.94	1.81
50	4.03	3.18	2.79	2.56	2.40	2.29	2.20	2.13	2.07	2.02	1.95	1.85	1.74	1.63	1.52	1.44
	7.17	5.06	4.20	3.72	3.41	3.18	3.02	2.88	2.78	2.70	2.56	2.39	2.18	2.00	1.82	1.68
100	3.94	3.09	2.70	2.46	2.30	2.19	2.10	2.03	1.97	1.92	1.85	1.75	1.63	1.51	1.39	1.28
	6.90	4.82	3.98	3.51	3.20	2.99	2.82	2.69	2.59	2.51	2.36	2.19	1.98	1.79	1.59	1.43
1000	3.85	3.00	2.61	2.38	2.22	2.10	2.02	1.95	1.89	1.84	1.76	1.65	1.53	1.41	1.26	1.08
	6.66	4.62	3.80	3.34	3.04	2.82	2.66	2.53	2.43	2.34	2.20	2.01	1.81	1.61	1.38	1.11
∞	3.84	2.99	2.60	2.37	2.21	2.09	2.10	1.94	1.88	1.83	1.75	1.64	1.52	1.40	1.24	1.00
	6.64	4.60	3.78	3.32	3.02	2.80	2.64	2.51	2.41	2.32	2.18	1.99	1.79	1.59	1.36	1.00

343

表 A-3   Grubbs 检验临界值表

$T_{\alpha,n}$ / α \ n	3	4	5	6	7	8	9	10	11	12	13
5.0%	1.15	1.46	1.67	1.82	1.94	2.03	2.11	2.18	2.23	2.29	2.33
2.5%	1.15	1.48	1.71	1.89	2.02	2.13	2.21	2.29	2.36	2.41	2.46
1.0%	1.15	1.49	1.75	1.94	2.10	2.22	2.32	2.41	2.48	2.55	2.61

$T_{\alpha,n}$ / α \ n	14	15	16	17	18	19	20	21	22	23	24
5.0%	2.37	2.41	2.44	2.47	2.50	2.53	2.56	2.58	2.60	2.62	2.64
2.5%	2.51	2.55	2.59	2.62	2.65	2.68	2.71	2.73	2.76	2.78	2.80
1.0%	2.66	2.71	2.75	2.79	2.82	2.85	2.88	2.91	2.94	2.96	2.99

$T_{\alpha,n}$ / α \ n	25	30	35	40	45	50	60	70	80	90	100
5.0%	2.66	2.75	2.82	2.87	2.92	2.96	3.03	3.09	3.14	3.18	3.21
2.5%	2.82	2.91	2.98	3.04	3.09	3.13	3.20	3.26	3.31	3.35	3.38
1.0%	3.01										

表 A-4   科克伦最大方差检验临界值表

n	95%置信概率	n	95%置信概率
20	0.480	31	0.355
21	0.465	32	0.347
22	0.450	33	0.339
23	0.437	34	0.332
24	0.425	35	0.325
25	0.413	36	0.318
26	0.402	37	0.312
27	0.391	38	0.306
28	0.382	39	0.300
29	0.372	40	0.294
30	0.363		

表 A-5   相关系数 r 表

自由度	显 著 性 水 平				
	0.10	0.05	0.02	0.01	0.001
1	0.988	0.997	0.9995	0.9998	1.000
2	0.900	0.950	0.980	0.990	0.999
3	0.805	0.878	0.934	0.958	0.992
4	0.729	0.811	0.882	0.917	0.974
5	0.669	0.754	0.832	0.874	0.951
6	0.621	0.706	0.788	0.834	0.925

续表

自由度	显 著 性 水 平				
	0.10	0.05	0.02	0.01	0.001
7	0.582	0.666	0.749	0.797	0.898
8	0.549	0.631	0.715	0.764	0.872
9	0.521	0.602	0.685	0.734	0.847
10	0.497	0.576	0.658	0.707	0.823
11	0.476	0.552	0.633	0.683	0.801
12	0.457	0.532	0.612	0.661	0.780
13	0.440	0.513	0.592	0.641	0.760
14	0.425	0.497	0.574	0.622	0.742
15	0.412	0.482	0.557	0.605	0.725
16	0.400	0.468	0.542	0.589	0.708
17	0.389	0.455	0.528	0.575	0.693
18	0.378	0.443	0.515	0.561	0.679
19	0.368	0.432	0.503	0.548	0.665
20	0.359	0.422	0.492	0.536	0.652
25	0.323	0.380	0.445	0.486	0.597
30	0.296	0.349	0.409	0.448	0.554
35	0.274	0.324	0.381	0.418	0.519
40	0.257	0.304	0.357	0.393	0.490
45	0.242	0.287	0.338	0.372	0.465
50	0.230	0.273	0.321	0.354	0.443
60	0.210	0.250	0.294	0.324	0.408
70	0.195	0.232	0.273	0.301	0.380
80	0.182	0.217	0.256	0.283	0.357
90	0.172	0.205	0.242	0.267	0.337
100	0.163	0.195	0.230	0.254	0.321

表 A-6　　　　精密度范围计算因素

f（观测数）	5	6	7	8	9	10	15	20	25	50
下限因素 a_L	0.62	0.64	0.66	0.68	0.69	0.70	0.74	0.77	0.78	0.84
上限因素 a_u	2.45	2.20	2.04	1.92	1.83	1.75	1.55	1.44	1.38	1.24

附录 B 相关标准和资料名称及编号

截至 2022 年 12 月 31 日，涉及燃煤验收的主要国家标准、行业标准和相关文件的编号及名称，见表 B-1。

表 B-1　　　　　　　　　　相关国家标准、行业标准及资料

序号	工种	标准代码或文件编号	检测标准（方法）及文件名称
1	采制	GB/T 474—2008	煤样的制备方法
2	采制	GB/T 475—2008	商品煤样人工采取方法
3	采制	GB/T 477—2008	煤炭筛分试验方法
4	采制	GB/T 2565—2014	煤的可磨性指数测定方法　哈德格罗夫法
5	采制	GB/T 19494.1—2004	煤炭机械化　采样　第 1 部分：采样方法
6	采制	GB/T 19494.2—2004	煤炭机械化　采样　第 2 部分：煤的制备
7	采制	GB/T 19494.3—2004	煤炭机械化　采样　第 3 部分：精密度测定和偏倚试验
8	采制	DL/T 567.2—2018	火力发电厂燃料试验方法　第 2 部分：入炉煤粉样品的采取和制备方法
9	采制	DL/T 567.3—2016	火力发电厂燃料试验方法　第 3 部分：飞灰和炉渣样品的采取和制备
10	采制	DL/T 569—2007	汽车、船舶运输煤样的人工采取方法
11	采制	DL/T 747—2010	发电用煤机械采制样装置性能验收导则
12	采制	DL/T 1339—2014	火电厂煤炭破碎缩分联合制样设备性能试验规程
13	采制	GB/T 30730—2014	煤炭机械化采样系统技术条件
14	采制	GB/T 30731—2014	煤炭联合制样系统技术条件
15	采制	GB/T 35983—2018	煤样制备除尘系统技术条件
16	采制	DL/T 2067—2019	燃煤电厂煤炭机械化采制样装置使用导则
17	化验	GB/T 211—2017	煤中全水分的测定方法
18	化验	GB/T 212—2008	煤的工业分析方法
19	化验	GB/T 213—2008	煤的发热量测定方法
20	化验	GB/T 214—2007	煤中全硫的测定方法
21	化验	GB/T 218—2016	煤中碳酸盐二氧化碳含量测定方法
22	化验	GB/T 219—2008	煤灰熔融性的测定方法
23	化验	GB/T 476—2008	煤中碳和氢的测定方法
24	化验	GB/T 1574—2007	煤灰成分分析方法
25	化验	GB/T 19227—2008	煤中氮的测定方法
26	化验	GB/T 25214—2010	煤中全硫测定　红外光谱法
27	化验	GB/T 30732—2014	煤的工业分析方法　仪器法
28	化验	GB/T 30733—2014	煤中碳氢氮的测定　仪器法

序号	工种	标准代码或文件编号	检测标准（方法）及文件名称
29	化验	GB/T 31391—2015	煤的元素分析
30	化验	GB/T 31423—2015	氧弹热量计性能验收导则
31	化验	GB/T 31425—2015	库仑测硫仪技术条件
32	化验	GB/T 31427—2015	煤灰熔融性测定仪技术条件
33	化验	GB/T 31429—2015	煤炭实验室测试质量控制导则
34	化验	GB/T 33303—2016	煤质分析中测量不确定度评定指南
35	化验	GB/T 37769—2019	煤灰熔融性测定仪性能验收导则
36	化验	DL/T 567.5—2015	火力发电厂燃料试验方法　第 5 部分：煤粉细度的测定
37	化验	DL/T 567.6—2016	火力发电厂燃料试验方法　第 6 部分：飞灰和炉渣可燃物测定方法
38	化验	DL/T 567.7—2007	火力发电厂燃料试验方法　第 7 部分：灰及渣中硫的测定和燃煤可燃硫的计算
39	化验	DL/T 568—2013	燃料元素的快速分析方法
40	化验	DL/T 661—1999	热量计氧弹安全性能技术要求及测定方法
41	化验	DL/T 1030—2006	煤的工业分析　自动仪器法
42	化验	DL/T 1037—2016	煤灰成分分析方法
43	化验	DL/T 1431—2015	煤（飞灰、渣）中碳酸盐二氧化碳的测定　盐酸分解—库仑滴定法
44	化验	DL/T 1712—2017	火力发电厂煤的自燃倾向特性测定方法
45	化验	DL/T 1857—2018	煤中氯含量的测定　氧弹燃烧离子选择电极法
46	化验	DL/T 2029—2021	煤中全水分测定自动仪器法
47	基础	GB/T 483—2007	煤炭分析试验方法一般规定
48	基础	GB/T 3715—2022	煤质及煤分析有关术语
49	基础	GB/T 5751—2009	中国煤炭分类
50	基础	GB/T 7562—2018	商品煤质量　发电煤粉锅炉用煤
51	基础	GB/T 17608—2022	煤炭产品品种和等级划分
52	基础	GB/T 18510—2001	煤和焦炭试验可替代方法确认准则
53	基础	GB/T 18666—2014	商品煤质量抽查和验收方法
54	基础	GB/T 25209—2010	商品煤标识
55	基础	GB/T 29164—2012	煤炭成分分析和物理特性测量标准物质应用导则
56	基础	GB/T 35985—2018	煤炭分析结果基的换算
57	基础	GB/T 31356—2014	商品煤质量评价与控制技术指南
58	基础	DL/T 520—2007	火力发电厂入厂煤检测实验室技术导则
59	基础	DL/T 567.1—2007	火力发电厂燃料试验方法　第 1 部分：一般规定
60	基础	DL/T 1668—2016	火电厂燃煤管理技术导则
61	基础	DL/T 1878—2018	燃煤电厂储煤场盘点导则

序号	工种	标准代码或文件编号	检测标准（方法）及文件名称
62	基础	T/CEC 156.3—2018	火力发电企业智能燃煤系统技术规范　第 3 部分：燃煤计量和质量检测设备设施
63	基础	CNAS-CL01：2018	检测和校准实验室能力认可准则
64	基础	CNAS-CL01-A002：2020	检测和校准实验室能力认可准则在化学检测领域的应用说明
65	基础	CNAS-CL01-G001：2018	CNAS-CL01《检测和校准实验室能力认可准则》应用要求
66	基础	CNAS-CL01-G002：2021	测量结果的计量溯源性要求
67	基础	CNAS-CL01-G003：2018	测量不确定度的要求
68	基础	CNAS-EL-08：2018	电煤检测领域认可能力范围表述说明
69	基础	CNAS-RL01：2018	实验室认可规则
70	基础	CNAS-RL02：2018	能力验证规则
71	基础	CNAS-TRL-017：2021	电煤检测领域实验室认可技术指南

模拟理论试卷

电力行业燃料化验员职业技能竞赛模拟理论试卷

考试时间 120min			总分值 100 分			
题号	一	二	三	四	五	六	总分
得分							
评卷人							

注意事项：1. 请将答案填写在答题纸上；答卷前将密封线内的项目填写清楚。
2. 填写答案必须用蓝色（或黑色）钢笔、圆珠笔，不许用铅笔或红笔。

分数	评卷人

一、判断题（每题 0.5 分，共 40 题；在错误题处打"×"，将正确题处打"√"，判断错误均不得分）

1．DL/T 567.1—2007 规定，全水分测定值修约到小数点后两位，报告值修约到小数点后一位。　（　）

2．GB/T 483—2007 规定，凡需根据水分测定结果进行校正和换算的分析试验，应同时测定水分，如不能同时进行，两次测定也应在尽量短的、煤样水分未发生显著变化的期限内进行，最多不超过 5 天。　（　）

3．GB/T 18666—2014 规定，报告值为检验单位出具的被检验批煤的质量指标值，包括检验单位的测定值或贸易合同约定值、产品标准（或规格）规定值。　（　）

4．在未风化的烟煤、无烟煤中不含脂肪族羟基、羰基或甲氧基官能团，而褐煤则含有脂肪族羟基。　（　）

5．DL/T 1668—2016 中，电厂燃煤的库存量应根据市场变化和发电量的变化适当调整，坑口电厂燃煤的库存量宜有 7 天满负荷用煤量，运距较远的电厂燃煤的库存量宜有 15 天及以上满负荷用煤量。　（　）

6．依据 T/CEC 156.3—2018，智能存样柜应具有样品的存取、清理、提示等功能，实时显示样品位置、时间，实时监控样品状态。　（　）

7．DL/T 1668—2016 中，在制订采购计划时，应根据发电量计划、燃煤到厂价格、燃煤品质、燃煤运输条件和到货时间等因素及其变化趋势确定。　（　）

8. DL/T 1668—2016 中，电厂燃煤的库存量应根据市场变化和发电量的变化适当调整，坑口电厂燃煤的库存量宜有 7 天满负荷用煤量，运距较远的电厂燃煤的库存量宜有 15 天及以上满负荷用煤量。　　　　　　　　　　　　　　　　　　　　（　）

9. 大样本的情况下，总体均值的检验统计量服从正态分布，而两总体的方差比检验统计量服从 t 分布。　　　　　　　　　　　　　　　　　　　　　　（　）

10. 系统误差是在同一被测量的多次测量过程中，保持恒定或者以可预知方式变化的测量误差的分量。　　　　　　　　　　　　　　　　　　　　　　（　）

11. 随条件变化的系统误差，是以已知的或确定的规律随某些条件变化的系统误差。
　　　　　　　　　　　　　　　　　　　　　　　　　　　　　　　（　）

12. 相对误差是绝对误差占被测量平均值的分数。　　　　　　　　　　　（　）

13. 天然气水合物也属于天然气资源。　　　　　　　　　　　　　　　（　）

14. CNAS-CL01-A002：2020 规定，当检出结果低于方法检出限或定量限，检测报告中无须提供检出限或定量限的数值。　　　　　　　　　　　　　　　　　（　）

15. CNAS-CL01-G001：2018 规定，实验室或其母体机构应是法定机构登记注册的法人机构，可以为企业法人、机关法人、事业单位法人或社会团体法人。　　　　（　）

16. 依据 CNAS-CL01：2018，如果煤炭样品需要在规定环境条件下储存时，应保持、监控和记录这些环境条件。　　　　　　　　　　　　　　　　　　　（　）

17. GB/T 474—2008 规定，影响制样精密度最主要的因素是缩分前煤样的均匀性和缩分后的煤样留量，与缩分后煤样的均匀性无关。　　　　　　　　　　　　（　）

18. GB/T 474—2008 规定，制样的目的是通过破碎、混合、缩分和干燥等步骤将采集的煤样制备成能代表原来煤样特性的分析（试验）用煤样。　　　　　　　　（　）

19. GB/T 19494.1—2004 规定，对原样或初级子样未经破碎可以缩分。　　（　）

20. GB/T 19494.1—2004 规定，对粒度分布范围较宽，物流密度较高的大容量煤流采样时，如切割器开口尺寸为煤标称最大粒度的 3 倍以上，则切割器速度在 1.5m/s 以下不会导致实质性偏倚。　　　　　　　　　　　　　　　　　　　　　（　）

21. 挥发分测试，坩埚质量偏大，在其他情况都正常的情况下其测试结果有偏低的趋势。　　　　　　　　　　　　　　　　　　　　　　　　　　　　　（　）

22. 煤中含黄铁矿较高时，其实测灰分值需进行校正。　　　　　　　　（　）

23. 煤的挥发分与发热量的关系为挥发分低时表现为负相关性，挥发分高时表现为正相关性。　　　　　　　　　　　　　　　　　　　　　　　　　　　　（　）

24. 煤质检验测得的全水分，是煤中结晶水与游离水之和。　　　　　　（　）

25. GB/T 214—2007 规定，库仑滴定法测定全硫时在待测煤样上覆盖一薄层三氧化钨是为了使煤样中硫化物在高温下能完全生成三氧化硫。　　　　　　　　（　）

26. DL/T 568—2013 规定，碳氢氮元素分析仪填装的炉试剂主要是为了有效滤除燃烧

气体产物中的硫氧化物和卤化物。　　　　　　　　　　　　　　　　　（　　）

27．艾士卡法测定煤中全硫时，各种形态硫先被氧化成二氧化硫，然后与艾士卡试剂反应转化为可溶性的硫酸盐。　　　　　　　　　　　　　　　　（　　）

28．高温燃烧热导法测定煤中氮时，氮元素以氮氧化物形式被检测。　　（　　）

29．GB/T 213—2008 规定，冷却校正值的单位为 K/g。　　　　　　　　（　　）

30．恒湿无灰基高位发热量是低煤化度煤分类的一个指标。　　　　　　（　　）

31．测定燃煤发热量时，温升过程中的最高点温度就是终点温度。　　　（　　）

32．GB/T 213—2008 规定，热量计的搅拌器连续搅拌 10min 所产生的搅拌热不应超过120J。　　　　　　　　　　　　　　　　　　　　　　　　　　　　　（　　）

33．灰锥托板材料对煤灰熔融性测定结果没有影响。　　　　　　　　　（　　）

34．DL/T 1431—2015 规定，测定煤中碳酸盐二氧化碳时，酸度计 pH 指示值从设定值开始下降，应及时打开点解开关进行电解，并保持溶液 pH 值在 9.0 至设定值之间；20s 内的 pH 值变化小于 0.01 时，应停止电解。　　　　　　　　　　　　　　（　　）

35．GB/T 29164—2012 规定，利用煤炭标准物质标定或校准仪器，多点标定时，对于每一个标准物质进行 4 次重复测定，如果 4 次测定结果的极差不超过 1.3r，则以平均值为标准物质的测量值，否则，应查找原因并予纠正，重新测定。　　　　　　（　　）

36．GB/T 19494.3—2004 规定，煤样制备方差的最重要组成部分是缩分方差，影响缩分方差的最重要因素是缩分前煤样均匀程度和缩分后的留样量。　　　　（　　）

37．DL/T 1339—2014 规定，破碎缩分设备性能试验的辅助试验共三类项目，分别是出料标称最大粒度，留弃样分布一致性和缩分倍率标准偏差。　　　　　（　　）

38．DL/T 567.3—2016 规定，炉渣样破碎至粒度小于 3mm 方孔筛后缩分出 100g。（　　）

39．DL/T 747—2010 规定，如果机械采制样装置在试运行期间能够在规定煤质条件或约定煤质条件下保持工作能力并连续运行 30 天（正常停用除外），则可认为其可靠性符合要求，试运行期结束。　　　　　　　　　　　　　　　　　　　　　（　　）

40．GB/T 30731—2014 规定，煤炭联合制样系统缩分阶段的全部子样或缩分后子样合成试样缩分的切割数不应少于 50。　　　　　　　　　　　　　　　　（　　）

分数	评卷人

二、单项选择题（每题 0.5 分，共 40 题；选项中只有 1 个正确答案）

1．DL/T 520—2007 规定，对于未开展元素分析检测项目的火力发电厂，每种入厂煤至少（　　）送检元素分析一次。

　　A．每周　　　　　　B．每月　　　　　　C．每季　　　　　　D．每年

2．烟煤中与褐煤特性差异最大的是（　　）。

　　A．气肥煤　　　　　B．肥煤　　　　　　C．贫煤　　　　　　D．焦煤

3．GB/T 18666—2014 规定，属于商品煤验收时煤质评定指标的是（　　）。

    A．$Q_{gr,ad}$ B．$Q_{net,ar}$ C．$Q_{gr,d}$ D．$Q_{b,d}$

4．下列酸碱指示剂，pH 变色范围处于碱性区的是（　　）。

    A．甲基橙   B．甲基黄   C．甲基红   D．百里酚酞

5．按照 DL/T 1668—2016 的要求，煤场存煤宜用旧存新，低变质烟煤夏秋季节气温大于 25℃存储期不应超过（　　）。

    A．20 天   B．30 天   C．40 天   D．50 天

6．依据 T/CEC 156.3—2018，轨道衡计量应具有标准数据接口，与（　　）连接，并具备断点续传功能。

    A．采样系统   B．制样系统

    C．智能化管控平台   D．水尺计量平台

7．若假设形式为 H_0：$\mu \geq \mu_0$，H_1：$\mu < \mu_0$，当随机抽取一个样本其均值 $\bar{x} > \mu_0$，则（　　）。

    A．有可能接受原假设，但有可能犯第一类错误

    B．有可能接受原假设，但有可能犯第二类错误

    C．肯定接受原假设，但有可能犯第一类错误

    D．肯定接受原假设，但有可能犯第二类错误

8．在质量控制图上，对控制样的测定结果能稳定处于（　　）范围内，再对未知样测定，其检测质量就可以得到保证。

    A．$\mu \pm 1s$ B．$\mu \pm 2s$ C．$\mu \pm 3s$ D．$\mu \pm 4s$

9．如果两个变量之间的相关系数为 -0.999，则说明两者呈现（　　）。

    A．很好的正相关性   B．很好的负相关性

    C．具有一定的正相关性   D．具有一定的负相关性

10．对在规定测量条件下测得的量值用统计分析的方法进行的测量不确定度分量的评定称为（　　）。

    A．测量不确定度的 A 类评定   B．测量不确定度的 B 类评定

    C．测量不确定度的 C 类评定   D．测量不确定度的 D 类评定

11．GB/T 474—2008 规定，共用煤样采取全水分后余下的煤样，除（　　）取样后的余样外，可用于制备一般分析试验煤样。

    A．棋盘法   B．二分器法   C．条带法   D．九点法

12．用粒度小于 13mm 煤样一步法测定全水分，试样完全干燥后在空气中冷却至室温称重，其全水分测定结果（　　）。

    A．会偏高   B．会偏低   C．无影响   D．不确定

13．DL/T 1339—2014 规定，火电厂煤炭破碎缩分联合制样设备性能试验中，全水分

损失率的技术要求是（　　）%。

    A．≤5.0   B．＜5.0   C．≤10.0   D．＜10.0

14．GB/T 19494.2—2004 规定，二分器是一种简单而有效的缩分器。格槽开口尺寸至少是煤样标称最大粒度的（　　）倍，格槽对水平面的倾斜度为（　　）。

    A．3，45°   B．2.5，45°   C．3，60°   D．2.5，60°

15．GB/T 30731—2014 规定，横过皮带缩分器的切割器应以均匀速度（各点速度差不大于 10%）通过煤流，其运行速度不应小于皮带速度的（　　）倍。

    A．0.6   B．1.0   C．1.5   D．3

16．DL/T 567.2—2018 规定使用活动式煤粉取样装置、自由沉降式取样装置，在煤粉下落过程中进行间隔采样，子样数最少为（　　）个，子样质量不得少于（　　）g。

    A．5，40   B．10，50

    C．15，60   D．20，70

17．焦渣的组成是（　　）。

    A．灰分   B．固定碳   C．灰分+固定碳   D．全碳

18．使用通氮干燥法测定水分时，氮气纯度不应低于（　　）%。

    A．90   B．99   C．99.9   D．99.99

19．GB/T 214—2007 规定，艾士卡法测全硫过程中，检验硫酸钡沉淀是否还含有氯离子的试剂是（　　）。

    A．甲基橙溶液   B．硝酸银溶液

    C．碳酸钠溶液   D．盐酸溶液

20．DL/T 568—2013 规定，碳氢氮测定仪的炉试剂吸收的主要组分是（　　）。

    A．H_2O（g）   B．卤素，SO_x

    C．NO_x D．CO_2

21．DL/T 567.7—2007 规定，高温燃烧中和法测定煤灰或飞灰硫含量时采用的氢氧化钠标准溶液使用（　　）试剂进行标定。

    A．HCl   B．苯二甲酸氢钾

    C．H_2SO_4 D．EDTA

22．高温燃烧法测硫时，煤燃烧时煤中硫被氧化的生成物是（　　）。

    A．SO_3 B．SO_2+SO_3（少量）

    C．SO_2 D．SO_3+SO_2（少量）

23．GB/T 213—2008 规定，发热量测定中可作为终点温度的是（　　）。

    A．燃烧过程中的最高点温度   B．燃烧后 5min 时的温度

    C．燃烧过程中的第一个下降温度   D．燃烧后下降到最低的温度

24. 依据 GB/T 213—2008，发热量测定使用的点火丝可使用多种材质，以下各种点火丝中单位质量放出热量最多的是（　　）。

    A. 铁丝　　　　　　B. 镍铬丝　　　　　　C. 铜丝　　　　　　D. 棉线

25. GB/T 31423—2015 规定，确定发热量测定的正确度时，至少测定（　　）个覆盖主要测量范围，已有可靠结果的实验室煤样，验收测定值与原结果之间没有显著性差异。

    A. 4　　　　　　　　B. 5　　　　　　　　C. 6　　　　　　　　D. 7

26. DL/T 567.6—2016 规定，按方法 B 一步测定法测定飞灰（炉渣）试样水分时，应将装有试样的坩埚置于通有空气、控温至（　　）℃的加热炉内持续加热（　　）min。

    A. 105～110，30　　　　　　　　　　B. 105～110，60
    C. 100～120，30　　　　　　　　　　D. 100～120，60

27. 按照 DL/T 1712—2017 规定，测定煤样 V_{70} 为 0.8℃/h，则该煤样自燃倾向特性为（　　）。

    A. 强自燃倾向　　　　　　　　　　B. 中等自燃倾向
    C. 弱自燃倾向　　　　　　　　　　D. 不自燃倾向

28. GB/T 2565—2014 规定，由重块、齿轮、主轴和研磨环施加在钢球上的总垂直力为（　　）N。

    A. 256±1　　　　　B. 264±1　　　　　C. 284±2　　　　　D. 293±2

29. GB/T 37769—2019 规定，用通气法产生弱还原性气氛，从（　　）℃开始通入氢气和二氧化碳或一氧化碳和二氧化碳混合气体，配备气体流量控制装置，通气速度可调至流经灰锥的气体线速度不低于（　　）mm/min。

    A. 300　　　　　　　B. 400　　　　　　　C. 500　　　　　　　D. 600

30. 对哈氏仪进行校准时，绘制的一元线性回归方程相关系式 r 至少为（　　）。

    A. 0.9　　　　　　　B. 0.99　　　　　　C. 0.999　　　　　　D. 0.9999

31. GB/T 37769—2019 规定，用通气法产生弱还原性气氛，从（　　）℃开始通入氢气和二氧化碳或一氧化碳和二氧化碳混合气体，配备气体流量控制装置，通气速度可调至流经灰锥的气体线速度不低于（　　）mm/min。

    A. 300　　　　　　　B. 400　　　　　　　C. 500　　　　　　　D. 600

32. CNAS-CL01-A002：2020 规定，实验室应对（　　）采用的检测方法进行技术能力的验证，如适用的浓度范围和样品基体、正确度和精密度等。

    A. 首次　　　　　　B. 第二次　　　　　C. 第三次　　　　　D. 每次

33. CNAS-CL01-G001：2018 规定，关键技术人员，如进行检测或校准结果复核、检测或校准方法验证或确认的人员，除满足检测人员要求外，还应有（　　）年以上本专业领域的检测或校准经历。

    A. 1　　　　　　　　B. 2　　　　　　　　C. 3　　　　　　　　D. 5

34. GB/T 31429—2015 规定，当标准物质剩余样品量不到原始总量的（　　　）%时，应停止使用，因为此时由于粒度离析容易引起偏倚。

    A．3　　　　　　　B．5　　　　　　　C．10　　　　　　　D．20

35. CNAS-CL01-G002：2021 规定，测量结果及（　　　）信息是证明计量（　　　）的必要内容。

    A．论证、溯源性　　　　　　　　B．溯源性、溯源性

    C．溯源性、依据　　　　　　　　D．溯源性、准确

36. 合格评定机构参加能力验证后从能力验证最终报告发布之日至申请认可之日，（　　　）年内的能力验证经历均为有效。

    A．1　　　　　　　B．2　　　　　　　C．3　　　　　　　D．4

37. CNAS-RL02：2018 规定，获认可的合格评定机构对于煤炭常规分析参加能力验证的最低参加频次为（　　　）年1次。

    A．1　　　　　　　B．2　　　　　　　C．3　　　　　　　D．4

38. 对灰分较高、挥发分又较低的煤，为保证试样在氧弹中燃烧完全，可以（　　　）。

    A．将煤样压饼燃烧　　　　　　　B．在坩埚底部铺一层酸洗石棉

    C．采用石英坩埚　　　　　　　　D．适当增加样品量

39. GB/T 19227—2008 规定，测定煤中的氮时，煤样应放在（　　　）中消化。

    A．烧杯　　　　　　B．容量瓶　　　　　C．平底烧瓶　　　　　D．开氏烧瓶

40. GB/T 30733—2014 规定，常用的校准物质有（　　　）。

    A．氯化钠和碳酸钠　　　　　　　B．碳酸氢钠和碳酸氢铵

    C．苯甲酸和醋酸　　　　　　　　D．EDTA 和苯丙氨酸

分数	评卷人

三、多项选择题（每题 1 分，共 10 题；选项中至少有 1 个正确答案，少选、多选和错选均不得分）

1. 依据 GB/T 31356—2014，下列动力用煤控制指标的控制值与运距及煤种有关的是（　　　）。

    A．灰分　　　　　　B．挥发分　　　　　C．全硫　　　　　　D．发热量

2. 煤中灰分增加导致锅炉燃烧效率降低的原因是（　　　）。

    A．化学不完全燃烧热损失增加　　　B．机械未完全燃烧热损失增加

    C．飞灰炉渣带走的物理热损失　　　D．排烟热损失增加

3. DL/T 747—2010 规定，落流采样器的技术要求有（　　　）。

    A．采取粒度分析煤样时，采样器切割速度不能快到将煤粒击碎

    B．采样器切割速度不应大于 1.5m/s，且以均匀的速度截取一完整的煤流横截段为一子样，任一点的速度变化不应大于预定速度的 5%

C. 采样器开口（锥形切割口最窄端）的尺寸至少应为被采样煤标称最大粒度的 3 倍，但不应小于 30mm

D. 采样器应设计得使煤流的任何部分在切割口中暴露相等的时间，例如旋转运动采样器的开口应设计成锥形

4. 煤炭采样时，下列情况中会产生系统误差/偏倚的是（　　）。

A. 子样质量超过标称最大粒度规定的最小子样质量

B. 采样时采样周期和煤炭质量及品质变化周期重合

C. 子样采取时采样工具未采取一完整的煤流横截段

D. 子样采取后试样的完整性丧失

5. GB/T 19494.3—2004 规定，偏倚试验方法原理统计分析的有效性，试验结果的统计分析假设条件为（　　）。

A. 变量的多元正态分布

B. 偏倚的判定

C. 个体参数的测量误差的独立性

D. 数据的统计一致性

6. DL/T 2067—2019 规定，采制样装置使用前应制定（　　），明确使用部门、检修部门、安全管理部门及负责人职责。

A. 操作规程

B. 安全规程

C. 运行规程

D. 检修维护规程

7. 煤中矿物质在灰化过程中发生的主要变化包括（　　）。

A. 硫酸盐失去结晶水

B. 硫酸盐受热分解

C. CaO 发生氧化反应

D. 碱金属受热挥发

8. GB/T 214—2007 中库仑滴定法与 GB/T 25214—2010 红外光谱法测定煤中全硫的说法，下列描述正确的有（　　）。

A. 适用的煤种范围一致

B. 称样量相同

C. 测定原理不同

D. 都需要使用三氧化钨

E. 都需要进行仪器标定、标定有效性核验和标定检查

9. 可用于煤灰熔点测定时炉内气氛控制的气体有（　　）。

A. 二氧化碳

B. 一氧化碳

C. 氮气

D. 氢气

E. 空气

10. 依据 CNAS-RL01：2019，实验室必须满足下列（　　）条件方可获得认可。

A. 具有明确的法律地位，具备承担法律责任的能力

B. 符合 CNAS 颁布的认可准则和相关要求

C. 遵守 CNAS 认可规范文件的有关规定，履行相关义务

D. 所有申请项目/参数都参加能力验证活动并获得"满意"结果

分数	评卷人

四、填空题（每题 0.5 分，共 20 题；在空格处填写最恰当的文字，内容不正确不得分）

1．煤的_____和_____之比称为燃料比。

2．在规定条件下，一定粒度的煤样受热后，大于 6mm 的颗粒占原煤样的质量分数可以用来表示煤的_____；而一定程度的煤样燃烧后，大于 6mm 的渣块占全部残渣的质量分数可以用来表示煤的_____。

3．DL/T 1668—2016 规定，为避免煤场存煤因入厂入炉煤水分差异出现大幅波动，应控制年度因水分差而调整的煤量比率不超过入炉煤量的_____。

4．锅炉按照燃料燃烧方式分层燃炉、_____、_____、旋风炉。

5．根据 GB/T 33303—2016，在日常的例行检验中，虽无明确的测量不确定度报告，但测量按照标准方法规定的程序操作，测量过程处于受控状态，则测量结果的不确定度也可表示为"_____"。

6．对于两个总体的参数进行检验，需要考虑样本类型、总体分布和____是否已知，样本类型既包括____样本、小样本，也包括独立样本、____样本。

7．IPCC 于 2018 年发布的《全球 1.5℃升温特别报告》中指出，为实现全球变暖温度控制在____℃以内的目标，必须在 21 世纪中叶实现全球范围内_____碳排放，即碳中和。

8．GB/T 475—2008 规定，对于移动煤流采样，试样应尽可能从_____和_____都较均匀的煤流中采取。

9．根据 GB/T 19494.1—2004，切割器的速度是采样器设计中的重要因素，随着切割速度的增加，煤粒进入切割器的_____增大，从而使切割器的_____减小。

10．根据 DL/T 567.2—2018，入炉煤粉随制粉系统结构不同而用不同的采取方法，对于中间储藏式制粉系统，可在_____或给粉机出口的垂直下粉管上采用煤粉活动采样管或自由沉降采样器进行采样；对于直吹式制粉系统，可在煤粉管道中煤粉气流稳定位置采用_____采样。

11．火电厂煤炭破碎缩分联合制样设备性能试验中经过调试或_____后的性能试验仍然不合格的应视为_____。

12．合并试样时，各独立试样的质量应当正比于_____，使合并后试样的品质参数值为各合并前试样品质参数的_____。

13．GB/T 30732—2014 规定，使用工业分析仪测定煤样中的水分，试验过程中仪器按设定的时间间隔自动进行称量，直至_____间隔下质量减少不超过0.0005g 或_____时为止。

14．测定灰分时，高温炉装烟囱是为了_____，如不装烟囱，灰分测定结果会_____。

15. DL/T 567.7—2007 规定,煤中不可燃硫含量,可通过煤灰中_____含量与煤的_____含量计算而得。

16. GB/T 214—2007 规定,在库仑测硫仪燃烧管出口处充填_____;在燃烧管内距出口端 80~100mm 处充填厚度约 3mm 的_____。

17. GB/T 476—2008 规定,二节炉法测定碳、氢元素时,第二节炉内装有高锰酸银热解产物,它即是_____,又是去除燃烧产物中干扰物质硫和氯的_____。

18. CNAS-CL01-G001:2018 规定,实验室对结果的监控应覆盖到认可范围内的所有检测或校准(包括内部校准)项目,确保检测或校准结果的准确性和_____。

19. 由于诚信问题,如欺骗、隐瞒信息或故意违反认可要求、虚报能力等行为,而不予认可的实验室,须在 CNAS 作出认可决定之日起_____个月后,才能再次提交认可申请。

20. CNAS-CL01-G001:2018 规定,对规模较大的实验室,管理评审可以分级、分部门、_____进行。

分数	评卷人

五、问答题(每题 5 分,共 4 题)

1. 某电厂在入厂煤和入炉煤皮带上分别安装皮带中部和落流采样设备,已知煤炭最大粒度为 50mm,皮带速度为 2.0m/s,满载负荷为 1500t/h,落流采样设备初级采样头运动速度为 1.4m/s,两台采样设备初级采样器的开口宽度均为 4 倍最大粒度,请分别计算在皮带负荷为 70%时两台采样设备各自应采的初级子样量。

2. 某火电厂由火车运来 2000t 煤,其中洗中煤占 3/4,其他为原煤,车皮容量为 50 t。制定专用采样方案时,假定洗中煤 $P_L=\pm 1.5\%$,$V_1=5$,原煤 $P_L=\pm 2.0\%$。根据 GB/T 475—2008 进行人工采样,将洗中煤和原煤分别作为一个采样单元,请问按基本采样方案和专用采样方案各应采取多少个子样?

3．试述煤中矿物质的来源和种类，以及灰分和矿物质的区别；写出灰分测定过程中矿物质发生的物理化学反应，并解释为什么采用缓慢灰化法作为仲裁方法。

4．根据 DL/T 567.7—2007 规定，试简述采用库仑滴定法测定灰及渣中硫的注意事项。

分数	评卷人

六、计算题（每题 10 分，共 2 题）

1．某火电厂收到某供应商用火车运来的一批原煤，供应商检测报告单上给出发运时煤检测结果如下：$Q_{net,ar}$=22.46MJ/kg，$S_{t,ad}$=0.98%，M_t=6.9%，M_{ad}=2.25%。到达电厂后经检查车厢上煤没有被盗现象，过衡后电厂立即采制样，检测结果如下：$Q_{net,ar}$= 21.55MJ/kg，$Q_{gr,ad}$=24.08MJ/kg，M_{ad}=2.53%，$S_{t,ad}$=1.08%，M_t=8.9%。合同约定该供应商全硫（按 $S_{t,d}$）应不大于 1.00%。假定 H_{ar}=4.00%，A_d 约为 25%，该批煤按热值计价，请按 GB/T 18666—2014 对该批煤进行验收评定。

2．北方某电厂用火车运输煤炭进厂，已知煤炭品种为筛选煤，共 30 节车厢，每车厢 50t，干燥基灰分为 25.00%～35.00%，标称最大粒度为 50mm。

（1）请按 GB/T 475—2008 中基本采样方案原则拟订采样方案（假定该批煤平分为 3 个采样单元）。

（2）该单位对该批煤进行多份采样法精密度核对试验，结果见下表。

样号	1	2	3	4	5	6	7	8	9	10
A_d（%）	25.12	26.59	27.38	29.78	31.18	32.32	31.98	25.93	25.89	33.65

试求该批煤精密度最佳估算值 P_L，并根据试验结果确定是否需要调整采样方案。如需调整，请调整子样数（假定 V_{PT}=0.2，查表精密度因素 a_L=0.70、a_U=1.75）。

题号	一	二	三	四	五	六	总分
得分							
评分员							

一、判断题（本大题 40 小题，每小题 0.5 分，共 20 分）（正确的填 "√" 号，错误的填 "×" 号，每题判断正确得分，否则不得分。填写其他符号均不得分）

小题	1	2	3	4	5	6	7	8	9	10
答案										
小题	11	12	13	14	15	16	17	18	19	20
答案										
小题	21	22	23	24	25	26	27	28	29	30
答案										
小题	31	32	33	34	35	36	37	38	39	40
答案										

二、单项选择题（每单选题 40 小题，每小题 0.5 分，共 20 分，以下各题给出多个答案，其中只有一个正确。每题选对得分，选错不得分）

小题	1	2	3	4	5	6	7	8	9	10
答案										
小题	11	12	13	14	15	16	17	18	19	20
答案										
小题	21	22	23	24	25	26	27	28	29	30
答案										
小题	31	32	33	34	35	36	37	38	39	40
答案										

竞赛模拟理论试卷答题纸

三、多项选择题（多选题 10 题，每小题 1 分，共 10 分，以下各题给出多个答案，其中至少有一个是正确选项，每题全部选对得分，否则不得分）

小题	1	2	3	4	5
答案					
小题	6	7	8	9	10
答案					

四、填空题（本大题共 20 题，每题 0.5 分，共 10 分。每空填写正确得分，否则不得分）

1 _____   2 _____

3 _____   4 _____

5 _____   6 _____

7 _____   8 _____

9 _____   10 _____

11 _____   12 _____

13 _____   14 _____

15 _____   16 _____

17 _____   18 _____

19 _____   20 _____

五、问答题（共 **20** 分）

1.【5分】
答：

2.【5分】
答：

3.【5分】
答：

4.【5分】

答:

六、计算题（共 **20** 分）

1.【10 分】

解:

2.【10 分】

解:

参 考 文 献

[1] 李小江. 电力燃料技术 [M]. 北京：中国电力出版社，2022.

[2] 方文沐，杜惠敏，李天荣. 燃料技术问答 [M]. 第三版. 北京：中国电力出版社，2005.